普通高等教育“十一五”国家级规划教材

宴会设计与管理

丁应林 主编

中国纺织出版社

图书在版编目(CIP)数据

宴会设计与管理/丁应林主编.—北京:中国纺织出版社,
2008.8(2018.5重印)
(普通高等教育"十一五"国家级规划教材)
ISBN 978-7-5064-5006-5

Ⅰ.宴… Ⅱ.丁… Ⅲ.①宴会—设计—高等学校—教材
②宴会—商业管理—高等学校—教材 Ⅳ.TS972.32

中国版本图书馆CIP数据核字(2008)第106146号

责任编辑:卢志林　责任印制:王艳丽
封面设计:Z2书籍装帧工作室

中国纺织出版社出版发行
地址:北京市朝阳区百子湾东里A407号楼　邮政编码:100124
销售电话:010—67004422　传真:010—87155801
http://www.c-textilep.com
E-mail:faxing@c-textilep.com
中国纺织出版社天猫旗舰店
官方微博 http://weibo.com/2119887771
三河市宏盛印务有限公司印刷　各地新华书店经销
2008年8月第1版　2018年5月第9次印刷
开本:710×1000　1/16　印张:23
字数:404千字　定价:32.00元

出版者的话

全面推进素质教育，着力培养基础扎实、知识面宽、能力强、素质高的人才，已成为当今高等教育的主题。教材建设作为教学的重要组成部分，如何适应新形势下我国教学改革要求，与时俱进，编写出高质量的教材，在人才培养中发挥作用，成为院校和出版人共同努力的目标。2005年，教育部颁发了文件，明确指出我国普通高等教育教学工作要着眼于国家现代化建设和人的全面发展需要，着力提高学生的学习能力、实践能力和创新能力。要推进课程改革，不断优化学科专业结构，加强新设置专业建设和管理，把拓宽专业口径与灵活设置专业方向有机结合。要继续推进课程体系、教学内容、教学方法和手段的改革，构建新的课程结构，加大选修课程开设比例，积极推进弹性学习制度建设。要切实改变课堂讲授所占学时过多的状况，为学生提供更多的自主学习的时间和空间。大力加强实践教学，切实提高大学生的实践能力。区别不同学科对实践教学的要求，合理制定实践教学方案，完善实践教学体系，并强调要加强教材建设，大力锤炼精品教材，并把精品教材作为教材选用的主要目标。对发展迅速和应用性强的课程，要不断更新教材内容，积极开发新教材，并使高质量的新版教材成为教材选用的主体。

教育部组织制订了普通高等教育"十一五"国家级教材规划，并于2006年8月10日正式下发，确定了9716种"十一五"国家级教材规划选题，我社共有103种教材被纳入国家级教材规划。为在"十一五"期间切实做好教材出版工作，我社主动进行了教材创新型模式的深入策划，力求使教材出版与教学改革和课程建设发展相适应，充分体现教材的适用性、科学性、系统性和新颖性，使教材内容具有以下三个特点：

(1)围绕一个核心——育人目标。根据教育规律和课程设置特点，从提高学生分析问题、解决问题的能力入手，教材附有课程设置指导，并于章首介绍本章知识点、重点、难点及专业技能，增加相关学科的最新研究理论、研究热点或历史背景，章后附形式多样的习题等，提高教材的可读性，增加学生学习兴趣和自学能力，提升学生科技素养和人文素养。

(2)突出一个环节——实践环节。教材出版突出应用性学科的特点，注重理论与生产实践的结合，有针对性地设置教材内容，增加实践、实验内容。

(3)实现一个立体——多媒体教材资源包。充分利用现代教育技术手段，将授课知识点制作成教学课件，以直观的形式、丰富的表达充分展现教学内容。

教材出版是教育发展中的重要组成部分，为出版高质量的教材，出版社严格甄选作者，组织专家评审，并对出版全过程进行过程跟踪，及时了解教材编写进度、编写质量，力求做到作者权威，编辑专业，审读严格，精品出版。我们愿与院校一起，共同探讨、完善教材出版，不断推出精品教材，以适应我国高等教育的发展要求。

中国纺织出版社

教材出版中心

序

真正意义上的高等烹饪教育，始于1983年原江苏商业专科学校开办的中国烹饪专业。随着高等烹饪教育的发展，烹饪专业也由原来的专科层次上升到本科层次。进入21世纪以后，国内有的高校又通过相关专业的硕士点，如食品科学专业、营养与食品卫生学专业等开始招收烹饪专业本科生攻读硕士学位，从这个意义上来讲，高等烹饪教育又进一步上升到了硕士研究生的层次。

高等烹饪教育的创办，面临的首要任务之一就是教材建设。1990年前后，以原江苏商业专科学校中国烹饪专业为主，在上海科学技术出版社和中国商业出版社出版了面向专科层次的第一套烹饪专业的教材，基本上解决了创办高等烹饪教育所面临的教材问题，有力地推动了我国高等烹饪教育事业的发展。随着我国高等烹饪教育事业的发展，办学层次的提高，2000年前后，在中国轻工业出版社的大力支持下，以扬州大学旅游烹饪学院为主，联合全国设有烹饪专业的高等院校，编写出版了面向21世纪中国高等烹饪教育、供本科及专科选用的第二套教材，计20种，成为21世纪初国内高等烹饪专业普遍选用的教材。其中，部分教材还被其他相关专业所选用。近年来，随着学科研究的进展、专业建设和教学改革的不断深入，对原有的教材进行修订和对新开设课程教材的编写又成为当前教材建设的重要任务。中国纺织出版社对高等烹饪教育的教材建设给予了高度的重视，出版社的主要领导先后数次到扬州讨论教材的修订和编写工作，组织申报了"十一五"国家级规划教材和"十一五"部委级规划教材，并作为"社长工程"来保证出版质量。

本次修订及新出版的教材共计17种。其中《烹饪学概论》、《烹饪原料学》、《烹调工艺学》、《面点工艺学》、《中医饮食保健学》、《烹饪工艺美术》、《中国冷盘工艺》、《西餐工艺》、《宴会设计与管理》等9种为"十一五"国家级规划教材，《中国名菜》、《中国风味面点》、《餐饮管理》、《烹饪营养学》、《饮食风俗》、《烹饪基本功训练教程》、《饮品与调酒》、《茶艺赏析》等8种为"十一五"部委级规划教材。本套教材实行主编负责制，担任本套教材主编的都是长期在教学一线从事教学、具有丰富教学经验的教授或主讲教师。为保证教材的编写质量，在先后数次召开教材主编编写会议的基础上，2007年10月，还在扬州大学旅游烹饪学院召开了有中国纺织出版社主要领导、教材主编及部分编写人员参加的教材编审会议，对教材的质量和教材格式等提出了进一步的要求，并明确了教材出版的时间。

本套教材突出了烹饪与营养教育专业的特色，体现了与时俱进的特点，并力求在科学性、规范性、先进性、系统性和适用性等方面达到一个新的高度。本套教材可供普通高等院校四年制本科、继续教育本科段教学使用，也可供高等职业院校教学选用，部分教材还可供营养学、护理学、食品科学与工程、餐饮管理等相关专业使用。

经过全体教材参编人员的共同努力，本套教材已陆续出版，我们热忱祈望使用本套教材的师生、同行专家学者和广大读者对本套教材提出宝贵意见，以便在再版时能使之进一步完善。

本套教材在编写出版过程中得到了中国纺织出版社的大力支持，在此一并表示感谢！

路新国

前　言

《宴会设计与管理》是烹饪与营养教育专业的一门专业课程，是继《烹饪原料学》、《烹调工艺学》、《面点工艺学》、《烹饪营养学》、《烹饪工艺美术》等专业基础课后开设的。《宴会设计与管理》以培养本专业学生的宴会设计能力为主要目的。通过本课程的学习，使学生能够树立科学的宴会设计观，掌握系统的宴会设计的基本理论和基本技能，并能够灵活地应用到实践中，进行不同类型的宴会设计，解决设计中遇到的实际问题，制定符合宴会任务及其目标要求需要的宴会实施方案，从而培养学生的设计能力、应用能力和创造能力。

本书的教学应将能力培养作为核心，贯彻理论联系实际、学以致用和因材施教的原则，采用讲授法、问答法、讨论法、演示法、模拟设计法、练习法、案例分析法等多种教学方法，运用多媒体教学手段，确保学生学有所得，实现优良的教学效果，完成既定的教学目标。在条件允许的情况下，辅之以宴会市场调研、饭店宴会运作观摩实习、聘请著名宴会设计师开设专题讲座等形式，进一步拓展学生的视野，充实学习内容，深化认识，构建高起点的学习和能力培养的平台，为今后从事宴会设计与管理工作打下良好的基础。

为了体现教材科学性、规范性、先进性和实用性的原则，本书在编写过程中，力图将宴会设计的最新研究成果融入课程体系中，将设计理论与最近几年来的宴会设计典型案例融合在一起。在内容安排上分为三大部分，第一部分是宴会的基本知识；第二部分是宴会设计的基本理论，包括宴会菜单、宴会菜品生产、宴会服务等相关方面的设计知识与技能；第三部分是宴会预订、成本控制、宴会营销和宴会运转等管理实务。三个部分的内容环环相扣，层层递进，使宴会设计与管理的课程内容架构趋于科学合理。

本教材在编写过程中，得到了扬州大学旅游烹饪学院领导、同仁的鼓励和帮助，得到了中国纺织出版社的大力支持，特别是得到了许多认识与不认识的前辈和时贤们的惠助，是他们的研究成果为我拓展了思路，并成为我编写此书参考和借鉴的资料，没有他们的帮助，完成本教材的编写会艰难很多。在此，谨向所有帮助过我的人表示衷心的感谢！

虽然我一直担任宴会设计与管理课程的教学工作，也为编写本教材尽心尽力，但限于水平，书中势必有不足之处，热忱地期盼使用本教材的教师、学生及读者提出宝贵的意见，以便再版时能使之臻于完善。

作者

二零零八年烟花三月于扬州

《宴会设计与管理》教学内容及课时安排

章/课时	课程性质/课时	节	教学内容
第一章（2课时）	宴会的基本知识（12课时）		·绪论
		一	宴会设计的研究对象和任务
		二	宴会设计的学科性质与特点
		三	学习宴会设计的意义和方法
第二章（6课时）			·宴会的起源与历史沿革
		一	宴会的起源
		二	宴会的历史沿革
		三	宴会的改革与发展趋势
第三章（4课时）			·宴会基本知识
		一	宴会的定义
		二	宴会的特征
		三	宴会的种类
		四	宴会在饭店经营中的作用
第四章（4课时）	宴会设计的基本理论（32课时）		·宴会设计的模式
		一	宴会设计的本质
		二	宴会设计的要求与原则
		三	宴会设计的两种模式
第五章（8课时）			·宴会菜单设计
		一	宴会菜单的定义和分类
		二	宴会菜单的作用
		三	宴会菜单设计的原则
		四	宴会菜单的设计
		五	宴会酒水的设计
		六	宴会菜单设计应注意的事项
		七	宴会菜单设计案例
第六章（4课时）			·宴会菜品生产设计
		一	宴会菜品生产活动的特点
		二	宴会菜品生产设计的要求
		三	宴会菜品生产工艺设计的方法
		四	宴会菜品生产实施方案的编制

章/课时	课程性质/课时	节	教学内容
第七章（10课时）	宴会设计的基本理论（32课时）		·宴会服务的基本技能
			托盘
			铺台布
			叠餐巾花
			摆台
			斟酒
			宴会菜肴服务
第八章（6课时）			·宴会服务设计
			宴会服务的意义与作用
			宴会台面设计
			宴会台形设计
			宴会花台设计
			宴会服务程序设计
			宴会服务实施方案的编制
第九章（6课时）	宴会管理（10课时）		·宴会预订与营销管理
			宴会部的组织机构设置
			宴会预订管理
			宴会定价
			宴会成本控制
			宴会营销管理
第十章（4课时）			·宴会运转管理
			宴会运转管理的方法与内容
			宴会设施与环境标准
			宴会产品质量标准
			宴会服务质量标准
			宴会突发事件与客人投诉的处理

注：各院校可根据自身的教学特色和教学计划对课程时数进行调整。

目 录

第一章　绪论

本章内容：宴会设计的研究对象和任务
宴会设计的学科性质与特点
学习宴会设计的意义和方法

教学时间：2课时

教学目的：通过本章的学习，使学生能够了解宴会设计的研究对象和任务，理解宴会设计的学科性质和特点，掌握学习宴会设计的方法。

教学要求：1.在讲授宴会设计产生的客观必然性时，特别强调宴会设计理论基础的重要性。
2.结合宴会设计最新发展动态，加深学生对宴会设计的研究对象和任务的具体内容的了解。
3.让学生理解宴会设计的学科性质和特点。
4.在学生理解学习宴会设计意义的基础上，要求学生掌握5种学习方法的含义及其在学习中的应用。

宴会设计是高等烹饪教育学科领域中的一门新兴的学科。它所涉及的基本理论问题,它所构建的内容体系及其应用价值,尚在探讨之中。因此,这一章根据当前的研究水平,就宴会设计的研究对象和任务、学科性质和特点、学习意义和方法,做一个简要的阐述,以期从宏观上勾画出宴会设计的逻辑体系框架。

第一节　宴会设计的研究对象和任务

一、宴会设计产生的必然性

(一)宴会设计产生的历史渊源

宴会是人类社会生产发展的产物。从我国传世最早的甲骨文"饗"象形可知,当时的宴飨应该是许多人围绕着大型的盛食器跪坐而食的饮食聚会活动。殷商是奴隶社会,"殷人尊神,率民以事神,先鬼而后礼。"(《礼记·表记》)他们把祭祀与宴飨结合在一起,要求参加宴会的人不能越"礼"而为,必须遵守预先制定出来的铺筵设席、座次安排、食器摆放等方面的等级森严的"礼"的规定。到了周代,由于社会生产的发展,食物资源的进一步丰富,宴会的发展更是渗透到国家的政治与社会生活的方方面面,这时举办各种宴会都要按照既定的礼仪制度举行,所以各种宴会亦通称为"礼"。如《仪礼》中记载的《乡饮酒礼》、《燕礼》、《聘礼》、《公食大夫礼》等不同的"礼"中,对宴会的仪式和内容都做了详细的规定。例如,举行一次以敬老为主旨的《乡饮酒礼》,在《仪礼》中规定的节仪有 24 节,而举行《大射礼》则有节仪 43 节之多。

从西周至战国,既有列鼎而食的制度,如"天子九鼎,诸侯七、大夫五、元士三也"(《春秋公羊传·桓公二年》),也有筵席上肴馔如何陈列的规定,如"士大夫与宾客燕食之礼"(据郑玄注)的小型便宴,其肴馔的陈列方式在《礼记·曲礼》中是这样记载的:"凡进食之礼,左殽右胾(郑注,殽,骨体也,即带骨熟肉;胾,切肉也,即纯肉切的),食(指饭)居人之左,羹(汤)居人之右。脍炙(细切烤肉)处外,醯酱处内。葱渫(蒸葱)处末(旁边),酒酱处右,以脯脩置者,左朐(弯曲的肉脯)右末(挺直的肉脯)。"殽胾都是肉,宜于下酒,分列左右,与"处右"之酒浆共食;饭羹并列,可见下饭必须佐以羹汤;醯浆是调味品,放在靠近食者的内侧,便于为淡味的脍炙调味。这个席面的摆法设计,反映了各种食物的用途和它们之间的关系。

在正式宴会上,饮食可分为四部分,其次序为饭、膳、羞、饮。饭是主食,盛在大件容器簋、簠或盨中,食用时用匕盛在碗中。膳指用"六畜"之肉烹制的主菜,大都置于鼎中。羞指众多的小菜和多样化的食品,一般放置在豆中。饮是酒等饮料的统称,饮用时用勺盛入酒具,如觥、爵、觚、觯等。

宴会不但有美食的享用，而且还有“侑食”的乐章。如《燕礼》所载，国君宴请群臣时，待“大夫皆升，就席”后，先由乐工歌唱《鹿鸣》、《四牡》、《皇皇者华》，再由吹笙人吹奏《南陔》、《白华》、《华黍》乐曲，然后交替歌唱、吹奏，歌唱《鱼丽》、笙奏《由庚》，歌唱《南有嘉鱼》、笙奏《崇丘》，歌唱《南山有台》、竹奏《由礼》，再接着歌唱乡乐《周南·关雎》、《葛覃》、《卷耳》，竹奏《召南·鹊巢》、《采蘩》、《采苹》，至此“正歌备”。而后席间还有多次的歌唱、吹奏、歌吹交替和合奏。最后宴毕时，奏《陔》乐。

从先秦儒家典籍的记载中可以想见当时宴会的丰富多彩与制度的周详完备。自秦以后的2 000多年里，中国筵宴更是异彩纷呈，广博精深，名宴迭出，不可胜数。如唐代韦巨源官拜尚书令左仆射时，设“烧尾宴”宴请唐中宗，其食单列有58款宴会肴馔；《东京梦华录》载有如何编排宋皇寿宴的翔实资料；《武林旧事》完整地记录了清河郡王张俊接待宋高宗的有250道菜点的御宴菜单；清代李斗在《扬州画舫录》中记载了100多种满汉席菜点，现存孔府的404件全套满汉宴“银质点铜锡仿古象形水火餐具”，则是此宴会奢华繁盛之最可信的实证。

从以上挂一漏万的介绍文字中，一方面可以看到在“金樽美酒千人血，席上佳肴万人膏”的封建社会，宴会被异化成为少数人服务的极致形式。另一方面，也看到了宴会设计作为人的有目的的设计活动具有悠久的历史，窥见古之司宴者的睿智和匠心妙运。源远流长的中国宴饮历史，为人们留下了驳杂的宴会设计资料，为现在创建宴会设计学科，提供了坚实的基础和宝贵的财富。

（二）宴会设计产生的现实基础

宴会设计是宴会实践的产物，宴会实践规定着宴会设计，而宴会设计又制约着宴会实践。在社会极端封闭，生产力水平低下，人们的物质生活贫乏的年代，饭店业得不到发展，从业人员素质普遍不高，宴会实践水平是低层次的，宴会设计只能依附于宴会生产活动过程中，只能停留在不知所以然的经验状态中，宴会设计的作用和发展受到了阻塞。改革开放以来，社会发生了巨变，生产力的空前发展，社会物质财富持续快速的增长，使人们的生活质量有了根本改善。饮食业顺势推进，到如今全国各大中城市乃至县乡镇，高规格的宾馆、饭店或豪华的星级酒店林立，饮食市场呈现一派繁荣，成为国民经济增长的一条亮丽的风景线。宴饮消费渗透到社会生活的方方面面，也成了人们进行社会交往、满足欢乐和享受需要的闲暇生活方式的具体内容之一。

为了适应这种变化，满足人们对宴饮的各种需求，以设计为宴会生产和服务的先导，已成为现代饭店企业经营宴会的新理念、新模式。因此，在大型宾馆、饭店里，成立了宴会部这个外在于宴会生产与宴会服务的独立部门，有了专司宴会设计的人员。正是这种变革，从根本上改变了宴会的面貌。经过宴会设计人员自觉的、有意识的、深思熟虑设计出来的宴会实施方案，引导宴会的生产和服务活动向着既定的目标状态有效地运行，向着与宴饮者的需要相适应的价值目标贴近。以设计为先导,丰富了宴会的形式,充实了宴会的内容,促进了宴会在新的基础上的更快发展,这是一种客观必然。也正是这种客观必然,为宴会设计学科创造了因势而立的契机,更重要的是为丰富宴会设计学科内容打下了宽厚的现实基础和实践支撑。

(三)宴会设计产生的理论基础

马克思主义哲学的创立,为人们提供了正确认识一切社会现象的科学方法。马克思在《资本论》中写道:"蜜蜂建筑蜂房的本领使人间的许多建筑师感到惭愧。但是,最蹩脚的建筑师从一开始就比最灵巧的蜜蜂高明的地方,是他在用蜂蜡建筑蜂房以前,已经在自己的头脑中把它建成了。劳动过程结束时得到的结果,在这个过程开始时就已经在劳动者的表象中存在着,即已经观念地存在着。"马克思借用精妙的比喻,阐明了设计与生产劳动过程及其结果的辩证关系,提示了人类有目的性生产活动的共同的本质特征,是建设宴会设计学科的指导理论。

宴会设计的最直接的理论基础是系统科学和设计科学。

系统科学的兴起是20世纪科学发展的重大事件之一。系统科学是以系统及其机理为研究对象,研究系统的类型、一般性质和运动规律的科学。系统科学强调,决定整体及其性质不仅是由于构成它们的基质——要素不同,而且在很大程度上取决于构成整体的各个部分(要素)之间的相互作用与相互关系,突出了整体性原理在系统中的重要地位。在系统科学里,还提出了在系统设计中如何进行系统分析、设计、控制的最一般方法。这种研究为认识宴会系统的性质和特点,为在宴会设计中按照人的目的需要进行科学的设计提供了理论依据。

宴会设计的又一重要的理论基石是设计科学。1969年美国科学家赫伯特·西蒙首次正式提出了设计科学的概念,随后又在他1981年的《关于人的事物的科学》一书中做了重要的补充,从而基本确立了设计科学体系。设计科学抓住人类设计技能的这一最根本的因素,以面向实际设计任务作为自己的突出标志,通过研究和描述真实设计过程的性质和特点,告诉人们在进行各种系统的设计时,怎样思考,又应当怎样去思考。面临大量可供选择的途径时,怎样进行选择,以及究竟应当怎样进行选择,从而建立起一套普遍适用的设计理论。如"有限理性说"、"适应性系统观"、"满意理论"、"设计技能模型"、"设计技术论"等。正是这些最一般的设计理论,为架构宴会设计的理论体系提供了基本理论和一般方法。

(四)宴会设计的学科基础

自20世纪80年代以来,许多从事烹饪研究的有识之士和专家学者,从不同的角度,在不同的层面上,用不同的观点和方法去探究宴会与宴会设计,发表了许多有价值的看法。有的从历史角度,对宴会的起源与发展,对历代名宴的源流、食制、膳食构成,进行了较系统的梳理与论述;有的从实验研发角度,对具体的宴会进行设计和规划，提供了有参考价值的实验资料。特别是在高等烹饪教育兴起后，从培养复合型烹饪专门人才的目标出发，从完善高等烹饪教育课程体系的需要出发，宴会设计学科受到了极大的重视。1988 年下半年，原江苏商业专科学校中国烹饪系（现为扬州大学旅游烹饪学院烹饪与营养科学系）率先开设了宴会设计课程，虽曾面对过质疑的目光，经历过从无到有摸索的坎坷，但在随后的几年里，终于取得全国高等烹饪教育专家学者们的共识，各院校也相继开设了这门课程。人们从宴会设计的本质、设计的原则、设计的机制、设计的模式、设计的能力培养等课程架构和内容体系方面进行了有效的探索和研究，有的还创立了自己独特的理论体系。这些研究成果是宴会设计产生的重要学科基础。

二、宴会设计的研究对象

一门学科如果没有自己特定的研究对象，即没有所要研究的特殊现象和规律，那么它就很难成为一门独立学科。同时，一门学科的研究对象也不是固定不变的，它要随着实践的发展、认识的提高和社会的进步而发生变化。就现阶段的认识水平来看，宴会设计的研究对象绝不是如有些人曾经认为的就是宴会菜单设计这么简单肤浅的了。

首先，宴会设计所研究的不只是某一特定宴会的个别的具体的设计问题，而是作为一般宴会系统在设计时所具有的共同的规律性、一致性和同构性问题。宴会有多种形式的宴会，每一宴会也可以有多种不同的设计，穷尽每一宴会应有多种设计不仅是不可取的，而且也没有实际的指导意义。作为它的研究对象，只有通过对宴会一般结构与功能的分析，首先找出一致性和同构性，然后从其一般特性上考察并揭示出形成宴会系统设计的基本规律。只有掌握了这些基本规律，才能从整体上解决具体宴会的设计问题。

其次，宴会设计是将宴会活动所涉及的基本设计问题纳入研究对象的体系。换言之，它不是只研究这一过程的某一个阶段或某一个片断，而是从整体的观点出发，把这些片断的阶段的设计问题，作为宴会活动全过程中相互影响、相互作用的不同部分进行考察。因此，对作为研究对象的宴会活动全过程的设计问题的研究和解决，必须用整体的、联系的、发展的、变化的方法，既从宏观上进行总体的把握，又从各个阶段、各个环节及其相互作用、相互关系上进行微观的考察，还要从宴会与外部环境的各种联系、预期的状态与可能实现的状态等方面进行动态的分析。

简约言之，宴会设计是以宴会及其设计的一般规律为研究对象，研究和解决宴会活动过程中设计问题的一门学科。通过这种研究，使人们能够认识宴会系统的性质和特点，以便按照人的目的和需要，对宴会进行科学的设计。

三、宴会设计的任务

宴会设计的根本任务是:提示宴会设计活动中的设计规律,指导人们的宴会设计活动,推动宴会的健康文明发展。

宴会设计的具体任务有三点,如下所述。

(一)总结概括宴会的特征、功能,揭示宴会设计的本质及其要求

宴会是一种社会化的群体聚餐活动。宴会设计从宴会的本质特性出发,概括了宴会饮食方式与饮食内容的不同特征。从宴会活动与人的需要之间的关系入手,总结出宴会所具有的多方面的功能。

宴会设计从“设计是人类最重要的技能之一”的角度,认为宴会设计作为人的一种有目的的、自觉的规划活动,其本质是创造性的。从宴会设计实践来看,强调科学性、规范性人性化与审美性的设计要求尤为重要,这将有助于宴会设计人员和生产服务人员正确认识宴饮活动,切实引导宴饮活动朝着健康文明的方向发展。

(二)探讨宴会设计的基本理论,完善宴会设计的学科体系

在宴会设计的基本理论中提出了整体观点、有限理性学说、满意论等核心观点及设计必须遵循的基本原则;勾画了常规性设计与创造性设计两种基本设计模式,概括了它们各自的特点,比较了相互间的异同;揭示了两种设计机理,即启发式搜索机制与择优选择机制,从而廓清了一直迷散在设计决策行为中的雾障,有利于宴会设计人员更快、更有效地寻找到解决设计问题的途径和方法,制定出更加贴切实际的宴会实施方案。值得注意的是,近十余年来,宴会设计、宴会管理、宴会活动策划等方面的专著和教材的出版,极大地丰富了宴会设计理论,推动了学科内容体系的完善。

当然,宴会设计的理论研究起步较晚,已有的理论成果有的还需要进一步接受实践的检验,进行不断的修正,使之趋向完善。同时更期待着新的观点、新的理论的出现,来充实、丰富宴会设计的内容体系,提升宴会设计学科的理论层次,使宴会设计学科真正建立在坚实可信的理论基础上。

(三)指导宴会设计实践活动,为培养宴会设计专门人才服务

宴会设计中有许多问题不只是理论研究,还包括技术和方法的问题,具有很强的应用性。不仅于此,在宴会菜单设计、宴会菜品风味与营养设计、宴会烹饪生产工艺设计和宴会服务设计里,着眼点就是如何解决在设计实践中经常遇到的最一般的设计问题。因此,从这个意义上说,宴会设计承担着指导宴会设计实践活动,解决实际设计问题的任务。

与此任务相关联的是,宴会设计为专门人才的培养提供了一条新的途径。在饮食行业里,宴会设计人员的产生与成长,在过去一直承袭着以师带徒、“依葫芦画瓢”的方式,这种培养方式一是培养速度太慢,二是培养质量不高,三是不利于创造性的发挥。为解决这种培养方式的不足,宴会设计课程将行业里那些零星散碎的、经验性的东西,经过整合提炼,形成了较为系统的、科学的、与设计实践相一致的专门知识。这种专门知识,将有利于培养新型的宴会设计专门人才。

第二节　宴会设计的学科性质与特点

一、宴会设计的学科性质

宴会设计形成的客观必然性及其研究对象,决定了它具有独立性、综合性和应用性等学科性质。

(一)宴会设计的独立学科性质

宴会设计这一学科在高等烹饪教育体系中经历了由不认识到认识,再到加快建设的过程。在高等烹饪教育创办之初,宴会设计只是作为一般知识,借生在烹饪工艺学、餐厅服务、烹饪营养学等学科的个别章节里,且各执一说,不相贯通,以致在有人迈出尝试性的一步时,还曾受到不应有的嘲讽和排斥。直到后来重新审视高等烹饪教育人才培养目标,发现宴会设计能力是高级烹饪人才能力构成中不可缺失的一种能力时,宴会设计作为一门独立学科的重要性才开始为人们所认识。更为重要的是,人们从宴会设计实践中,发现许多设计现象及其规律需要进行专门研究,宴会设计学科建设的步伐随之加快,宴会设计迅即被作为一门独立的专业课程,在高等烹饪院校的烹饪专业中开设。经过几年的建设,宴会设计的内容体系已趋向于充实与合理,独立学科地位更加稳固,但是它还需要更多人的呵护、培植,使之尽快地成熟起来。

(二)宴会设计的综合学科性质

宴会设计学科的综合性并不是指不同学科内容的叠加,这种综合性从根本上说,是与现代教育的综合化、整体化、一体化的发展趋势相适应的。具体地说,这种综合性可以表现为两个方面:一是在整合、融汇了其他相关学科理论的基础上,形成了宴会设计学科自己的体系。如系统科学、设计科学、认知心理学、价值论、烹调工艺学、餐厅服务、烹饪营养学、饮食美学等,它们从各自特定的学科领域出发,有的是在不同的侧面揭示了客观世界和人类知识中共同性的东西,有的是从不同的角度提供了对同一问题的不同看法。宴会设计从自身学科的实际需要出发,适者取之。如系统科学的整体性原理、系统分析方法等;设计科学的有限理性说、适应性系统观、满意性理论、设计技术论等一般设计理论;价值论的价值评价和功能学说;烹调工艺学中烹调加工的一般规律与生产组织管理的知识;饮食美学中审美心理和美的创造规律的知识等。凡一切有用的理论、知识、经验，经过重新整合，融会贯通后，便成了宴会设计体系的有机组成部分了。二是综合、融合了其他多个学科的研究方法和方式。在宴会设计中既有严格精确的定量描述，也有经验的定性分析；既有逻辑的抽象的方法，也有直观的形象的表达；既有对客观规律的严格遵循，也有根据人的需要采取的人为的约束和调节；既有模型的建构，也有类比的应用，诸如此类，不一一而论。相信宴会设计学科的发展，今后仍应当及时地吸收现代科技与教育的新成果，不断地丰富、发展自己的科学体系，成为适应时代需要的具有开拓性的学科。

（三）宴会设计的应用学科性质

宴会设计归根结底是以解决实际的设计问题为归宿的。它既研究设计的"事理"即"这是为什么"，更注重研究设计中"做哪些"和"怎样做"。设计行为很大程度上是人为的。因此，毋庸置疑，在宴会设计中具有指导意义与实用价值的设计方法、设计规范、设计程序、实施方案编制等，就占有重要的地位；而宴会菜单、宴会菜品风味、宴会膳食营养、宴会生产工艺组织、宴会服务策划等方面的设计研究，又是构成宴会设计的主要内容。这种安排，正是表明了宴会设计学科立足于具体设计实践活动中的应用性，体现了高等烹饪人才能力培养要求在宴会设计学科中的具体落实。所以，从这个意义上说，宴会设计是具有鲜明的应用性特点的学科。

二、宴会设计的特点

宴会设计作为独立的应用性的专业学科，有着自己独特的个性和显著的特征。

（一）理论性与实践性统一

宴会设计有坚实的理论基础。没有马克思主义关于对人的活动本质的精辟分析，没有设计科学等关于人的设计行为的研究理论，就不能科学地揭示宴会设计活动的本质，正确认识宴会设计在宴会发展中的作用，把握宴会设计专门人才的素质要求。宴会设计在阐释这些基本问题的同时形成了自己独特的理论体系。建设宴会设计更注重实践。如何指导宴会设计人员更好的从事宴会设计工作，加快宴会设计人才的培养，是宴会设计学科的根本目的。宴会设计必须围绕宴会活动进行，着眼于解决在设计实践中遇到的最一般的设计问题。更具体地说，设计本身就是一种实践，一个经过深思熟虑设计出来的宴会实施方案，必须回到宴会的生产和服务活动中去，并且使得这一活动过程能向着既定的目标状态有效地运行，向着与宴饮者需要相适应的价值目标贴近。因此，在宴会设计中理论不是凌驾于实践之上的纯理论或空头理论，而是与应用即实践紧密结合在一起的，是为实践服务的理论。离开实践，宴会设计则成为无的放矢的一纸空文，毫无价值。

（二）继承性与创造性统一

宴会设计活动在我国有着悠久的历史，广大的从业人员在长期的宴会设计实践中积累了许多宝贵的经验。宴会设计毫无疑问要批判地继承这些设计遗产和成功经验，吸收一切有益的设计成果，即宴会设计注重继承性，另一方面宴会设计更注重开拓性、创造性。现代社会是比以往任何一个时代都更加开放与注重融合的社会，人的价值取向反映在宴饮需求的变化，对宴会设计人员不断提出新的要求，同时宴会设计不囿成见，鼓励创新。没有创造性，宴会设计就没有生命力，就不能发展。宴会设计学科只有在继承的基础上与创造性相结合，才能培养适应社会发展与未来餐饮业设计工作需要的具有创新能力的专门人才。

(三)规范性与灵活性统一

宴会设计强调规范性。在对宴会的菜单设计、烹饪生产工艺设计、服务设计里，都涉及这些设计的具体规范和标准的问题，即要突出规范的作用。因为遵循这些规范，设计才能具有针对性，更加贴近目标要求，实施方案才更具有可操作性，成效才会更大一些。规范可以根据设计的实际需要，进行不断地丰富和发展，使它更充实、更完善。宴会设计在强调规范性的同时，也突出了灵活性的重要性。具体宴会的设计，因其宴饮对象的不同，要求的差异性很大，再加上其他诸多因素如原料供应、生产条件、厨师和服务员的操作技术水平等的影响，有些问题的解决就不能用硬性的规定，而必须有一定设计的灵活性。当然，体现灵活性，并不意味着可以忽视和背离规范，任意而为。规范性与灵活性的统一，是宴会设计学科的又一显著特征。

第三节　学习宴会设计的意义和方法

一、学习宴会设计的意义

宴会设计是一门应用学科，是理论和实践相结合的产物。学习宴会设计主要有两个方面的意义。

(一)学习宴会设计有助于设计人员树立科学的设计观

设计先于宴会生产和服务过程，直接关系到宴会活动的结果。因此，设计人员有什么样的设计观至关重要。学习宴会设计将会使广大的设计人员认识到设计工作的重要性，增强责任感，提高自我意识，从而真正牢固地确立科学的设计观，自觉抵制不科学、不健康、不文明的宴会糟粕，让科学的要求体现在每一个具体的设计之中。

(二)学习宴会设计有助于提高烹饪专业大学生的能力水平和全面素质

在高等烹饪专业的教学中，教会学生制作菜肴点心的数量指标固然重要，但是如何使学生能把零散的单个菜肴点心，通过创意设计组合成一个宴席，并且符合一定工艺的、营养的、卫生的、美学的要求，令人满意，却是关系到能力结构和综合素质的问题。在高等烹饪教育面向社会,大量培养专业有用人才的今天,这个问题就更显得突出和迫切。学习宴会设计将有助于完善学生的知识体系,有助于改变学生的能力结构和能力水平,有助于提高学生胜任未来岗位所需的全面素质。

二、学习宴会设计的方法

理论联系实际的原则对学习宴会设计具有特殊的意义。宴会设计的研究课题存在于宴会的设计实践中,它的研究结果也将付诸实践。学习宴会设计必须和宴会的设计实践相结合,以充分保证其实际效用。学习宴会设计可以采用多种多样的形式,以下五种学习方法尤显重要。

(一)结构分析法

结构是事物特定的存在方式。学习宴会设计首先要弄清宴会对象的有序化结构,即弄清楚宴会系统内部各组成部分之间在空间或时间方面的有机联系与相互作用的方式或顺序,这种方法就是结构分析法。应用结构分析法时,要学会辨析宴会结构的稳定性状态与可变性特征。由于稳定性状态是一种能够持续或保持的整体状态,其各组成部分之间的联系、排列方式保持相对不变,所以,分析处于稳定性状态的宴会结构是比较容易的。但是宴会又是处于与外界联系中,处于与变化着的外界的相互作用中,不仅其各组成部分的位置可以改变,而且组成部分也处在变动之中,这是宴会的可变性特征。认识宴会结构的可变性,是为了弄清楚变化后的各组成部分之间新的联系形式和相互作用方式,即新的有序化结构。对宴会结构的分析和理解,是进行设计工作的基本环节。

(二)比较法

比较法就是对两种或两种以上的同类事物进行辨别异同的研究方法。应用这种方法研究宴会设计时,应根据研究的目的确定比较的范围和比较的方面。纵向的比较可以是现代宴会与古代不同时期宴会的设计案例的比较,纵向比较既能理顺设计发展的历史脉络,又能弄清不同历史时期宴会设计的特点。横向的比较是同时期不同宴会的设计案例的比较,从学习的目的要求出发,这种比较应侧重于当前,由小到大递进进行。既可以是一个饭店内同档次宴会的比较,也可以是同一个地方不同饭店之间宴会的比较;既可以是中式宴会之间的比较,也可以是中式宴会与西式宴会之间的比较。

在应用比较法时,要学会透过现象看本质。宴会现象是纷繁错杂、变化无常的,但在它们的背后总凝结着一定的因果规律性,它们既具有某种基本的共同性,也具有相互区别的差异性。认识现象背后的因果规律性,掌握不同宴会之间的共同性与相异性,就可以利用它们来为设计实践服务。

(三)调查法

调查法是学习宴会设计时必不可少的一种方法。调查是通过直接或间接的方式了解人们对宴会的需求和看法。在宾馆饭店,承接的宴会任务是多种多样的,而宾客对宴会的要求也是五花八门的,如何着手进行设计呢?首先需要的是调查,去了解情况,掌握第一手资料。宾客对宴会评价如何,需要的还是调查。调查可以采用不同的形式,或当面询问,或发放问卷,或请进来,或走出去,或限制在个别人、小范围的,或扩大到很多人、大范围的。在调查时,往往是根据调查的目的选择恰当的形式进行。

调查法比较容易进行,也容易获得各方面的信息。但是,为了保证设计的可靠性,对调查所得的信息或结果,要进行多方面的分析、对照与筛选,有的还要进行验证。因此,在应用调查法时,必须清楚地了解所设计宴会的任务、目标要求,明确调查需要掌握哪些方面的材料,对于调查过程中可能遇到的情况和可能参与的其他因素,应有一定的预见和估计。

(四)经验总结法

从事宴会设计的工作者们,在实践中创造和正在创造着新的宴会形式,积累了丰富的设计经验,这是学习宴会设计和宴会设计学科建设的一个丰富的资料库。这些经验有的还没总结,有的虽已总结,但还没有上升到理论的层面,这就需要从设计科学的角度把这些经验总结出来,并从中提炼出所包含的宴会设计规律。

很多宴会设计人员在实践中更多的是依靠经验进行设计。因此,从经验中总结得出的宴会设计研究成果,常常能够保证它本身的实践效用。所以,学习者必须注意学会从设计科学的高度,对来自实践中的设计经验进行去粗取精、去伪存真、由此及彼、由表及里的改造,找出其内在的规律性,使经验性认识上升为理性认识。

(五)模拟设计法

模拟设计法是依照真实的宴会任务,有目的地构造设计的对象和设计的一系列目标要求,让练习者运用已掌握的设计知识进行设计的方法。也就是说,模拟设计是一种类似于真实的设计。

应用模拟设计法时,对假设的设计对象的仿真性、正确性、完备性和具有多种性能的要求,显得十分重要。模拟的设计对象与真实的设计对象之间不可能完全相同,模拟的对象比作为它的原型的对象要简单些、粗略些,即设计对象本身是被简化了。但正是由于这种简化有可能使设计的某些规律突出了,因而更适合于远离饭店不能接触实际的课堂学习者。在学习的不同阶段,能运用已掌握的设计知识,采用递进式的仿真模拟设计。通过这种演练,为学习者学会分析和解决实际设计问题,打好设计基础,一定会大有助益。

以上说的是学习宴会设计的几种方法。这些方法都各有其优点,也都有其局限性。在具体应用中,要根据学习和研究的不同任务及目的的需要,来确定采用哪种或哪几种方法。同时,还要及时地采用现代科学技术和现代教育技术的新成就，以收到事半功倍的效果。

◎总结

1. 宴会设计形成的客观必然性及其研究对象的特殊要求，决定了宴会设计具有独立性、综合性和应用性等学科性质。

2. 宴会设计学科有着理论性与实践性、继承性与创造性、规范性与灵活性相统一的特点。

3. 学习宴会设计的方法是根据学习和研究任务及目的的需要总结出来的，对学习宴会设计具有方法论意义。

◎思考题

1. 为什么说宴会设计学科的产生具有客观必然性？
2. 简述宴会设计的研究对象。
3. 为什么说宴会设计是一门独立的应用性学科？
4. 简述宴会设计学科的三大特点。
5. 结合宴会设计的任务，说说学习宴会设计的意义。
6. 简述学习宴会设计的方法。

第二章　宴会的起源与历史沿革

本章内容：宴会的起源

宴会的历史沿革

宴会的改革与发展趋势

教学时间：6课时

教学目的：通过本章的学习，使学生能够用辩证唯物主义和历史唯物主义的观点，认识宴会的起源和各个历史时期宴会的基本特征，充分理解宴会被人们利用的历史始终伴随着人类社会的发展进步，是社会物质文明与精神文明程度的标志。通过对当今宴会现状的客观分析，能够认识到宴会改革的必要性与发展方向。

教学要求：1.以人类学、民族学、考古学、历史学等多学科积累起来的事实材料为依据，剖析宴会的起源。

2.以社会生产发展为主线，讨论各个历史时期宴会的基本特征，理顺宴会发展的脉络。

3.客观分析当今宴会现状，肯定长处，解析不足，在此基础上，加深学生对宴会改革指导思想和改革措施的理解，提高他们对宴会未来发展的认识。

宴会被人们利用的历史始终伴随着人类社会的发展进步，它积淀了不同国家、不同民族、不同地区的文化特性和丰富内容，是其物质文明与精神文明程度的标志。宴会为适应人们不断产生的新的需求而发生着新的变化。在这一章中，将探讨宴会的起源，梳理宴会的历史沿革，并试图贴近历史的真实，在此基础上指出宴会改革与发展的方向。

第一节　宴会的起源

宴会是如何形成的呢？目前烹饪界对此是见仁见智，说法不一。有的说宴会源于祭祀，有的说宴会源于部落首领聚会，有的说宴会源于尊老养老，也有的说宴会源于礼，等等。其中以宴会起源于祭祀说为主流。对宴会起源于何时的问题，有的说始于虞舜时代，有的说产生于夏代，有的说产生于商代，甚至还有的说是周代才有的，其中说宴会产生于夏代的人比较多。

问题在于，讨论宴会起源问题时，应该用唯物主义历史观作指导，从更为深远广阔的人类社会形成与发展的进程中去探究，从人类学、民族学、考古学、历史学等多学科积累起来的博杂浩繁的事实材料中去挖掘。只有这样，才能更接近宴会起源的本来面貌。

宴会是社会生产发展的产物。探讨宴会的起源，不能不了解社会生产的发展。而要了解社会生产的发展，就不能只了解阶级产生以来的社会生产的发展，还必须上溯到前阶级社会，了解那个时期社会生产发展的情况，只有这样，才能描摹出更接近历史真实的宴会起源的图景。

一、宴会饮食方式的原始形态

宴会作为一种饮食聚会，采用的是同餐共食制，这种食制的原始形态植根于人类原始社会的集体生活之中。

在人类发展的历史长河中，集体生活一直是社会生产进步的不可缺少的条件。在漫长的史前时期，除了1万年左右的农耕历史外，人类饮食绝大部分是通过采集、渔猎的方法从大自然界谋取食物。面对强大和充满危险的自然环境，人类出于生存的需要，由初始阶段的不稳定和松散的血缘家庭，发展成为较为稳定和牢固的生产共同体——氏族公社，实行原始共产主义，群体中的每一个成员，没有个体主义观念，只有集体主义意识。人们依靠集体的力量和智慧，共同劳动，获取食物，妇女、老人和孩子主要从事采集，男子主要从事狩猎、捕鱼。共同劳动所获得的收获物都是公有的，是集体财产，每一个成员都对这种财产享有平等的权利，实行共同分配和共同消费，即实行同餐共食制，也就是每一个成员拿到一份食物之后，并不能占有它，只能当时吃掉它，一切不消费的东西，都仍是集体财产。这种社会生产组织和生活单位，一方面为同餐共食制提供了基本的物质保证，另一方面又在某种意义上使得同餐共食制成为加强群体成员之间的联系、认同和凝聚的特殊手段。这里需要说明的是，此时的共食制指的是氏族成员聚集在一起各自吃属于自己的一份食物，而非后来意义上的多人共一个碗碟合食之方式。

民族学资料为此提供了例证。不久前摩梭人还保留着母系制，基本生活单位为母系大家庭，实行共居制，集体生产，共同消费，男不娶，女不嫁，过着走婚生活。大家庭的消费由女家长主持，她先做好饭菜，就餐时，全家庭的人都面对火塘，按性别坐成两排，然后由女家长主持分配食物（见图2-1），每人可得到一份饭，一份菜，如果吃肉，则给每个人一块腊肉。在这里，平均分配是基本原则，但也不是绝对的，也可因年龄、体质状况而有所差异。独龙族、拉祜族、珞巴族、基诺族还保留了父系大家庭的形式，也是共同劳动，共同消费，每个家庭公社都有一个主火塘，若干个小火塘（见图2-2），供炊事之用。主火塘为氏族节食之用，由主妇分食，饭菜按人分配。

图2-1　摩梭人母系家庭共食

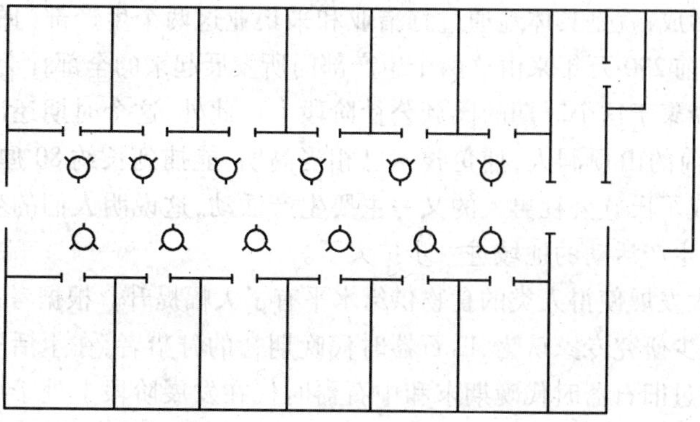

图2-2　基诺族的多火塘住宅

从新石器时代的半坡遗址中可发现，此时流行合葬墓，且随葬品很少，说明这个时期仍维系母系氏族的共食制，参加共食的人也比较多。到了新石器时代父氏家庭公社时，从承袭母系氏族遗风，维持共同劳动，同餐共食，过渡到共同劳动，再到产品分给父系小家庭分食，再到个体家庭成为独立的生产和生活单位，实行自劳自食，从而彻底取代了氏族共食制。例如，龙山文化时期，公共的大房子不见了，流行小房子，一家一灶，正是自劳自食的生活单位。

回顾人类几十万年同餐共食的生活方式，显然不能据此简单草率地认定这就是宴会，但是却可以追溯宴会饮食方式的由来，今天人们所熟悉的宴会饮食方式，正是在这个基础上发展而来的。

二、宴会的萌芽时期

人和人类社会真正走向成熟的时期是旧石器时代晚期，这个时期的人已经是解剖结构上的现代人，称为晚期智人（又叫现代智人），已进入母系氏族社会时期。这个时期可以看做是宴会的萌芽时期。

在母系氏族公社时期，社会生产力的发展达到了前所未有的水平。石器制造比过去更精致有效得多，特别是人工取火的广泛应用和弓箭制造的发明，更把社会生产力推向一个新的高度。人工取火技术的成熟和应用，使熟食更加普遍化，进一步扩大了人类的食物来源和生活领域，并使火也更广泛地应用于采集和狩猎活动中。弓箭的发明，将人类历史上的狩猎业推上了鼎盛时期，人类征服自然的能力更强了。从这一时期的考古资料中，可以清楚地看到这一点。在山西朔县，距今28 700多年的峙峪遗址中，考古学家只发掘了70立方米的堆积物，就清理出大量的野马和野驴的骨化石，其中单完整的牙齿就有4 000多个，这些牙齿至少代表128匹野马，88头野驴。在男人们从事狩猎活动时，女人们从事的采集经济也达到了极盛时期，她们在山林、原野、河边采集各种可食植物的根茎果实，果蔬成为与肉食资源具有同等意义的又一食物资源。据此，可以说，人和人类社会的形成，就是具体地通过狩猎业和采集业这两个生产部门的历史发展而实现的，此前290万年来由这两个生产部门所发展起来的全部社会机制，都以成熟的形态凝聚于这个时期的氏族公社阶段上。此外，这个时期还出现了捕鱼业，18 000年前的山顶洞人，捕鱼技术已相当高明，能捕到长约80厘米的鲩鱼，水产捕捞业成了氏族公社男人的又一主要生产活动，这说明人们的生产领域进一步扩大了，生产活动的地域进一步扩大了。

生产的大发展使得人类的食物供给水平有了大幅提升。根据考古学和民族学的资料，不少研究专家认为，旧石器时代晚期初的狩猎者，在生活资料的供给水平方面，胜过旧石器时代晚期末和中石器时代在发展阶段上处于中间状态的游牧者，与新石器时代早期的锄耕农人彼此相近。丰富的食物资源，使那时的人们能享受高质量的动物蛋白食物，能得以“异常贪婪地储备野兽”，有了较多的剩余食物，人们可以过上定居的大集体生活。此时人们除居住在天然洞穴中外，还建造人工的住所，建造了部分位于地下的圆顶的屋，在住所中常有灶炕，用以取暖或兼作炊爨。食物丰足了，人们有了更多的闲暇时间，不必为糊口而终日劳作。人类学家的实地调查表明，当今仍处于原始狩猎、采集的南非“布须曼族成人每天用不了3小时就足以获得有丰富蛋白质和其他基本营养的食物”，而“在东爪哇种稻区，人们发现当代农民每周大约用44小时干农活”，尚很少有动物蛋白吃。当然，不能简单地就此宣称母系氏族社会人们的生活，都是或总是这样的。因为狩猎和捕鱼是一种不稳定的攫取经济，人们对是否能达到预期目的缺乏把握，同时也有很大的风险，妇女的采集也有欠缺的时候，所以，生活的稳定性还是得不到保障。

食物丰足，有了剩余，交换产生了。旧石器时代晚期，母系氏族社会的采集和狩猎活动，如前所述达到了鼎盛时期，氏族社会除了能获得维持其成员生存所必需的食物外，还有了积余，这些积余一部分用于储备，另一部分则作为剩余产品用来交换。这时的交换是以极其原始的、不发达的形式出现的。根据考古学家、历史学家、人类学家、民族学家的研究证明，人们起初交换的剩余产品是剩余食品，而后才是交换其他劳动产品。虽然这种交换与商品交换毫无共同之处，没有成为经常性的、有规则的社会过程，但它的实质在于，可以用于建立新的或维持已有的氏族与氏族之间的社会关系。正因为氏族拥有了一定数量的剩余食品，就能让一些氏族成员分出更多的时间去从事某种专门化的生产，如手工业、艺术活动。大量的考古发掘已经证明了这一点，如山顶洞遗址发现的十分丰富的装饰品，有穿孔的兽石、砾石，磨制过的鸟骨、石珠，以及一根磨制的骨针，这证明他们已能用兽皮缝制衣服。在遗址中还发现了非当地所生产的赤铁矿的粉末和海蚶壳做的饰物，这说明山顶洞人已和远处的氏族有了交换交往关系。

人类社会组织的发展，是和社会生产的发展密不可分的，它的一切特征都是由社会生产发展的要求决定的。母系氏族公社就是适应这种发展形成的社会有机体，这个社会有机体是第一个人类联合体。氏族建立在外婚制的基础上，以血缘关系为纽带，是从事生产生活的社会单位，并有了共同的氏族语言。为了能获得更丰足的、可持续供应的食物资源，进行更有组织、有计划、有效率的生产，氏族有了更为稳定的居住、采集和渔猎的区域。在这个时期，每个氏族有自己的名称，即图腾，图腾成了认识氏族全体成员的统一性的形式，成了把这些成员与其他集体的成员相区别的形式，图腾信仰成了共同的氏族宗教。为了加强氏族内部与外部经济和社会的更广泛密切的联系，产生了氏族的最高权力机关——氏族议事会，即氏族全体成员会议，以及由它选举出来的，负责处理氏族所委托的公共事务的氏族酋长。母系氏族公社成了氏族共同体发展的最初形式。

至此，从这几万年人类社会发展的进程中已经形成和正在产生的对后来人类社会发展有着深刻影响的事件中，人们完全有理由认为，这个时期产生宴会的社会需要与物质条件已经基本具备,从而产生了宴会。

在前面曾经提到过的几种宴会起源说中,祭祀说得到了学界大多数人的肯定。在人类社会,宗教祭祀活动一直被看做是神圣的事,人与神的沟通,通过祭祀与宴飨借以实现,这种现象在我国及世界各国自古以来就普遍存在。例如,在殷商时代,“殷人尊神,率民以事神,先鬼而后礼”,在每次祭典完毕后,那些丰富的祭物(酒食),就成了殷王与陪祭臣子的一次宴飨了。在我国封建社会,各姓宗祠支祠以及乡社神庙,在祭祀时也盛行各种聚会共食制度。在雅典,按照宗教的规定,雅典市民应当以抽签为序赴元老院共食。凡参加圣餐的市民,一时成了神圣的了,并取得了巴拉西特(即同桌共食的人)的称号,凡拒绝这种应尽的宗教义务,便要受到法律的严厉惩处。据希腊历史学家赛诺芬说,雅典一年中的某些日子,由城市负担经费,大杀牲畜以祭神,祭肉全分给人民。这种遗风在古罗马也存在过,每逢盛大节日就沿街摆设酒席招待全体人民。在原始基督教的礼仪里,每礼拜日举行公餐,称为感谢祭。祈祷后,吃面饼和饮葡萄酒,面饼犹如群山中之麦粒集合在一起,象征基督教徒的团结;酒是经过踹踏、压榨而成,象征基督教徒对敌人的仇恨和诅咒。原始基督教的圣餐仪式,是由犹太教公餐制演化而来的。那么,这种祭祀宴飨或者圣餐、圣餐礼的源头又在哪里?答案是图腾崇拜。

在旧石器时代晚期的母系氏族社会,每个氏族的名称,就是这个氏族的图腾,图腾信仰是这个氏族的共同宗教。这是人类学、民族学确证的事实。图腾一词源于印第安语 Otote,它的意思是“我的亲属”。在近现代一些原始民族中,人们仍然用“我的父母”、“我的祖父母”、“兄弟姐妹”或“我们的骨肉”的称谓称呼图腾,笃信自己与图腾之间存在着某种血缘关系,即亲属关系。例如,以虎为图腾的白族自称“劳之劳农”,意即“虎儿虎女”;布朗族人把竹鼠视为父母的魂魄。任何一种观念都是社会存在的反映。图腾亲属观念的产生与原始人赖以生存的自然环境及其社会生产和社会生活是密不可分的。学术界普遍认为,最早的图腾是动物。这表明,图腾观念的产生与狩猎生产密切相关。普列汉诺夫指出:“图腾崇拜,是在一定的经济基础——原始狩猎的基础上产生的。”学者们认为,图腾制度“不存在个体主义”意识,它所表现的是“氏族集体主义”观念。

旧石器时代晚期,每一个氏族的人们一方面不断地改造旧的和制造新的狩猎工具,提高狩猎技术,以求获得更多的生活资料。另一方面,人们为了保证生命安全,与自己生存的险恶的自然环境进行着不懈的抗争。《庄子·盗跖》云:“古者,禽兽多而人民少,于是民皆巢居而避之。”《韩非子·五蠹》云:“上古之世,人民少而禽兽众,人民不胜禽兽虫蛇。有圣人作,构木为巢,以避群害。”

与旧石器晚期的柳江人同一岩洞发现的动物化石有剑齿象、中国犀、巨貘、猪熊、箭猪等;与河套人伴生的动物有巨齿象、披毛犀、野马、野牛、狼等;山顶洞人居住的地方,则有黑熊、虎、豹等。面对随处存在的死亡威胁,特别是猛兽的侵袭，为了在生存斗争中幸免于难，原始人除了采用积极的方法来抵御各种威胁之外，也因为对自然的无知，还采用一种幻想的消极的方式来求得自身的安全。这种方式就是认动物为父母兄弟或亲属。他们把人与动物相混同，把人类社会结构的特征转嫁到整个自然界中，把动物想象成像人类社会一样，是按人类社会的形式组织起来的。因此，把动物当作自己的血缘亲属，认为人与动物可以结成友好联盟，从而它们便会永远不伤害人，而且还能像自己的亲属一样，处处保护人。例如，怒族虎氏族中至今还流传"虎不食虎族人"的俗语。这种认亲形式的进一步深化，便是以某种特定的动物作为氏族的图腾，表示本氏族的所有成员与图腾动物的所有个体为同一族类。于是，氏族社会中普遍存在的图腾名称便这样产生了。

正因为如此，图腾崇拜成为母系氏族社会头等重要的事件，献祭仪式是属于氏族全体成员的共同庆典。人们像对待同族亲属一样对待图腾动物，认为私人屠杀图腾动物的行为是"非法的"，只有在氏族所有成员都参加祭典时，他们才屠杀图腾动物作为"神圣"的祭物，献祭后，依照规定氏族内的所有人必须共享祭品，吃食图腾肉，他们相信当共同食用的"神圣"祭物到达体内后，不仅会使他们能够获得图腾的一部分勇气和力量，也使他们相互之间结成的"生死与共"的统一体更加巩固，更使他们的生命能与祭物的生命融为一个共同生命体。这是沟通和维系人与图腾之间永久神圣关联的唯一方法，因此他们每隔一段时间即要举行献祭仪式，共享一次祭物。我国的鄂温克人、日本的阿伊努人和西伯利亚的吉利亚克人，视熊为神圣动物，把它当作祭礼的牺牲，并且公餐熊肉。独龙族有最隆重的祭祀活动"剽牛祭天"，举行仪式后，由一名父母双全的青年男子，用锋利的竹矛将牛刺死，就地将牛肉切割，当即用大锅煮食，然后再由族人们共食。这些明显地保留了图腾崇拜仪式的遗俗。

关于宗教的起源，很多学者认为，图腾的起源就是宗教的起源，图腾崇拜就是最早的宗教形式，最早用于祭祀的牺牲就是图腾牺牲。图腾餐，又称图腾圣餐，或称图腾大宴，图腾圣餐食用的是图腾动物。所以，早在19世纪80年代，罗伯逊·史密斯便指出：杀食图腾动物，是所有牺牲最原始的形式，"一种名为'图腾餐'的特殊仪式是构成图腾体制的主要部分"。弗洛伊德也认为："由此看来，图腾餐也许可说是人类最早的庆典仪式，……它是往后所谓的'社会结构'、'道德禁制'和'宗教'等诸多事件的开始。"C. A. 托卡列夫指出：图腾餐"是广泛流行的'圣餐'仪式的原始形式。"如果学者们的论断是正确的，足以采信的，那么说，图腾祭祀是宴会的起源，图腾圣餐就是最初的宴会形式，也应该是毋庸置疑的。

在母系氏族社会，凭借图腾圣餐的方式来加强氏族内部人之间、人与图腾之间的认同感，以达到融入那种神秘的生命之中的境界。这种聚而共食的重要意义，已不再是原初完全被动适应生存环境与基于求食本能那种意义上的共食形式了——虽然前者脱胎于此,而具有超越其上的一般观念形态的标志,并且是通过社会组织和逐步形成的有关规定、禁规、禁忌的力量,保证了图腾圣餐社会职能的实现。因此,把旧石器晚期定为宴会的萌芽时期,宴会起源于图腾祭祀,这个推论是能够成立的。

三、宴会的初级阶段

既然在旧石器时代晚期,宴会已有了萌芽,那么在其后的新石器时代,宴会已经被人们自觉地应用于社会交往活动中,应该是符合事物发展规律的。这一时期包括了母系氏族社会的晚期、父系氏族社会及原始社会的解体。这时的人类已进入现代人时期。

就社会生产而言,农业和畜牧业的出现使攫取性经济逐步转型为生产性经济,它标志着人类征服自然、利用自然的崭新历史阶段的开始。这种社会生产力方面的巨大飞跃,影响到社会结构的各个层次的进一步演变,推进人类社会加快向前发展。

世界农业的发祥地主要有西亚和地中海沿岸、印度、中国的长江流域、黄河流域、中美洲的墨西哥等,具体年代都在公元前 1 万年至公元前6 000年之间,到公元前5 000年农业已经发展到相当程度,主要的农作物有麦类、水稻、粟、玉米、豌豆和扁豆等,还有家畜狗、猪、羊和家禽鸡等。根据我国仰韶文化早期半坡遗址的考古发掘,发现了距今7 000年左右的炭化粟粒,仅在 H115 窖中就有数斗之多,还在一个小粗砂陶罐中保存有完好的种子谷壳。除了粟以外,还在出土的一个小陶罐中,发现了白菜之类的菜子。在同黄河流域的仰韶文化同样古老的浙江余姚河姆渡遗址中,出土的人工栽培的籼稻,距今已有7 000年。稻谷谷壳、稻叶和其他禾本科植物的堆积很厚,平均厚度 40 ~ 50 厘米,最厚处超过 1 米。据估算,约有 12 万千克稻谷,可供 500 人吃一年。初出土时,稻叶色泽如新,叶脉清楚可数,须根也完好无缺,颗壳表面稃毛还明晰可辨。考古发掘还证明,早期农人还会种白菜、芜菁、芥菜等,表明蔬菜与谷物在我国有同样悠久的种植历史。此外,狗和猪已是被饲养的家畜。这说明在此时期,已经形成了相当完整的农业生产体系。在我国北方,当时人们的经济生活以农业为主,渔猎为辅,并饲养家畜。而在南方,种稻业是农业的主要内容。

正如农业是由采集业发展而来的一样,畜牧业是从狩猎业发展而来的。如果畜牧业的出现如有些学者认为的是从农业的家畜饲养业分化出来的,那么它和农业的出现同样久远;如果从完全的畜牧业产生的角度来看,一般学者认为要比农业的产生晚得多。不过畜牧业的产生是随着狩猎业的发展而产生的则是确定无疑的。在新石器时代早期,细石器、弓箭的广泛使用,动物资源已今非昔比,尤其在平川地区。所以当猎取的动物比较多时,有时食用不了,人们往往将受伤而未死的野兽或活捉到的幼兽留下,利用狩猎中积累的动物知识将其豢养起来。

开始驯养的是狗和绵羊，到了新石器时代中、晚期，猪、山羊、牛等动物都被陆续驯养了，畜牧业也就出现了。在开始阶段，驯养的动物可以补充猎获动物肉食供给的匮乏，随后驯养动物就渐次代替了以狩猎为食的谋生手段。与农业地区以饲养家猪为主不同的是，在牧区是以狗、羊、牛为主，而在农牧业结合的地区，则上述家畜兼营饲养，形成了各自不同的原始经济特点。

农业和畜牧业的出现，特别是农业生产技术的不断进步，推动了农业的发展，使人们的生活来源远比采集和渔猎经济稳定和丰富，并更有保障，这就为人类过定居生活创造了物质条件。于是，人们广泛地建造较为坚固和固定的住所。聚族而居是氏族公社的特点。例如，半坡遗址是一个可以居住四五百人的氏族村落遗址。居住区在聚落中心，中间分布着许多小房子，每所房子约20平方米，中央有一烧火的灶，供取暖和炊饪之用。室内地表抹有一层用火烧过的草泥土，表面坚硬而平滑。小房子有方形和圆形两种，圆形的如蒙古包，分半地穴式和地面两种，计有46座房屋。房屋周围有贮藏物品的窑穴，共有200多个。小房子房门朝着供公共活动用的大房子，面积约有160平方米。围绕着居住区有1条深宽各5~6米的大壕沟，似起着某种防护作用。在村落沟的北面是氏族墓地，东北面是窑场。遗址还反映出当时氏族村落之大，房屋之多，说明氏族居民们已在这些地方长期定居了，有计划的种植经济已成为他们生活的主要来源，人口比较兴旺了。

制陶也是在这一时期发展起来的，这是人类技术发展史上划时代的发明创造。我国现存最早的陶器残片，出土于南方地区的一些洞穴居住遗址中，据测定，其距今有9 000~10 000年。半坡遗址出土的陶器以彩陶为特色，河姆渡遗址出土的则以黑陶为特色。在我国，新石器时代的遗址遍布各地，陶器在这些遗址中普遍存在，并且主要是为了满足日用需要的陶器。如汲器有小口尖底瓶、背水壶等；炊器有罐、鼎、鬲、甗、釜、甑、灶等；饮器有斝、爵、角、觚、杯等；食器有碗、钵、豆、簋、盘等；盛贮器有壶、罐、瓮、瓶、尊、盆、缸等，其中有些是粮谷等固体物的储存器，有一些则为酒、水之类液体物的储存器。新石器时代陶器的广泛出现，极大地促进和方便了人们的日常生活，同时反映了不同氏族群体的不同生活方式，也承载着这一时期的文化成就。例如，从半坡出土陶器的麻布压痕及其他陶器外表的线纹、绳纹和篮纹中亦可以证明，纺织、缝纫和编织是这时期妇女们的一项重要公职，说明篮筐和席的使用已较为普遍。

从上文介绍中可知，陶制饮酒器、盛酒器的出现，说明谷物酿酒与饮酒起源于新石器时代。由含糖的野果自然发酵而成的果酒应该是在新石器时代之前出现的。农业兴起以后，粮食成为主食，才有可能以粮食酿酒。刘安《淮南子》卷十七："清泱之美，始于耒耜 。"也就是说，粮食酿酒与农业的发展有密切的联系。江统《酒诰》："有饭不尽，委余空桑，郁积成味，久蓄气芳，本出于此，不由奇方。"这是说由剩饭发酵而发明酿酒的情景。学术界对我国酿酒究竟是起源于仰韶文化还是龙山文化,意见不一致。根据民族学提供的资料分析,新石器时期酿的是甜酒和水酒。甜酒是酒和糟一起饮用的,呈稀糊状,珞巴族、拉祜族、独龙族、布朗族至今仍采用这种方法酿酒。水酒是将酒与糟分开来,饮水酒有用具,海南黎族、川滇泸沽湖地区的摩梭人、普米族人、四川的羌族,饮酒时必往酒瓮中注水,形成水酒,或用竹竿直接插入瓮中咂酒,或倒出来饮用,如此几遍,直至不能再出水酒。游牧民族饮用马奶酒,鄂伦春族用马奶、小米和稷子米放在一起,发酵几天即可直接饮用。通过少数民族的酿酒术可以推断,在仰韶文化时期的酒应该是甜酒,酒、糟同吃,尚无专门酒器。大汶口文化、良渚文化、龙山文化、屈家岭文化已经有专门的酒器,应该是饮水酒的器皿。酿酒术的发明,是史前时期古人对人类饮馔文化的重大贡献之一。

河姆渡文化与仰韶文化都是母系氏族公社时期文化的遗存。后来随着农业与手工业的分工,以及各个生产领域劳动的进一步专业化,男性的劳动逐渐在生产活动中居于主要地位,从而男性在氏族组织中也逐渐取得了支配地位,母系氏族制度也就逐渐转变为父系氏族制度了。大汶口文化以及继大汶口文化之后的龙山文化等均属于这个时期。私有制已经在氏族经济中萌芽,出现了贫富差别,到了龙山文化,贫富分化更日甚一日了,平等的氏族成员分化为不平等的阶级,原始社会从此由解体到崩坍。墓葬品便是这一时期的历史见证。

仍以酒器为例,大汶口文化的酒器已相当发达,尤以山东地区为最。泰安大汶口遗址发掘 133 座墓,出土陶器1 015件,其中高足杯 93 件,占杯总数的 54.4%。邹县野店大汶口文化遗址出土陶器 600 件,其中觚形杯 62 件,高柄杯 47 件,镂孔杯 39 件,共 148 件,占陶器总数的 24.66%。当时还有陶盉、陶鬶、陶尊,也是专门的酒器。到了龙山文化时期,酒器有了进一步发展,山东临沂大范庄遗址发掘 26 座墓,出土的 725 件陶器中,酒器有 644 件。莒县陵阳河龙山文化有 45 座墓,出土酒器 663 件,占陶器总数的 45%。在青海柳湾马丁文化遗址中,M564 的墓主为一成年男子,随葬器物有 95 件,其中彩陶壶 87 件,都是贮酒器。这些遗址中随葬酒器如此之多,说明死者生前富有,酗酒在贵族阶层中已滋长成风。

在富人的墓葬里还以贵重的牲畜作随葬品,陶寺龙山文化墓地有 14 座墓随葬猪下颌骨,其中有 1 座墓随葬 30 多个猪下颌骨。甘肃秦魏齐家文化共发掘 125 座墓,其中无随葬品者有 13 座,随葬一般工具和陶器者的有 66 座,随葬猪下颌骨的有 46 座,最多者达 68 个猪下颌骨。随葬猪下颌骨多,是死者生前能够有权占有、支配牲畜的见证,也说明贵族阶层成为食肉族,过着较为奢侈的饮食生活。

在新石器时代,社会组织由母系氏族公社转到父系氏族后,社会职能发生了剧变,由家庭公社组成氏族再由氏族组成部落,为了保护部落的领地和利益,为了对敌对部落的战争,有血亲关系的或友好的部落间结成部落联盟,从临时性发展成为永久性的以地缘关系结成的部落，于此见到了文明时代的曙光。氏族宗教发展成为部落宗教。图腾崇拜逐渐衰落，或者说在图腾崇拜的旧的文化特质的基础上，产生了形式和内容更为复杂和多样的部落宗教，自然崇拜、灵物崇拜、祖先崇拜、偶像崇拜、英雄崇拜、巫教和萨满教等，均属部落社会的宗教形式。部落宗教的多种崇拜，在我国少数民族仍能窥其古韵遗风。如鄂伦春族崇拜祖先，崇拜自然物，相信万物有灵；土家族崇拜祖先；彝族崇拜万物有灵和崇拜祖先；怒族祭谷神、祭山林节等。阶级社会出现之后，原始宗教也就进一步发展成为替统治阶级服务的宗教，即由部落宗教发展成为部族宗教，而后又发展为民族宗教和世界宗教。原始宗教是人们无法摆脱自然界的沉重压迫而产生的祈求虚幻的、超自然力的观念和行为。

在大汶口文化中晚期、龙山文化早期、屈家岭文化早期、良渚文化早期，在一个地区的聚落中出现了中心聚落，到了龙山文化、良渚文化晚期，社会财富聚集到有权势的部落酋长、氏族酋长及担任公职的人那里，出现了以宫室、宗庙为中心的大型建筑城堡，如龙山文化已发现了30多个城堡。给人最大惊喜的是红山文化，发现了震惊世界的牛河梁女神庙遗址。女神庙是一座土木结构的半地穴建筑，南北长22米，东西最宽约9米，最窄处2米。女神庙出土了大量泥塑人像残块，已经被确定为庙内供奉的神像，分别相当于真人的原大、2倍大和3倍大。其中相当于真人3倍大的女神像残件，位于主室中心，可能是一尊主神，说明围绕主神的群神崇拜已经形成。联系到那些分布在它周围的十余处大型积石冢群、牛河梁二号地点、大型祭坛遗址，女神庙作为当时极为重要的场所，是5 000年前红山文化先民们所共有的祭祀活动中心。

以上介绍说明，新石器时代是原始社会中人类社会发展的最高阶段。在这一阶段，人们所创造的文化成就，无论是物质文化还是精神文化以及社会组织的发展，都达到了空前的辉煌，起到了开启后来的作用。饮食筵宴文化，自然也包括在其中。就宴会来说，其意义重大。

(1)物质基础因这一时期经济的稳定性增长而得到巩固，食物原料的品种和数量不断增加，人们的生活水平提高了。

(2)烹饪技术因陶器的出现和广泛使用有了质的飞跃。改变了火烤、石烹的简单制作模式，发展了蒸、煮、烧等技法，加入了调味料，菜品丰富多了。

(3)酿酒术的发现带动了饮酒的兴盛。贵族的酗酒之风，对社会饮酒风气起到了推波助澜的作用，酒用之于会饮聚食应该是很自然的事。

(4)趋于讲究的进餐方式。当时一般人还席地而坐，环火而食，而少数贵族已经有了比较讲究的餐具，出现了木案。如陶寺墓地出土了不少木案，其上摆设有精美的陶器、彩绘木器，有本地出产的，还有外地出产的，说明贵族阶层对进餐方式讲究起来了。

(5)更为重要的是社会条件的进一步完备。聚族而居，社会组织的职能扩大、强化，生产产品的丰富和交换领域的扩大，使得人与人之间、氏族之间、部落之间的联系与交往扩展了，宴会应用开始渗透到社会生活的许多方面，尤其是原始宗教的发展，使宴飨与宗教祭祀更为紧密地结合到一起。

根据民族学、人类学、考古学资料显示，从农业出现以后兴盛起来的原始宗教，献祭一直是不同崇拜信仰的主要仪式，尤其是在新石器时代的中、晚期，以及从近代尚存的原始部落和一些民族中，任何有献祭仪式的活动必然有隆重甚至盛大的庆典，祭品的食物除了有牺牲，还有谷类、酒、水果等。对祭品的处理，仍然沿袭古老的做法，即参加祭祀的人们一起共同分享，祈求获得神明的赐福和邀宠，避凶消灾。例如，农业出现之后，人们对土地的依赖性更显突出，土地的神秘感进一步加强，于是将它神化，并对它加以崇拜，希望得到它的帮助。为了祈求农业丰收，人们经常举行各种各样对土地神的崇拜仪式以讨好地神。很多原始部落中举行的播种节、丰收节，都与土地崇拜有着密切联系。父权制出现之后，在鬼魂崇拜的基础上，出现了祖先崇拜。我国人民的祖先崇拜就非常盛行，祭献食物、牺牲、纸钱，供奉牌位，每年春、秋、忌日在宗族祠堂举行祭祀活动，祭罢举行宴飨。如此崇拜仪式，大半都是从原始社会末期发展而来的。辽宁牛河梁5 000多年前的大型祭坛、女神庙和积石冢群的发现，就是原始文明社会祭祀活动的一个实证，既填补了“三皇五帝”时代的空缺，也是夏商举国重视祭祀的滥觞。说明祭祀宴飨活动不仅源远而且流长，影响深远。

在民族学、人类学资料里，除了祭祀宴飨外，还有其他形式的宴飨活动。有民族部落内的聚会宴饮，也有氏族部落之间的聚会宴饮；有氏族部落首领聚会宴饮，也有氏族部落全体成员参加的庆典宴饮；有为成年举行的宴飨，也有为养老摆设的酒宴；有为能成为“大人物”举办的宴会，也有首领、大人物的“散财宴”；有为喜获丰收和狩猎成功的欢宴，也有为庆祝战争胜利的狂饮等。

新石器时代是宴会发展的初级阶段，正是在这个初级阶段，孕育了文明时代的全新面貌的宴会，接续起史前时期与有史以来宴会发展的链接。在以往的研究里、教材中，关于宴会的起源和初步发展，大多是被忽略或语焉不详一笔带过的部分，现在根据文献史料，以较大的篇幅加以探讨，目的在于试图还原宴会的本来面貌，这样的文字也是为下一节有关宴会历史沿革而作的铺垫。

第二节　宴会的历史沿革

在上一节里，沿着人类社会发展的历史轨迹，自上而下地切入到原始社会不同时期社会生产与社会组织的演进过程中，借用考古学、人类学、民族学方面的资料，对宴会的起源及其初步发展，进行了追溯与研究。在这一节里，将对自文明时代以来，我国宴会在不同历史时期走过的历程，作一举要式的介绍，以便从中把握其发展的基本脉络。

一、夏商时期

夏商时期,原始氏族部落宗教演变为王权垄断宗教,王权与神权合一,尊神事鬼之风无处不在,社会文化弥漫着浓郁的宗教迷信氛围,筵宴文化自不能例外,成为有别于后世的一道独特的风景线。

(一)祭祀宴飨名目繁多,典仪隆重

到了夏代,自然的"原始宗教"逐渐变成"人为的宗教"。从大禹"改孝乎鬼神"、"有夏服天命"、"夏人娇天命,布命于下"等记载看来,整个夏王朝就是一个利用鬼神进行统治的初期奴隶制王国。到殷商时代,祭坛的迷雾和沉醉的酒香笼罩着整个社会,宗天、尚鬼、嗜酒成为殷商文化的重要特色。"国之大事,在祀与戎",祭祀一直是商王重视的国家大事,几乎是无日不祭。其祭祀的对象之广、名目之多、祭祀之频繁、典仪之隆重、杀牲数量之惊人,在我国历史上是少有的。如衣祭、翌祭、侑祭、御祭等,这些祭祀几乎都是殷王亲自参与和率领宰臣们进行的,每次祭祀用牺牲或几头,或几十头甚至上千头之多,并且献上大量的酒,据甲骨文记载,王室一次祭祀曾用香酒一百坛。祭典完毕后,那些丰盛的"祭物(酒食)",自然成了殷王与陪祭人的一次宴飨了。祭祀宴飨让人们在醉眼朦胧、神情恍惚之际,仿佛置身于与神共处的美妙氛围。所以,夏商时代宴会活动的最大特点是和祭祀结合在一起。

(二)开创饮食礼器等级制的先河

夏商时期贵族统治阶级占有原始青瓷器、漆器、象牙器等制作精良的餐饮具,特别是青铜器,自产生之日起,即成为社会等级名分制度的重要标志,赋予了"明贵贱,辨等列"的特殊的时代意义,被视为"器以藏礼"的所谓名物器具。

礼器主要用于贵族统治阶级宴饮或祭祀等各种礼仪场合,从本质上说是"寓食于礼"的具体体现,"名位不同,礼亦异数",礼器的数量、品位、种类、名称、组合,及其材料、工艺、造型、质量、功用等,均可用以表明使用者的社会地位和成为衡量贵族统治集团内部等级关系的准则。夏朝礼器中陶礼器为主要部分,也有漆礼器,而后才有青铜礼器。饮食礼器主要分为酒礼器和食礼器两类。夏代出土的青铜礼器有爵、觚、鼎、斝、盉、角等6种,多的有13种。商代饮食礼器以酒器觚、爵数目区分贵族身份。通观夏商时期的礼制,突出表现在以青铜酒器觚、爵套数,配以若干数量的其他种类礼器,用来辨拥有者之身份地位,序社会政治构成秩序,从而形成一套等级制的青铜礼器制度。根据统计,商代青铜礼器反映的等级制度,从全国各地商代墓葬随葬青铜觚、爵套数的考古发现来看,大体分为50余套、10套、6套、5套、4套、3套、2套、1套等八大等列。安阳殷墟出土的礼器已在25种以上了。不过从商代出土的饮食礼器情况来看,其尚未形成定

制,还处在逐步强化的不稳定状态。

(三)嗜酒无节的社会风习

夏商时期,酒的消费量十分之大,社会生活中几乎随处皆见酒。民间的“族食、族燕之礼”,要“为酒以合三族”。祀神祭祖,则“既载清酤,赉我思成,亦有和羹”,酒食美味,为享礼所必具。再如,当时国家政治生活中的宴飨各国来宾、军戎饯行、封侯任官等,也每每以酒为礼。

夏代酿酒主要有两种:一种是酒与糟合在一起的浊甜酒,称为醪酒;一种是糯性粟酿成的白酒,称为秫酒,属于清酒。夏代酿酒已发展为作坊式的批量生产。商代酿酒技巧已有相当水平,当时已有用粟酿制的白酒、用稻米酿制的米酒、用秬(黑黍)酿制的鬯(统治阶级专享的高档酒)、用鲜果或干果品酿制的果酒、加草药浸泡的药酒。

夏商二代皆崇尚饮酒,商代尤甚。与隆重的祭典和多种酒类相配套,殷商文化遗址中的酒器之多,令人目不暇接。酿酒的罍,贮酒的壶,贮而备斟的尊,盛鬯备送的卣,温酒的盉、斝,烫酒的觚,斟酒的斗、爵、觯……不一而足。富者用铜制,贫者用陶器,阶级身份有别,而嗜酒之风则同。为满足社会对酒器需求量的剧增,出现了专以制作酒器为生的氏族。相传武王克商之后,分鲁公以殷民六族,其中的长勺氏、尾勺氏两族,便是以制作酒器著称。酿酒作坊林林总总,不仅王都有,地方也有很多,有属王家的,也有各地贵显阶层的,还有民间富家的。

对夏商统治阶级来说,嗜酒成癖,趋至极端。夏王启“湛浊于酒”,太康“甘酒嗜音”,夏桀“荒耽于酒”,商代祖甲以后各王,“生则逸,不知稼穑之艰难,不闻小人之劳,惟耽乐之从”,商纣王“以酒为池,悬肉为林,使男女裸相逐其间,为长夜之饮”,真是史不绝书。以至于夏亡国前“夏人饮酒,醉者持不醉者,不醉者持醉者”,商亡国前“诞唯民怨,庶群自酒,腥闻在上”。整个统治阶级沉溺在纸醉金迷之中,腥秽上冲,天怒人怨,一朝覆亡,成为后世统治者治国的前鉴。

(四)以乐侑食的滥觞

古代贵族阶级的筵宴饮食,好以音乐歌舞助兴,用来渲染气氛,激扬情绪,增进食欲,引导程序,张大威仪。“乐”是与“经国家、定社稷、序人民”的“礼”相辅相成的古代社会的两大精神支柱。

夏代贵族阶层饮食筵宴,不只行于王都,亦行于其他地区,上层显贵所享,以鼓、磬、铃交奏为常,其乐或容有乐歌和乐舞,乐舞有舞饰舞具。重大的舞宴举行中,众贵族或妆饰鸟兽道具,翔舞其间,有时贵族本人参与舞者行列,“群臣相持唱于庭”,似为一大特色,与商代以后尊者坐飨而乐舞者表演一侧的情况不太相同,多少还保持有原始时期举族共乐的遗意。

商代乐舞盛逾夏代,凡祭祀或贵族飨宴,几乎无不用乐,故文献有“殷人尚声”之说。《礼记·郊特牲》对此有申述,其云:“殷人尚声,臭味未成,涤荡其声,乐三阕,然后出迎牲,声音之号,所以诏告于天地之间也。”说的是商代祭祀中以声贯穿始终。声者,实合歌、舞、器乐三者为一体。商代乐舞多有名称,演奏由专门的乐师承担,舞者有专门的“舞臣”。以乐侑食,最著名者当数商末王纣,《殷本纪》言其“使师涓作新淫声、北里之舞、靡靡之乐。”《说苑·反质》谓纣“宫墙文画,雕琢刻镂,锦绣被堂,金玉珍玮,妇女优倡,钟鼓管弦,流漫不禁”。纵美食声色,过度的挥霍奢靡,终落得国灭人亡的境地。

(五)食以体政与合族聚食

夏商王朝的宴飨,是“食以体政”的重要一环。夏王所飨对象有诸夷来宾、百官群臣等。商王所飨对象,主要为王妇、要臣元老、武将、戚属、诸侯、群邑官员、方国君长及四方的重要来宾和使者,当然也包括商国派往四方的使者。这种做法对内用以笼络感情,即所谓“饮食可飨,和同可观”,融洽贵族统治集团的人际关系;对外用以加强与诸侯、群邑间的隶属关系和与方国“宾人如归”的亲和友好关系,进行全方位多层面的交往交流,总以扩大对各地的政治羁縻为宗旨。这种以商王为主方而显其威仪气派及“敷政优优”的筵宴,既是“我有嘉宾,亦不夷怿”倨傲舒悦心态的表露,其大国“赫赫厥声”的底蕴,也每溢于席面之间,政治的精神的功用再鲜明不过。

夏王朝筵宴多在“大室”举行,“缦帛为茵,蒋席颇缘,觞的有采,而樽俎有饰”,不可不谓之讲究。这一做法后为殷人吸收,又有发展,“食器雕琢,觞酌刻镂,四壁垩墀,茵席雕支”,简直是代有出新,而商王朝举办筵宴的场所,除“大室”外,还有祊西、阑宗、阑大室、北宗、宗、庭、召庭、召大庭、召宫等,商王的宴飨是根据其宴请的性质、对象的等级、规模的大小来选择场所的。史籍中均有夏商二代野宴的记载。如夏代的“瀹食于野”,商王狩猎于野外举行鹿宴以飨功、飨师振旅的饯行宴等。

据《礼记·大传》记载,古代有一种“合族以食,序之以礼”的古老饮食俗尚,原本是原始氏族或家庭血缘群体,在某些视为有特殊意义的时节里,聚集在一起,载歌载舞,共饮共食。这类合族聚食,大都带有原始宗教行事的性质,久之乃演变为一种人们进行社会联系和处理社会关系的比较理性的饮食时尚。夏商时期,承袭“合族以食”的遗风,并又赋予新的规定,据甲骨文记载,商代普通族众的聚食,有具体日子、指定地点及食者身份、对象等诸多规定,“宁食于商”指宁族聚食商郊,而“月一正,曰食麦”,表明有的聚食定在冬闲农隙月份举行。《尚书·酒诰》“惟殷之迪诸臣为工,用湎于酒”,是普通族众或贱官的聚食。为社会中低阶层的聚食作出规定,说明聚其民而食之,虽构成了一大民俗,却又受限于官方的许可,是不能随意举行的。

二、西周春秋战国时期

从西周开始,浓郁的宗教迷信氛围渐次被注重世事的精神所冲淡。“殷人尊神,率民以事神。……周人尊礼尚德,事鬼敬神而远之。”周灭商后,历史呈现出一个剧烈而深刻的转变，周人认识到“天命靡常”，强调“以德配天”的思想，完备宗教祭祀之礼，使之制度化、法典化，更赋予其道德的内容。另一方面，建立起完备、等级森严的宗法制度，制定了严格约束社会规范的礼的制度。周朝时期除了祭祀宴飨外，还把宴会推及国家政事和社会生活的各个方面，各种宴会都要按照制度举行礼仪，所以，各种宴会也通称为“礼”。因此，这个时期宴会最大的特点是形成了以礼为核心的宴会制度。

东周以后，王室衰微，出现了所谓“社崩乐坏”的局面。但正是这500余年的时间里，中华文化鲜明的人文主题在这一时期确定，而“有容乃大”、“和而不同”的文化包容机制使得这一时期的饮食筵宴文化呈现差异化、多样化。

（一）难以僭越的宴会等级制度

礼是统治阶级要求人们遵守的一种行为规范，其本质是“明贵贱，辨等列”，使人民“皆有上下之宜，不得奢侈僭伪”，统治者则借以保持森严的等级制度，以维护自己的特权。孔子曰：“信以守器，器以藏礼”。在西周时期的饮食礼器的制度中，用鼎制度是其中的核心。这时候的青铜鼎已不再是单纯的炊器，而成为贵族的专用品，以及统治权力的象征。这些青铜饮食礼器是区别西周内部等级关系和社会身份地位的标志物，所谓“名位不同，礼亦异数”是也。

《周礼·天官·膳夫》：“王日一举，鼎十有二，物皆有俎。”据郑玄注：“杀牲盛馔曰举……鼎十有二，牢鼎九，陪鼎三。”又据《礼记·郊特牲》孔疏：九鼎的鼎实为：牛、羊、豕、鱼、腊、肠胃、肤、鲜鱼、鲜腊九种，亦称“大牢”。三陪鼎的鼎实为：肜（牛肉羹）、臐（羊肉羹）、膮（豚肉羹）（据《周礼·膳夫》贾疏）。列鼎数目自然以周天子为最，到了诸侯则用牛、羊、豕、鱼、腊、肠胃、肤七鼎，即所谓“大牢”；大夫则用羊、豕、鱼、腊、肠胃五鼎，亦称“少牢”；而元士只能用豕、鱼、腊三鼎了。列鼎而食的制度，延续至春秋战国，似乎更为盛行，国君宴乡大夫时也用“九鼎”。据考古资料不完全统计，已发现西周中期至春秋早期墓葬中的列鼎有十余处之多，春秋中期至战国墓葬中出土的列鼎近三十处之多。这说明当时列鼎而食确实是一种风气。

自然，奴隶主贵族们祭祀宴飨的筵席，除了列鼎外，还有许多盛于各种礼器中的肴馔和食物，其数目自然在筵席上是有规定的。例如，盛黍稷之器实，“天于之祭八，则诸侯六。”宴飨时，例如筵席上豆（实濡物之器）的多少，《礼记·礼器》中规定为：“天子之豆二十有六，诸公十有六，诸侯十有二，上大夫八，下大夫六。”由此可见，宴会礼制对于维护并强化君臣、上下、贵贱等级差别，具有重要的作用。

（二）详尽繁琐的礼仪形式和内容

在周代，宴会的礼仪形式和内容都有详尽的规定。据《仪礼》中所载，《乡饮酒礼》、《乡射礼》、《燕礼》、《公食大夫礼》、《觐礼》等，皆有数十道节仪的规定。例如《乡饮酒礼》的礼节程序有二十四节，《大射礼》的礼节程序则有四十三节之多。即便是宴飨中的问答辞令、赋诗言志都有一定的准规，如果失言失态，都应被认为有辱君命、有失身份的大事。

以“燕礼”为例，所谓“燕礼”，即国君宴请群臣之礼，“燕礼”主宾皆由大夫担当，“与卿燕，则大夫为宾。与大夫燕，亦大夫为宾。”作为公卿，已极尊显，再加以为宾之尊，就有尊逾君主之嫌，故于礼数上要避免。而敬酒时，国君指派掌自己膳食的“宰夫”为“献主”，其仪式是“献君，君举旅行酬；而后献卿，卿举旅行酬；而后献大夫，大夫举旅行酬；而后献士，士举旅行酬；而后献庶子。”“故使宰夫为献主，则可以尽宴饮之欢，体宾之心也。”真可谓用心良苦。

在《礼记·曲礼》中，人们要知晓和力行这些宴饮规范，入席前要从容安详，两手提起衣裳，离地一尺，不要掀动上衣，脚不要乱动发出声响；坐下后要向前靠近食物；进食时不要只顾自己吃饱；用手抓饭前先要将手洗干净，不要把饭搓成团，手中的剩饭不要放回食器；不要不停地喝酒；不要吃得咂咂有声；不要把到口的鱼肉再放回菜盆；不要啃骨头，不要把骨头扔给狗吃；取饭菜不要霸道；不要大口喝羹汤，不要当主人面调和羹汤与喝醋；不要当众剔牙；主人没有吃完，客人不要漱口，表示已经吃饱。这些极尽繁缛琐细的礼仪禁忌，对谦恭礼让的人际关系的形成起到了很大的推动作用，并对后世产生了极为深远的影响。

（三）丰富多样、和而不同的菜品陈列制度

宴会的席面是菜品组合的艺术在西周时期已粗具雏形。《周礼》记周天子便宴，“食用六谷，膳用六牲，饮用六清，羞用百有二十品，玲用八物，酱用百有二十瓮”。郑玄注云：“食，饭也。饮，酒浆也。膳，牲肉也。羞，有滋味者。”也就是说凡是当时有的食品，即主食、菜肴、饮料、调味料、佐食等，都要端出来，供天子选择。由此可见，西周统治者对列“八政”之首的饮食之事的重视，与殷商重酒尚饮风气恰成鲜明对照。

西周春秋战国时期，生产力的发展，推进了农业畜牧渔猎经济的初步繁荣，烹饪工具有了很大的改进，原料的选择加工有了更多的讲究，烹调方法有了新的增加，筵宴肴馔品种和盛器形制变得更加丰富，并且以和而不同、实用审美的形式展示出来。从这一时期出土的文物看，饮食器皿的种类多，形制丰富，华素兼有，亦可谓千姿百态。从文献记载看，如果把等级制饮食礼器的多少看做是宴会规格的话，那么相应规格宴会菜品是丰盛的，其陈列是十分讲究的。当时的诸侯有公、侯、伯、子、男的爵位差别，反映在祭祀宴飨规格上，所用器皿菜品的多少是不一样的，《周礼·秋官·掌客》说：凡诸侯之礼，上公“飧五牢，食四十，簠十，豆四十，铏四十有二，壶四十，鼎、簋十有二，牲三十有六，皆陈。”侯伯“飧四牢，食三十有二，簠八，豆三十有二，铏二十有八，壶三十有二，鼎、簋十有二，牲二十七，皆陈。”子男“飧之牢，食二十有四，簠六，豆二十有四，铏十有八，壶二十有四，鼎、簋十有二，牲十有八，皆陈。”

《仪礼·公食大夫礼》记载诸侯招待来聘上大夫的宴会，席面陈列的菜品有八豆、八簋、六铏、九俎，外加雉、免、鹑、鴽四种野味，招待下大夫的则为六豆、六簋、四铏、七俎，而无野味。清代经学家胡培翚在《周礼正义》中，根据《仪礼·公食大夫礼》的文义，复原了所用饮馔的陈列形式（见图2－3）。

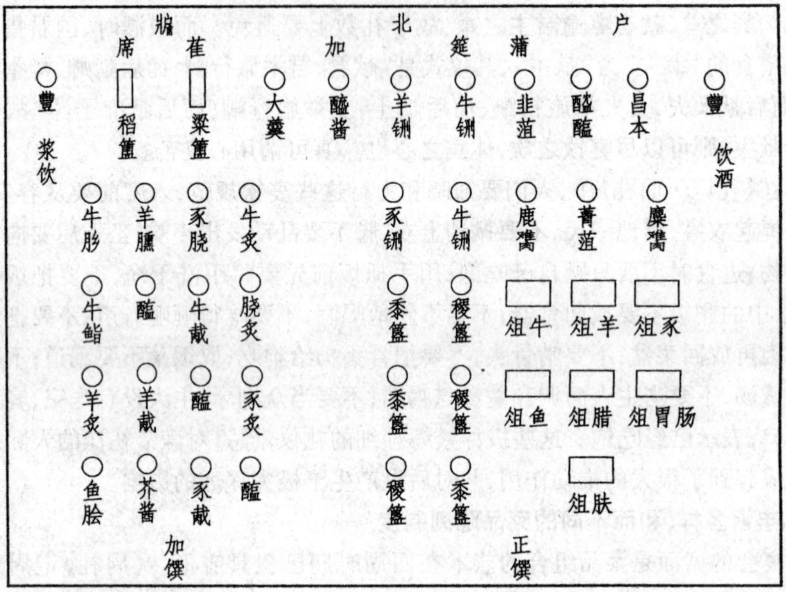

图2－3 《公食大夫礼》肴馔陈列图

（四）席地而食的宴饮形式

夏商周时期尚无桌椅板凳，人们还是继承石器时代穴居的遗风，以芦苇编席铺在厅堂之内，坐于斯，睡于斯，就是吃饭宴飨也在席上跪坐着吃。但在西周时期，在室内用具上，席的使用已十分普及了，并成为古代礼制中的一个规范。当时无论是贵族王府还是贫苦人家，室内都铺席，只不过席的种类有区别，华贵与简朴有不同。从考古资料与文献来看，西周及其后来，民众百姓无论是平时进食或举行宴会时，食品菜肴都是放在席上或席前的案上，无席而坐是被认为有违常礼的。席地而食讲究礼节。首先，铺席子要铺得有规有矩，摆向合礼，端端正正，所以后来孔子曾说："席不正，不食。"其次，坐席要讲席次，主人或贵宾坐首席，称"席尊"、"席首"，余者按身份、等次依次而坐，不得错乱。最后，坐席讲究坐姿，要求双膝着地，臀部压在后足跟上。若坐席双方彼此敬仰，就把腰伸直，是谓跪，或谓跽。坐席切忌随随便便。

在周宫里，铺席是来不得半点马虎的，不能逾越礼的范围。《周礼·春官·司几筵》："司几筵掌五几、五席之名物，辨其用，与其位。"其下面文字的意义是：凡大朝觐礼、大飨射礼、封建邦国、策命诸侯，王者的席位必须摆设绣有黑白斧形的屏风。在屏风前，面向南方铺设用莞草编织的镶白边的席子，再铺上以云纹饰边的五彩蒲席,之上再铺绣有黑白绘作边缘的桃枝竹席,屏风左右摆放玉几。祭祀先王的酢席也是如此。诸侯祭祀的席位是:下面铺设用蒲草编织的镶红色的席子,上面加上用莞草编织的镶白边的席子。右面摆设雕几。酢席的席位是下面铺设以莞草编织的镶白边的席子,上面加上绘有云纹饰边的五彩蒲席。宴享宾客也是如此,右面设红色几案。

“几”是一种矮小的案子,是为与坐在席上相适应而设计的,是古人用来于席前摆放食物的,为食案或是倚凭身体用的。早在新石器时代晚期山西襄汾陶寺遗址中就有木案的发现。周朝时期富贵人家有这种小食案是很寻常的事。显然,宴飨时,每人面前摆放着小食案,是和当时实行分食制紧密联系在一起的,而分食是和远古社会平均分配消费和西周先民的房屋低矮有关,席地分食制从西周至汉唐这样一个很长的历史时期都是一脉相袭的,而且对后世的东亚等国也都产生过较大的影响。日本学者木村春子等人在《中国食文化事典》中说:“古代的中国,实行每人一份的分餐制。食案的排列,如同席地便餐那样,人们是坐在席垫上进食的。这种饮食方式被朝鲜半岛和日本继承了。”正所谓“礼失求诸野”,中国传统的分餐制在中国早已难觅其踪,反倒在邻国依然盛行着。

(五)以乐侑食,从神本走向人本

周代继殷商之后,继承了祭祀大典的乐舞,同时有了进一步的发展。在周代,不同的神明以不同的乐舞表现来祭祀,例如,祀天神、祭地祇、祀四望、祭山川、享先妣、享先祖,各有规定的歌舞曲目。《礼记·乐记》记述“大武”一段,即是为周武王克商成功歌功颂德的模拟式的乐舞。乐舞作为国家祭祀重礼中必不可少的仪节,秦汉以后历代王朝承继沿袭,成为中国古代传统宗教仪式表现的重要形式。但与殷商着重于祭祀(自然也是盛大的宴飨)时举行乐舞不同的是,自周代始把乐舞(特别是音乐)直接与宴会,甚至于日常进膳相联系,从以神为本的侑食文化走向以人为本的侑食文化新途。

据文献记载,周王平日膳食是少不了音乐的。《周礼·天官·膳夫》说:“王日一举……以乐侑乐,……卒食,以乐撤于造。”《礼记·王制》也说:“天子食,日举以乐。”至于周王室的重要宴飨,必须举乐唱诗,那就更不用说了。故历来研究《诗经》的学者普遍认为,《大雅》是用于王室大典宴会的歌词,《小雅》是用于诸侯宫廷的宴会歌词。即在乐舞时进行乐舞的唱诗。王室举乐侑食,乡里宴饮亦效之。《乡饮酒礼》的“作乐”分为升歌、笙歌、闲歌、合乐四个程序,其他的宴会的音乐演奏在《礼记》中亦有明确的记载。西周以后,诸侯的宴会也要举乐侑食。例如,《左传·恒公九年》:“鲁享曹太子,初献,乐奏而叹,非叹所也。”这是中等诸侯国设享礼招待小国太子的奏乐。《庄公二十一年》:“郑伯享(周惠)王于阙西辟,乐备。”这是诸侯国君设享礼招待周天子,全套乐舞一样不缺。又如《诗经·宾之初筵》所描述的筵宴场面片断:宾客初到各就席,左右揖让不失礼,钟鼓既设挂室内,络绎不绝来举杯,执笛起舞笙鼓和,音乐相应齐奏乐,起坐无时没礼节，屡次翩翩舞不歇。形象地刻画出了奴隶主贵族们在宴会上以乐舞娱情、失仪纵酒的情景。图2-4、图2-5、图2-6，表现的是战国时期钟鸣鼎食、器乐演奏、宴乐渔猎攻击的场景。春秋战国时期，士阶层的崛起，为筵宴文化注入新

图2-4　战国时期铜器刻纹中的钟鸣鼎食情况

图2-5　战国铜杯宴乐图纹上演奏编磬情况

图2－6　战国铜壶上的宴乐渔猎攻击纹

的活力。士大夫举行宴会时，也要举乐以助兴，举乐行酒以烘托宴饮时的气氛，并规定为宴会仪式的组成部分。充满激情的乐舞与宴飨美食的结合，成为人们怡情悦性、享受美好生活的最直接的感性的表现形式。此种礼仪风俗代代相沿，盛而不衰，不仅国家大典之筵宴，有金石丝竹之声齐奏，歌舞并举，而且民间婚丧嫁娶之筵宴，也有鼓乐助兴，杂耍小戏逗趣，这已成为我国宴会文化的特殊组成部分。

（六）以尚齿教育为内核的乡饮酒礼

尚齿是按年纪排列尊卑的古老礼俗。《礼记·祭义》曰："昔者有虞氏贵德而尚齿，夏后氏贵爵而尚齿，殷人贵富而尚齿，周人贵亲而尚齿。虞、夏、商、周……未有遗年者。年之贵乎天下者久矣，次乎事亲也。"就是说，随着社会的进步，虞、夏、商、周四代的价值标准，经历了德行、官爵、财富、亲情的四次改变，然而却贯穿着不变的主线，就是尚齿。这是中华文化已形成的共同的社会价值标准。故《礼记·王制》中说："凡养老，有虞氏以燕礼，夏后氏以飨礼，殷人以食礼，周人脩而兼用之。"燕、飨、食等礼都是以饮食为寄托。四个时期的尊老礼仪不同，恰好与四个时代价值观念的变化相适应。

养老的宴饮在四代是不同的。"有虞氏以燕礼"，据注：燕礼就是"一献之礼毕，皆坐而饮酒，以至于醉，其牲用犬"，这种以狗肉为肴馔的养老宴，可以说是我国有最早记载的狗肉席。"夏后氏以飨礼",飨礼就是"体荐而不食,爵盈而不饮,立而不坐,依尊卑为献,数毕而止。""殷人以食礼",食礼就是"有饭有肴,虽设酒而不饮,其礼以饭为主,故曰食也。"养老宴延至周代,"周人脩而兼用之",也就是"春夏则用虞之燕,夏之飨,秋冬则用殷之食"。文献记载的前四代的养老之礼虽是不同的,但是,作为养老之礼的主旨即尊老敬老却始终没有变,而且蔚成风气,代代相传。

在周代,家庭宗亲以外的尚德尚齿、尊老敬老的社会礼仪和社会道德实践,是在乡党组织范围内进行的,其集中体现就是乡饮酒礼。所谓乡饮酒礼,就是在乡一级地方行政组织范围内举行的宴饮活动,即乡一级地方组织所属民众在乡的首脑"乡大夫"的组织下进行的以宴饮为内容的聚会活动。乡饮酒礼上,60 岁以上的年老乡民被以礼宾之,按照十年一级的年龄段,以递增的待遇享受不同的馔食,以接受后生乡民的致敬。于是,"六十者坐,五十者立侍,以听政役,所以明尊长也。六十者三豆,七十者四豆,八十者五豆,九十者六豆,所以民养老也。"60 岁以上是尊老对象,有座位,且随年岁逐级递增,以用盛肉"豆"数的增加来体现尊贵和档次。

乡饮酒礼简称乡礼,具有推行尚齿尊老教育的社会职能,兼有推荐乡学培养的贤才,推荐敬贤教育的社会职能。周代乡一级地方行政官吏担负着兴学施教,为朝廷选贤举能的重要职责。乡礼规定要在乡学举行,乡三年一次,州一年两次,党一年一次,毕业典礼以尚齿为主要仪节,体现了尊老与敬贤两种教育的合二为一。所以在这一仪式举行的过程中,又有对获选者以礼相待和现场考察的意味。根据《仪礼·乡饮酒礼》和《礼记·乡饮酒义》,在乡大夫、州长、党正主持的饮酒礼仪活动中,他们分别以主人的身份,而视被邀请的贤者能者为宾客,通过拜迎、揖让表示宾主彼此的尊重谦恭,通过饮酒的敬让、献酬、拜受、答谢等表示宾主彼此敬意,其中的寓意在于有地位有德行的人们之间的交往,必须遵循彼此谦恭敬让、相互尊重的原则。在乡饮酒礼座次排位上,德高望重的老者是宾客之中的"大宾",坐席向南,显示他是礼仪中的至高无上者。被推举的贤者能者当是作为"介宾","坐介于西南而辅宾",而主人则是坐于东南。可见周代尊长敬老教育是无处不在的。

(七)遥相呼应的南北宴饮美食

西周春秋战国时期,我国的北方与南方,由于地域不同,物产差异性大,及社会政治的变化,形成了南北不同的食俗,其宴饮肴馔风格呈现出不同的倾向性特征。

在中原地区以"八珍"为代表。"八珍"首次出现在《周礼》的《天官·冢宰》、《天官·膳夫》等篇中,它是周天子席上的专用品,体现了中原饮食文化的风格,全面呈示了当时的烹调技术、技巧。

"八珍"包括:淳熬、淳母、炮豚、炮牂、捣珍、渍、熬、肝膋。这八道菜可分为四组,按顺序两道一组。

(1)第一组为淳熬、淳母,类今之盖浇饭。淳熬是把煎熟的肉酱浇在黍米饭上,淳母则是把煎熟的肉酱浇在旱稻米饭上。

(2)第二组是"炮"菜。炮豚与炮牂的区别在于,前者是乳猪,后者是羊羔。两菜的制法是一样的,即先用泥包起来烧烤,再抹稻米粉糊,入动物油锅中炸制,而后入鼎中汤内煨制,最后切割后蘸肉酱食用。

(3)第三组为嫩肉菜。"捣珍"是以牛、羊、鹿、獐等的里脊肉,经捶打去筋腱,捣成肉蓉,用水汆着吃,或用油煎着吃。"渍"指用酒腌鲜嫩牛肉薄片一天后,第二天蘸醋、梅浆、酱等佐料吃。

(4)第四组为杂菜。"熬"类似今之牛肉干。"肝膋"是将狗肝以网油包裹后烘烤成熟,再涂以米粉糊,与加脂肪碎粒的稻米稀粥一起食用。

"八珍"之外还有一珍,名为"糁",类似于今天的煎肉丸子,以牛、羊、猪肉为原料制成。

此外,羹在这一时期亦是北方宴席上皆有的菜品。《礼记·王制》曰:"羹食自诸侯以下至于庶人,无等";意为羹是人人可以吃的菜肴,最适宜佐餐下饭。最初的是不备五味的肉汁,即所谓"大(音太)羹"。后来自先秦有五味调料,羹才必须调和五味,故后人称制羹为调羹,《说文》释为五味调和。周代羹的名目很多,贵族多食肉羹,有牛羹、羊羹、豕羹、犬羹、兔羹、雉羹、鳖羹、鱼羹等,穷人无肉,多以蔬菜做羹聊以下饭。肉羹中适宜加何种蔬菜搭配,《仪礼·公食大夫礼》有记录,如牛羹宜配藿叶(嫩豆叶),羊羹宜配苦菜,豕羹宜配薇菜。《礼记·内则》还指出什么羹宜于下什么饭,如雉羹宜于配麦饭,脯羹宜于配细米饭,犬羹、兔羹要加糁等。这些都是从食物的性质考虑,强调菜肴的适口性问题。

"八珍"等体现了中原一带的食俗。以家畜肉为主,加工方法以炮、烤、煎为主,调料以咸、酸为主,香料用得不多。因此,筵宴肴馔漫溢着原始的淳朴风格。

在南方地区,以《招魂》和《大招》提供的食单里的荆楚盛馔为代表。《招魂》一般认为是屈原深痛楚怀王被拘禁、客死他乡而作,诗中备陈楚国宫室、食物之美以招怀王之魂。其辞曰:

> 室家遂宗,食多方些,稻粢穱麦,挐黄粱些。大苦咸酸,辛甘行些。肥牛之腱,臑若芳些。和酸若苦,陈吴羹些。胹鳖炮羔,有柘浆些。鹄酸臇凫,煎鸿鸧些。露鸡臛蠵,厉而不爽些。炬籹蜜饵,有餦餭些。瑶浆蜜勺,实羽觞些。挫糟冻饮,酎清凉些。华酌戏陈,有琼浆些。

陈光新先生将其整理成今日之席谱的形式:

主食:大米饭、小米饭、新麦饭、黄梁饭

菜肴:烧甲鱼、炖牛筋、烤羊羔、烹天鹅、扒肥雁、卤油鸡、烩野鸭、焖大龟

点心:酥麻花、炸馓子、油煎饼、蜜糖糕

饮料:冰甜酒、甘蔗汁、酸辣汤

另一篇《大招》，也是描写招魂风俗的。研究者多认为此篇为屈原弟子景差所作，目的是招其师屈原之魂，诗中亦多陈楚国宫食之美。其中描写的饮食部分译成白话菜单是：

主食：大米饭、糯米饭、新麦饭、黄粱饭、小米粥、豆米粥、菰米粥

荤菜：炸黄莺、烧青鸽、烹天鹅、豺狗羹、油焖龟、酱卤鸡、猪肉酱、苦味狗肉、烤乌鸦、蒸野鸭、汆鹌鹑、煎鲫鱼、炒麻雀

素菜：炒茼蒿、炒苤蓝、炒蒌蒿、莼菜汤

饮料：楚国乳浆、吴地酸汁、楚国清酒、吴地谷酒

从两首楚辞的描写中，可以看出荆楚筵宴格局以主食、菜肴、点心、酒水为架构，品种多样化，菜肴取料广泛，有家畜、家禽、野味、水产品、蔬菜等，尤以水产品与野味原料为最，应用多种烹制调味方法，尤重苦味、酸味、甜味及辛味，菜品组合有序，衔接自然，客观地反映了荆楚筵宴奢华气派的风格，饮食之美，令人目不暇接，与北方推崇周代“八珍”为代表的敦厚浑朴的筵宴风格相互辉映。

三、秦汉魏晋南北朝时期

秦、汉、魏、晋、南北朝时期，宴会发展亦如朝代之兴衰更迭，跌宕起伏，呈现出不同的风姿。

(一)勃然而兴的民间酒宴

如果说先秦时期的宴会发展是以宫廷宴会为代表的话，那么在秦汉时代随着国家的统一，铁器和牛耕的普遍使用，促进了生产的发展，工商业的繁荣，带来民间酒宴的勃兴，则是宴会历史发展的必然结果。汉代桓宽在《盐铁论·散不足》篇中是这样描述民间酒宴的变迁的。

古者燔黍食稗，而烨豚以相飨。其后乡人饮酒，老者重豆，少者立食，一酱一肉，旅饮而已。及其后，宾婚相召，则豆羹白饭，綦脍熟肉。今民间酒食，肴旅重迭，燔炙满案，臑鳖脍腥，麑卵鹑鷃橙枸，鲐鳢醢醯，众物杂味。

汉时民间酒宴比之前代，“一酱一肉”的“乡人饮酒”，自然是大为改观，而西汉中期又比西汉前期要丰盛许多。此时的民间宾婚酒食，菜肴满案，有肉类、海鲜类及禽类了。

在汉代人眼里，婚姻是繁衍家族后代的大事，所谓“婚姻之礼，人伦之大者也；酒食之会，所以行礼乐也。”汉宣帝专门颁布诏令，废止了有些州郡守“禁民嫁娶不得具酒食相贺召”的规定。其后，无论是上层社会抑或下层社会，都极为看重婚宴的排场，普通百姓“宾婚酒食，接连相因，析酲什半”，“肴旅重迭，燔炙满案”。贵族家庭“娶嫁设太牢之厨膳。”总是通过“酒酣陈乐歌笑”把婚宴的喜庆气氛推向高潮。

结婚办酒宴，生子也得办酒宴。“大宜子孙”、“长宜子孙常得男”，是两汉常见的吉语。因此生子是让人欣喜不已的事情，主人要设宴庆贺，邻里要来祝贺。

例如,高祖与卢绾同日生,“里中持羊酒贺两家”。

我国的许多传统节日,在汉代已形成定制,如春节、元宵节、清明节、上巳节、端午节、乞巧节、重阳节、春秋社日、冬至腊日等。自汉以后,节日成了民间酒宴集中出现的日子。如春节,《四时月令》谓:“家室尊卑,无小无大,以次列坐先祖之前;子、妇、孙、曾,各上椒酒于其家长,称觞举寿,欣欣如也。”南北朝时期,承东晋上巳节,“曲水流觞”遗风,各阶层的人们都结伴离开家,去水滨宴饮,祓除不详。据《荆楚岁时记》云:魏晋南北朝时,“九月九日宴会,并藉野宴饮。”春秋社日,为祭祀土地之神,“四邻并结宗会社,牲醪,为屋于树下,先祭神,然后享其胙。”农家结社祭祀,一起饮酒吃肉,共度社日,其乐融融。又如腊日宴会,腊日是全民性的节日,每逢此时,各地百姓都要举行家宴。东汉初细阳令虞延“每至岁时伏腊,辄休遣徒系”,让刑徒与亲人团聚欢宴。东汉时,对十月旦宴会赋予了伦理含义:“所以十月乡饮酒礼何?复尊卑长幼之序。”

民间酒宴除了节日里举办外,非节日里则是亲朋好友、同事邻人之间为各种交往而进行的宴饮活动。甚而是一些偶发事件也会导致宴饮活动的出现,如东汉末年,暴虐的董卓被杀,“百姓饮庆相贺,长安酒肉为之暴贵”。当然民间酒宴大多是家庭或家庭成员参加的家宴,故班昭把“洁齐酒食,以奉宾客”视为家庭主妇的重要职责。

民间酒宴不仅佳肴美味增加了,形式多样了,而且乐舞也是必备的。《盐铁论·崇礼》说:“家人有客,尚有倡优奇变之乐”,“富者钟鼓五乐,歌儿数曹,中者鸣竽调瑟,郑舞赵讴”(《盐铁论·散不足》)。由此想见其场面热闹欢快之一斑(见图2-7)。

图2-7　汉代画像石中的宴乐百戏纹(山东济宁两城山出土)

民间宴饮的兴盛,使宴会更加平民化和普及化,它与宫廷宴享的奢侈靡费,注重礼制,高不可攀,完全是两条不同的路径,它更是中国宴会文化植根生长的沃土。

(二)怡情悦性的士人宴集

“士”作为拥有独立的社会政治地位,掌握专门文化知识,不耕而食,不富而贵的专职脑力劳动者阶层,出现于春秋战国时期。这时的士以君子自居,尚义崇道,律己自省,诚如《荀子·修身》所云:“无廉耻而嗜乎饮食,则可谓恶少者矣。士君子不为贫穷怠乎道。”而到了汉代以后,绝对的永恒不变的封建等级制度逐渐被打破,礼制文化更加世俗化,士成为与农、工、商并列的平民阶层。他们中有的通过荐举或考试进入官吏队伍,有的无心入仕退隐林泉,有的落魄潦倒过着卖文为生的生活,有的衣食不愁过着散漫优游的生活,宴集便成了他们相互往来和彼此亲近的方式。士人宴集带有浓厚的时代文化特征,中国筵宴文化从此注入了新鲜的血液,更加活力四射。

文人聚会,目的是欢乐,通过饮食获得最大的精神享受。例如,仲长统把“食朋萃至,则陈酒肴以娱之;嘉时吉日则烹羔豚从奉之”,视为“逍遥一世之上,睥睨天地之间”的人生乐事。所以,这种宴集很重视环境、景观的选择,或在山郊野外,或在亭台阁榭,或在舟中楼船上。宴会上往往要赋诗言志,或猜拳行令,甚而有歌伎行酒。这样的宴会往往把欢会和好、赋诗逞才、流连风景与听歌看舞结合起来,从而最大限度地起到愉悦感官和精神的作用。

士人宴集中,把文学活动与游宴结合在一起的尤为多见。邺下文人中的代表,如王粲、刘桢、曹丕、曹植、嵇康、傅玄、陆机、谢绎等都写有传世的宴集诗歌,其中曹植在铜雀园参加哥哥曹丕宴会时的即席之作《公宴》尤为精彩:

> 公子敬爱客,终宴不知疲。清夜游西园,飞盖相追随。明月澄清影,列宿正参差。秋兰被长坂,朱华冒绿池。潜鱼跃清波,好鸟鸣高枝。神飚接丹毂,轻辇随风移。飘摇放志意,千秋长若斯。

在月光澄澈、星斗疏落的夜晚,置身于秋兰漫坡、荷花绽放、潜鱼跃波、鸟鸣高枝的环境中宴饮游乐,是多么的惬意畅快,令人神往。

春秋二季,气候宜人,把游宴野宴与岁时节令结合在一起,把除灾祈福仪式与饮酒赏景咏诗结合在一起,亦是士人宴集的特点。

最著名的宴集为“兰亭雅集”。东晋永和九年(353年)三月三日上巳节,王羲之与谢安、孙绰等41人在会稽山阴兰亭举行祓禊,借着宛转曲折的小溪,泛着羽觞,浏览美景,赋诗摅怀。王羲之把这些诗集在一起,写了一篇序,是为《兰亭集序》。文中描写了风物之雅、人物之盛、饮酒之乐、吟咏之雅。文士们在良辰美景之中,感受大自然的自足圆满、生生不息。置身其间,仿佛忘掉了自我,与物同化,生命的意识渗透于深邃的宇宙之中。上巳日“曲水流觞”的宴饮习俗至唐代达到极盛,并一直延续至清代(见图2-8)。

图2－8　明人所绘的曲水流觞图

重阳之宴是在高山顶或高台上举行的。登高饮酒给士人提供了一个宴集的机会,其中较早而又较著名的是东晋桓温与众僚属在彭城(今江苏徐州)龙山的宴集和有诗人谢灵运、谢瞻参加的彭城戏马台之宴。前者有士人的超脱和潇洒,后者有秋高气爽、云旗翻卷、高奏乐曲、宾主和乐的宴饮氛围。所以,后来唐代王勃在《滕王阁序》中把士人向往的"雅集"概括为"四美具、二难并"。所谓"四美"指良辰、美景、赏心(指与宴者心情舒畅)、乐事(指宴集上有可愉悦客人的文化活动),"二难并"指贤主与嘉宾。具备了这六个条件,才能成为一个圆满的宴集。不过,士人宴集耗费时间之长,亦是令人咋舌。"白日既匿,继以朗月,同乘并载,以游后园","不辞无归来,明灯以继夕"。醉饱而归,身心难免俱疲。

(三)初露端倪的素宴

素食在我国源远流长。早在先秦时期,为表示对祖先、鬼神的崇敬,人们在祭祀或重大典礼时,已实行"斋戒",即只吃素食,不吃荤食。两汉之际,佛教传入中国,对中华文化产生了深远影响,中国素食发展受佛教推波助澜的作用,走上了与佛教斋食互融共生的道路。

东汉初年,佛教虽已传入,但仅被帝王贵族视为神仙方术加以信奉,如楚王英"喜黄老学,为浮屠(佛)斋戒祭祀"(《后汉书·楚王英传》),这是中国素食与佛教斋食结合之始。然而,此时戒律中并没有不许食肉的条文,三国时,佛教寺院中还没有律行素食。如浴佛法会,"每浴佛,多设酒饭,布席于路,径数十里,民人来观及就食且万人,费以巨亿计。"由此看来,当时佛教尚未实行素食。

魏晋南北朝时期是佛教非常盛行的时期,这一时期汉族的佛教徒信奉的大乘佛教,其经典中有反对食肉、反对饮酒、反对吃五辛的条文。而这一时期译出的佛教经籍中,都有"戒杀放生"、"素质清净"的思想,这与中国儒家的"仁"、"孝"等思想颇为契合,因而很为士大夫所欣赏,上层统治者也极力推崇。如南朝梁武帝萧衍,虽身为尊贵的帝王,却全身心的崇奉佛教,身体力行地倡导素食,首先在宫中受戒,自太子以下跟着受戒的达4.8万人。继而颁布了《断酒肉文》诏,反复强调食酒肉的危害,认为断禁荤腥是佛家必须遵从的善良行为。受梁武帝的影响,佛教徒们或主动或被动的遵守和效仿,佛教素食的习惯逐渐养成。需要一提的是,梁代佛教之盛,僧尼之多,达到空前程度。“都下佛寺五百余所,穷极宏丽;僧尼十余万,资产丰沃。所在郡县,不可胜言。道人又有白徒,尼则皆畜养女,皆不贯人籍,天下人口几亡其半。”北魏末年,佛教寺院有3万多所,僧尼最多的时候达到两三百万之众。如此众多的佛教僧徒,常使寺院香客云集,寺院素餐系列也随之迅速发展起来,涌现出一批素菜名厨,素菜制作也日趋精美。据《梁书·贺琛》载,当时建业寺中的一个僧厨,对素馔特别精通,已臻“变一瓜为数十种,食一菜为数十味”的境界。由此推论,素宴在迷蒙静穆的佛教氛围中,在善男信女诵佛茹素的风气中,已悄然而起,为中国筵宴文化又添上清香素淡的新篇章。

(四)食案、帏幄和胡床催生的宴饮变化

自周代以来,食案已成为汉代家庭中常备的食具。食案是用来放置杯、盘等食具的饮食器具。从出土的实物看,案有木制、陶制、石制和铜制多种质地。在木案上髹漆便成美观精致的漆案(见图2-9)。汉代的食案长约1米,宽约0.5米。食案与献食制度相关联,“持案”、“奉案”、“举案”等都是尊敬对方的献食行为。西汉初年,刘邦过赵,赵王张敖“自持案进食甚恭”;宣帝许后朝皇太后,“亲奉案上食”;梁鸿“每归,妻(孟光)为具食,不敢于鸿前仰视,举案齐眉”,表示对其丈夫的尊敬。举案当为小案,否则是很难举起来的(见图2-10)。

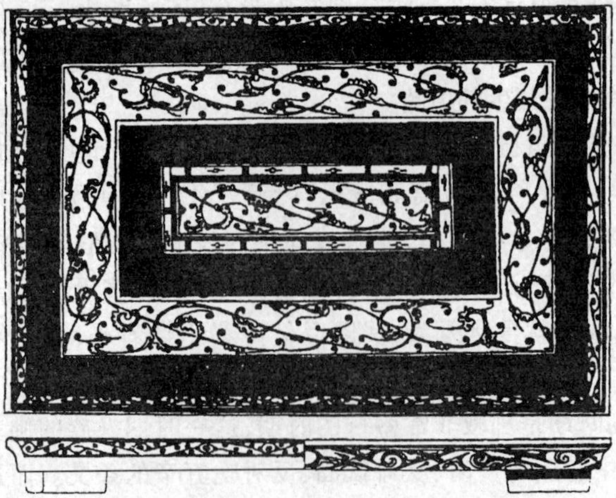

图2-9 西汉食案图

图 2－10　举案图

举案献食，用于宴会，吃一味，献一味，一味食毕，再献一味，是宴会服务的肇始。

汉代的宴会一般安排在居室中。讲究排场的人或地位尊贵者，还在殿堂上设置帏幄（见图 2－11）。帏幄是汉代通用的一种上端似屋顶的大帐。郑玄注："四合象宫室曰幄。"帏幄可以装饰，让宴饮成为私密空间，在郊外野宴，帏幄的好处则更多。帏幄的出现，可以改变宴饮环境和条件。

图 2－11　汉代画像砖带帏幄的宴饮图（四川新津县出土）

胡床又称交床，俗称马扎子。类似于折叠椅而无靠背，迄今仍在使用。东汉灵帝"好胡服、胡帐、胡床、胡坐"，魏晋南北朝时期，胡床的使用已非常普遍。胡床进入中原人民的生活，这是具有历史意义的事件。胡床的广泛使用，改变了传统跪坐的习惯，提高了坐姿，宴飨时使用低矮的传统食案已感觉很不舒服，生活需要变更这种进餐方式,大案高桌的出现和使用只是时间问题,共食制的脚步声已经清晰可闻了(见图2－12)。

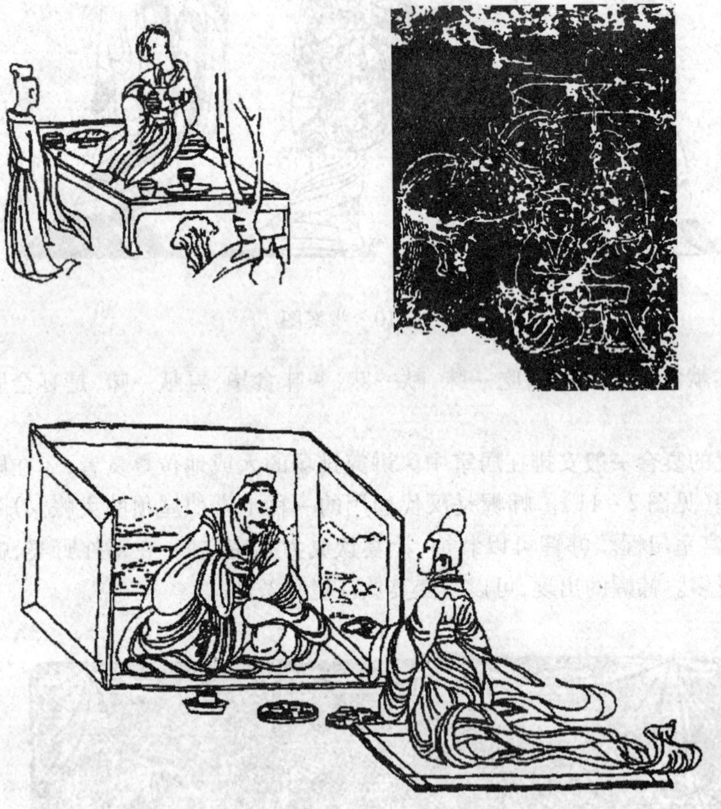

图2－12　魏晋南北朝时期的饮食图
左上为北魏石棺线刻图的饮食场面
右上为北齐石刻图案中的饮食场面
下为东晋顾恺之《列女仁智图卷》中的饮食画面

魏晋南北朝仍是一个以分食制为主的时代,但共食制已初见端倪。《世说新语·黜免》有一则类似共食的记载,恒公与人同食时,"蒸薤不时解,共食者又不助",恒公曰:"同盘尚不相助,况复危难乎?"如果说这是共食的话,应无大误。《魏书·扬播传》中有一句话:"吾兄弟若在家,必同盘而食。"日常三餐同盘吃饭,当是合食。

由于现存文献语焉不详,有关秦代宴会礼俗今人所知甚少。西汉初期,博士叔孙通主持制定了朝廷礼仪制度,其中也包括朝宴规范,凸现了君贵臣卑的森严规范,让刘邦大为欣喜。而其他类型的宴饮活动不似朝宴那样拘谨和等级分明,但也有许多讲究。以座位排序为例，如果是只有一个来宾，主人与客人对坐；若是两个宾客，则主人坐在中间，宾客分坐两旁（见图2－13）；如果客人较多，可以主人与来宾于席上并肩而坐，其前方放相同的食具。不过，更为常见的情形是，主人居中，坐于幄内床上，幄外宾客分两列就座。宾客的位次有尊卑之分，大致来说，堂上的座位或单列的位置是上座，堂下的座位是下座。座位东向是尊座，北向是卑座。

图2－13　汉代宴饮座位排列图

（五）襁褓中的市场化宴会经营

汉代是一个比较稳定的时代，农业、手工业有了快速发展，商业也随之繁荣起来。全国各地区、各都会之间，有大道相连。在这些大道上，驿站罗布，车马杂沓，货物转输，络绎相属。及至东汉末年，通都大邑，商业仍然发达，“船车贾贩，周于四方，废居积贮，满于都城”，“天下百郡千县，市邑万数”，都卷进了商品流通范围。饮食业亦随之发展起来了。

据《盐铁论·散不足》中记载：“古者不鬻饪，不市食。及其后则屠沽，沽酒市脯鱼盐而已。今，熟食遍列，肴旅成市，作业堕怠，食必趋时，枸豚韭卵，狗腊马朘，煎鱼切肝，羊淹鸡寒，桐马酪酒，蹇膊庸脯，腼羔豆饧，彀膹雁羹，白鲍甘瓠，热粱和炙。”可见，远古没有饮食行业，至战国时有了“伊尹酒保太公屠牛”的传说，这才有了卖酒卖肉的产生，即最早的饮食行业。到汉代时期饮食业已相当发达（见图2－14），当时的饮食店铺很重视食客的需求，生产符合时令的流行食品，如枸杞、猪肉、韭菜煎鸡蛋、狗肉片、马肉羹、煎鱼、切肝、腌羊肉、冷鸡块、驴肉干、狗肉脯等，都是当时极流行的市食。辛延年《羽林郎》一诗以当垆的酒家胡女的口吻描写道："就我求清酒，丝绳提玉壶；就我求珍肴，金盘脍鲤鱼。"饭馆饮食的丰盛程度可见一斑。魏晋南北朝时期，战乱频仍，城市经济被破坏，饮食业也相应萎缩和萧条，但在西晋统一后，在南北朝稳定时期，饮食业随之有所恢复。

图 2－14　汉画像石上的酒肆及装酒的羊尊图

最能直观反映秦汉魏晋南北朝时期饮食业之繁荣的是表现厨师庖厨活动的画像石、画像砖和墓室壁画。其中有汉民族的，也有少数民族的，尤以汉代庖厨场景最为丰富和壮观。例如，东汉时期河南密县打虎亭村的两座画像石墓，其中的一号墓出土了多幅场面比较大的庖厨图画像石（见图 2－15）。画像石表现了蒸、煮、煎、炖、烤等各种烹饪活动，也有宰杀鸡鸭、酿酒、加工米面的刻绘。上图刻画的是宰杀鸡鸭和炊烹的场面，炊具中有一个十层的蒸笼，被认为是最早的蒸笼图像。中图所示为热闹的庖厨场面，汲水的、淘洗的、炊煮的各司其事，仅烹煮设备就刻画了炉、灶、甑、鼎、釜共五样，实在是难得。下图刻绘的是夜厨场景，画面上有 3 盏高柄环形灯，图上部的 4 个厨师正在紧张地切割着手里的肉物，下部是 8 个厨师忙着在庖煮和烧烤食物。

图 2－16 表现的是备宴的两个场景。上图是盛菜和整理肴馔的情景。下图刻绘的是餐饮具的准备场面，画面上有案有席，案上席上地上放满了各种餐具和酒具，有一个人在那里指手画脚，他像是一个安排筵宴的总管，指挥备宴铺设的人在汉代被称为"尚席"。虽然这些庖厨图反映的多为王侯贵族的家厨操办宴享的厨事活动，但是饮食业厨师执掌筵宴的厨事活动应当与此没有什么区别。

图 2－15　河南密县出土汉代画像石庖厨图

图2－16　河南密县出土汉代画像石备宴图

经济的发展，饮食业的繁荣，厨事活动的活跃，是促成宴会市场化的外部条件，人们的趋乐与及时行乐的心理，是促成宴会市场化的根本动因。秦汉时期人们极为喜好饮酒，饮酒者遍及南北各地、社会各阶层，饮酒之风呈现愈来愈炽热的趋势。西汉初年，饮酒活动尚集中在贵族和富人当中，至西汉中期，饮酒之风渗入民间。在盐铁会议上，贤良文学对此深表忧虑："今宾昏酒食，接连相因，析酲什半，弃事相随，虑无乏日。""进食酒"也成为常见的交际语言。东汉初年，饮酒之风曾有短暂的消停，但随后表现出比西汉更为强劲的势头，至东汉后期达到顶峰。"百司湎酒"，酒价暴涨至千文一斗。而贵族子弟在宴饮时，"设大针于坐端，有醉伏者辄刺验其醉醒"。嗜酒如命的汉末三国时人郑泉留下这么一段名言："愿得美酒满五百斛船，以四时甘脆置两头，反复没饮之，惫即往而啖肴膳，酒有斗增减，随即益之，不亦快乎！"从这些记载中，令人不难想见当时酒气飘荡的景象。

魏晋南北朝时期对饮酒是常禁常开。禁时雷厉风行，严酷无比，北魏文成帝太安四年（公元458年）规定："酿、沽、饮，皆斩之。"但禁酒时间一般都不会长。开时举国痛饮，醉生梦死。晋时奢靡无度者有如何曾父子日食万钱之费，荒诞残忍者有如石崇与王恺以美女性命为代价斗酒炫富，借酒遁世自保者有如嵇康阮籍辈夜以继日烂饮如泥，风雅清高者有如王羲之等兰亭诗酒会曲水流觞千古传唱。南北朝时，齐明帝萧鸾宴会朝会朝臣，要御史专纠不醉者，驱至殿外。其子萧宝卷则在芳乐苑中立市做买卖，宫女当酒保，宠妃潘氏为市令，自任市魁，纠察市中，真是荒淫透顶。处于乱世的平民百姓、时运不济之人，"唯事饮啖，一日三羊，三日一犊"，纵欲而为，能得乐时且得乐。

时势世态，造就了饮食业的繁荣，以至到东汉后期，社会酒馆饭店是"酒旗景曜"，生意兴旺。由此推而论之，筵宴的初步市场化应是顺理成章之事，并为以后的成长铺垫了坚实的基础。

四、隋唐五代时期

隋在统一的大势下，曾把社会的发展推向新的阶段，尽管时间很短，但却是一个承前启后的重要阶段。李唐王朝，是中国封建社会的黄金时代，无论是在政治上、经济上和文化上，都是蒸蒸日上、充满活力的。五代十国时期，割据政权林立，社会经济发展受到破坏，但从这时起，一个走向统一的趋势也开始出现了。隋唐五代时期，是宴会走向成熟和繁荣的时期。

（一）高足桌椅催生共食制宴饮方式

隋唐五代时期由于高足桌椅的出现，传统的分食制逐渐消失，共食制代之而兴。也就是说，中国古代宴饮方式的改变，确实是由高桌大椅的出现而完成的。这是中国古代由分食制向共食制转变的一个重要契机。

年代最早的靠背椅子，是在敦煌二八五窟的西魏时代壁画上出现的，有意思的是椅子上的仙人还用着惯常的蹲跪姿势，双足还没有垂到地面上，这显然是高足坐具使用不久或不普遍时可能出现的现象。标准垂足坐姿的证据，是在西安唐玄宗时高力士哥哥高元珪墓的墓室壁画中发现的。唐代宴饮采用标准垂足坐姿，在敦煌四七三窟壁画中有所反映（见图2－17）。画中绘一凉亭，亭内摆着一张长方食桌，两侧有高足条凳，凳上面对面坐着4男5女。食桌上摆满大盆小盏，每人面前各有一副题箸配套的餐具。由此可以肯定地说，在唐代时，至少在唐代中晚期，古代中国人的宴饮已经基本上抛弃了席地而坐的旧俗，共食用的大食桌取代了分食用的小食案，人们围坐一桌一起进餐已经是很自然的事了。大约从唐代后期到五代时期，高足桌椅的共食已十分普遍，无论在宫内还是民间，都是如此。高足桌椅的出现和应用，带来了宴饮式的变革，也带来了为适应这种方式而产生的菜品制式和结构、烹饪方式和餐具改进等多方面的变革。

图2－17　唐代敦煌画中垂足而坐的宴饮图

其实，在隋唐五代时期，分食制转变为共食制，并不是一夜之间就能完成的，还有一段过渡时期。在共食成为潮流之后，分食方式并未完全革除，在某些场合还会偶尔出现。

图2－18反映的是共食制的筵宴场景。这幅图是1986年6月在陕西长安县南里王村，发掘的唐代韦氏家族墓东壁上发现的。图正中置一长方形大案桌，案桌上杯盘罗列，肴馔丰盛，有馒头、蒸饼、胡麻饼、花色点心、肘子、酒等，案桌前置一荷叶形汤碗和长柄勺子，供众人使用。案桌三面有3张大条凳，每条凳上坐有3人。这幅图呈现的是筵宴已采用了共食制的饮食方式，只不过画面上的人似乎还不习惯垂足而坐，多数人还是盘腿而坐的姿势。

图 2－18　陕西唐代墓壁画共餐野宴图

类似共食制的分食方式，在五代时南唐画家顾闳中的传世名作《韩熙载夜宴图》中有所反映（见图 2－19）。画中的南唐名士韩熙载盘膝坐在床上，几位士大夫分坐在旁边的靠背大椅上，欣赏着一位琵琶女的演奏。每人面前摆着一张桌子，各放有一份完全相同的食物，是用 8 个盘盏盛着的果品和佳肴。碗边还放着包括餐匙和筷子在内的一套进食具，互不混杂。这幅画是顾闳中根据现场考察绘制而成的，说明在五代时期，虽然共食制已经很普及了，但在一些场合仍用分食的方式，即使是围桌而食，但食物还是一人一份，不是后世那种"津液交流"的共食制，而是有共食气氛的分食制。真正的共食制的共食，是在宋代才出现在餐厅和饭馆里的。

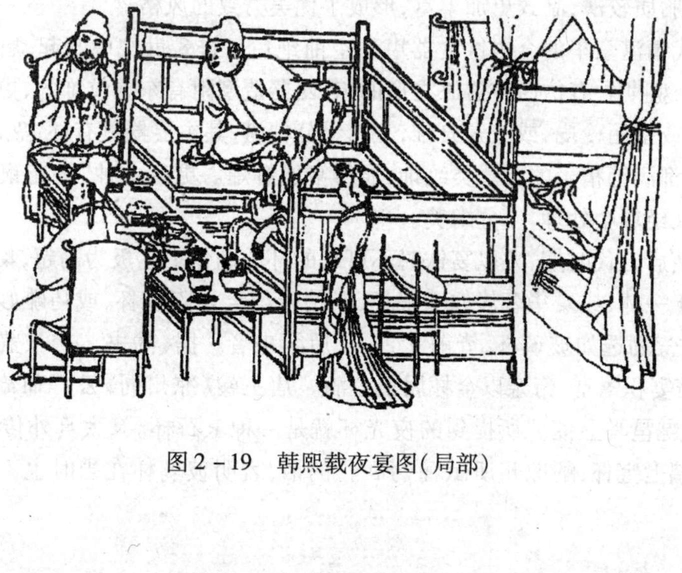

图 2－19　韩熙载夜宴图（局部）

(二)美不胜收的宴会饮食器

隋唐五代时期的宴会饮食器,同前代相比,无论是在材料和造型上,都具有十分鲜明的时代特点。

在材料上,以精美的瓷器饮食器为主流,金银饮食器是上层统治阶层使用的,玻璃杯是备受欢迎的高级饮器。这一时期还创造出了陶器新品种——唐三彩(见图2-20),在传世的饮食器具中,唐三彩制品占有很大一部分。所谓"三彩",并不只限于三种色彩,有黄、赭黄、翠绿、深绿、天蓝、褐红、茄紫各种色彩,斑斓绚丽。在造型上,各种形状、纹饰更是丰富多彩,美轮美奂。

图2-20　唐代三彩酒杯

左:陕西博物馆藏三彩象首杯 右:洛阳博物馆藏三彩龙首杯

隋唐五代是我国瓷器生产的繁荣时期,瓷器饮食器的使用非常普及,产量高,式样好,质量佳,逐渐形成了各具特色的名窑名瓷体系,如以河北邢窑为代表的白瓷工艺,以浙江越窑为代表的青瓷工艺。唐代还开发了"釉下彩瓷"与"花瓷"等新品种,形成了雍容浑厚的风格。及至五代,瓷器成形工艺有了新的进步,盘碗胎质较薄,制式更加丰富,形成了优美秀致的风格。

唐代精湛豪华的金银饮食器堪称空前绝后。自8世纪中叶起,唐代金银器制作渐入盛期。有仿西方器皿之形的,有西器造型附有东方纹饰的,更多的是纯唐式的,或富丽玲珑,或清素典雅,工艺十分精湛,其主要器具有杯、盘、碗、壶、盒等,一般都满饰精美的花草类纹饰,显得富丽辉煌。更有一种"金花银器",器表刻纹后又经鎏金处理,十分绚美。

在隋唐五代时期,尤以宴饮时不可缺的杯的制作工艺极为高超,集实用性和观赏性于一体,或豪华奢侈如金银杯,或精雕细绘如陶瓷杯,或巧雕妙琢如玉石杯,或晶莹剔透如玻璃杯,皆前无古人,后罕来者。据《隋书·樊子盖传》记载:"(樊)陪宴积翠亭,帝亲以金杯属子盖酒。"唐王翰《凉州词》云:"葡萄美酒夜光杯,欲饮琵琶马上催。"所提到的夜光杯就是一种玉石杯。《太真外传》中有"太真持玻璃七宝杯,酌凉州所献葡萄酒。"的话,表明玻璃杯在当时也不是一般人所能享用得了的。

袁枚在《随园食单》中引用过一句古语，云“美食不如美器”。这句话表达的意境并不是器美胜于食美，也不是提倡单纯的华美的器具，而是说食美器也美，美食要配美器，求美上加美的效果。隋唐五代筵宴上的饮食器之美，在质、在形、在装饰、在与肴馔饮品相和谐，这是饮食美学的高雅境界。

（三）金榜题名时的科举宴

科举制度肇始于隋，至唐代大盛，深为社会各阶层所重视。科举考试，金榜题名，从中央到地方都有一系列祝贺活动，是当时社会生活中的大事。围绕科举中第举行的各种规模的宴饮有许多名目，据《唐摭言》记载：“（科举之宴）燕名有九：一曰大相识，主司有具庆者；二曰次相识，主司有偏侍者；三曰小相识，主司有兄弟者；四曰闻喜敕下宴；五曰樱桃宴；六曰月橙；七曰牡丹；八曰看佛牙；九曰开宴，最大，即离筵也。”科举宴饮之盛，于此可见一斑。

1. 鹿鸣宴

鹿鸣宴本指“乡饮酒礼”上的饮宴，因席上歌《诗经·小雅·鹿鸣》故名。唐代各州县通过考试选拔出本地的优秀学子，称“乡贡进士”，进奉于朝廷，再度遴选。故在州县初选完结之后，地方长官都要设宴欢送。《新唐书·选举志》言州县考试之后，“长吏以乡饮酒礼，会僚属，设宾主，陈俎豆，备管弦，牲用少牢，歌《鹿鸣》之诗，因与耆艾叙少长焉”。故在隋唐之时，参与鹿鸣宴是士人取得乡贡进士资格的标志。鹿鸣宴也是当时地方上一年一度的盛事。

2. 杏园宴

杏园宴又称杏园探花宴（即闻喜宴）。杏园和曲江都在长安东南角，是著名的风景区，为唐代士民游赏之地，杏园略偏西一些。杏园探花宴是新科进士较早的一次宴集，主要为宴请主考，并借以庆祝高中。进士张榜的当天，考中者谢恩后，便前往期集院，状元与同年相见，计划筹备此宴，请一人为录事，其余主宴、主酒、主乐、探花、主茶，都各有分工。是日新科进士鲜衣怒马、意气昂扬地来到杏园宴集。宴会中最重要的节目是“探花”。进士们在同年中选少俊者二人为探花使，或称探花郎。“探花使”遍访名园，探采名花，喜庆气氛洋溢在探花宴上。杏园宴上进士要向考官谢恩，自此他们与主考结成了特殊关系，这对走上仕途十分关键。

3. 樱桃宴

樱桃宴又称曲江宴。每年新科进士发榜，正值樱桃初熟，庆贺及第新进士的宴会便有了“樱桃宴”的雅称。宴会上除了诸多美味之外，还有一种最有特点的时令风味食品，就是樱桃。由于樱桃并未完全成熟，味道不佳，所以还得渍以糖酪，食时赴宴者一人一小盅，极有趣味。事实上，樱桃宴不只限于庆贺新进士，长安的官府乃至民间在上巳节前后，也都纷纷设宴，馔品中除了糖酪樱桃外，还有刚刚上市的新竹笋，所以此筵宴又称作“樱笋宴”。

皇帝为新科进士举行的樱桃宴,地点一般设在曲江池畔,这是都城中风光最美的一座开放式园林。樱桃宴每年都要在这里举行,其宴发展成规模大、人员多、具有节日气氛的重大宴饮活动。参加樱桃宴的有新科进士、负责考试的官员、王公大臣等,皇帝有时也亲临紫云楼观赏。开宴时平民百姓、豪商富室及长安仕女皆汇聚曲江,观光浏览,盛况空前。此宴最初是为落榜举子所设,有安慰宴的意思,唐中宗时变为新科进士宴,并由此日渐兴盛。

4. 曲江关宴

曲江关宴是唐代新科士筵宴之一。关宴是在关试之后。关试是进士通过礼部考试、取得进士资格后,又在吏部进行的考试(试判两节)。从此,进士脱离礼部,从属吏部。关试之后进士们便各奔东西,因而此宴带有离筵性质。五代王定保《唐摭言·述进士下》对此解说是:"曲江大会在关试后,亦谓之关宴;宴后同年各有所之,亦谓之为离会。"关宴往往在曲江边举行。《唐摭言》载:"曲江亭子……进士关宴,常寄其间,既撤馔,则移乐泛舟,率为常例。宴前数日,行市骈阗于江头。其日,公卿家倾城纵观于此,有若中东床之选者,十八九钿车珠鞅,栉比而至。"这种宴饮活动还为择婿提供了机会。可见这次宴集之隆重。

唐代进士的宴集,是由进士集资,交由专门服务于进士的组织"进士团"操办。宋代一反唐代习俗,进士及第后,由朝廷赐宴,名曰"闻喜宴",设在琼林苑,故又名琼林宴。元代更名为"恩荣宴",设于翰林苑。明宣德后,赐宴于礼部,著为令,清代因之。清中叶以前,此宴尚很排场,肴馔四十余品,皆为宫廷御厨操办。席用银盘,三鼎甲用金碗,尽量取醉。至晚清则只徒有形式而已。

(四)祝贺荣进升迁的烧尾宴

唐代官场盛行烧尾宴。所谓烧尾宴,即某人升官时要宴请宾朋同僚,时人称为烧尾宴。如果得任朝廷要职,还得宴请皇帝,也称烧尾宴。据《辨物小志》记载:"唐自中宗朝,大臣初拜官,例献食于天子,名曰烧尾。"烧尾之意取自民间传说的"鲤鱼跳龙门"故事。传说黄河鲤鱼跳龙门,跳过去后即有云雨随之,天火自其后烧其尾,从而转化为龙。不过,唐人封演所著《封氏闻见录·烧尾》,其意别有所云:

> 士子初登荣进及迁除,朋僚慰贺,必盛置酒馔音乐,以展欢宴,谓之烧尾。说者谓虎变为人,惟尾不化,须为焚除,乃得为成人。故以初蒙拜受,如虎得为人,本尾犹在,体气既合,方为焚之,故云烧尾。一云新羊入群,乃为诸羊所触,不相亲附,火烧其尾则定。

烧尾宴的缘起与群臣向天子献食的礼制有关。唐朝前期献食之风颇盛,打了胜仗,封了大官,金榜题名,亲朋欢庆,均有宴请之举,皇帝也乐于接受臣下的献食。《旧唐书》佚文云,总章元年(668年),"高宗朝,文武官献食,贺破高丽。上御玄武门之观德殿,奏九部乐,极欢而罢。"

唐中宗时,兵部尚书韦嗣立新入三品,户部侍郎赵彦昭假金紫,吏部侍郎崔湜复旧官，都受命烧尾，在兴庆池设宴。韦巨源留下了著名的《烧尾食单》，五代陶榖曾经见过这个食单，并在他的著作《清异录》中选录了“奇异者”58种，其中点心24道，菜肴34道，俱精美绝伦。如果加上平常一些的辅助食品，全席菜点总数应是100道左右，相当丰盛、精美。从所用原料看，飞禽动植，一一入馔，水陆八珍，应有尽有，仅肉禽水鲜便多达20余种。从品种花色看，荤素兼备，咸甜并陈，菜点配套，冷热相辅，尤以饭粥面点和糕团饼酥最具特色。从调制方法看，有卤煮、生烹、活炙、油炸、笼蒸、冷拌种种，而且镂切雕饰和肴馔造型都颇见新意。从肴馔命名看，文采缤纷，典雅隽永，贵妃红、金铃炙、长生粥、汉宫棋、箸头春、白龙臛、雪婴儿之名，均是反复推敲，恰到好处。1 300年前能出现如此齐整的筵席，充分说明了盛唐的饮馔水平之高超。

唐代以后，献食与烧尾的名称没有了，但有资格宴请皇上的臣子，只要有机会，还是会向皇上发邀请的。或单独，或合伙，都可设宴招待皇上。五代时，大臣聚资请皇上，称之为“买宴”。《册府元龟》中记载：

> (后汉)乾祐三年(950年)三月甲寅，入朝侯伯高行周以下，以皇帝初举乐，献银缣千计，请开御宴，谓之“买宴”。
>
> (后唐)天成二年(927年)三月壬子朔，幸会节园。宰相、枢密使及节度使在京者，共进钱绢请宴。
>
> 清泰二年(935年)三月辛酉，宰臣、学士、皇子、枢密宣徽使、侍卫、马步都指挥使共进钱五十万、绢五百匹请开宴。六月乙卯，镇州董温其献绢千匹银五百两、金酒器、供御马，请开宴。

如此的买宴，改献食为献钱，与唐代“烧尾”的用意相差不多。五代的买宴一般与大臣初迁和士子登科没有什么关系，臣子们觉得皇上高兴了，或者觉得该让皇上高兴了，都可以合伙献钱买宴。

(五)官民同乐的上巳节曲江大宴

上巳节宴饮的地点设在曲江园林，上至皇帝后妃、文武百官，下至士农工商、平民百姓，全都参加，皇家教坊和民间乐班也都纷纷献艺，歌舞升平。

上巳节曲江宴饮在唐玄宗开元、天宝年间为最盛，人数竟达万人以上。除皇帝赐宴文武官员外，还允许民间自行出资设宴，因此规模不断扩大，车马人流如织如潮，一派盛世景象。

这一天皇帝赐宴极尽奢华之能事，山珍海味，名品佳肴，应有尽有。杜甫诗云：“三月三日天气新，长安水边多丽人，……紫驼之峰出翠釜，水精之盘行素鳞。犀箸餍饫久未下，鸾刀缕切空纷纶。黄门飞鞚不动尘，御厨络绎送八珍。”不仅菜肴精绝，而且餐具名贵，饮食水平极高。

(六)开风气之先的游船野宴

隋唐时期，许多士大夫喜欢在船上野宴，在乘船游览的同时，宴饮赋诗，别有情致。隋炀帝沿运河巡幸，就是这种类型的游船野宴。唐代上巳节的曲江大宴，其中有许多宴会是在船上举行的。一些文人经常乘船游览江湖美景，在船上有火炉等炊具，酒肴更是不可缺少，烹鱼煮茗，饮酒赋诗。

唐文宗开成二年（公元837年）上巳节期间，河南尹李待价在洛滨举行了一次大型游船野宴，当时在洛阳的高官名流都应邀参加，有洛阳留守裴令公、太子少傅白居易、太子宾客萧籍、李仍叔、刘禹锡、前中书舍人郑居中、国子司业裴恽、河南少尹李道枢、仓部郎中崔晋、司封员外郎张可续、虞部员外郎卢言、虞部员外郎苗愔、和州刺史裴俦、淄州刺史裴洽、检校礼部员外郎杨鲁士、四门博士谈弘谟等十五位，可谓群贤毕至，少长咸集。是日由斗亭登舟，经过魏王堤，至日暮从津桥上岸。两岸观者如潮，船中"簪组交映，歌笑间发，前水嬉而后妓乐，左笔砚而右壶觞"，饮酒赋诗，各展才华。白居易即兴赋《三月三日祓禊洛滨》诗一首，刘禹锡即席作诗《三月三日与乐天及河南李尹奉陪裴令公泛洛禊饮，各赋十二韵》，洛滨船宴是仅次于曲江大宴的地方盛事。

船宴之谐趣当属唐代著名诗人白居易举办的特异船宴。据冯贽《云仙杂记》记载，白居易晚年退居洛阳香山，自号香山居士，以诗酒咏佛、文友唱和为乐事。他在履道里的住宅中有一个很大的池塘，四周遍植花木，可以泛舟游玩。一天，他在船上宴客，舱中并未携带酒肴和餐具，也无炉灶与厨役。日近中午，他却传呼开宴，僮仆不曾离岸，却有美酒、炙肉等100道肴馔依次送呈上来，异常精致。客人们感到惊奇，纷纷出舱观看，原来船的四周系着许多密封的油囊，"悬酒炙于水中，随船而行，一物尽则左右又进之"，实际上是将整桌筵席菜品预先掩藏在水底，开席后使客人在惊异之中获取乐趣，增添船宴的魅力。

隋唐五代时期，士人宴集，行令赋诗非常盛行，且饮酒行令已成系列，名目繁多，这从朱湾、白居易、李商隐等唐代诗人的作品中，可以看出其普及与受欢迎的程度，且对后世有深远的影响。

隋唐时期承续前代士人宴集饮酒赋诗的遗风，将其推至顶峰，其内容的深度和广度可谓空前绝后。这一时期宴饮作诗，往往要限定时间。孟浩然《寒夜张明府宅宴》诗云："瑞雪初盈尺，寒宵始半更。列宴邀酒伴，刻烛限诗成。"刻烛以计时，诗作不出来者要罚酒。李白在《春夜宴从弟桃花园序》中也说："开琼筵以坐花，飞羽觞而醉月。不有佳作，何伸雅怀？如诗不成，罚依金谷酒数。"这是说如果完不成诗作，要用石崇的罚酒标准，罚酒三斗。另一种饮酒赋诗形式，就是欣赏别人赋诗，自己饮酒助兴，也别有情趣。

（七）突破礼俗之制的仕女宴

唐代比较开放，一般来说妇女地位比其他朝代要高一些，因此妇女有自己的节日和宴饮活动（见图2－21）。

1. 探春宴

据《开元天宝遗事》记载，每年的立春和雨水两个节气之间，富家女子结伴

图 2－21　唐周昉《宴乐图》（临摹）

郊游，家人以马车带着帐幕、餐具、食品等跟随。游玩之后，在草地上搭起帐幕，开始宴饮。宴饮时有猜谜作诗等娱乐活动，日暮还家。由于春天刚刚开始，因此称此宴为探春宴。

2. 裙幄宴

唐代每年上巳节大宴之后，曲江园林向社会开放，许多富家女子前往游览。期间有两个活动，先是“斗花”，即购买或采集野花佩戴，比谁的花名贵漂亮。然后将裙子挂在四周的竹竿之上，围成一个幄帐，大家在里面宴饮取乐。因为用裙子围成幄帐，故称裙幄宴。

3. 公主献食宴

唐代拜高官者，要给皇上“烧尾”，没有机会做官的公主们，也仿效烧尾的模式，寻找时机给皇上献食，以求取恩宠。为了适应这烧尾献食的风潮，唐玄宗时还专有官员负责接受献食的事务，美其名曰“检校进食使”。《明皇杂录》叙述如下。

> 天宝中（742～756 年），诸公主相效进食，上命中官袁思艺为检校进食使。水陆珍馐数千盘之费，盖中人十家之产。中书舍人窦华尝因退朝，遇公主进食方列于通衢，乃传呵按辔行于其间。宫苑小儿数百人奋挺而前，华仅以身免。

为博皇上欢心，不惜耗费巨资，将数千盘水陆珍馐，一一排列在大街通衢，以显示皇室公主们的气势及排场。

（八）走向成熟的宴会市场化经营

隋唐两代饮食业的发展已趋于成熟。隋炀帝大业六年（公元 610 年），“诸蕃”请求入首都交易，隋炀帝便“先命整饰店肆，檐宇为一。盛设帷帐，珍货充积，人物华盛。卖菜者藉以龙须席，胡客或过酒食店，悉令邀延就座，醉饱而散，不取其值,给之曰‘中国丰饶,酒食例不取值’,胡客皆惊叹”。为自炫于外国人,遂让卖菜的铺上华贵的龙须席,胡客路过酒楼饭店,则被请入,吃喝完毕,也不要钱,还欺骗他们说:“中国物产丰富,吃饭从不收钱。”从这个故事,也可以看出当时饮食业之繁荣。

唐代,不仅通都大邑有酒楼饭店,即使乡村集镇也不乏独具风味的酒店饭铺。杜牧的“借问酒家何处有,牧童遥指杏花村”(《清明》)、罗隐的“村桥酒旆明月楼,偶逐渔舟系叶舟”(《村桥》)、“狂折野梅山店暖,醉听村笛酒楼寒”(《江边有寄》)都是例证。在官道大路边亦设有食摊酒店。王仁裕《开元天宝遗事》中说:“长安自昭应县至都门,官道左右村店之民,当大路市酒,量钱数多少饮之。亦有施者与行人解之,故路人号之‘歇马杯’。”可见当时之富裕与民情的淳朴。至于东西二京(洛阳、长安)、“扬一益二”(扬州第一、成都第二)这类极其繁荣的大城市的饮食行业中,则多具有特色的店铺,也有极豪华的高档酒楼。韦应物《酒肆行》“豪家沽酒长安陌,一旦起楼高百尺……回瞻丹凤阁,直视乐游苑”。其高度同于长安最高点乐游苑,在此处进餐兼具登临之趣。

其时,宴会市场化经营不仅能承接平民百姓的一般宴请,而且有代办筵宴到家的业务。《国史补》说,唐僖宗召吴凑为京兆尹,催他尽快到任,弄得他连传统的庆贺宴会都摆不及,不得不想了个救急的办法。当时长安两市食店经营“礼席”,也就是代客办理筵宴到家的业务,吴凑一面派人到食店联系,一面催马去请客人,“请客至府,已列筵毕”。拿着釜铛去食店取回现成肴馔就行了,“三五百人之馔,可立办也”。

新科进士的各种庆贺之宴,也有专人承揽,只不过要进士们自掏腰包罢了。唐代每年春季放榜之后,以中第进士为中心的举子们都要举行一系列宴会,其中如“曲江之宴,行市罗列,长安几于半空”,规模十分盛大。于是出现了一种专门承揽进士酒席的“进士团”。当时长安游手之民,自相纠集,名之为“进士团”,这种“进士团”自唐宣宗大中年间开始,日益发展,人数颇众。其中有一位叫何士参的人,“为之酋帅”,是“进士团”的首领。此人“尤善主张筵席。凡今年才过关宴,士参已备来年游宴之费,由是四海之内,水陆之珍,靡不毕备”。“士参卒,其子汉儒继其父业。”承揽酒席活动已经有了一定组织,人数众多,内部还有头领,且子承父业。明年的酒席今年就着手准备,不仅预约客户,而且事先从各地组织货源。这些人实际是承办酒席的经纪人或掮客,当是由他们承揽之后再交由饭店或社会上的厨师操办。唐人市场意识之强,于此可见一斑。

长安城饭店业较兴旺,不仅有经营中式肴馔的饭店,而且还有经营外帮饮食的。如胡人开设的酒肆,专卖胡人食品,有高昌国的“葡萄酒”,波斯的“三勒浆”、“龙膏酒”,以及“胡饼”、“五福饼”等。这时期的饮食既是我国南北东西各地域和民族之间饮食的大交流大融合,也是我国与外国饮食文化的大交流大融合。例如,胡人经营的酒肆很活跃,“胡姬貌如花,当垆笑春风”,以美如花的胡姬当垆,无疑是吸引更多顾客的重要手段,成为市民百姓、诗人们经常便宴的地方。又如贺朝《赠酒店胡姬》诗云："胡姬春酒店，弦管夜锵锵。红毾铺新月，貂裘坐薄霜。玉盘初鲙鲤，金鼎正烹羊。上客无劳散，听歌乐世娘。"因而胡人经营的酒家生意特别兴隆，招徕了无数的食客。

此外特别值得一提的是，在隋唐五代时期，随着佛教的盛行，信奉佛教的人越来越多，社会上形成了一大批食素人群，对素菜的烹饪和加工提出了很高的要求，促进了素菜体系的形成和发展。佛寺素菜经历了由单一到多样，由纯素到仿荤，由寺内到寺外的发展过程，素菜名馔也常为人们津津乐道。这一时期，是素宴快速发展的时期。

五、宋元时期

宋元时期的宴会，呈现出两种截然不同的风貌：两宋时期的筵宴，以崇尚奢华靡费为特征；辽、金、西夏及至元代的筵宴，以推崇粗犷雄浑为特征。兹择其要者述于下。

（一）穷奢极侈的豪门大宴

宋代皇室宫廷、官僚士大夫、富商豪强的宴饮，以穷奢极欲著称于世。据史载，神宗晚年沉溺于深宫宴饮享乐，往往"一宴游之费十余万"。仁宗有一次内宴，"十閤分各进馔"，仅蛤蜊一品28枚，以当时市值计，"一下箸二十八千"，此宴所费可想而知。政和二年（公元1112年），徽宗在太清楼宴请蔡京等9名大臣，席上山珍海味堆积如山，令人瞠目结舌。宴后，蔡京作记云："出内府酒尊、宝器、琉璃、玛瑙、水晶、玻璃、翡翠，曰：'如此加爵，致四方美味。'螺蛤虾鳜白、南海琼枝、东陵玉蕊与海物惟错，曰：'如此加笾。'"宋人陈世崇《随隐漫录》中写道："呜呼！受天下之奉，必先天下之忧。不然素餐有愧，不特是贵家之暴殄。略举一二，如羊头签，止取两翼；土步鱼，止取两鳃；以蝤蛑为签，为馄饨，为枨瓮，止取两螯，余悉弃之地。谓非贵人食有取之，则曰：'若辈真狗子也。'噫，其可一日不知菜味哉！"

从目前掌握的史料来看，宋代最豪华奢靡最盛大的宴饮，当推北宋时期为皇帝举办的寿宴了。据孟元老《东京梦华录·宰执亲王宗室入内上寿》的记载，这种大宴的程序如下。

十月十二日，宰执、亲王、宗室、百官入内上寿，搢笏舞蹈。集英殿山楼上教坊司的乐人鸣奏百鸟的和声，内外肃然。宰执、禁从、亲王、宗室和观察使以上的官员，以及大辽、高丽、西夏的使臣，在集英殿内入席；其他官员分坐两廊；军校以下，排在山楼之后。红木桌上围着青色桌幔，配黑漆坐凳。每人面前放置环饼、油饼、枣塔作"看盘"，四周陈放果品。大辽使臣的桌上配有猪羊鸡鹅兔连骨熟肉，称为"看盘"，皆用彩绳捆扎，配置葱韭蒜醋各1碟。三五人共一桶美酒，由身着紫袍金带的教坊色长负责把盏。餐具全系漆、瓷制品，皇帝用弯把的玉环，大臣和使节用金杯，其他人等用银杯。

开宴时钟鼓齐鸣，高奏雅乐，然后以饮9杯寿酒为序，把菜点羹汤、文艺节目和祝寿礼仪有机穿插起来。

(1)第一杯御酒。"唱中腔",笙管与箫笛伴和,跳"雷中庆",群舞献寿。

(2)第二杯御酒。仪礼同前,只是节奏稍慢。

(3)第三杯御酒。左右军百戏入场,表演上竿、跳索、倒立、折腰、弄盏注、踢瓶、筋斗、擎戴等杂技,男女艺人皆红巾彩服,跳跃欢腾。同上下酒肉、咸豉、爆肉、双下驼峰角子4道菜,边看节目边品尝。

(4)第四杯御酒。表演杂剧和小品,续上炙子骨头、索粉、白肉胡饼佐饮。

(5)第五杯御酒。表演琵琶独奏,200多小儿跳祝寿舞,扮演杂剧,群舞"应天长"。上群仙炙、天花饼、太平饆饠、干饭、镂肉羹和莲花肉饼。

(6)第六杯御酒。表演蹴球比赛,胜者赐以银碗锦彩,拜舞谢恩,不胜者球头(队长)吃鞭。接着上假鼋鱼和蜜浮酥捺花。

(7)第七杯御酒。奏舒缓悠扬的乐曲,400多女童各着新妆,跳采莲舞,随后演杂剧,合唱。上排炊羊胡饼、炙金肠。

(8)第八杯御酒。"唱踏歌",群舞,上假鲨鱼、独下馒头、肚羹。

(9)第九杯御酒。表演摔跤,上水饭、簇饤下饭,奏乐拜舞,叩谢圣恩。

然后,入宴者头上簪花,喜气洋洋归家,并沿路撒铜钱。女童队出右掖门,少年豪俊争以宝具供送,饮食酒果迎接,各乘骏骑而归。她们在御街驰骤,竞逞华丽,观者如堵。

这一盛宴,场面热闹,气氛欢悦,赴宴者数百,演出者上千,表现出宫廷大宴的奢华。从宴会设计的角度看,它有4点可以借鉴。

(1)以9杯御赐寿酒为序。"九"在中国文化中既是最高数,又是吉数,九与久、酒谐音,寄托着美好的祝愿。后世的"九九上寿席"亦由此脱衍而来。

(2)庆寿与游艺相结合。筵宴节奏舒缓,娱乐性强,并且节目内容丰富,能满足多方面的欣赏趣味,有吸引力。后世的寿筵上多有"唱堂会"之举,与此不无关联。

(3)上菜程序的编排。2~5道为一组,干湿、冷热、菜点、甜咸调配,采用分层推进的形式,分量适中,丰而不繁,简而不吝,便于细细品尝。

(4)安排了较多的"胡食",既能满足大辽、西夏等使臣的嗜好,又使筵宴的风味多彩多姿,还暗寓"四海升平,八方来朝"的吉祥含义,用心良苦。南宋虽处于强敌压境,河山破碎的偏安局面,但如是排场奢华的寿宴,南宋度宗也举办过,其仪式程序是一致的,这在吴自牧《梦粱录》卷三《宰执亲王南班百官入内上寿赐宴》中有记载。

皇室宴饮奢靡,官僚士大夫,富商豪强竞相仿效。正如司马光所指:"宗戚贵族之家,宅第园圃,服食器用,往往穷天下之珍怪,极一时之鲜明。惟意所致,无复分限。以豪华相尚,以俭陋相訾。愈厌而好新,月异而岁殊。"仁宗时,宰相宋庠之弟宋祁好客,"会饮于广厦中,外设重幕,内列宝炬,歌舞相继,坐客忘疲,但觉漏长,启幕视之,已是二昼,名曰不晓天。"据《东南纪闻》记载,蔡京有一天召集僚属开会,会后留下宴饮,其中单蟹黄馒头一味,就费钱1 300余缗,其他未计。南宋秦桧生活非常奢侈,“太上每次排会内宴,止用得一二千;桧家一次乃反用数百千。”而宋高宗赵构在清河郡王张俊家所享受的豪华供享,更是官僚士大夫穷奢极侈饮食生活的典型。这次豪宴见于四水潜夫(周密)《武林旧事·高宗幸张府节次》,张俊进贡的御宴席面,有看盘、香药、雕花,有劝酒菜、改酒菜,有干果、鲜果,有大菜、插食,主菜都是双上,有干有汤,约有250道菜品之多。这是我国历史上有记载的菜品最多的酒筵,既表现了宋代饮食文化的发达,也充分反映了统治阶级穷奢极欲、醉生梦死的腐朽生活。

(二)充分发达的宴会市场化经营

随着宋代商品经济的繁荣,饮食业的发展达到了前所未有的高峰,宴会的市场化程度极为发达,主要表现在以下几个方面。

1. 风光气派的大饭庄

北宋汴京著名的酒楼有72座,号称“七十二正店”(见图2－22),主要为豪富贵族服务。

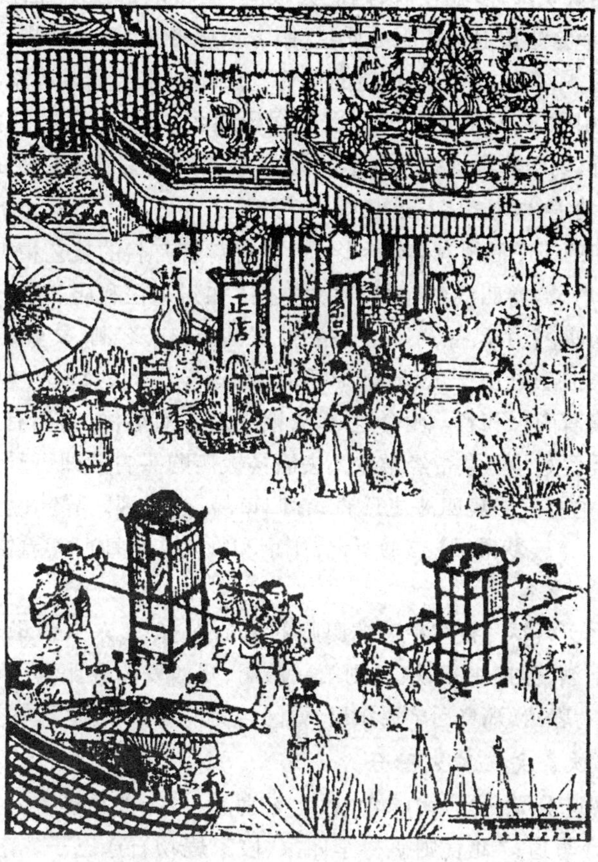

图2－22 《清明上河图》中的正店

这些大饭店一进门有主廊，约百余步长，“南北天井，两廊皆小阁子”。“小阁子”又名“酒阁子”，仿佛今日的包房雅座。著名者如“潘楼”、“会仙楼”、“张八家园正店”、“长庆楼”、“白矾楼”（又称“樊楼”）。南宋都城临安的大饭庄，在数量上也不亚于北宋汴京，著名的有“熙春楼”、“三元楼”、“赏心楼”、“花月楼”、“康沈店”等。大饭店酒楼建筑雄伟壮观，装饰富丽堂皇，环境优美典雅。例如北宋汴京的樊楼，为宋代规模最大、最著名的酒店，此楼“后改为丰乐楼，宣和年间更修，三层相高，五楼相向，各有飞桥栏槛，明暗相通，珠帘绣额，灯烛晃耀。”“诸酒店必有厅院，廊庑掩映，排列小阁子，吊窗花竹，各垂帘幕”，十分清雅。所用饮食器具十分讲究，如官府酒楼“各有金银酒器千两，以供饮客之用”，市楼“酒器悉用银，以竞华侈。”

正因为饭店酒楼为人们提供了极大的方便，因此成了当时贵族富豪最爱去的地方。如“真宗尝曲燕群臣于太清楼”。彭乘《墨客挥犀》卷十载：“当时侍从文馆士人大夫为燕集，以至市肆酒楼，往往皆为游息之地。”北宋大臣鲁宗道，因“酒肆百物皆备，宾至如归”，故家中每有宾客他必带客人到府宅附近的仁和酒店中会饮。宴饮欢聚，多在夜晚，因此大饭庄“酒楼歌馆，直至四鼓后方静。”当时的饮食业，十分注重卫生和服务质量，服务员服务主动，热情周到，精通业务，熟记数百菜肴，顾客饮酒多少，点定的菜肴，上席时“尽合诸客呼索指挥，不致错误”。为了吸引顾客，饭店酒楼常以歌舞娱乐顾客，“朝歌暮弦，摇荡心目”。这种将味、视、听、玩四者巧妙结合起来的做法，可见经营者的苦心所在。

2. 市场竞争以“三名”为核心

两宋时期的饭庄酒楼有名饮和名馔，更有赫赫有名的技艺精湛的厨师。孟元老《东京梦华录》卷四《会仙酒楼》中记述：“如州东仁和店、新门里正店，常有百十分厅馆动使，个个足备，不尚少缺一件。”其店出产名酒，文莹《玉壶清话》卷一载：“真宗尝曲燕群臣于太清楼，君臣让浃，谈笑无间，忽问：‘厘沽尤佳者何处？’中贵人奏有南仁和者。亟令进之，遍赐宴席。”有名酒，自然有名馔相伴随。这从两宋宫廷后妃乃至皇帝经常派人去酒楼饭店购买肴馔即可看出。正如《东京梦华录》序中所言：“集四海之珍奇，皆归市易；会寰区之异味，悉在庖厨。”仅据《东京梦华录》、《梦粱录》二书所记，汴京和临安二京肆所卖肴馔应有五六百种之多。

名馔的生产离不开技艺精湛的厨师的劳动创造。《东京梦华录》所列名厨是：“卖贵细下酒，迎接中贵饮食，则第一白厨，州西安州巷张秀；以次保康门李庆家，东鸡儿巷郭厨，郑皇后宅后宋厨，曹门砖筒李家，寺东骰子辛家、黄胖家。”

3. 南北饮食文化的大融合

如果以风味分类，便有南味食品、北味食品、川味食品等不同风味的店铺。《东京梦华录》写道：“北食则矾楼李四家、段家熝物石逢巴子。南食则寺桥金家、九曲子周家，最为屈指。”南方食物精美，欧阳修《送慧勤归余杭诗》云：“南方精饮食，菌笋鄙羔羊。饭以玉粒粳，调以甘露浆。一馔千金费，百品罗成行。”汴京开设的南食店，不仅为来往江南的官僚、地主、客商服务，也促进了南北饮食的交流，提高了北方厨师的烹饪技术，其制作技术开始从粗放变得精细，肴馔品种也更加丰富了。汴京南食店主要经营“鱼兜子、桐皮熟脍面、煎鱼饭”等。“川饭店则有插肉面、大燠面、大小抹肉、淘煎燠肉、杂煎事件、生熟烧饭。”还有专为佛教徒设置的素食店。

北方饮食文化也对南方产生过极其深远的影响，这在宋室南渡后表现得淋漓尽致。如诗人耐得翁在《都城纪胜·食店》中述及临安的食店时说：“都城食店，多是旧京师人开张。”吴自牧《梦粱录·分茶酒店》说：“杭城食店，多是效学京师人，开张亦效御厨体式，贵官家品件。”由此可见，中原传统的烹饪技艺、汴京的风味食品制作技术及包含的经营管理方法等均被带到了临安，当地人纷纷拜师效学，促进了南北饮食文化更大范围内的交流和融合，从而使临安的饮食业以异乎寻常的速度蓬勃发展了起来。到南宋末年，南北饮食之分已经名存实亡了，即“南渡以来，几二百余年，则水土既惯，饮食混淆，无南北之分矣。”

4. 别开生面的宴会假货服务

两宋饮食业中有“宴会假货”的服务项目，在汴京多由大酒楼承办，临安则由有名的“四司六局”承办。

汴京酒楼外出服务包括“桌椅陈设、器皿合盘、酒担动使之类”，“以至托盘下请书，安排座次，尊前执事，歌说劝酒”，至于肴馔烹饪，自然不在话下。顾客只要言明在何处设宴，出足了钱，便可毫不费力地把宴会办得礼数不差。

临安“四司六局”专门登门承办官私宴会，其分工情况是，帐设司专掌布置厅堂，设计场景；茶酒司专掌迎送宾客，备酒献茶；厨司专掌编排席单，烹制菜点；台盘司专掌准备餐具，上菜值台；果子局专掌筹办果品，拼装看盘；蜜煎局专掌供应蜜脯，置备酸碟；菜蔬局专掌选购蔬菜，配制酱品；油烛局专掌灯光照明，冬季取暖；香药局专掌醒酒汤药，熏香用料；排办局专掌桌椅家具，插花挂画，擦抹洒扫。有了“四司六局”，“常时人户每遇礼席，以钱请之，皆可办也”。这样一来，可以“省宾主一半力，故常谚曰：‘烧香点茶，挂画插花，四般闲事，不许戾家。’”“虽广席盛设，亦可咄嗟办也。”

（三）粗放豪迈的少数民族宴会

辽、金、西夏及元朝时期，契丹、女真、党项、蒙古等少数民族，主要以畜牧渔猎生产为主，其饮食原始简易，筵宴风格带有浓厚的游牧色彩和粗放豪迈的气概。

1. 尚豪饮

这是契丹人、金人、蒙古人的共同特点。每逢宴饮，客人如能大碗喝酒，大块吃肉，主人便十分高兴，表现了他们的豪爽性格。据魏泰《东轩笔录》卷十五云："北番每宴使人，劝酒器不一，其间最大者，剖大瓠之半，范以金，受三升，前后使人无能饮者，惟方偕一举而尽，戎主大喜，至今目为方家瓠，每宴南使，即出之。"

金代女真人喜酒好饮，如承安元年七月庚辰，章宗御紫宸殿，受诸王、百官朝贺，"赐诸王、宰执酒。敕有司，以酒万尊置通衢，赐民纵饮"。接待宋朝使臣，"酒不记巡，以醉为度，皆旧例也。"

元代蒙古族人重视饮酒，蒙古国时期，大汗的官帐便设有大型的贮酒器具，即有一棵能流出四种酒的大银树。忽必烈即位后，在至元二年下令用整玉雕成一具高70厘米、直径135厘米的贮酒器，称"渎山大玉海"，安置在宫城广寒殿内。至元二十二年，又造大樽，"樽以木为质，银内，而外镂为云龙，高一丈七尺"，这个大樽称为"酒海"，安放在宫城中主殿大明殿之中。喜庆大宴，饮酒经常是不分日夜，不醉不归，甚而连续欢宴数日。

2. 粗放简俭的筵宴肴馔

契丹人、金代女真人、蒙古人筵宴肴馔以肉食为主，制作工艺简易粗放，品种也不是很多，饮食方式原始粗犷。例如，路振《乘轺录》记载自己在辽国受到接伴使的款待，肴馔是以熊肪、羊豚、雉兔之肉为濡肉，牛鹿、雁鹜、熊骆之肉为腊肉，"割之令方正，杂置大盘中"，"二胡雏衣鲜洁衣，持帨布，执刀匕，遍割诸肉，以啖汉使"。

金代饮食仍较原始粗陋。金初，宋人马扩出使金朝，见到金太祖阿骨打在打猎途中所设御宴之情景：君臣围坐在炕上，每人端着饭碗，就着腌渍的野菜，另有猪、羊、牛、马、鹿、兔、鹅、雁等肉，或生食，或烹煮，或烧烤。各用佩刀，大块吃肉。如此而已。在稍晚于马扩使金的许亢宗所述太宗在上京宫廷中的御宴，则略显讲究一些，饮食器亦较精致，但所食食品，与前大体相同，只是"差精细而味和耳"。这应该说反映了当时女真饮食的最高水平。宫廷中尚且如此，民间筵宴饮食就更为简陋了，这是可想而知的。

西夏时期，经济发展受到战争及自然条件的限制，一直不是很稳定和完善的，生产的粮食不敷需用，许多地方仍从事传统的畜牧业，对外贸易、对外交往，特别是向强大的邻国（如宋朝、辽国）进贡许多畜产品，食物仍然是传统的肉类（牦牛、马、牛、羊、猪等）和乳制品。因而，西夏提倡饮食筵宴要简单节俭，故律法不主张在婚丧事中屠宰牲畜，大吃大喝；不准在丧礼未尽时赴他人宴请，违律杖十三杖；不准用各种食馔作巫等。亲朋之间宴请待客，律令对转送宴筵礼有规定，对宴请食馔的种类上有具体的限制，以避免铺张浪费，违者会受到经济上的处罚。《天盛律令》卷二十中有"诸人以汉宴、熟食为丧葬宴等，准备食馔，心口菜十五种以内，唇喉二十四种以内，又树果品共二十四种以内行之，依不同次第，一种种分别计算，不许使过之。若违律诸人举报时，举赏钱五缗，当由设宴者出予举者。”

忽必烈建立元朝，统一全国之前，蒙古人的食物，据13世纪40年代到达蒙古的欧洲传教士鲁不鲁乞《出使蒙古记》记载：“既没有面包，也没有供食用的草本植物、蔬菜，或任何其他东西，什么也没有，只有肉。”他们习惯于用手抓肉，“把羊肉切成小块，……然后用一把小刀的刀尖或为此目的而特制的叉的叉尖……取肉。”统一全国后，又据朝鲜史家记述：“蒙古之俗，好以銛刀刺肉，宾主相啖，往复不容瞥”。元朝的文人亦说：“北人重开割，其所佩小篦刀，用镔铁、定铁造之，价贵于金，实为犀利，王公贵人皆佩之。”由此可见，元朝时期一般筵宴肴馔还是俭朴的，进食方式是粗放的。

3. 名宴

契丹有两大名宴头鹅宴、头鱼宴。每当冬去春来江河解冻之前，皇帝在群臣的护卫下来到春捺钵地，先是凿冰钩鱼，继而纵鹰鹘捕鹅雁。头鹅宴与头鱼宴就是在这个季节里举行的。

(1)头鹅宴。据《辽史·营卫志中》载：每当江河冻之时，正是捕获鹅雁的最好季节。群臣扈从皇帝来到水边，待卫击扁鼓，惊起水上的天鹅，放飞海东青，擒捉天鹅，或由皇帝亲射。“鹘擒鹅坠，势力不加，排立近者，举锥刺鹅，取脑以饲鹘。救鹘人例赏银绢。皇帝得头鹅，荐庙，群臣各献酒果，举乐。更相酬酢，致贺语，皆插毛于首以为乐。赐从人酒，遍散其毛。”

此外，《燕山杂录》亦记载：“漷县西延芳淀，大数顷，中饶荷芰，水鸟群集其中。辽时，每季春必来弋猎，打鼓惊天鹅飞起，纵海东青擒之，得一头鹅，左右皆呼万岁。”宋代诗人姜夔(白石)在《契丹风土歌》中有“一鹅先得金百两”句。道宗大康元年(公元1075年)，“正月乙未，如混同江。”“(二月)乙酉，驻跸大鱼泺。丁亥，以获鹅，加鹰坊使耶律杨六为工部尚书。”五年，“三月辛未，以宰相仁杰获头鹅，加侍中”。从得头鹅者受此重赏，也可想见头鹅宴的盛况了。

(2)头鱼宴。《辽史·国语解》云：“头鱼宴，上岁时钩鱼，得头鱼，辄置酒张宴，与头鹅宴同。”头鱼宴在凿冰钩鱼的季节里举行，时间在头鹅宴之前，即江河尚未解冻之时。契丹钩鱼一般在春捺钵期间进行。据《辽史》本纪，皇帝往混同江时间绝大多数在春正月，偶有在闰十二月或二月者。“其国每岁春涨，于冰上置冰钓鱼，惟贵族近侍得与。一岁盛礼在此。每得鱼，必亲酌劝拱辰，又亲鼓琵琶侑之”。

从以上史料记载以及时人和后人的评论中，可以对头鱼宴归纳如下几点。

①头鱼宴在一年之始的春季进行，“以其得否，占岁好恶”，表达了契丹人对在新的一年里获得丰收的企盼。

②头鱼宴是辽朝的盛典，只有皇帝、贵族近臣以及外国使者才可参与。

③头鱼宴的内容包括祭祀天地祖宗、饮酒、奏乐、舞蹈等。

头鹅宴、头鱼宴至金元时仍有此俗,及至清代则已完全失传。

金代宴饮繁多,有所谓御厨宴、花宴、较射箭宴、换衣灯宴等名目。

(1)御厨宴。御厨宴是金朝皇帝接见外国使节的宴会。许亢宗奉使金国,到达上京后,金太宗在乾元殿设宴款待。厅内设"朱漆银装镀金几案","果碟以玉,酒器以金,食器以玳瑁,匙箸以象齿"。宴饮开始,由几名女真人抬着十几个鼎镬进来,七手八脚地"切割饾饤以进"。边进食,边奏乐,乐队是由旧契丹教坊四部二百人组成。"酒五行,食毕,各赐衣袍带,使副以金,余人以银,谢毕,归宿"这就是御厨宴。

(2)花宴。花宴因宴饮"戴花"、"簪花"之仪而得名,本为契丹旧俗。花宴大体与御厨宴相同,还要伴之以百戏演出等,内容更为丰富。"酒三行,则作乐,鸣钲击鼓,百戏出场,有大旗、狮豹、刀牌、砑鼓、踏索、上竿、斗跳、弄丸、挝簸旗、筑毬、角抵、斗鸡、杂剧等,服色鲜明,颇类中朝。又有五六妇人涂丹粉,艳衣,立于百戏后,各持两镜,高下其手,镜光闪烁,如祠庙所画电母"。"酒五行,各起就帐,戴色绢花,各二十余枝。"清人有诗云:"大安花宴礼仪新,高矗山楼署万春。"就是咏金朝花宴的。

(3)较射宴。许亢宗到达金上京第四日,曾赴伴以较射节目的宴饮,可称之为较射宴。"有贵臣就赐宴,兼伴射于馆内,庭下设垛,乐作,酒三行,拌射贵臣、馆伴使副、国信使副离席就射。三矢,弓弩从便用之。胜负各有差,就赐袭衣鞍马。"举行较射宴时,有名王、贵臣等身着微服混杂在人群中观看。宴中伴以较射,大约是行于金初的风俗,后来废弃。

(4)换衣灯宴。换衣灯宴是朝廷为外使举行的送别宴会,许亢宗在上京的最后一天,曾赴此宴。许亢宗写道:

> ……朝辞如见时仪。酒食毕,就殿上请国书,捧下殿,赐下殿,赐使副袭衣、物帛、鞍马、三节人物(宋与辽金外交使节除使、副使外,分为上、中、下三节,称三节人)物帛各有差。拜辞归馆,铺挂彩灯百十余,为芙蓉、鹅、雁之形,蜡炬十数,杂以弦管,为堂上乐。馆伴使、副过位,召国信使、副为惜别之会,名曰'换衣灯宴'。酒三行,各出衣服三数件,或币帛交遗。常相聚,惟劝酒食,不敢多言。至此夜,语笑甚欢,酒不记巡,以醉为度,皆旧例也。

由此可见,换衣灯宴除一般礼仪外,还要张彩灯及互换衣帛。换衣灯宴名本此。

(四)衣着同色的只孙宴

蒙古人对于宴会十分重视。当时有人说:"国朝大事,曰征伐,曰搜狩,曰宴飨,三者而已。"宴会被认为是同战争、狩猎同等重要的国家大事之一。这是因为,按照蒙古习惯,国家大事都要在宴会上讨论,作出决定。这种习惯的形成,与蒙古的游牧生活方式和部落组织形式有密切的关系。

蒙古人有各种大小不等的宴会。由蒙古大汗和元朝皇帝在节庆或为其他重要事件举行的大型宴会,被称为“诈马宴”或“只孙宴”,其中以每年六月在上都举行的宴会规模最大。据目睹过上都宴会盛况的周伯琦说:“国家之制,乘舆北幸上京,岁以六月吉日,命宿卫大臣及近侍,服所赐只孙珠翠金宝衣冠腰带,盛饰名马,清晨自城外各持采仗,列队驰入禁中,于是上盛服御殿临观,乃大张宴为乐。惟宗王、戚里、宿卫大臣前列行酒,余各以所职叙坐合饮,诸坊奏大乐,陈百戏,如是者凡三日而罢。其佩服日一易。太官用羊二千噭,马三匹,他费称是,名之曰只孙宴。只孙,华言一色衣,俗呼为诈马宴。”

“只孙”又作质孙,源自蒙古语,意为颜色。在皇家宴会上,与会者每天都要穿同一种颜色的衣服,称为“只孙”服。这种衣服是由皇帝赏赐的。由于与会者都穿“只孙”服,所以这种宴会就称为“只孙宴”。“诈马”一词,则来源于波斯语,意为衣。“质孙”和“诈马”说的是一回事,“只孙宴”和“诈马宴”都突出了宴会上服装的奢华。

只孙服是一种特制的宴会礼服,衣、帽、腰带、靴鞋配套,用净面的织金锦缎镶金银、珍宝、玉石制成,由宫廷指定人专做,不在市场销售。只孙服按官阶爵禄分成若干等级。如《元史·舆服志》载,天子只孙服,冬有 11 等,夏有 15 等;百官只孙服,冬有 9 等,夏有 14 等,服装面料与色彩、装饰协调统一。只孙服是由皇帝按王公百官的权位和功劳赏赐的,没有只孙服是不能参加诈马宴的。

只孙宴是皇帝举办的大型宴会。元代官场上的宴会是很讲究礼仪程序的(见图 2－23),称为“茶饭体例”。

图 2－23 《事林广记》中的贵族宴饮图

"凡大宴席茶饭，则用出桌。每桌上以小果盆列果木数盘于前，列菜碟数品于后，长箸一双。厅下用大花瓶、香炉居于中央，祇应乐士列左右。若众官相会，主人则进前把盏（仪式具载于后）。客有居小者亦出席把盏，凡数十回，方可献食。初巡则用粉羹，主人以两手捧进于各位官员面前放下，然后把盏。次巡或鱼羹或鸡、鹅、羊等羹（随主人之意），复如前仪。三巡或灌浆馒头，或用酸羹，或群仙羹，并如前仪。正盏，大茶饭，用牛、马，常茶饭用羊、豕、鸡、鹅等，并完，煮熟，以大桌盛之，两人抬于厅中，有梯己人则出剜肉，凡头牲并以头与尾及胸肤肉献于长者，腿翼净肉献于中者，以剩者彻散与祇应等人。厅上再行劝酒，令熟醉结席，且用解粥，众客渐而散去。"

从这段记载中，可见元代官场宴请有值得注意的四点。

(1)注重台面摆饰。

(2)讲究宾主敬让和尊卑有别。

(3)菜品丰盛，讲究食序，席尾配粥，合养生之道。

(4)重视牲性的现场分割，并进行献食。

民间的宴会要比官场宴会简便许多。如"做汉儿茶饭着，头一道团撺汤，第二道鲜鱼汤，第三道鸡汤，第四道五软三下锅，第五道干按酒，第六道灌肺、蒸饼、脱脱麻食，第七道粉汤、馒头、打散。"这样的宴会其实很实惠很自然。

六、明清时期

明清时期是中国古代宴会发展的鼎盛时期。随着这一时期社会经济的繁荣，食品原料的生产与烹饪技术的发展取得了超前的巨大成就，筵宴的结构与模式更趋多元化，内容更为丰富多彩，总体水准更高于前代，尤其是在清代，筵宴发展呈现出既循礼蹈规又逾礼僭越，既封闭自守又开放交融，既竞尚奢靡又尊生俭约的特有的时代风貌。

(一)富丽雅致的宴饮环境和食器

明代红木家具问世之后，八仙桌、大圆桌、太师椅、鼓形凳，都被用到酒筵中来，而且桌披椅套缝制讲究，不少都是丝绸锦缎绣品。为了便于调排菜点、攀谈和祝酒布菜，此时餐桌多为6人席、8人席和10人席的格局，主宾、随从、陪客和主人的座位有种种讲究。例如，随着八仙桌在明代的问世，座位的尊卑排列次序规定，以坐西南向正东为首席。为了不致混淆，还专门有对号入座的"席图"，供人使用。到清代康乾时期，出现了圆桌（见图2－24），它虽然比方桌、八仙桌更富团圆之意，但座次仍有尊卑之分。曹雪芹在《红楼梦》中写贾母中秋设赏月宴时专门摆设圆桌，"凡桌椅形式皆是圆的，特取团圆之意。上面居中，贾母坐下，左边贾赦、贾珍……右边贾政、宝玉……"可见其时圆桌是以上方中间为首席，左边其次，右边则更次的顺序安排席位的。清代在主宾背后陈放雕漆或螺钿屏风，其正面摆放大穿衣镜，以示尊重。

图 2－24　清代圆桌宴饮图

设席地点大多是春在花榭,夏在乔林,秋在高阁,冬在温室,追求“开琼筵以坐花,飞羽觞而醉月”的情趣。明代来自中亚的阿里·阿克巴尔在《中国纪行》中描述得更为具体生动:“他们不论在花园还是在庭院举行盛宴,都用许多盆景装饰点缀。这些盆景有的开着花,有的结着果,安排得整整齐齐。在树下放着许多长条桌子,桌子上放着很多味美精致的食品,在长桌两边放着成排的金饰椅子。”

在台面装饰上,已由摆设装饰物发展成“看席”,隆重的还是“看席”与“吃席”并列。就以水果来说,它较普遍地出现在酒宴上是始于明弘治年间,但是那时只不过是较随意地装在碗中或盘子里而已。到了嘉靖年间,有人发明了专供酒宴上陈放水果的器具,名曰“果山碟架”,它列有多层,形如宝塔,各层置放不同的水果。“然品必用木漆果山如浮屠样,蔬用小磁碟添案,小品用攒盒,俱以木漆架架高,取其适观而已。”而像乾隆皇帝的除夕家宴,仅摆台就分 8 路,用了各色玉碗 58 个。至于酒楼,盛行一字排开的“四扎碟”,置于首座对面的桌沿上以壮观瞻。

明清时期的宴饮器具更趋向精美高级,强调配套使用。如慈禧太后的宁寿膳房里,有酒筵所用的金银餐具1 500余种,均系绝世珍品。孔府的“满汉宴·银质点铜锡仿古象形水火餐具”,全套计有 404 件,可上 196 道菜点。从造型与外观的角度来考察,清代孔府的这套“满汉席”餐具,属“仿古象形餐具”,是仿古青铜器食具而作,如餐具中有周邦簠、伯中宝彝、尊鬲、雷纹豆、周升邦父簠、周方耳宝鼎、曲耳宝鼎、钟形味鼎、兽缘素腹鼎、伯硕父鼎、周鬲敦等,以示典雅与古朴。此外,亦有仿食物形象而制作的餐具,如鱼形(有鲤鱼、鳜鱼之分)、鸭形(有立鸭、卧鸭之别)、鹿头、寿桃、瓜形、琵琶等,形象逼真,栩栩如生。有一鸭盘,呈仰首张嘴之状,盛菜后热气从鸭嘴喷出,鸭舌亦可上下扇动。另有两件特殊餐具,其一是“当朝一品锅”,此餐具呈四瓣桃圆形,盖柄是一双桃并枝叶相伏,盖有四瓣,每瓣一字,镂刻“当朝一品”四个正楷字,直径40厘米左右,为全套餐具中之最大者。其二是“钟鼎锅”。此件呈正圆形,略矮,餐具的盖面、器周均用甲骨文、钟鼎文、大篆、小篆等各种古文字作装饰。还应指出的是,餐具除造型奇特、生动外,还嵌有各种玉石、翡翠、玛瑙、珊瑚等珍物作为装饰品,并做成玉蝉、狮头、鱼眼、鸭睛、把提、盖柄,从而使银器更加华贵。同时在器外还雕有各种花卉、图案,以及刻琢吉言、诗词(餐具质地为点铜锡本身,则是为增加硬度和可琢性)等,从而使食(品)、艺(术)、器(物)等浑然一体,体现出孔府贵族饮食文化特殊的“氛围”。

清代孔府宴客的餐具,除这套银质餐具外,还有两套整桌餐具,即博古酒席瓷器餐具,为乾隆瓷,计490件;以及高摆酒席瓷餐具,为光绪瓷,计130件。三套餐具相较,无论从餐具的质地、造型而言,抑或是餐具使用时宴会的规格而论,当然还是首推孔府这套“满汉全席”的银餐具。

清代,地处边疆塞外的少数民族,在宴饮餐具方面也具有十分鲜明的文化、艺术个性。例如,清代维吾尔族的饮食餐具花样甚多,且做工精细。在器物质地方面,或以木为之,或以铜为之,或以玉攻之。每件器具均有着浓郁的民族与地方特色。从器物的使用上,充分表明清代维吾尔族平日良好而又符合卫生的饮宴习尚。这些宴饮器具具有高度艺术价值与实用价值。

(二)明确区分目的和等级的筵宴设计

明代皇宫每逢除夕、元旦、立春、端午、重阳、腊八日、皇太后圣诞、东宫千秋节等节日时,都要举行各种不同规格、规模的筵宴活动。凡遇祭祀圜丘、方泽、祈谷、朝日夕月、耕猎、经筵日讲、东宫讲读、亲蚕、纂修校勘书籍、开馆暨书成、阁臣九年考满、新录取进士等时,都要赐官大臣进士及内外命妇筵宴。按照明代礼仪规定,宫中筵宴规格为大宴、中宴、常宴和小宴四种。例如,明代万历年间北方的乡试大典,席面分上马宴、下马宴两种,每种又有上、中、下之别,84桌各成格局。

明成化时进士吴宽在诗中描写宫中举办的盛大宴会时说:“玉陛东头第一筵,坐分春色愧群仙。诗题共和题三百,酒价无论斗十斤。曲舞羽衣齐作队,花簪金字巧成联。卷可鸡凤今重睹,定协周家旧卜年。”

据《清史稿》和《大清会典》等书记载,清代帝王筵宴百官和外国使节时,要举行各种名目的宫廷宴。如改元建号的定鼎宴,恭贺新春的元日宴,庆祝胜利的凯旋宴，是清入关前于崇德年间所创宴例。顺治元年皇极殿的定鼎宴，是清入关后的第一次大宴。以后，皇帝登基的元会宴，皇帝大婚的纳彩宴、合卺宴，皇帝生日的万寿宴，皇后生日的千秋宴，皇太后生日的圣寿宴，招待文臣学士的经筵宴，以及重华宫的茶宴，乾清宫的曲宴，惇叙殿的宗室宴等，不可胜举。

清宫宴的名目虽多，宴席却主要分为两种，即满席和汉席。满席有"近前馔筵"和"午奠筵"之分，并有头等、二等、三等、四等、五等、六等之别。汉席分头等、二等、三等，并有上、中之别。此外，清宫宴还有一等宴桌、次等宴桌和一等桌张、次等桌张之分。例如，备办满席，如在城内筵宴，则由光禄寺炸食房造办；若在城外筵宴，则到筵宴场所造办；祭祀上坟预备奠筵，则到祭所造办。对每一种满席、汉席，从炊具、餐具、用料、馔品及入宴对象等，清廷均有明文规定，否则会受到严厉的惩罚。

清宫宴中，每年元旦和万寿节，太和殿的筵宴是最隆重的了。太和殿筵宴之前，首先要在殿内设皇帝的御宴桌张，殿内再设前引大臣、后扈大臣、豹尾斑侍卫、起居注官、内外王公、额驸以及一二品文武大臣和台吉、塔布囊、伯克等人员的宴桌共105张。其次，太和殿前檐下的东西两侧，陈中和韶乐与理藩院尚书、侍郎及都察院左都御史副都御史等人的宴桌。太和殿前丹陛上的御道正中，南向张一黄幕，内设反坫，反坫内预备大铜火盆两个，上放大铁锅两口，一口准备盛肉，另一口装水备温酒。丹陛上共设宴桌43张，在这里入宴的是二品以上的世爵、侍卫大臣、内务府大臣及喜起舞、庆隆舞大臣等。再次，丹墀内设皇帝的法驾卤簿如同大朝之仪，两翼卤簿之外，各设八个蓝布幕棚，棚下设三品以下文武官员的宴桌，外国使臣的宴桌设在西班之末。太和门内檐下，东、西两侧设丹陛大乐（见图2－25）。

图2－25　清代乾隆紫光阁赐宴图

明清现代宫廷筵宴都有十分明显的政治目的和等级区分，而民间宴请，规格有高有低，菜品有奢有俭，且受世风宴俗影响甚大。记载江浙风物的《阅世编》，对明代崇祯、清代顺治及康熙初年间筵宴演变情况，作了翔实而又清晰的记录。作者叶梦珠在书中写到："肆筵设席，吴下向来丰盛。缙绅之家，或宴请官长，一席之间，水陆珍馐多至数十品。即庶士及中人之家，新亲严席，肴馔有多至二三十品者，若只有十余品则是寻常之会。"而且对饮食器皿的要求极高，颇为讲究，"然品必用木漆果山如浮屠样，蔬品用小磁碟添案，小品用攒盒，俱以木漆架架高，取其适观而已。……崇祯初，始废果山碟架，用高装水果，严席则列五色，用饭盂盛之。如是相知之会则一大瓯而兼间数色，蔬用大铙碗，制渐大矣。"顺治初废攒盒而以小磁碟添案，废铙碗而蔬用大冰盘，水果虽严席止用二大瓯。旁列绢装八仙，或用雕漆嵌金小屏风于案上，介于水果之间，肴馔不超过二十品，如是寻常宴会至多十二品，到顺治季年，则一席兼数席之物，太过丰盛，几同暴殄。康熙之初，新亲贵客仍用专席，水果之高，或方或圆，以极大瓷盘盛之，几及于栋，小品添案极为精巧，庖人一天仅可装三四品，一席之盛，至数十人治庖，奢靡至极，大伤古朴之风。

市场上的筵宴也以碗碟之多寡来区分档次，既有高档的 16 碟 8 簋 1 点心，也有低档的"三蒸九扣"、"十大件"、还有 16 碟 8 大 8 小、12 碟 6 大 6 小、重九席、双八席、四喜四全席、五福六寿席等，各有则例，自成体系。从筵宴结构看，一般分为酒品冷碟、热炒大菜、饭点茶果三大层次，以头菜的规格，确定筵宴的档次。

（三）脱颖而出的各式全席

全席的发展至清代止，据目前已有的资料可知，全席有数十种之多，如全羊席、全鳝席、全鸭席、全牛席、全猪席、全鱼席、全蟹席、全藕席、全菌席等。全席主要分为两种类型：一类是以某一种原料为菜品主料构成的全席，如全羊席、全鳝席、全藕席等；一类是以某一类原料为菜品主料构成的全席，如全鱼席、全菌席、山珍全席、河鲜全席等。

在所有的全席中，全羊席号称"屠龙之技"，在金元时期已见端倪。生活在白山黑水间的金代女真人，是满族的先祖，其饮食习俗历来重羊。一方面他们以羊为牺牲，在重大的祭仪中虔诚献上治净的肥羊；另一方面，用全羊接待贵宾，表现他们的好客与豪爽。《松漠纪闻》等书记载："金人旧俗，凡宰羊但食其肉，贵人享重客间，兼皮以进曰全羊。"这里的"兼皮以进"，显然指的是烧烤。据尹湛纳希《青史演义》等书的记载，早在元代，蒙古族就创制出不同风味的全羊席。其中除了烤制的剥皮整羊和带皮整羊外，还有先分档煮熟，再拼装成羊形的清水煮全羊。

清代全羊席是选用羊体的各个部位分别制菜，少则用羊 1 头，有 10 多款菜，多则用羊 20 头，可制出 108 款菜。其制作方法多样，"蒸之，烹之，炮之，炒之，爆之，灼之，熏之，炸之。汤也、羹也、膏也、甜也、咸也、辣也、椒盐也。所盛之器，或以碗，或以盘，或以碟，载往而不见为羊也。”清代全羊席宫廷里有，贵族富者府里也有；满族、蒙古族、回族等少数民族有，汉民族也有，可见其影响之广。

在各式全席中，江苏淮安的全鳝席享有盛名，技绝天下。清人徐珂的《清稗类钞·饮食类》：“同（治）、光（绪）间，淮安多名庖，治鳝尤有名，胜于扬州之厨人。且能以全席之肴，皆以鳝之，多者可至数十品。盘也，碗也，碟也，所盛皆鳝也，而味各不同，谓之曰全鳝席。”咸丰年间的全鳝席共计108品，其简式分为四度，由八大碗、八小碗、十六碟、四点心制成，每一度是两大碗、两小碗、四碟、一点心。合则为一，分则为四，分合视需要而定。全席制作难度高，工艺精细，展示出两淮厨师深厚的技术功底和创造才华。

（四）登峰造极的满汉全席

在中国宴会发展史上，把不同民族的美食大宴融合在一起的，首推清代的满汉全席。这也是清代多民族共融共处、相互促进政治格局，最通俗而又最有效的表达形式。上文曾提到，清宫宴的名目虽多，筵席却主要分为两种，即满席和汉席。满席和汉席皆有等级之别，清廷有明文规定，不得逾礼越规。例如，按《光禄寺则例》所载如下。

头等满席菜品为：四色玉露霜四盘、四色馅白皮方酥四盘、四色白皮厚夹馅四盘、白蜜印子一盘、鸡蛋印子一盘、黄白点子二盘、松饼两盘、中心合图例饽饽六盘、中心小饽饽二碗、红白馓子三盘、干果十二盘、鲜果六盘、砖盐一碟。

头等汉席菜品为：白煮鹅一碗、白煮鸡一碗、小阁一碗、烧肉一碗、白肉一碗、海参肉一碗、猪肚一碗、鸭羹一碗、猪蹄一碗、鲍鱼肉一碗、笋肉一碗、海带肉一碗、东坡肉一碗、鹿筋肉一碗、肉圆一碗、猪腰子一碗、山药肉一碗、鸡蛋糕一碗、熝鸡一碗、香蕈鸡一碗、盐煎肉一碗、方子肉一碗、鱼一碗；黄梨12个、红梨2个、棠梨15个、鲜葡萄、柿饼、酒枣、红枣、栗子各一碗；包子一碗、花卷一碗、馒首一碗（各12个）、酱瓜一碟、酱茄一碟、酱苤蓝一碟、十香菜一碟。

从以上两例可以看出，清代宫廷的满席均由满洲饽饽和干鲜果品构成，故又称满洲饽饽桌，汉席则由菜肴、面食和果品构成。把满席和汉席融合起来而成“满汉席”，或曰“满汉全席”、“满汉大席”。记载满汉席年代最早而且内容最为完整的史料，见之于扬州李斗于乾隆末年写成的《扬州画舫录》。现抄录如下，以观其盛。

上买卖街前后寺观皆为大厨房，以备六司百官食次。

第一分头号五簋碗十件：燕窝鸡丝汤、海参汇猪筋、鲜蛏萝卜丝羹、海带猪肚丝羹、鲍鱼汇珍珠菜、淡菜虾子汤、鱼翅螃蟹羹、蘑菇煨鸡、辘轳锤、鱼肚煨火腿、鲨鱼皮鸡汁羹、血粉汤、一品级汤饭碗。

第二分二号五簋碗十件：鲫鱼舌汇熊掌、米糟猩唇猪脑、假豹胎、蒸驼峰、梨片伴蒸果子狸、蒸鹿尾、野鸡片汤、风猪片子、风羊片子、兔脯、妳房签、一品级汤饭碗。

第三分细白羹碗十件：猪肚假江瑶鸭舌羹、鸡笋粥、猪脑羹、芙蓉蛋、鹅炖掌羹、糟蒸鲥鱼、假斑鱼肝、西施舌、文思豆腐羹、甲鱼肉片子汤、玺儿羹、一品级汤饭碗。

第四分毛血盘二十件：獾炙哈尔巴小猪子、油炸猪羊肉、挂炉走油鸡鹅鸭、鸽臛、猪杂什、羊杂什、燎毛猪羊肉、白煮猪羊肉、白煮小猪子小羊子鸡鸭鹅、白面饽饽卷子、什锦火烧、梅花包子。

第五分洋碟二十件：热吃劝酒二十味、小菜碟二十件、枯果十彻桌、鲜果十彻桌，所谓"满汉席"也。

这份满汉席单，是以淮扬菜筵席和满洲筵席为主体脱衍而来的，有以下几点值得注意。

(1)在用料上，集当时上层社会公认的珍食于一席。举凡山珍海错，水陆珍馐，基本上应有尽有。

(2)在菜点构成上，这个由五个部分组成的满汉全席，前三部分以具有浓郁的淮扬风味菜品为主，其中大部分菜品迄今仍是淮扬风味筵席上的珍品佳肴。与前三部分相比，第四部分则具有鲜明的北方和满族烹调色彩。

(3)在加工烹调上，方法多样，技艺精湛，代表了当时的最高烹饪技术水平。

(4)在肴馔安排上，这种满汉席颇合江浙地区的官场饮宴习俗，是豪华至极的代表，与相距1年刊行的袁枚《随园食单》中有关记述是吻合的。

(5)在筵席格局上，通过全席，可以看出这份满汉席采取的是海鲜—山珍—时鲜—满族菜—酒菜—小菜—果品的格局。尽管上菜时，未必是按这种顺序进行，但在席谱上如此开列却是精心布局、气势磅礴的。

(6)在对后世的影响上，由于满汉席规格高，礼仪隆，是"宴席中的无上上品"，因而，在它问世不久，各地各种风格的满汉席，如雨后春笋般纷纷破土而出，也为开启后世名宴提供了借鉴和推动力。满汉席影响深远，至今仍是人们心目中最名贵宴会的象征。

(五)气势恢宏的千叟宴

清代宫中筵宴，场面最盛、规模最大、准备最久、耗费最巨的要算是康乾年间的几次千叟宴了。千叟宴，又名千秋宴、敬老宴，系清代宫廷为年老重臣和各地贤达耆老举办的高级礼宴，因为与宴者均是60岁以上的男子，每次都超过千人，故名。

据清代历史文献记载，从康熙至乾隆年间，共举办过四次千叟宴。第一次是在康熙五十二年(公元1713年)，适值玄烨六旬大庆，大清王朝"四海奠定，民生富庶"，一派繁荣兴旺的景象，有感于君王的"恩泽"，这一年各地耆老为庆贺皇帝生辰，新春伊始，便纷纷自发进京祝寿，康熙于是决定在畅春园宴赏众叟，而后送归乡里。筵宴分两次举行，与宴者年65岁以上者2 800余人，意在“享祚绵长，与民同乐”。

第二次是在康熙六十一年（公元1772年）正月新春，玄烨为博取民心，先后又召群臣耆老以及文武大臣官员等1 000余人，分满汉两次入宴。康熙帝（玄烨）在席上作七言律诗一首，名曰《千叟宴诗》，预宴满汉大臣也作诗奉和，以记其盛，千叟宴之称因此而得名。

第三次和第四次千叟宴是在乾隆时期举办的。到乾隆时期，因国家更加殷实富足，好大喜功的乾隆皇帝，更望“国家景运昌期”、“举世咸登仁寿”。乾隆四十九年（公元1784年），卷帙浩繁的《四库全书》编纂告峻，已过七旬的乾隆帝又添五世元孙。这一切使乾隆帝喜上加喜，于是发布谕旨，定于乾隆五十年（1785年）正月在乾清宫举行千叟宴盛典，届时有3 000余耆老入宴。

乾隆六十年（公元1795年），各省收成平均达到九成，十月又大雪盈尺。年逾八旬的乾隆皇帝决定，将在来年春正月举行“归政大典”，更为旷古罕有之事。于是，谕令来年春正月，在宁寿宫、皇极殿再举行千叟宴盛典（见图2－26）。与宴的大都是在任或离任的满汉官员，年龄按官品分别规定为60、65、70以上为度，所有拟定与宴人等均须由皇帝钦定，然后由军机处分别行文通知届期入宴，共5 000余人。是为清代最大规模的一次千叟宴。但嘉庆朝以后，清王朝国力渐趋衰败，便再也无力举行这样大规模的筵宴活动了。

千叟大宴的排场和入宴程序很有讲究。开宴之前，在外膳房总理大人的指挥下，依照入宴耆老的品位的高低，预先摆设宴席。除宝座前的御筵外，共摆宴桌800张。宴桌分东西两路相对排列，每路6排，每排22～100桌不等。如乾隆六十一年摆在宁寿宫、皇极殿的最后一次千叟宴，宝座前设乾隆和嘉庆御筵，外加黄幕帷罩。殿内左右为内外王公一品大臣席，殿檐下左右为二品大臣和外国使臣席，丹墀甬路上为三品官员席，丹墀下左右为四五品和蒙古台吉席。其余低等人员，俱布席于宁寿宫门外两旁。东西两旁各席，设蓝幕帷罩。

按照严格的封建等级制度，宴席分一等桌张和次等桌张两级摆设，餐具、膳品都有明显的差别。一等桌张摆在殿内和廊下两旁。王

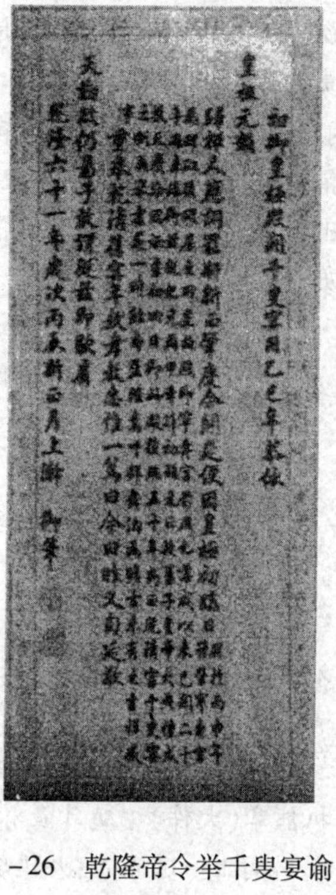

图2－26 乾隆帝令举千叟宴谕旨

公和一二品大臣以及外国使臣在一等桌张入宴。一等桌张每席设摆膳品如下：火锅2个（银制和锡制各1），猪肉片1盘，煺羊肉片1盘，鹿尾烧鹿肉1盘，煺羊肉乌叉1盘，荤菜4碗，蒸食寿意1盘，炉式寿意1盘，螺蛳盒小菜2个，乌木箸2只。另备肉丝烫饭。

次等桌张，摆设在丹墀甬路和丹墀以下。三品至九品官员、蒙古台吉、顶戴、领催、兵民等在次等桌张入宴。次等桌张每席摆设膳品如下：火锅2个（铜制），猪肉片1盘，煺羊肉片1盘，煺羊肉1盘，烧狍肉1盘，蒸食寿意1盘，炉食寿意1盘，螺蛳盒小菜2个，乌术箸2只。另备肉丝烫饭。

（六）食不厌精的孔府宴

明清时期，一旦政局稳定，社会生产复苏，商品经济发展，社会财富增加，便刺激人们的享受欲望不断膨胀，饮食筵宴风气也由俭转奢。而王公贵族、缙绅士大夫利用自己的政治地位和经济优势，为风气的转变起到了推波助澜的作用。在他们宴饮的席面上"穷山之珍，竭水之错，南方之蛎房，北方之熊掌，东海之鳆炙，西域之马奶，真昔人所谓富有四海者。一筵之费，竭中家之产，不能办也。"贵族富豪人家将宴请视为摆排场、显阔气的一种手段，当然非普通人家所能及的。

要推封建贵族饮食生活的代表和典型，非山东曲阜的孔府莫属。曲阜孔府，又称为"衍圣公府"，它是从明清至近代"衍圣公"及其家人居住的宅第。生活在孔府深宅大院的孔子后裔们，是封建社会里典型的贵族。这个自称"安荣尊富"的显贵之家，平时过着锦衣玉食的豪奢生活。他们以独具风味的"孔府菜"和"孔府宴"，迎迓东巡祭孔的"圣驾"和各级官员，并供府内婚嫁丧祭之用。

清代的孔府宴因款待对象而有高下之分。其中，"燕菜席"是孔府宴中规格较高的一种筵席，主要用于皇帝和随驾"祭孔"东巡的高级官员们享用。燕菜席菜单如下。

燕菜席

四干果：葡萄干　桂圆　核桃仁　荔枝

四鲜果：橘子　香蕉　石榴　甘蔗

四糖果：鸡骨　脆金　南糖　焦切

四蜜果：山楂糕　蜜梨　菠萝蜜　青梅

手碟干果：糖饯砂仁　榛子（每人一份）

四四拼盘：麻辣海参　盐水玉带虾　素鸡　炝苇锥　拌蛏子　凉拌鸭舌　米椿芽　拌发菜　鱼　瓤香菇　虎皮荠菜　油焖笋　松子鱼糕　琉璃海石　青龙卧雪　绣球海蜇

四大件八行件：琼浆燕菜（大件）　清汤桂花银耳　锅爆金钱鸡　牛腱扒熊掌（大件）　鸡汁鱼骨　烧江干

间上一道点心：火腿烧饼跟紫菜汤（每人一份）

烤花揽鳜鱼(大件)　吊糟虾仁　奶汤竹荪

间上两道点心:百合酥跟山楂涝(每人一份)　蜜汁火腿(大件)跟冰糖杏仁

豆腐清蒸赤鳞鱼　什锦一品锅

双烤:烤鸭　烤牌子

四热炒:炒黄瓜酱　炒豆腐泥　香干炒芹头　椿芽炒蛋

四小菜:咸雪里蕻　暴腌白菜　酱花生米　糖蒜

而"鱼翅席"也是孔府较高级的筵席,分四大件、三大件、两大件三种规格,款式各异,主要用于宴请皇帝委派的祭孔大臣,或为"衍圣公"儿女婚嫁筵宾之席面。此外,还有孔府喜庆时作为接待亲友或年节时作过节筵宴之用的"海参席"(有八八四大件、八八三大件、六六二大件、四四二大件等款式);孔府举办丧祭"白事"时,使用的"如意席"、"四四十大碗席";在秋冬季经常使用的便宴席面"双四鱼翅一品锅席"。"花宴"是"衍圣公"结婚时,在洞房花烛使用的席面,喻其喜庆花红之意。至于"寿宴",顾名思义,则是孔府专供"衍圣公"和夫人及其尊长祝寿时的特定席面,宴席上佳肴罗列,更显得富丽堂皇,气派非凡。在名目繁多的孔府宴中,祭孔宴是最能体现孔府饮食文化活动独特个性的。孔府宴是中国宴会发展史上光芒四射的亮点。

(七)风情万种的特色名宴

明清两代,筵宴的发展达到了空前的水平,各地方名宴、汉民族与少数民族名宴、素宴可谓是千姿百态,风情万种。这种发展水平既得益于社会经济繁荣,极大地改善了人们的饮食生活条件,更来自于启蒙思想中崇尚个性的导引,人们冲破"存天理,灭人欲"的束缚,充分追求快乐和享受。

1. 少数民族风情的筵宴

少数民族的筵宴在明清时期,特别是在清代,各自展现不同的民族礼俗和风情。仅据《清稗类钞》一书的介绍,就有满族、蒙古族、哈萨克族、回族、藏族、苗族的丰盛席面10多种,如果再将明清有关笔记小说和地方志书辑录的席单加进去,便可达百余例。其中,桂、贵、川、藏等地的少数民族用名贵的乳香猪制作的迎宾酒席、"满洲贵家大祭食肉会"、"蒙人宴会之带福还家"、"西藏噶伦卜的乡宴"、"青海番族之宴会"、"柯尔克孜人抓肉酸奶宴"、"鄂伦春人会猎宴"、"彝人咂酒宴"、"苗人馈肉宴"、"白人剁生宴"、"壮人米酒宴"、"瑶人银肉互酬宴"、"高山人秋米登场宴"、"晚清迤南诸族民宴"等,都有汉族酒筵中不曾见过的许多习俗和菜点,是研究民族史、宗教史、民俗史、食俗史和中国烹饪史、筵宴史的珍贵资料。

2. 具有地方特色的筵宴

明清时期,各地均大大地发展了有自己地域特色的名肴名点名宴。

在文人的眼里,讲究吃喝是风雅之举,晚明清初的浙江文人张岱精于美食,撰有《老饕集》(据其祖父张汝霖《饕史》修订而成),有关"蟹会"的描写《陶庵梦忆·蟹会》叙述如下。

食品不加盐醋而五味全者，为蚶，为河蟹。河蟹至十月与稻粱俱肥，壳如盘大，坟起，而紫螯巨如拳，小脚肉出，油油如螾蜓。掀其壳，膏腻堆积，如玉脂珀屑，团结不散，甘腴虽八珍不及。一到十月，余与友人兄弟辈立蟹会，期于午后至，煮蟹食之，人六只，恐冷腥，迭番煮之。从以肥腊鸭、牛乳酪。醉蚶如琥珀，以鸭汁煮白菜如玉版。果蓏以谢橘、以风栗、以风菱。饮以"玉壶冰"，蔬以兵坑笋，饭以新余杭白，漱以兰雪茶。由今思之，真如天厨仙供，酒醉饭饱，惭愧惭愧。

明代正德、嘉靖年间，四川洪雅县的"全牲席"，嘉靖年间浙江的"春台席"，都是著名的宴席。"常会设簇盘，陈添换至三十余味谓之'春台席'，冬月收藏甫毕，内眷相邀，自椎牛宰豕，食桌坐碗累至尺余，至婚宴又不止食前方丈。"明代的宴会很重视菜品的气势，常以整只原形菜上席，即先上"大嗄饭"（大菜、主菜），有所谓"五割三汤"之说，就是专指交替着上五道盛馔和三道羹汤而言。第一道大菜几乎总是鹅（烧鹅、水晶鹅），接着是烧花猪肉、烧鸭、炖烂跨蹄儿之类，隆重的官筵，还有烧鹿、锦缠羊。特别用"割"字，可以想象出所上席面禽类必是整只，肉类必是大胾，捧上来气派大，随后，由厨师切割开以方便取食。

明清文人时兴结社，呼朋聚饮，其宴集会饮有的规模很大，名噪一时。明代陈去病在《五石脂》中记述复社的虎丘大会如下。

闻复社大集时，四方士子之拿舟相赴者，动以千计，山塘上下，途为之塞。迨经散会，社中眉目，往往招邀俊侣，经过赵李，或泛扁舟，张乐欢饮。则野芳滨外，斟酌桥边，酒樽花气，月色波光，相为掩映，倚栏骋望，俨然骊龙出水晶宫中，吞吐照乘之珠。而飞琼王乔，吹瑶笙，击云璈，凭凌云以下集也。

清代李斗《扬州画舫录》中记载如下。

扬州诗文之会，以马氏小玲珑山馆、程氏筱园及郑氏休园为最盛。至会期，于园中各设一案，上置笔二（支），墨一（锭），端砚一（方），水注一（个），笺纸四（张），诗韵一（部）。（以及）茶壶一（把），（茶）碗一（个），果盒、茶食盒各一（件）。诗成即发刻，三日内尚可改易重刻，出日遍送城中矣！

每会酒肴俱极珍美。一日共诗成矣，请听曲。邀至一厅甚旧，有绿琉璃器，又选老乐工四人，均没齿秃发，约八九十岁矣！各奏一曲而退。倏忽间，命启屏门，门后则后二进皆楼，红灯千盏，男女乐各一部，俱十五六岁妙年也。

这是士人宴集绵延千余年后发出的强音。

清代的江苏船宴尤为著名，如南京秦淮河、玄武湖，无锡太湖，苏州虎丘山塘，扬州瘦西湖，均有大型官船、画舫、沙飞船置办船宴。

清初风流才子冒辟疆在水绘园宴请天下名士的羊唇大席，便是由京师厨娘操办的。这桌二等宴席用羊300只,如若上等席须用羊500只,即便是下等席也要用羊100只。可见羊唇宴是何等的名贵。

3. 自成体系的素宴

我国素食有久远的历史渊源,但作为一个菜系的形成,当是在唐宋之际才开始的。到了唐代,素食有了大发展,涌现出花样素食,北宋都市有了市肆素食,有专营素食素菜的店铺,仅《梦粱录》记述的汴京素食即有上百种之多。宋代有了较多素食研究著作和素食谱,林洪的《山家清供》、《茹草纪事》,陈达叟的《本心斋蔬食谱》,都是提倡素食的力作。

明清两代是素食素菜发展的鼎盛时期。这一时期人们对素食养生的认知水平有了极大的提高,儒道释三家都从不同的角度力倡素食,儒家讲修身推崇素食,道家倡素净推崇素食,佛家戒杀生只吃素食。明代陈继儒的《读书镜》有一语云:"醉醴饱鲜,昏人神志。若蔬食菜羹,则肠胃清虚,无滓无秽,是可以养神也。"这其中所追求的是清净的境界。清人顾禄《题画绝句》云:"绿蔬桑下淡烟拖,嫩甲连塍两又过,试把菜根来大嚼,须知真味此中多。"表达的也是这样一种境界,是一种追求。清人李渔更是对素食推崇备至,认为其美在肉食之上。清末佛教徒薛宝辰是一位绝对的素食主义者,反对杀牲,反对食荤,他认为肉食者都是昏庸之徒,而品德高尚才能出众的人,无不都以淡泊明其心志。素食思潮的勃兴,有力地推动了素食的发展,使得素食成为饮食时尚。

明清时期素食体系已经完备,尤其是到清代时,素食已形成寺院素食、宫廷素食和民间素食三个支系,风格各不相同。宫廷素菜质量最高,清宫御膳房专设素局,能制作二百多种美味素菜。如乾隆二十八年(公元1763年)四月初七的御膳单上便载有:"皇后用供一桌,素菜十三品:面卷果三品,面筋三品,卷签二品,山药糕三品,豆腐干二品。"素菜、素馔、素肴,在清代宫廷中是颇受欢迎和称道的御食之一。

寺院素菜或称佛菜、释菜、福菜,僧厨则称香积厨,取"香积佛及香饭"之义。寺院素菜制作十分精细,蔬果花叶皆能入馔。早在乾嘉年间,寺院素食中"有以果子为肴者",其法始于僧尼,颇有风味,如炒苹果、炒荸荠、炒栗片、炒山药、炒藕丝、油煎白果、酱炒核桃、盐水煮落花生之类,不胜枚举。且有以花叶入馔者,如胭脂叶、金雀花、韭菜花、菊花瓣、玉兰花瓣、荷花花瓣、玫瑰花瓣之类,皆可加工烹制后上席。其中,寺院菜中最著名者为"罗汉斋",又名"罗汉菜",它是以金针菜、木耳、笋等十几种干鲜菜类为原料制成的。此菜菜名典自释迦牟尼的弟子十八罗汉之意。

徐珂在《清稗类钞》中记道:在全国为数甚多的寺庙庵观中,以素馔著称于时者,则堪称"京师为法源寺,镇江为定慧寺,上海为白云观,杭州为烟霞洞。烟霞洞之席价特昂,最上者需银币五十元。……其极廉者亦需十六元。此外扬州南门外法海寺,大丛林也,以精治肴馔闻。宣统己酉夏(元年,公元1909年),林重夫尝至寺,留啖点心,佐以素食之肴核,甚精,……设盛席时,亦八大八小,类于酒楼,且咄嗟立办。”

民间素菜在各地市肆菜馆制作,各地都有一些著名的素菜馆,吸引着众多的食客。清光绪初年,开设在京师前门(正阳门)街路西的“素真馆”已载入当时的史料中。当年该馆的门面上挂有“包办素席”、“佛前供素”的牌匾。而城内的“香积园”、“道德林”、“功德林”、“菜根香”、“全素斋”等,其素食素席,更为世人所共知。

清代肴馔筵宴中,素菜素宴占有十分重要的地位。它是中国宴会史上的一抹清鲜的绿色。

第三节　宴会的改革与发展趋势

中国宴会历经数千年的发展,形成了独具特色、内涵丰富的宴会文化,它是中国“和合”文化的最直接最集中的表现形式。面对历史悠久、文化积淀深厚、内容繁复博杂的中国宴会传统,放眼当今社会宴会现状,良莠并杂的现象并不鲜见,一方面继承和弘扬宴会传统中的精华,赋予传统以新的时代精神,另一方面甚至把宴会传统中的糟粕奉为金科玉律,加以膜拜推崇,有的陋俗积弊尤深,严重影响了社会风气,有识之士对此多有针砭,到了应该从根本上改变这种状况的时候了。

一、现行宴会存在的弊端

(一)贪多求丰、铺张浪费现象普遍存在

中国人请客吃饭的习惯以丰盛排场为敬,笑穷不笑奢。满桌佳肴即使吃不完,浪费也不为耻;而菜量恰到好处,反被认为主人不敬,甚至遭到嘲讽。人们往往把待人的诚恳与宴会排场、菜点数量联系起来,宴会排场越大、菜点越丰盛,越显得交情深厚,越能表达主人的盛情,表示对客人的尊重。而在宴会经营中,有的饭店宾馆在编排宴会席单时,在逐利的驱动下,一味迎合或不问顾客的需求,把宴会菜点数量排得很多,动辄二三十道,甚至四五十道,大大地超过了赴宴者的进食量,许多菜点只动了一点点,甚至是原封未动,因而大多数宴会散筵时,席上依然堆盘叠碗、鱼山肉海,剩下来的菜点大多数情况下,只能作为泔水废弃。据相关报道,2006年仅杭州市餐饮消费总额达119亿元,而餐桌上的浪费数额平均可达10%左右。推而广之,如果全国都是这样浪费,其数额之巨,实在是惊人的可怕和令人揪心的痛惜。

(二)追奇猎异、暴殄天物现象屡禁不止

中国传统筵席十分重视原料的珍贵性和稀有性。《吕氏春秋·本味》篇中

对此描写得很传神,其意为肉食之中味道最美的有猩猩的嘴唇,獾狗的脚掌,肥燕的尾巴,怪兽述荡的脚腕,以及牦牛、大象的腰子,凤凰的卵,鱼肉中最鲜美的有洞庭湖中的江猪,东海之中的鲕鱼,醴水中碧彩斑斓的六足朱鳖,形状像鲤鱼而有翅膀、夜间从西海飞到东海的瑶鱼等。《本味》篇中所述有想象和夸张的成分,却把中国人无物不可吃的气魄反映得真切生动。在饮食筵宴活动中,中国人循着这条路径走了两千余年,至今仍乐此不疲,"除了4条腿的桌子不吃外,凡是带腿的东西都吃;除了天上飞的飞机不吃外,凡是能飞的都吃。"真的是吃得天昏地暗。

今天的筵席上,山珍海错、奇禽异兽仍不绝于席,其中有许多是受国家野生动物保护法保护的野生动物。据有关报道,2003年在人口约1 000万的广州,人们每年食用蛇肉近362.9万千克。如果推及全国,其数量更是大到令人咋舌的地步。没有人确切知道有多少野生动物特别是涉危野生动物,成了所谓的席上"珍品",但仅在广州白云市场上,每天转手的野生动物交易额超过100万元(2003年报载消息)。

一些饭店企业为了招徕顾客,追逐高额利润,想方设法,绞尽脑汁,挖空心思,什么东西稀罕就做什么,什么东西古怪就用什么。而一些消费者受猎奇逐异心理的驱使,为饱一己口腹之欲,去找稀奇的东西吃。例如,现代所谓的"豪门宴"中,用足赤黄金来做的"黄金鱼翅",成了"显贵者"们的"脸面大菜"。

(三)冗长拖沓,饮宴陋习屡见不鲜

由于宴会程序繁多,菜肴丰盛,食饮无节,大都是马拉松式的吃喝,少则2小时,多则3~4小时,宝贵的时间尽耗费于觥筹交错之中。

更让许多人难以拒绝的是劝酒敬菜的陋习。酒宴上的劝酒有礼节性的文明的劝,更有别出心裁的带强制性的"劝",此劝实为灌。非灌得人仰马翻,洋相尽出,丑态毕露,方才罢休。至于敬菜,有时也到了让人无所适从的境地。我国传统习惯是,主人为了表示对客人的殷勤,常常动手给客人敬菜点,而且有个规矩,主人敬来的菜点,客人不吃不礼貌。殊不知客人有各自的爱好,主人认为好的菜点客人不一定喜欢吃,结果敬了一大堆菜点,客人吃不完,感到为难。主人的这种热情和礼貌,反而使客人失去了选择吃自己喜欢的菜点的自由。此种陋习在宴会上也是屡见不鲜。

(四)营养失衡、不讲卫生现象积重难返

古人云:"安身之本,必资于食,不知食宜,不足以存生。"饮食要讲科学,营养求均衡是现代饮食生活的新时尚。然而传统宴会菜肴中的营养成分严重失衡,有的宴会整桌都是山珍海味、大鱼大肉,脂肪、蛋白质严重过剩,而维生素、膳食纤维、某些矿物质相对不足。尤其是一些高档宴会,这一矛盾就显得更为突出。这种现象与消费者只重口感,厨师不懂营养搭配密切相关。每个人对营养素的摄入必须全面、均衡，暴饮暴食、持续片面或过量摄入某些营养素，会造成人体营养素摄入失衡，导致疾病。现代医学研究证实，有 80 多种人体的疾病同营养素摄入是否科学合理有关。相当多的中式宴会是以高热量、高脂肪、高蛋白组成的“三高”膳食，因此经常吃筵席的人往往摄入热量、脂肪、胆固醇较多。而“三高”饮食是脑血管疾病、冠心病、肿瘤、高脂血症、胆石病、糖尿病、肥胖症、肠癌等疾病的重要致病因素。近几年来医学家们还发现，常吃筵席的人往往出现头晕、头痛、血压偏高、厌食、消化不良、腹泻等症状，这种被医学家称为“宴会综合征”的病近年来日趋增多。筵宴上的“三高”膳食，不仅给人体健康带来极大的危害，而且还造成了营养资源的极大浪费。

宴会中不讲卫生的现象，集中表现在一席之人“同夹一盘菜，共舀一碗汤”的就餐方式上。近些年来，有改观但进步不大，2003 年抗击“非典”时期，曾经兴起过自助形式、各客制、分食制、用公筷公勺取食，但“非典”过后，这些进餐方式亦如昙花一现般地消失了，又回复到传统的共食制，此外，更有那殷勤好客者，用带着自己津液的筷子，热情地为别人夹菜劝菜，全然不顾他人的感受。这种不讲卫生的宴饮习惯到了该改一改的时候了。

（五）敷衍马虎、风格雷同现象经常再现

在宴会菜品生产和服务中，存在着敷衍马虎、不负责任、但求过得去的现象。在相当一些饭店里，厨师在菜品生产过程中，标准化意识淡薄，随意更改菜点原料搭配和调味料用量及投放顺序，简化不该简化的操作程序，致使菜品质量和风味特色得不到保证。服务员在服务过程中，表情呆滞，怠慢顾客，服务技能低下或不按服务规程提供服务，有的甚而严重影响顾客的宴饮情绪。

有人说：“走遍全市，宴会一个模子。”这话虽有些夸大其词，但恰恰指出了宴会菜品风格雷同的弊端。的确，现在市场上的宴会，无论从形式到内容都相差无几，尤其是在同一个城市或地区，宴会菜点的格局、用料、菜点道数，乃至上菜顺序等都是一个模式，变化不大。常常让人们为选择饭店设宴头疼不已。

（六）恶俗菜名、出格宴会有悖道德人伦

近些年来，在饭店餐馆业有一股暗流涌动，时不时地泛出一阵污浊恶臭，试图消蚀人们的道德良知，恶俗菜名与出格的宴会便是其极端表现形式。例如，在前几年云南一家饭店推出“人体宴”，湖南长沙推出“人乳宴”。这类宴会的出现，立即受到人们的猛烈抨击，淹没在人们的谴责声中。而恶俗菜名也带有庸俗下流的意味，理应受到社会抵制。

上述种种宴会弊端的形成是复杂的，是历史的、文化的、经济机制和社会因素综合作用的结果。所以，宴会需要来一场除旧布新的改革。这是社会发展的必然呼唤，势在必行。

二、宴会改革的举措

(一)宴会改革的指导思想

宴会改革的指导思想是:从我国现阶段的国情、民情出发,顺应社会发展潮流,继承和发扬中华民族饮食筵宴文化中的优良传统,吸收国外先进适用的经验,科学地指导与调整宴会膳食结构和人们的饮食消费习惯,切实保证营养卫生,注重实际效益,努力树立文明健康的时代新风尚。

宴会改革的目标是:讲究科学,卫生营养,丰俭适度,品位高雅,健康文明。

(二)宴会改革的举措

1. 更新宴会观念

这是推进宴会改革的思想基础。没有人们饮食宴会价值观念的更新,任何宴会改革都是举步维艰、难以为继的。在许多人的观念里,宴会就是吃吃喝喝,吃好喝好。宴会观念的这种扭曲,导致我国的宴会在饮宴习俗、方式、食物结构等方面出现一系列的弊端。现在需要更新这种旧的宴会观,树立顺应时代发展潮流的文明健康的新的宴会观。举办宴会是需要有吃有喝的,但不仅仅是吃喝,其主要目的是为了促进人们相互之间的交往,密切相互之间的感情和友谊。因此,更新宴会观念,就要破除以下一些不正确的宴会价值观。

(1)摈弃“面子”观念。不少人认为热情好客就是要摆丰盛的酒宴,有吃不了的菜,这就是有“面子”,否则会被人讥为“小气”、“抠门”。设宴人有“面子”了,自然被邀赴宴的人也觉得受到了尊重。

(2)摈弃“食必精致”、“食必珍稀”的观念。这种观念认为宴会菜肴越精致越好,原料越珍贵稀罕越好,酒水越高档越好,只有这样才算是吃酒宴。

(3)摈弃极端享乐主义的腐朽思想。有人认为,现在经济发展了,有条件享受了,就应该吃香的喝辣的了,于是乎放纵自己沉湎于筵宴酒食之中。

(4)摈弃炫富斗阔的畸形宴会消费观念。社会上有一部分富起来的人为了引起人们的注意,常常一掷万金地请客吃饭,以显示自己的富有,或者相互间比富斗阔,看谁摆的宴会更奢华,更为财大气粗。

以上这些宴会观,其实都不难判断正误,但是又都难以在短时间内有根本的改变。需要全社会行动起来,锲而不舍地加强正面的积极引导,只有让人们真正从思想上转变过来,才能丢弃旧的宴会观念,树立起文明健康的新宴会观。

2. 优化宴会饮食结构

所谓优化,就是要使宴会的饮食结构符合现代营养卫生科学的要求。要按照“营养、卫生、科学、合理”的原则,改革现行宴会的饮食结构,改变重荤轻素、重菜肴轻主食的“三高”食物结构。设计组配既符合平衡膳食合理营养要求,又符合饮宴习惯和消费心理的食物结构,劝导人们适量饮酒,要根据宴会群体的不同特点,提供多种层次、多种形式、多种风格的食物组合,把美食和营养有机地结合起来,将饮宴行为引导到理性健康的轨道上来。

3. 变革“共食制”饮宴方式

自唐代分食制离人们远去之后,绵延千余年的共食制宴饮方式与中国的“和合”传统文化相交织,伴随着历史的脚步走到了现代,其看起来似乎牢不可破,但是现在正是人们健康卫生意识被唤醒的春天,传统的共食制之“冰雪”到了应该消融的时候了。因此要大力推行自助式、同席各客制、先整菜后分食、同一盆菜用公筷公勺取食等卫生文明的宴会进餐方式。现在维护共食制的最大支撑力量来自于饭店企业。因为实行分食制或每菜配公筷公勺,涉及菜式的改变,厨房餐厅用工的增加,餐具的增加等许多方面,当饮食市场处于低水平竞争,还不够成熟完善时,卫生文明的饮宴方式的习惯养成,首先还得依赖于顾客的自觉意识。

4. 发挥餐饮企业的导向作用

餐饮企业是举办宴会的主要场所,它们对宴会改革的态度决定着宴会改革的成效。但是我国餐饮业管理人员的宴会价值观和宴会设计观,大都是因袭传统,这不仅是导致宴会弊端的重要因素,也是推行宴会改革的阻力所在。因此,目前十分紧迫的任务,是我国餐饮行业思想观念的更新,要使他们掌握现代营养与饮食科学知识,改变宴会菜肴设计、菜点安排只考虑规格、品种、口味的旧有模式。要强化生产服务的质量意识、标准意识,克服生产服务活动中的随意性,减少波动性,以最好的产品品质服务于饮宴者。要积极立足大市场,瞄准高品位,增强社会责任意识,既主动地适应目标顾客的宴饮需求,又积极地引导顾客向着科学健康的宴饮方向靠近,促成顾客文明卫生饮宴习惯的养成。要积极主动地站在引领宴会消费的时代潮流前端,不断设计和推出新的宴会,推动宴会的健康发展。

5. 集聚全社会的合力

早在1993年全国政协通过了民建中央关于“筵席改革”的议案,江泽民同志为此批示:“赞成改革,无论如何下决心移风易俗。”同年12月,中国烹饪协会在第三届全国烹饪大赛闭幕会上联合发出了“宴会要改革”的倡议。1994年4月,中国美食营养委员会、中国食品杂志社等单位在北京友谊宾馆联合举办了“首届筵席改革研讨会”。随后的10余年,宴会改革的呼声此起彼伏,宴会改革引起了全社会的关注,改革的力度在加大,改革的进程在加快,并取得了一定的成效,特别是在2003年“非典”时期尤为显著。但是宴会改革与其他改革一样,不是在一朝一夕之间便能完成的,而且还会有反复。随着社会的进步,经济的发展，我国已进入全面奔小康时期，人们的宴饮观念必将发生深刻的变化，宴会改革必将迎来前所未有的新的机遇。

宴会改革不单单是“吃喝”的小事，而且是革除陋俗，树立时代新风尚的大事。各级政府应该积极倡导和推动宴会改革，在政府举办的宴会中起到率先垂范的作用。要动员全社会的力量，特别是发挥教育和舆论的作用，向广大群众宣传宴会改革的必要性，普及饮食科学知识，引导示范文明健康的新的宴会方式，疏导教育那些大吃大喝的人们，指出其对自身健康的危害和对社会风气的不良影响。要加大惩治贩售、制作和食用受法律保护的野生动植物的企业、当事人的力度，旗帜鲜明地反对和坚决取缔恶俗宴会，肃清影响。

宴会改革任重道远，但只要全社会都行动起来，每个人都从我做起，从点滴做起，文明健康的宴会新风尚就一定能够形成。

三、宴会的发展趋势

随着经济的发展、社会的进步、人民物质文化生活水平的日益提高，人们的生活追求也发生了新的变化。提高生活质量、强调精神享受和文化氛围，逐渐成了人们追求的宴饮新境界。为了适应这种时代潮流，传统的宴会方式将发生大幅度的变革，并呈现出以下几种新的发展趋势。

1. 宴会的大众化、多元化趋势

我国经济的快速增长，带来了餐饮业的空前繁荣，2007 年全国餐饮业零售总额达到 1.2 万亿元。以广州市为例，2007 年餐饮业营业额达 416 亿元，同比增长 19.2%，人均餐饮消费达4 100元，占城镇居民人均可支配收入的1/5。这表明我国人民饮食消费已经走向大众化和社会化，宴会消费自然也包括在其中。

曾经被看成是权力、地位、富有象征的宴会，真正为全社会的人所共有。宴会大众化趋势的出现，说明人们利用宴会进行社会交往的范围扩大了，交往的频率提高了，宴会渗透到了社会生活的方方面面，人们举宴设席，请客吃饭，走进了饭店、宾馆、酒楼，社会化程度大大提高了。

宴会的大众化、社会化发展，必然带来宴会的多元化格局的形成。即人们宴饮的需求是多样性的，宴会市场必然要进行细分，形成适应不同目标顾客及其需求的多元化经营格局。

2. 宴会的营养化、卫生化趋势

宴会的营养化趋势主要体现在按科学的营养标准来设计宴会菜肴，要提倡根据就餐人数实际需要设计宴会，要求用料广博，荤素调剂，营养配伍全面，菜点组合科学，在原料的选用、食品的配置、宴会的格局上，都要符合平衡膳食的要求。另一方面，随着营养知识的普及，人们的健康意识会不断增强，营养科学会更多地被引入烹饪领域,暴饮、暴食、酗酒、斗酒这类不文明的饮食行为,终将因人们逐渐认识其危害性而被舍弃。

宴会的卫生化趋势,既指宴会提供的菜品的卫生安全问题,又指宴会进餐方式中的卫生问题。近几年,食品卫生安全问题愈来愈引起我国政府和人民的重视,相信随着我国食品卫生安全体系和监管体系的完善,绿色食品、有机食品会越来越多地出现在宴会餐桌上,如 2001 年在上海举办的 APEC 会议,其蔬菜及畜禽肉类一律选用绿色食品,餐桌上没有野生动物。宴会进餐方式中的卫生问题,随着人们自觉意识的增强,宴会改革的深入,将会有大的改观。也就是说,各客制、自助制、分食制、公筷公勺取食方式,将会在宴饮活动中得到广泛的采用,并成为不可逆转的趋势。

3. 宴会的节俭化、精致化趋势

节俭是中华民族的传统美德,也是宴会发展的必然趋势。当社会发达,经济繁荣,物质产品极大丰富,文明昌盛,人民群众不再为饮食担忧时,量力而行,讲求实效,崇尚节俭的宴会新风尚将会被社会各阶层更广泛的人士所接受和践行。讲排场、摆阔气、相互攀比的“豪门宴”,海吃海喝、铺张浪费的“鱼山肉海宴”,将会逐渐减少,类似“四菜一汤”式的菜品配制的宴会将会逐渐增多。宴必求山珍海味,菜肴中包金镶银的奢靡之风,捕杀食用国家明令禁止的野生动物的违法事件将得到有效的遏制。冗长的宴会活动将变得紧凑些,使之更有实效、有益人们的身心健康。

宴会的精致化与节俭化是一体两面的关系。节俭化追求的是丰俭适量,食饮有节,但并不等同于马虎简单、粗制滥造。节俭化的同时更强调精致性。菜品道数减少了,菜量减少了,精致的问题更加突出了。仅就菜品而言,编排宴会菜单要精致,设计菜品原料组合要精致,菜品加工过程要精致,菜品风味要精致,只有精致,才能提供物有所值、物超所值的宴会产品,这正是未来餐饮宴会经营的主导方向。

4. 宴会的文化性、审美化趋势

我国宴会是集中华饮食文化之大成的代表,具有很强的文化包容性。当物欲横流的时候,吃喝成了宴会的主流,而当理性回归的时候,“吃文化”成了宴会的主旋律。所以,在新的历史时期,宴会的文化性将会得到加强,即食文化、烹饪文化、礼仪文化与地域地方特色文化、民族风情文化、环境文化以及乐舞文化、时装文化、企业品牌文化等多种文化共融,组合成“文化盛宴”。需要特别一提的是,中华饮食筵宴文化与国际饮食筵宴文化的互补共融,也将是宴会的“文化大餐”。

宴会文化具有享乐性特征,这种享乐性包含美食带给人们的直接的生理快感享受与宴饮活动中的精神审美愉悦两个方面。宴会审美化趋势是和人的全面发展相呼应的,是和社会精神文明发展相呼应的。

宴会的审美化趋势关键在于为饮宴者构造审美对象和审美空间。审美对象由物、事、人三方面构成,审美空间由有形空间和无形空间两方面构成。以审美有形空间而言,主要是指饮宴环境,也就是饮宴处所的外部环境和室内环境。饮宴处所的外部环境最让人心怡的是直接融入自然的美景之中。室内环境是人们给予最多关注的饮宴处所。诸如宴会厅的风格、空间布局的安排、室内的陈设、餐桌的摆放、台面的布置、台花的设计、盆栽绿花的放置等,都要紧紧围绕宴会主题来进行,让人们置身其中享受美食,享受热情体贴的服务,享受悠婉曼妙的乐舞。这样的宴会活动,就是一次审美活动,也是未来人们都能享受的活动。

◎总结

1. 宴会采用的同餐共食制的原初形态植根于人类原始社会的集体生活之中。

2. 图腾祭祀是宴会的起源,图腾圣餐就是最初的宴会形式。

3. 新石器时代是宴会发展的初级阶段,正是在这个初级阶段,孕育了文明时代的全新的宴会,接续起史前时期与有史以来宴会发展的链接。

4. 夏商时代宴会活动的最大特点是和祭祀结合在一起的。

5. 周朝时期宴会最大的特点是形成了以礼为核心的宴会制度。

6. 秦汉魏晋南北朝时期民间酒宴和士人宴集的兴起为宴会发展注入了新的活力。

7. 隋唐五代时期高足桌椅的出现,传统的分食制逐渐消失,共食制代之而兴,这是中国古代由分食制向共食制转变的一个重要契机。

8. 两宋时期的筵宴,以崇尚奢华靡费为特征;辽、金、西夏及至元代的筵宴,以推崇粗犷雄浑为特征。特别是宋代商品经济的繁荣,饮食业的发展达到了前所未有的高峰,宴会的市场化程度极为发达。

9. 明清时期是中国古代宴会发展的鼎盛时期。宴会的结构与模式更趋多元化,内容更为丰富多彩,总体水准更高于前代,尤其是在清代,筵宴发展呈现出既循礼蹈规又逾礼僭越,既封闭自守又开放交融,既竞尚奢靡又尊生俭约的特有的时代风貌。气势恢宏的满汉席、千叟宴和各式全席,为开启后世名宴提供了借鉴和推动力,影响深远。

10. 中国宴会文化是中国"和合"文化的最形象、最直接、最集中的表现形式。

11. 当今的宴会现状是良莠并陈,因此除旧布新,势在必行。讲究科学,卫生营养,丰俭适度,品位高雅,健康文明的宴会新风尚将代之而兴。

◎思考题

1. 为什么说宴会饮食方式的原初形态是植根于人类原始社会的集体生活之中的?

2. 试比较几种不同的宴会起源说。

3. 为什么说新石器时代是我国宴会发展的初级阶段?

4. 简述夏商时期宴会发展的基本特征。

5. 简述西周春秋战国时期宴会发展的基本特征。
6. 乡饮酒礼的社会职能有哪些?
7. 简述秦汉魏晋南北朝时期宴会发展的基本特征。
8. 简述隋唐五代时期宴会发展的基本特征。
9. 为什么说是高足桌椅催生了宴饮食制的改变?
10. 简述宋元时期宴会发展的基本特征。
11. 宋朝时期发达的宴会市场化经营表现在哪些方面?
12. 简述明清时期宴会发展的基本特征。
13. 何谓满汉席?满汉席对后世宴会发展的影响有哪些?
14. 简述宴会改革的指导思想与目标。
15. 简论宴会改革的举措。
16. 简述宴会的发展趋势。

第三章　宴会基本知识

本章内容：宴会的定义
宴会的特征
宴会的种类
宴会在饭店经营中的作用

教学时间：4课时

教学目的：通过本章的学习，使学生能够理解宴会的定义和特征，了解宴会经营的特点，认识宴会在饭店经营中的地位和作用，熟记各种宴会的定义，理解各种宴会的基本特点。

教学要求：1.通过对不同定义的辨析，使学生能够理解宴会概念的正确含义。
2.分析宴会现象，让学生理解宴会四大特征的基本内容。
3.以饭店宴会经营实绩分析为切入点，帮助学生了解宴会经营的特点，认识宴会在饭店经营中的地位和作用。
4.通过对比分析的方法，使学生能正确区分各种宴会的定义，理解各种宴会的基本特点。

宴会作为一种社会存在，是国家、社会团体、企事业单位、寻常百姓之间交往时常见的礼遇活动形式，是人们生活中的美好享受，是社会物质文明与精神文明程度的标志。宴会已经渗透扩展到社会生活的许多方面。在这一章中，首先要说明宴会的含义，接着将分析宴会的特征，探讨宴会在饭店经营中的作用，最后介绍宴会的种类。以上内容是学习宴会设计时必须掌握的基本知识。

第一节　宴会的定义

一、对既往宴会定义的辨析

对宴会概念的释义，多年以来研究者们从各自的研究角度给出了不同的看法。为了深刻地理解和正确地运用宴会概念，有必要对以往有一定代表性的几种宴会定义再作一番考察，辨析正误，以深化认识。

(1)第一种解释是，宴会就是在普通用餐的基础上发展起来的最高级用餐形式，也是国际交往中常见的礼遇活动之一，或者加上是集饮食、社交、娱乐为一体的活动。持这种说法的以在旅游涉外饭店工作的人为多见。这种说法与有过这样宴饮经历的人们头脑中的宴会印象相吻合，因为那些正式宴会的用餐，无论是菜点的精致程度，还是用餐时的氛围，以及享受的服务，都是比较讲究的，似乎称得上是一种高级的用餐形式。但是这种说法还是显得太简单肤浅了些，它只是描述了某一类宴会的现象，对理解宴会概念并不能提供实质性的帮助。

(2)第二种解释是，宴会一般是由国家政府机关、团体主办，但也有以个人名义举办的，具有一定的政治性质和较为讲究礼仪程式的招待会。乍看这个释义，似乎觉得很有些道理，然而认真推敲一番，便觉得说得很牵强。因为由谁主办或是以谁的名义主办宴会，于给出宴会定义并不重要，重要的是抽象出为什么要举办宴会的共同本质；再说，用主观臆断的方法把宴会都限制在“具有一定的政治性质”范围内，更是与宴会存在的全部事实不相符合，难不成寻常百姓办的婚宴也具有“政治性质”？商家之间生意上的宴请也都成了“政治的招待会”？显然这样的定义是极端片面的、不深刻的，也是让人难以为信的。

(3)第三种解释是，宴会是多人聚餐的饮食方式之一，也可以说是一种特殊的聚餐方式。这种解释，在一些专业论文中以至一些教材中常可以见到，很有些影响。这个释义让人们知道宴会具有多人聚餐的特征，但问题也出在这里，如果说多人聚餐的饮食方式是多种而不是一种的话，那么释义中就应该揭示宴会多人聚餐方式与其他多人聚餐方式的本质区别，仅仅用含混的“特殊的”一词代指是无法说清楚的。所以，这个宴会的定义是不明确的，如果宴会定义不明确，必然会阻碍人们对宴会认识的深入。

(4)第四种解释是，宴会是为了表示欢迎、答谢、祝贺、喜庆等而举行的一种隆重的、正式的餐饮活动。或者解释为“因民间习俗和社交礼仪”而举行的餐饮活动。这也是被写进教材中的宴会定义。但是，如果稍加审视的活，便会发现其明显的疏漏。因为在“为了表示欢迎、答谢、祝贺、喜庆等”，或“因民间习俗和社交礼仪”这句话里，列举的只是为什么要举办宴会原因中的几种具体原因，既显得不够全面，更显得不够深刻。如果能直接地准确地揭示出所有宴会共同具有的特有属性，直接地准确地揭示出宴会概念的内涵，那就要深刻得多。还有，在这个定义的后半部使用了“隆重的、正式的”限制性词语，这种表述缩小了宴会概念的外延，是与人们已经获得的关于宴会丰富多样性的认识相矛盾的，因而有违定义项的外延与被定义项的外延必须是全同的定义的规则。所以这样的定义也是不够准确的。

二、宴会概念的重新定义

人们在认识并对宴会进行研究时，会经常地反复地使用宴会概念，而从对既往一些宴会定义的辨析中，不难看出对宴会概念重新定义的需要尤显得迫切和重要。也就是说，要准确地理解宴会的概念，就要提示这个概念所反映的宴会的特有属性，知道具有这些属性的全部宴会事项。宴会的特有属性是所有的宴会都普遍地、必然地具有的属性。给宴会下定义，就是要揭示宴会的特有属性。

如果要重新为宴会定义的话，那么，可以这样表述：宴会就是人们为了社会交往的需要并根据预先计划而举行的群体聚餐活动。

在这个定义中，有以下几点是值得注意的：

(1)人们的社会交往需要是决定宴会的本质属性，这是所有宴会普遍的、必然的属性。也就是说这种社会交往需要，大至国家民族之间、小至寻常百姓之间都是存在的。因为有了社会交往需要，才有了宴会的存在。所以，在这个定义中以“社会交往的需要”来表达，显然要比罗列具体的某种或某类的需要，更具有概括性和包容性，从而也就扩大了宴会概念的外延。

(2)宴会是在人类社会发展过程中历史地形成和展开的，具有全人类的共有性。即宴会既按照国家政府机关、社会团体的意愿来举办，也为社会个体相互交往的需要服务，宴会既能按政治性的目的需要来举办，更能为其他更广泛的社会交往的目的需要服务。

(3)宴会的群体聚餐形式是丰富多彩的，不能简单地以某一种形式来替代所有的宴会形式。例如，说宴会是一种高级用餐形式，或者说宴会是一种正式的、隆重的聚餐形式，这些说法都有以偏概全的缺陷。其实，宴会的聚餐形式既有正式的、隆重的、高级的，也有非正式的、简便的、普通的。而参加宴会的群体构成也是多种多样的，有血缘关系的家庭群体，有情缘关系的朋友群体，有地缘关系的邻里同乡群体，也有工作关系的职业群体、社团群体，还有根本性隶属的阶层、民族群体等。

(4)从设计的角度看，任何宴会设计都是有计划性的。摆酒宴，请客吃饭，只要是决定了的事，不论是选择在饭店举办，还是在自己家里举办，都需要计划怎么请的问题，虽然这样的计划有详尽与粗疏之分，但事实上不存在没有计划过的宴会，这符合人类活动具有目的性的基本规律。

三、宴会与筵席的同异关系

宴会，又称燕会。但也有人说，宴会即筵席、酒席、宴席，相互之间是同义的。其实筵席、酒席、宴席的含义是相通的，而宴会与筵席这两个概念，既是密切关联，又有一定的区别。

筵席一词的产生是和古人的居住条件和生活习惯分不开的。那时人们饮食宴飨，有如象形文字甲骨文所示，皆踞坐而食，这是一种普遍的进食方式，并一直延续至桌椅的出现。在夏、商、周三代，人们虽有了房屋宫室不再居于洞穴之中，但居室内尚无桌椅，故仍秉承原始时代的遗风，但不再席地而坐，而以芦苇等材料编织成席子铺于地上，饮食宴飨时踞坐于席上。由于铺席于地时有先铺后加的区别，编席子的材料有不同，编成的席子有粗细大小之分，所以"凡敷席之法，初在地者一重即谓之筵，重在上者谓之席。"亦即是说，先铺在地上用蒲草苇草编成的垫子叫筵，加铺于筵上的用蕉草编成的垫子叫席。两者的区别是筵大席小，筵长席短，筵粗席细，正如郑玄所注："筵亦席也，铺陈曰筵，籍之曰席，然言之筵席通矣。"筵席之名始于此，其本义是指铺在地上的坐具。地上铺设了筵席，人们的饮食起居更加方便，卫生状况得到改善，特别是在宴飨时，先讲究"铺筵席"，而后再"陈尊俎，列笾豆"，又由于用酒以成礼，筵席之上还必须陈设酒器和饮酒，因此，筵席的本义衍伸为"酒筵"、"酒席"、"宴席"了，并一直沿用至今。由是观之，现在所说的筵席，应是宴会活动时人们食用的肴馔及其台面的统称，或者如餐馆饭店业所说的，是"具有一定规格质量的一整套菜点"。

显然，筵席只是宴会的一个组成部分，而不是全部。宴会是一个包含多种活动、许多方面工作的集合体。例如，宴会可以把饮食活动与庆典活动、礼仪活动、祭祀活动、娱乐活动结合在一起。又比如说，从设计组织的角度看，宴会不仅要设计好菜品组合及其台面陈设，还要对宴会厅的环境、场景、设备设施、生产过程与餐厅服务等许多方面的工作进行整体谋划和具体落实。所以，宴会与筵席既有区别又有联系，是包含与被包含的关系，即宴会上属于筵席，或者说筵席下属于宴会(见左图所示)。

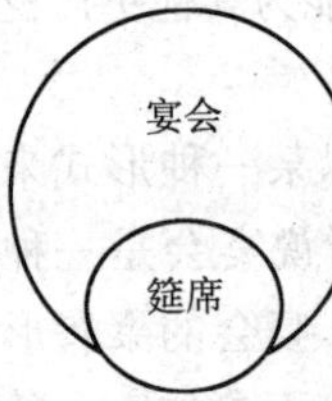

图　宴会与筵席的关系

第二节　宴会的特征

宴会不同于日常三餐，具有聚餐式、计划性、规格化和社交性这几个鲜明的特征。

一、聚餐式

（一）宴会聚餐具有一定的目的指向

人是社会的主体，是一切社会活动的发动者，又是一切社会关系的承担者。人为了在群体性的活动中表现自己的社会主体性，与他人保持良好的关系，建立相互之间的友谊，取得一定的社会地位，需要社会交往。不仅个人如此，社会集团、政府机关、国家也都有社会交往的需要。因此，人们借亲朋聚会、结婚庆寿、酬谢恩情、欢度佳节、乔迁置业、迎来送往、商务合作、国家庆典、国际交往等走到一起，欢聚一堂，聚饮会食，实现社会交往的需要。

（二）聚餐式是指宴会的饮食方式

聚餐式具体表现在以下几个方面：采用多人聚集在一起，边吃边交流的进餐形式，人数根据需要可多可少，有十来人的，也有几百人的、几千人的，甚至上万人的；进餐有围在桌子周围的，也有站立的、可以在餐厅内自由走动的；有在室内的，也有在室外的。正规的宴会，赴宴者有主要宾客、随行人员、陪客和主人，主人是宴会的东道主，主要宾客是宴会的中心人物，随行人员是伴随主宾而来的客人，陪客是主人请来陪伴客人的人。

（三）宴会聚餐讲求礼仪形式和社仪规范

《礼记》中说："礼之初，始于饮食。"意思是说，人类最初的礼仪礼节是产生于饮食活动的，并利用饮宴的亲和性来达到"礼"的目的，培养人的良好行为习惯，形成人的文明个性。例如"乡饮酒礼"之迎客礼仪是，主人三次作揖到台阶，宾客三次辞让，主人由阼阶（东阶）登堂，宾客随之由宾阶（西阶）而上，至堂上主宾北向相拜。又如"燕礼"为诸侯宴请大夫之礼，其迎客礼仪是诸侯先由阼阶登堂，面南而坐，客人至，诸侯降一阶而揖之。在饮宴时，不能任意胡来，要遵守礼仪规范，《礼记·曲礼》中有这样的记载，其大意是：进食时不要先顾自己吃饱，用手抓饭不要带汗渍，不要把饭抟成团；咀嚼不要发出响声，到口的鱼肉不要再放回菜盘，不要把骨头扔给狗，不要大口喝汤，不要当主人的面调汤汁味道，不要当众剔牙齿。这种以禁忌形式表达的礼仪规范，其主旨是要求人们在饮宴活动中，要相互"敬、让"，即相互尊重，相互谦恭，相互礼让。古代宴会的礼仪形式和规范，对调整人际关系起到了积极的作用，并且还直接影响到中国人性格的形成。经过历代的增删，传承至现在，宴会的礼仪形式和规范虽然被赋予了新的时代元素，但崇尚"尊重、谦恭、礼让"的核心主旨并没有变。例如接受邀请参加正式宴会时,赴宴者要注意仪容仪表,按时赴宴,对主办者(或主人)的热情好客致谢问好,文明落座,在主人和主宾致辞祝酒时,应暂停用餐,停止交谈,注意聆听,要文雅进餐,餐后要礼貌退席。从某种意义上来说,一次宴会聚餐活动,实际上也是一次礼仪会演活动。

(四)宴会聚餐讲究饮宴环境的舒适化

例如户外野宴,必择优美洁净或自然风光美丽之处:茵茵绿草地上、桂子树下、菊花丛中、竹林深处,或依山傍水,或明月当空;一觞一咏,指点景物,与大自然共融,倾壶而醉,形神俱释,快意人生。又比如在饭店举宴,环境装饰亦是风情种种,或富丽堂皇、高贵气派,或优雅恬静、宽舒整洁,或喜气充盈、热闹祥和,择合意者,置身其中,心舒神畅。反之,倘若把宴会放在局促嘈杂而又肮脏的地方,其结果必然是导致与宴者情绪低落,心神不宁,食欲不振。所以,讲究饮宴环境的舒适化,是人们的普遍诉求。

(五)宴会聚餐追求宾主同乐的饮宴效果

古人云:“当食不叹”(《礼记·曲礼》),“唯食可以忘忧”(《国语·晋语》),“饮食所以合欢也”。举宴设席,请酒吃饭,宾主同席,情投意合,尊让契敬,你来我往,喝得痛快,吃得称心,谈得尽兴,尽欢尽乐,精神愉悦,正是饮宴的指归。正如《诗经·小雅·鹿鸣》所唱:“我有嘉宾,鼓瑟鼓琴,和乐且湛。我有旨酒,以燕乐嘉宾之心。”在饮宴活动中,追求宾主同乐的效果,既在于吃喝,又不止于吃喝。古代饮宴,有燕乐侑食,以娱嘉宾之心。今日之宴会的娱乐活动更是花样迭出,丰富多彩,有乐团演奏、歌舞表演、戏曲演唱、异域风情和民俗展示,有与宴者的自娱自乐,谈天说地,欢声笑语,情意交融,宾主同乐。

二、计划性

计划性是指实现宴会的手段。在社会交往活动中,人们举宴设筵都是为了实现某种目的的需要。举办宴会者,对宴会有总体的谋划,例如,办什么规格的宴会?办多大规模的宴会?宴请哪些客人与会?举办宴会的场所定在哪里?宴会中需要穿插一些什么活动?宴会要达到的理想状态与效果是什么?如果是由饭店承办这些宴会任务,就必须要有计划性,必须把举宴者的意愿细化成可以操作的宴会计划或者是宴会实施方案。例如,承办一个大型宴会,宴会设计师要根据主办者的要求,对方方面面的工作进行整体规划与细节设计,如菜单设计、菜品制作、宴会厅场景布局、台型设计、台面摆设、接待礼仪、服务规程、运转流程等。一次成功的宴会,首功在宴会设计。因此,一个好的宴会设计师,应该具有烹饪学、营养学、美学、管理学、心理学、民俗学、工程学等多学科的知识素养,具有很高的规划设计水平和管理水平,具有敬业精神和创新意识。

三、规格化

规格化是指宴会的内容。在古代,规格是与人的社会地位紧密联系在一起的。例如,据《礼仪·公食大夫礼》记载,诸侯招待来聘上大夫的宴会,是八豆、八簋、六铏、九俎,外加雉、兔鹑、鴽四种野味;而招待下大夫的宴会,则是六豆、六簋、四铏,七俎,没有野味,削减了三分之一,可见人的等级地位越高,饮食的规格也越高。又例如,清代宫廷宴会分满席和汉席,满席分六等之别,汉席分三等并有上中之别,对每一种满席、汉席,清廷明文规定入宴对象及其相匹配的炊具、餐具、用料、馔品。不得逾制而为。

中国的筵宴也是酒文化的集中表现。俗话说:“无酒不成席”,由于酒可刺激食欲,助兴添欢,寄托情志,彰显诚意,所以,人们设宴为“办酒”,请客为“请酒”,赴宴为“吃酒”。筵席之上,美酒佳肴,相辅相成,相互匹配。从宴会菜品编排的程序来看,先上冷菜是为劝酒,跟上热菜是以佐酒,辅以甜食蔬菜是为解酒,配备汤品果茶用以醒酒,安排主食用以压酒,随上蜜脯鲜果是为化酒。酒成了串起菜品的红线,成了筵宴的“灵魂”。

现代餐饮企业经营宴会,特别强调宴会的档次和规格化。在菜品组合方面,要求品种多样,配套成龙,调配均衡,制作精细,食具精致,形式美观,上席有序,适口性强。在餐厅服务方面,要求环境布置优美,席面摆设得当,服务员服务规范,热情周到,让宾客感到愉快,物超所值。

四、社交性

社交性是指宴会的作用。人们的社会交往需要是决定宴会存在的本质属性。宴会作为社会交往的一种工具被人们广泛应用于社会生活中,发挥着独特的作用。宴会是人们表达好客尚礼德行的有效方式。“有朋自远方来,不亦乐乎。”设宴款待,把酒言欢,是热情好客的挚诚,是尚德崇礼的需要。

宴会是凝聚群体、亲和人际关系、融合情感的黏合剂。在周代,宴享是周天子笼络诸侯和贵族的重要手段。《毛诗序》云:“鹿鸣,燕群臣嘉宾也,既饮食之,又实币帛筐篚以将其厚意,然后忠臣嘉宾得尽其心矣。”可见周代天子为加强统治阶级内部的向心力和凝聚力,经常用的方法便是以宴请加赏赐来笼络诸侯、在朝大臣和贵族。即便不能参加宴会的诸侯、贵族大臣,周天子也没有忘记他们,常把整个熟牲畜肢解成小块肉置于俎中,分赠给他们,让更多不能参加宴会的人能分到一块肉吃,为臣者自然感激涕零,倍加尽忠了。

我国云南哈尼族,每年过十月年即农历十月的第一个属龙日,历时五六天,村寨里举行盛大的街心宴,各家各户都争相献上自己的看家好菜,以展示自己的烹调手艺,如猪肉、鸡肉、鱼、鸭、牡蛎、鳗鱼、墨鱼、牛肉干巴、麂子干巴等,准备好酒,抬到指定的街心摆放起来,一家摆一两桌,家家户户的桌子连着桌子,摆成街心宴,由于其弯弯曲曲,蜿蜒似龙,俗称“长龙宴”,又因其从街头摆到街尾,绵延几十至几百米(云南省元阳县俄扎乡哈播村哈尼族的长龙宴有700多米长,而2005年绿春县哈尼族的长龙宴则由2 000多桌连接而成,长达3 000米)故又称为“长街宴”。

每到年关岁末,或是逢庆典纪念活动,不少大型公司举办“尾牙宴”、“庆典宴”,动辄数百人几千人,场面异常壮观。

借助宴会,让一个村子一个社区的乡亲邻里,或一个单位的同事聚集在一起,大家互通信息,彼此交流,联络了感情,增进了友谊,使人与人之间形成了和谐冲融的关系。在中国人的日常社会交往中,小范围小规模的请吃与吃请是更为多见的现象,这类筵宴,少了拘谨,多了从容,少了客套,多了真诚,更能敦睦亲情友情,增强亲和力。

第三节 宴会的种类

宴会被人们广泛地应用于社会交往的方方面面。但由于宴请的目的、规格、形式、时间、礼仪、习俗等不尽相同,因而宴会名目繁多。现将宴会几种分类方法及其相关宴会的主要特点简单介绍如下。

一、宴会的分类

(一)按宴会菜式分类

分为中式宴会、西式宴会和中西结合式宴会。

1. 中式宴会

中式宴会是指采用中国餐具、食用中国菜肴、摆中国式台面、采用中国式服务、反映中国宴饮习俗的宴会。

中式宴会具有以下特点。

(1)文化底蕴深厚。中国地域辽阔,民族众多,历史悠久,文化博大深厚,饮食文化尤其是筵宴文化独树一帜。在中式宴会文化中汇集了物质文化、制度文化和精神文化,既形成了不同阶层的人们贯注于饮食宴会中的不同文化表现方式,又形成了斑斓多姿的不同民族、不同地区宴饮文化大交流大融合的大格局。

(2)追求丰盛精致。中式宴会菜品之丰富甚至达到令人瞠目结舌的程度,究其原因,不外有三。

①受中国传统礼教习俗的影响。

②受帝王贵族阶层奢侈排场豪饮风气的影响。

③由于中国历史上战乱动荡频繁、自然灾害频发,造成饥荒严重、食物奇缺,百姓食不果腹的反向推动的结果。

实际上如果从积极的正面的角度理解中式宴会菜品的精致,应该是无可厚非之事,所谓"食不厌精",是追求精品意识和卓越意识。落实到宴会中,菜品制作讲究原料的选择,刀法的运用,组配的巧妙,烹法的区别,口味的起伏,色泽的变换,质地的差别,餐具的组合,菜式的衔接,上席的顺序等,都体现着一个"精"字。

(3)注意礼仪礼节。中国礼俗的准则是中庸,也就是说人的行为要合乎一定的度,既不能"过",也不要"不及"。用之于宴饮,是要人们明贵贱,序长幼,要人们相互尊重,相互谦让,和睦关系,融洽感情。这种"礼"的精神,实际上反映了人们处理相互关系的良好愿望和维护准则,正是人的社会性反映。

(4)采用同餐共食方式。在中国的宴会进餐形式中,目前主要采用的是同餐共食方式,即10人一个圆桌,围坐在一起,上菜后主人夹第一筷菜给主客后,众人方可伸筷。为了夹菜方便,20世纪70年代末又发明了转台,在大圆桌的中间放上一个小圆转台,方便了客人的夹菜。这是中式宴会特有的一种饮食文化,体现了中国传统儒家文化"和为贵"的思想体系。就餐的圆桌,含有平等、不分尊贵的内涵;就餐者围桌而坐,就有一种团圆、和谐的氛围;同吃一个碗里的比同吃一个锅里的感情更深,形成有难同当、有福同享、调节改善关系、联络感情的氛围。同餐共食的进餐形式也可谓历史悠久,从隋唐开始,宴会逐步转变成为聚餐的形式,在唐代宴饮图中,就可以看到众人围在一起合餐的宴会场景,这种文化传承现在依然是根深蒂固,依然复制在现代宴饮活动中。

(5)突出享乐的功能。饮食合欢,其乐融融。中式宴会带给人的享乐既有生理的享受也有精神的愉悦。宴会饮食与环境多方面刺激产生助兴助乐的作用。以宴会菜品为例,看单个菜品犹如一幅静止的画,赏全席菜品犹如一幅流动的画卷,个体美与整体美有机交融,尝之味有浓烈张扬与清淡隐蕴之美,质有酥脆干韧与软嫩滑润之妙,一席菜品有先有后,流转变换,跌宕起伏,顾盼生辉。另一方面,与宴者心理上受快乐原则的支配,积极主动地融入其中获得享乐。例如文人宴集,喜行酒令,或即席赋诗、即席联句,或雅说四书内容人名、雅对诗句词曲之名,或玩筹令,有人被罚,欢声爆发,尽兴尽乐。这种主观的趋乐性和客观的助乐性的碰撞,使人倍觉宴饮中乐趣无穷。

2. 西式宴会

西式宴会是指摆西式餐台、用西式餐具、吃西式餐菜、按西餐礼仪服务的宴会。西式宴会是相对于中式宴会以外的宴会而言的广义概念。如果根据不同国别的菜式和服务方式,又可以分出若干种,如法式宴会、俄式宴会、英式宴会、日式宴会等。狭义的西式宴会是指欧美国家的宴会。其主要特点是:西餐的台面布置,吃西式菜点,用刀、叉、勺进食,采取分食制,席间播放背景音乐。

(1)西式宴会的礼仪。西式宴会礼仪是西方国家礼仪规范的一项重要内容,也是西方人社交活动中的重要内容之一。西式宴会一般安排在夜晚,有一套严格的格式,对出席人员的服装、化妆、行为举止有严格的要求,在风俗礼仪方面也有很多要求,欧美国家时间观念很强,各种活动都按预订的时间开始,迟到则是很不礼貌的。欧美人也有礼尚往来的习惯,但忌讳接受过重的礼物。一是欧美人不看重礼品自身的价值,二是法律禁止送礼过重。从家乡带去的工艺品、艺术品、名酒等是欧美人喜欢的礼物。除节假日外,应邀参加欧美人的宴会一般不必送礼。属公务往来性质的西式宴会,一般都安排在酒店、俱乐部进行,由所在公司支付费用。关系密切的亲朋好友才邀到家中赴宴,吃完饭后,客人应向主人,特别是女主人表示感谢。

(2)西式宴会的内容。西式宴会通常分三个阶段。

第一阶段:18:00~20:00,为宴会的前奏,进行鸡尾酒会,主要由小吃、小点、鸡尾酒、饮料所组成。就餐方式是自助形式,客人可以自取,也可由服务员分派。就餐氛围比较宽松,以相互介绍认识为主。主办场地通常可在花园、中厅等地方举行,此时是不能进入主宴会厅的。

第二阶段:20:00~23:00,此时为正餐时间。古典式西式宴会菜的道数较多,现今已大大减少,有3~4道菜也就足够了。

一般宴会菜单的排列有:

①古典传统宴会菜单:冷盘,通常是以一种原料为主,然后加一些配菜,装在7寸盘内;汤有清、浓、冷、热之分;热头盘,即热的开胃菜,可以是小虾、蜗牛等;鱼,俗称小盘,也可是野味类;主菜,猪、牛、羊、禽类,装在10寸盘内;烧肉、冷烧肉,为两道主菜中间的开胃菜;烧烤肉,即烤牛肉,为两道主菜之一;碎冰果汁,用果汁或香槟做成的开胃冰霜;沙拉,即素生菜,在吃牛肉中间上,起清口作用;蔬菜,热的主菜的配菜;甜品,甜的西式点心,有冷热之分,或是冰激凌;小点,巧克力、奶酪等;水果、咖啡红茶。

②现代宴会菜单:冷盘跟干雪利酒;汤跟雪利酒;热头盘跟白葡萄酒,如果是野味,则跟玫瑰酒;主菜肉跟葡萄酒;沙拉、甜品跟波特酒;水果、咖啡红茶跟白兰地酒。

西式宴会有时更简单,菜的道数更少。例如墨西哥总统福克斯2002年10月26日款待参加APEC会议的各国领导人的宴会,首先是鸡尾酒会,各位领导人可以品尝白葡萄酒、墨西哥特有的龙舌兰酒或用龙舌兰酒调制的各种鸡尾酒,享受几种非常有特色的墨西哥风味小吃,如鸡肉卷(玉米面饼卷鸡肉)、托斯塔达(玉米小脆饼上加蔬菜丝、奶酪和辣椒汁的一种食品)、克萨迪拉斯(一种用油炸的玉米饼加奶酪或南瓜花等蔬菜类,类似中国饺子形状的食品)等。正式宴会开始,第一道菜为棕榈嫩芽汤,第二道为韦腊克鲁斯风味的瓦奇南科鱼(一种海鱼,外表为红色,把鱼做熟后,浇上用西红柿、葱头等炒成的汁,为墨西哥韦腊克鲁斯州的一道名菜),第三道是浇巧克力汁加椰子丝、芒果丁的冰激凌。

第三阶段:也就是餐后酒会部分,可以在会客室进行,也可在餐桌边进行。一般男女分开,男宾们谈生意、谈政治;女宾们谈家常。此时主要提供咖啡、红茶、力娇酒、巧克力等。此阶段酒会有时也是举行舞会的时间。

3. 中西结合式宴会

中西结合式宴会是指根据某种特定的需要,将中式宴会与西式宴会结合起来的宴会。

中西结合式宴会即中餐西吃宴会,这是近年从分餐式发展演变过来的一种中式宴会的方式,即随着我国的对外交往的增多,在宴会中依据国外宾客生活习惯而逐渐产生出来的进餐方式。它的用餐方法是,按纯正的中菜制作方法制作菜肴,而装盘、菜单结构、上菜方法完全按照西餐的方法与要求,用餐时筷子、刀叉并用,这是一种比较新的中式宴会的用餐形式,有逐步推广的趋势。

(二)按宴会性质与接待规格分类

有国宴、正式宴会、便宴、家宴等。

1. 国宴

国宴是国家元首或政府首脑为国家庆典及其他国际或国内重大活动,或为外国元首或政府首脑来访以示欢迎而举行的正式宴会。国宴通常被认为是一种接待规格最高、礼仪形式最为隆重的宴会。国宴由国家元首或政府首脑主持,宴会厅内要悬挂国旗,欢迎外国元首或首脑的国宴,则要悬挂两国国旗、奏两国国歌及席间音乐,席间有致辞或祝酒。国宴的菜肴、点心、酒水饮料具有举办国的鲜明特色,采用分食制。我国举行国宴的历史悠久,历朝历代皆有记载,名目很多,传承至今,多有变化,面貌一新。目前,我国的国宴根据宴请目的的不同主要有庆典类宴会、欢迎类国宴、接待类国宴和茶话会四种类型。

(1)庆典类宴会。以中华人民共和国成立的纪念日庆典为代表,即国庆宴会。国庆宴会是由国家元首或政府首脑举行的国庆招待会。党和国家主要领导人、党政军各部门负责人、各群众团体、民主党派负责人、无党派人士和社会各界知名人士、人民群众代表等出席。邀请届时在北京的国宾、重要外宾、各国驻华使节、港澳台同胞、外国专家和记者等参加。请柬、菜单及座位卡上均印有国徽,宴会厅内悬挂国徽和国旗。宴会开始时奏国歌,国务院总理发表重要讲话,席间乐队演奏乐曲。国庆招待会的形式或宴会或中西自助餐,场面宏大,主桌人数较多。20 世纪 50 年代,国庆宴会大都是由北京饭店承办的,也偶尔在中南海怀仁堂举行。自人民大会堂建成后,改在人民大会堂举行,其中规模最大的一次是 1959 年 9 月 30 日的国庆十周年宴会。这次宴会是由周恩来总理主持的,有 5 000余人参加的盛大宴会,招待了来自 80 多个国家和地区的贵宾和我国各界人士。主宾席为 30 人,其余都是 10 人一席。宴会菜点分冷菜、热菜、面点和水果,十分丰盛考究。首先是 11 个冷菜,其中有七荤:麻辣牛肉、桂花鸭子、叉烧肉、熏鱼、桶子鸡、松花蛋、糖醋海蜇，四素：酱黄瓜、姜汁扁豆、鸡油冬笋、珊瑚白菜；然后是两道热菜：元宝鸭子、鸡块鱼肚；再上主食——蛋糕，最后上水果。为了尊重来宾的宗教信仰和饮食习惯，还专设了35桌素席和清真席。

由于国庆宴会采用中式宴会形式，如国庆十周年的宴会征调了几百位名厨，1 200多名餐厅服务员及有关工作人员参与工作，进行了长达1个月的准备，可谓“工程”浩大。后来，国庆宴会进行了改革。从1980年起，我国的国庆招待会改成酒会形式。

(2)欢迎类国宴。这是国家元首或政府首脑为欢迎来华访问的外国的国家元首或政府首脑而举行的正式宴会。邀请主要随行人员、有关国家驻华使节等出席。请柬、菜单和座位卡上印有国徽，宴会厅内悬挂两国国旗。宴会开始时先奏宾客方国歌，然后奏本国国歌；主、宾先后致辞，席间乐队演奏乐曲。欢迎宴会时间通常掌握在45~75分钟以内，菜肴为：1冷菜、4热菜、1汤、3点心、1水果、1主食，主桌通常是各吃，各类规格不能随意变更。

(3)接待类国宴。这主要是指国家元首或政府首脑为国际或国内的重大活动举行的宴会。例如，早在1954年10月4日，周恩来总理、陈云、邓小平、李富春等副总理宴请帮助我国建设的外国专家，举办了1 158人的大型宴会。此后，宴请外国专家的国宴又举办过很多次。又例如，为表彰全国劳动模范、科技界精英，为在我国举行的大型国际峰会的重要与会代表，或为大型国际体育赛事的重要官员等，中国国家主席或中国政府总理亦举行接待类国宴款待。

(4)茶话会。这是在阳历新年前夕，在中国的传统节日春节里，为迎接新年的到来，由国家元首或政府首脑举行的迎春茶话会，届时邀请各界著名人士同欢共庆，相互拜年，以茶水、点心、小吃、水果为主，伴有演出，气氛轻松欢快随意。

2. 正式宴会

正式宴会是指在正式场合举办的讲究礼节程序且气氛较隆重的宴会。正式宴会是一种高规格的、讲究排场、气氛隆重的宴会。

3. 便宴

便宴是用于日常友好交往的形式简便、较为亲切随和的宴会。

4. 家宴

家宴是家庭成员相聚的宴饮活动，或者在家中以私人名义招待客人的非正式宴会。家庭内部的宴饮活动，多在遇有婚嫁、寿辰、生育等喜庆之事，或传统节日到来之时举办。常见的家宴有庆贺婚嫁的喜宴、为长辈祝寿的寿宴、除夕之夜的年夜饭、中秋节的团圆酒。家宴不拘礼仪，菜肴的烹调随家人的意愿、爱好而定，品种数量无统一的模式。

举办家宴，不论是达官显贵、社会知名人士，还是平民百姓，皆无不可。家宴有亲切随和、轻松愉快的家庭氛围，具有独特的亲和力。

(三)按交往礼仪分类

有欢迎宴会与答谢宴会之别。

欢迎宴会一般是主人表示对来访宾客的敬意而设的宴会,答谢宴会则是来访宾客为感谢主人的盛情接待而设的宴会。这两种宴会是礼仪性的,有了欢迎才会有答谢,其设宴规格是对等的,出席的人员基本上是一致的。

在社会交往中,因礼仪需要举行的欢迎或答谢宴会以国家元首或政府首脑之间的欢迎或答谢宴会为最高等级。此外,在地方政府、企业、社团、个人的社会交往中,举行欢迎或答谢宴会也是十分普遍的现象。

在地方政府的接待中,为接待到访的中外来宾,尽地主之谊,由地方政府举行欢迎宴会,此类宴会对省市来说是高规格的宴会,以地方特色菜与时令菜为主,菜单设计时要考虑客人与主要陪同的需求,宴会设计要突出当地的特点与风貌。又如,在企业、社团举行欢迎宴会的事由多种多样,宴会规模有大有小,其客人可以是国际、国内会议的代表,可以是参观访问的同行、检查工作的领导,或商业往来的客户。宴会的规格按企业既定的接待方针或按照客人过去接待主人的规格相对等。宴会厅布置豪华,菜肴选料按出席者身份来定档次,菜点需有国内知名地方特色菜肴或地域性、季节性的原料。

(四)按食品属性与用餐形式分类

有冷餐酒会、鸡尾酒会、茶话会等。

1. 冷餐酒会

冷餐酒会又称冷餐会,是以冷食菜肴为主,食品多采用宴前陈设,供宾客自取方式,客人或站立或坐着进餐的宴会。所以,冷餐酒会也称为自助餐宴会。

冷餐酒会原是西式宴会形式的一种。是多用于节假日或纪念日聚会、展览会的开幕闭幕、各种联谊会、发布会、迎送宾客等场合的宴会形式,特点是:规格可根据主、客身份或宴请人数而定,隆重程度可高可低;可在室内或庭院里举行;一般不排席位,不设主宾席,也没有固定的座位,或采用不设坐椅站立进餐的形式。冷餐会多采用顾客自助形式,凭个人喜好可以多次取食;主、客可以自由活动,与宴人士可以广泛接触交流;举办时间一般在中午或晚上。

西式冷餐酒会,菜点一般是20~30种,以冷菜为主,配以点心、酒水。全部菜点饮料都放在菜台上由客人自由选取,主菜1~2种,为热菜,一般安排厨师现场在一种非常豪华的,业内称作牛车的保温车上进行切割。所有冷菜、点心、酒水等均要求在客人就餐前摆放在菜台、酒水台上。菜台设计要因地制宜,方便宾客取用;布置要整齐,有条理,需用花草或以瓜果、萝卜等原料雕刻的花卉、动物等装饰、点缀台面。菜台装饰要求非常漂亮,其他摆放一些小桌给客人放用过的餐具,服务员的任务就是不断地撤去这些脏餐具,添补干净的餐具与增添菜肴。西式自助餐宴会不设座,一切客人都是站立用餐,主、宾致辞之后方可开始用餐。

西式冷餐酒会于20世纪初传入中国,30~40年代流行于上层社会。新中国成立后,有关酒店成功地创办了中式冷餐会的形式,得到各方人士的首肯。以后,中式或中西合用形式的冷餐会被广泛地应用,成为一种很受欢迎的宴会形式。

目前,国内比较流行的是中西合用形式的冷餐会。采用中西合并的菜肴,以冷菜为主,热菜为辅,配以点心、水果,再加上酒水,品种多,平均每人所用制熟食品的量为1 000~1 500克。分为立餐(不设座)和座餐(设座或部分设座)两种形式,现在比较流行的是全部设座,一切服务与西式宴会差不多。菜点和餐具分别摆在菜台上,酒会进行过程中,宾主均可自由走动、敬酒、交流,由宾客自己到菜台随意取菜,或是由站在菜台后面的厨师为他们服务。通常是把这两者结合起来,客人自己选取开胃菜、沙拉和蔬菜,由厨师切肉菜,并把切好的肉菜夹给客人。或者是餐桌上事先摆好一份份完整的餐具,餐具和餐巾放在自助菜台顺手的地方,以便客人用餐时自己取用。主桌的客人仍由厨房准备好菜肴,由服务员按西式服务的方式进行。

2. 鸡尾酒会

鸡尾酒会因使用鸡尾酒而得名,又称酒会,是以酒水为主略备小食,客人站立用餐,且可随意走动、自由交流、形式活泼的宴会。鸡尾酒是用多种酒与果汁等副材料调配成的混合饮料,但鸡尾酒会并不一定非用鸡尾酒不可。其特点如下。

(1)形式。轻松自由,一般不设座位,没有主宾席,客人可随意走动,便于广泛接触,自由交谈。请柬往往注明整个活动延续时间,宾客可在期间任何时间到达和退席,来去自由,不受约束。

(2)饮食。鸡尾酒会是以酒水为主,酒类品种较多,并配以各种果汁,不用或少用烈性酒,略备小吃食品。新中国成立后鸡尾酒会在原来西式食品中添加了中餐食品,或改为中餐鸡尾酒会。食品主要是小三明治、小香肠、酱牛肉、叉烧肉、炸小丸子、点心、小串烧、炸薯片、小吃等,宾客用牙签取食。

(3)服务。鸡尾酒和小吃由服务员用托盘端上,或部分放置于小桌上。

(4)时间。酒会举行的时间较为灵活,中午、下午、晚上均可,有时也在正式宴会前举行,也可在用餐前后举行。

鸡尾酒会有纯鸡尾酒会、餐前鸡尾酒会和餐后鸡尾酒会的分别。

(1)餐前鸡尾酒会。主要目的是为了便于相互之间的认识与交流。酒水可用纯软饮料、纯葡萄酒、开胃酒及开胃鸡尾酒,或上述品种混合使用;食品可用小三明治、炸薯片、小吃等。餐前鸡尾酒会一般在宴会开始前举行，地点安排在靠近宴会厅的附近，如中厅、会客室、大宴会厅的门口，服务一般安排托盘式服务，人数较多时适当放些小圆桌，时间一般在45分钟左右。

(2)餐后鸡尾酒会。主要目的是方便参加完宴会的客人继续进行交谈，因西方国家的宴会习惯在用餐时不谈有关工作上的事情。酒水可用咖啡、红茶、白兰地、力娇酒；食品可用硬果类、巧克力、西式甜品。地点一般安排在宴会的厅内或会客室内，服务方式可以是设吧台客人自助式或托盘式服务。一般此类酒会人数较少，但是有时也有大型的餐后鸡尾酒会是与舞会结合在一起的，时间一般要比餐前鸡尾酒会的时间长。

(3)纯鸡尾酒会。可以在任何时间、任何地点举行，酒水可用上述品种，食品可用小三明治、点心、小串烧、现场切割的肉类、炸薯片、小吃等。食品、酒水可简可繁，简单的一杯饮料，时间30分钟；复杂的仅食品就有20~30种，时间可在2小时左右。

3. 茶话会

茶话会是以喝茶、吃点心或简餐为主的一种简便而雅致的宴会形式。茶话会以茶代酒，另备点心、水果和一些风味小吃。茶话会在客厅内设茶几、坐椅，一般不排席位，随意就座，但如是为某贵宾举行的活动，入座时要有意识地将贵宾同主人安排到一起。茶话会顾名思义是请客人品茶，因此，对茶叶、茶具的选择很讲究，一般选用有特色的产品，不用热水壶代替茶壶，请外国人一般用红茶，亦可用咖啡代茶。茶话会上，主人与宾客品茶尝点，亲切交谈，气氛随和，格调优雅，或席间安排一些文艺节目助兴，以增添欢快的气氛。举行茶话会的时间一般在下午4时左右，亦有上午10时举行的。

(五)按宴请目的或宴会主题分类

这类宴会有很多，现择其有代表性的婚宴、生日宴、节庆宴、庆典宴会、谢师宴、商务宴会、尾牙宴、仿古宴会等介绍如下。

1. 婚宴

婚宴是人们在举行婚礼时，为庆祝婚姻的美满和感谢前来祝贺的亲朋好友而举行的宴会。中国人把婚姻看做是人生旅途中的一件大事，故婚宴既讲究隆重又要热烈欢快，喜气洋洋，既符合民俗，又有现代文明气息。

2. 生日宴

生日宴是人们为纪念生日而举办的宴会。生日宴反映了人们祈求康乐长寿的愿望，因而现在的生日宴上，既有代表中国传统的寿桃、寿面等食品，也融入具有西方特色的点蜡烛、吹蜡烛、唱生日歌、切蛋糕、吃蛋糕等形式。

3. 节庆宴

节庆宴是人们为欢庆节日而举办的宴会。在中国传统的端午节、中秋节、重阳节、除夕、春节等大的节日里，人们有设宴欢庆的习俗，不仅如此，人们也为现代节日如五一节、国庆节，以及西方节日如圣诞节，举宴设席，欢度节日。

4. 庆典宴会

庆典宴会是指企事业单位或个人为庆贺各种典礼活动或特别有意义的事件而举办的宴会。如为开业庆、店庆活动、校庆活动、毕业庆典、开工庆典、获奖庆功等举行的宴会。庆典宴会主题明确，赴宴者心情欢快，洋溢着喜庆气氛。

5. 谢师宴

谢师宴是学生或徒弟为感谢老师对自己的辛勤培育而举行的宴会。师恩如海，学生们为表达老师把自己培养成社会有用人才所付出的辛勤劳动，设宴答谢老师，这样的宴会重在师生情感的交融。

6. 商务宴会

商务宴会是指在商务活动中，商务伙伴为建立互信、联络感情和洽谈商务而举行的宴会。商务宴请的消费标准大都比较高，已成为餐饮企业宴会经营的主要目标群体之一。

7. 尾牙宴

尾牙宴又称嘉年华会，是公司、企业、社会团体为欢度佳节举行的联欢式宴会。这类宴会多集中在年底举行，有领导答谢员工、同仁交流、宴饮娱乐等多种目的。尾牙宴一般突出规模大，要求多，宴饮时间长，气氛欢快。其宴会标准可高可低，用餐形式可为中式座餐式，亦可为自助式。

8. 仿古宴会

仿古宴会是为弘扬古代饮食文化而专门设计的把古代非常有特色的宴会与现代文明相融合的宴会。著名的仿古宴会有扬州的红楼宴、乾隆御宴，西安的仿唐宴，北京的满汉全席等。

（六）按宴会用餐时间分

有早宴、午宴和晚宴三种。

通常比较正式的宴会一般是安排在晚上进行。早宴和午宴往往是因为工作日安排不开而采用的形式，也是现代交往中经常采用的一种非正式宴请。利用进餐时间，边吃边谈工作问题，是宴会的主要内容。此类活动一般只请与工作有关的人员，不请配偶。

（七）按宴会规模分

分为小型宴会、中型宴会、大型宴会三类。

1. 小型宴会

小型宴会是指规模在10桌以下的宴会。

2. 中型宴会

中型宴会是指规模在10~30桌的宴会。

3. 大型宴会

大型宴会是指规模在30桌以上的宴会。

宴会分类还有其他方法,不再赘述。但是无论哪种类型的宴会,都有规格或档次的差别,即通常所说的高档、中档和普通之分别,区分规格的高低,各地各店的标准不尽相同。

二、宴席的分类

宴席是宴会的基本物质条件,更侧重于菜品的构成要素组合,因而,在餐饮企业,人们还习惯从这个角度来进行宴席的分类。兹将几种分类方法介绍如下。

(一)按地方菜系风味分

如川菜席、鱼菜席、粤菜席、淮扬席等。其内部又可再分,如淮扬席中,可细分为维扬风味席、淮安风味席、南通风味席等,淮扬风味席还可再进行细分,便是具体饭店宾馆的特色风味席。此外,大型饭店酒店也往往把几种地方菜系风味汇集在一起,如分中餐宴席、西餐宴席,中餐宴席则可再分地方风味席,或兼容之,如沪扬风味席、川扬风味席等。它们以宴席的地方风味菜肴为旗帜,菜品纯正,乡情浓烈,配合地域性的环境布置,个性鲜明的餐具摆设,有着很强的地域性。此类宴席的设计很注重菜肴、环境、餐具的风格统一。

(二)按菜品数目分

如四喜四全席、五福捧寿席、六六大顺席、七星席、八八席、八仙过海席、九九上寿席、十大碗席、三蒸九扣席等。此类宴席的特点是可以从菜肴的数量反映出宴席的规格,反映乡风民俗,满足人们企求丰盛的心理,故而它在乡镇民间较为流行。过去的宴席档次很多是讲究菜肴的道数,道数越多档次越高,现今在旅游点的农家宴有时还会采用这种宴席。

(三)按头菜分

如燕窝席、鱼翅席、鲍鱼席、海参席等。此类宴席的命名是按照宴席头道主菜的烹制原料来确定的,宴会的头道菜要求用料名贵,烹制精美。头道菜一旦确定,其他菜肴则可按需到位。用头道菜分类可从原料使用上体现宴席的档次,所以被普遍使用。

(四)按烹制原料大类分

如海鲜席、江鲜席、河鲜席、湖鲜席、野味席、全菌席、山珍席等。此类宴席突出某一类特产原料以适应宾客的嗜好。由于选用同一大类原料,便要求宴席菜品能烹调出不同的风味,更能显示厨师用料的精妙、厨艺的高超。举办这类宴席的地区要求制菜原料充足,品种较多,是此类原料的主要产地或集散地。如滨海地区的海鲜原料丰富,河湖港汊多的水乡河鲜原料丰富,云南盛产菌类,所以这些地区便有海鲜席、河鲜席、全菌席等面市。

(五)按主要用料分

如河蟹席、全牛席、全羊席、全鸭席、全鸡席、长鱼席、全藕席、全笋席等。这类宴席上的菜肴,都选用相同的原料为主料,配以不同的辅料,烹调方法各异,充分发挥一物多吃的神韵,工艺难度较大。制作这类宴席要注意有些主料的季节性、地域性很强,不能不顾季节、地域,否则会适得其反。

(六)按菜品造型分

如百花宴、长安八景宴、洞庭君山宴、羊城八景宴、西湖十景宴。这类宴席的设计,菜点多用名胜风景命名,菜式做工考究、工艺装饰很强,有很强的视觉冲击力,如在菜品的其他方面也臻于完美,那么就是旅游城市中独具特色、有卖点的宴席。

(七)按餐饮文化分

如东坡席、三国宴、红楼宴、满汉全席、民族席、孔府家宴、药膳宴、开封宋菜席、成都田席、洛阳水席、荆州楚席。这类宴席的设计需要有很深的中国传统文化底蕴,它不但选用当地土特名优原料,反映出当地民情食俗,而且在宴会厅布置、宴席的台面设计、员工的服装与服务上都能够反映出这种文化来,对当地饮食文化有较大的影响。

(八)按席面布置分

如孔雀开屏席、万紫千红席、百鸟朝凤席、返璞归真席等。这类宴席的设计利用台面的艺术化布置,偏重台面与菜点组合,艺术与美化菜肴,命名典雅、寓意吉祥,有很强的象征意义,人情味浓厚。

(九)按宗教信仰分

如清真宴、全素宴。此类宴席按照宗教禁忌,严格选择原料来制作菜肴。在宴会厅及台面的布置中也应考虑到这种因素。

第四节　宴会在饭店经营中的作用

一、宴会经营的特点

在餐饮行业,宴会是一个重要的经营项目,它并不局限于高星级酒店、高档次的宾馆饭店或大型餐厅,普通饭店内部招待所或一般餐厅也从事着宴会的经营。其特点如下。

(一)人数多且相对集中

与零点餐两三人或五六人相比,一个宴会参加的人数则多得多,且相对集中。对大型饭店而言,在同一时间段里,需要同时接待不同的宴会,赴宴宾客的集中度更高,需进行大量的餐饮服务。

(二)用餐和服务标准统一

一场宴会使用内容完全统一的菜单,用餐的标准是统一的,提供的餐饮产品是相同的,服务方式和要求是统一的。

(三)档次的差异性

宴会档次的差异性主要是由宴会的价格标准决定的。在同一个地区的餐饮市场里,因饭店档次不同,经营的宴会档次就有差异性,即高星级酒店的宴会标准比普通饭店高。而在同一个饭店里,宴会的档次也是有差异性的,有几百元的,也有上千元甚或几千元一桌的宴会。档次的不同,提供的餐饮与服务也会有差别。在宴会经营活动中,对不同档次规格的宴会要区别对待,以满足客人的多层次消费需求。

(四)事先有预约

零点餐厅的经营多是即时性的,而宴会经营大多事先有预约。有预约的经营,就更具有计划性,更有利于宴会管理的科学化和规范化。

(五)宴会活动的多样性

有些宴会专注于餐饮,有些宴会是和其他活动融合在一起的。如会议会展、时装表演、文艺演出等。宴会活动的多样化及其侧重点不同,决定了宴会经营要根据需求,采取灵活多变、因席制宜的方式。饭店的宴会餐厅,除了各种风格的小厅外,一般为多功能厅。它面积较大、设备齐全、舒适美观,具有多种用途,可以根据客人的不同需求开展多种多样的活动。多功能厅设有活动墙板,可根据需要调节大小,备有优良完善的活动舞台、活动舞板、视听设备、会议设备等,为客人进行各种规格、各种形式的活动提供有力的保障和极大的方便。

(六)宴会产品开发频率快

在宴会经营中,回头客的多少,是衡量饭店或其宴会部的服务质量、产品质量的一个重要标志。回头客的多少涉及宴会销售成本的高低。由于宾客追求新鲜感的心理和个性化的要求,对宴会产品不但要求高,而且需要常变常新。宴会厅房的经常改变是比较困难的,而宴会的产品、厅房的环境氛围、服务的创新却有可能。因此,宴会产品不能常年不变,以"老面孔"面市,要主动更新,提高开发频率,增强市场竞争力。

二、宴会在饭店经营中的作用

宴会经营是饭店宾馆所有经营活动中的一个重要部分,而且是具有较大的潜力的创利增收项目,宴会产品特色和质量是饭店宾馆总体管理水平和经营特色的重要组成部分。其具体表现如下。

(一)宴会是饭店重要的营业项目与利润来源

宴会经营是饭店经营活动中的一个最主要的营收项目。通常宴会包房和多功能厅不仅在人员配备上占有优势,其面积也几乎占了饭店餐厅总面积的35%~50%,甚至更多。大小厅房数量多,功能变化亦多,因而能承接绝大部分的宴会接待任务。它不但要保证在店客人的使用,通常还有70%~80%的外拉任务。由于宴会厅营业面积大,接待人数多,消费水平高,加之宴会的毛利率高,是酒店餐饮收入的重要来源之一。因此,宴会经营需要不断开拓新的市场,开发符合市场需求的新产品,不断地吸引外来消费人群,以保证完成饭店的营收计划指标。

(二)宴会经营是饭店形象的窗口

由于宴会接待的人数多,活动影响大,服务质量要求高,所以宴会餐厅成了宣传饭店的最佳场所,是饭店重要的形象窗口。饭店宴会大多是伴随着商业、社交和特殊需要举行的,如公司推销产品、新闻发布、洽谈业务、签订合同、招待政府官员、举行会议及生日、结婚纪念活动等。有些宴会的宾客地位比较高,常常是新闻媒介宣传报道的焦点。在进行新闻报道的同时,也宣传了饭店,扩大了饭店的影响,提高了饭店的声誉。更重要的是,与宴的所有宾客对宴会的评价将会扩大饭店的影响。

(三)宴会经营是饭店管理水平与特色的集中体现

在饭店里,宴会经营主要是由宴会部承担的,宴会部的工作人员通过组织宴会来提高组织管理能力。而宴会菜品制作、菜品特色、宴会餐厅服务及其特色是厨师和服务员技能技术水平的体现,也是饭店经营特色的体现,通过宴会活动,可以培训厨师和服务员队伍,提高优质服务水平,彰显饭店经营特色,提升饭店竞争能力。

饭店的宴会部不仅承担着宴会的接待工作,在大型宴会厅还要求办各种会议、讲座、展览、文艺演出等多功能的活动。由于有较多的大型接待任务,宴会部与其他部门的横向配合比较频繁,绿化部门的台面花草设计,厅房的绿色植物布置,公共卫生部门的宴会等待区、公厕的卫生保洁,工程部门的舞台灯光布置,话筒音乐的控制播放,电脑部门的多媒体设备的调试,保安部门的客人停车安排,现场的客人安全等,都需要宴会部统一组织、统一指挥,需要宴会部与其他部门的通力合作、现场协调,以保证顺利、圆满地完成宴会接待任务。所以说,宴会经营是饭店总体管理水平的集中反映。

◎总结

1. 宴会的本质属性是人们的社会交往需要,这是所有宴会都具有的必然属性。

2. 宴会与筵席既有区别又有联系,筵席只是宴会的组成部分,而宴会是一个包含多种活动的集合体。它们是包含与被包含的关系,即宴会上属于筵席。

3. 宴会具有聚餐式、计划性、规格化和社交性的特征。聚餐式是指宴会的形式，计划性是指实现宴会的手段，规格化是指宴会的内容，社交性是指宴会的作用。

4. 宴会经营是饭店经营活动中的一个重要部分，其产品特色和质量是饭店总体管理水平和经营特色的重要组成部分。

5. 宴会有不同的分类方法，这是认识和理解宴会的重要手段。

◎思考题

1. 简述宴会的定义，并分析其基本含义。
2. 简述宴会的特征。
3. 宴会的聚餐式饮食方式具有哪些特性？
4. 简述宴会经营的特点和作用。
5. 宴会的分类方法有哪几种？各自包含哪些宴会？
6. 简述各种宴会的定义及其相关特点。

第四章　宴会设计的模式

本章内容： 宴会设计的本质

宴会设计的要求与原则

宴会设计的两种模式

教学时间： 4课时

教学目的： 通过本章的学习，使学生能够深刻理解宴会设计的本质，掌握宴会设计的要求与原则，理解宴会设计模式、常规性宴会设计和创造性设计的定义，了解常规性设计和创造性设计的特点及其设计模式，弄清楚常规性设计和创造性设计的相互关系，掌握启发式搜索和择优选择两种机制在宴会设计中的意义和应用方法。

教学要求： 1.以创造心理学理论为指导，使学生深刻领会宴会设计的本质。

2.从宏观宴会设计的角度入手，使学生理解宴会设计的原则。

3.选用不同的宴会设计实例，使学生真正了解宴会设计的两种模式。

4.从分析问题求解的思维过程入手，让学生弄懂弄通启发式搜索机制和择优选择机制的意义，掌握两种机制在宴会设计中的应用。

设计、规划、决策和创造,自人类诞生之时,便成为伴随人类成长壮大的永恒伴侣。在这个世界里,几乎处处可见人类设计留下的痕迹,特别是科学革命以来,人类掌握和运用越来越多的现代科技知识和手段,使大自然和人类社会的面貌大大地改观。烹饪自不例外。一菜一点,需要设计才会色香味形俱全;一桌筵席,一次宴会,需要设计才能动作有序,效果令人满意。本章将探讨宴会设计的本质,进而提出宴会设计的原则,勾勒宴会设计的基本模式,解析宴会设计的机制。

第一节 宴会设计的本质

宴会设计就是针对一定宴会的目标要求,精心寻找和构造满意地完成宴会任务实施方案的规划活动。

宴会设计活动具有如下特征。

一、宴会设计是一种有目的性的心智活动

人类的任何活动都具有目的性特征。马克思曾以蜜蜂建筑蜂房为例,指出人类建筑师的活动是在建筑之前,“已经在自己的头脑中把它建成了。劳动过程结束时得到的结果,在这个过程开始时就已经在劳动者的表象中存在着,即已经观念地存在着。他不仅使自然物发生形式变化,同时他还在自然物中实现自己的目的,这个目的是他所知道的,是作为规律决定着他的活动的方式和方法的,他必须使他的意志服从这个目的。”

宴会设计是随着宴会活动的需要而发展的。宴会设计是先于宴会活动之前的规划活动,是保证宴会活动能够圆满地实现既定的目标的前提。所以,没有无目的性的宴会活动,也没有无目的性的宴会设计活动。宴会设计是主要依赖人的心智能力即思维能力来完成的。在社会极端封闭,从业人员文化素质极低的状况下,宴会设计只能靠一代传一代的模式向前缓慢地推进,司宴者对隐含在设计之中的原因说不清道不明。时代进步了,情况正在发生改变,一批司宴设计人员文化素养高,有丰富的专业知识和实践基础,掌握营养卫生学知识和实践基础,掌握卫生科学知识,善于思考,熟悉设计规律和设计方法,他们就能比较顺畅地完成高质量的宴会设计任务。宴会设计整体水平以前所未有的速度在成长。

二、宴会设计是一种问题求解活动

宴会设计活动,是为满足一定需要,针对一定目标而展开的宴会问题求解活动。任何适合于设计的宴会对象,虽有难易差异,但都是可以通过设计寻求到解决的最佳方案。这个方案就是宴会实施方案。对饭店而言,宴会实施方案是指

导和规范宴会生产、服务活动朝着宴会既定目标状态有效运行的技术文件。为了能够保证宴会实施方案的可行性，在设计时，要对与宴会活动相关的所有问题，有足够深入的了解，进行充分细致的分析研究。解决宴会设计中遇到的问题，不能脱离具体的宴会任务要求，不能脱离原料市场供应状况，不能脱离饭店的实际条件，只有这样，才能制订最适合的解决问题的方案。所以，对于宴会生产服务活动而言，宴会设计是必不可少的能解决实际问题的一种有效的技术手段。

心理学家认为，思维是问题求解过程。这就是说，任何问题的求解活动都离不开思维，而思维又总是为了解决问题的。宴会设计属于思维活动，这源于实践的宴会需要，为解决宴会实际问题寻找答案，然后再回到宴会生产服务中去，使设计转化成为宴会生产服务运作过程和有形的物质产品，实现设计规定的目标状态。因此，应该把宴会设计活动，看成是以宴会生产服务实践为依托，以解决实际问题为核心，同时又以宴会生产服务实践及其有效结果为最后终结的问题求解过程。

三、宴会设计是一种创造性的活动

创造性是宴会设计的本质属性。人们一般以为，只有科学研究才是创造，因为它发现和揭示客观存在的、过去不曾为人所知的事实、规律、真理，而宴会设计只是应用已有的烹饪成就和已知的科学技术知识，没有创造性可言。这种观点是很片面的。人类的创造性是体现在人类一切活动之中的。虽然，宴会设计并不与未知科学技术领域打交道，反映的是人的设计技能，但是心理学知识已经证明，设计思考的过程也是追求创新的过程。宴会设计实践已经证明，没有设计的不断创新，宴会便不能有新的发展。根据现代价值论理论，人的一切实践活动都是为了某种需要，实现某种价值选择而进行的。宴会设计的目的是满足人们设宴的需要，实现宴会的功能，创造价值。宴会的功能反映了宴会与人的价值关系。功能就是价值的表现，宴会设计正是以价值分析为前提，通过价值定向和综合来确定、调整人们的需要与宴会的功能，从而把人们对宴会需要的多种可能性转化为现实的价值。所以从实现价值选择这个意义上说，宴会设计是为实现价值选择而进行的一种创造性的活动。

第二节　宴会设计的要求与原则

一、宴会设计的要求

宴会设计的关键在于为满意地完成一定的宴会任务要求，去精心寻找和构造一个最佳的实施方案。因此宴会设计必须在符合科学化、规范化、标准化、审美化要求的轨迹上运行。

(一)牢固地确立科学的宴会饮食营养观

应该毫不讳言地承认,在中国传统宴会中,讲究宴会饮食营养,几乎就没有找到过立足之地。尽管古代有识之士曾提过:“人之可畏者,衽席饮食之间,而不知为之戒过也。”每宴时必“咨口腹之欲,穷饮食之乐,……安能保全太和以臻遐龄”(《寿世保元》);“安身之本,必资于食,……不知食宜者,不足以存生也。”(《千金方》),然而这并未引起世人的重视。时至今日,人们又痛心地发现,这种状况并没有多少改进。凡宴必山珍海错铺陈于席,暴饮暴食,纵欲行乐不讲营养,不讲卫生的现象,并不鲜见。这种状况的根本改变有赖于多方面的共同努力。首先对于宴会设计而言,必须牢固地确立起科学的宴会饮食营养的设计观,以中国饮食养生理论和现代营养学科学理论指导宴会饮食结构的编排、烹饪操作、食制选择,大胆地摒弃不科学的传统糟粕,真正将宴会设计纳入科学营养的轨道,使其健康地发展。

(二)强化对宴会生产服务过程的规范职能

经宴会设计产生的宴会实施方案,一旦审定,对于生产服务过程而言,便是具有高度约束力的技术性文件,这是设计赋予的职能。现在的宴会设计依然存在着简单、含糊、不确定现象,宴会生产与服务的随意性、无把握性、波动性大。要改变这种情况,宴会设计应该从严要求,要从宏观整体的角度总揽设计,清晰地反映宴会生产与服务的结构关系、职能、责任目标、操作标准、实施方法,从而使宴会生产与服务的全过程,既接受设计既定的目标引导,也接受设计施加的约束和规范。

(三)牢固地树立定量化和标准化意识

欲使宴会生产服务过程规范化,就必须在设计中准确而又明了地指示出与此过程相关的各方面操作、实施的具体细则,搞好定量化,强化标准意识,这样才能最终消除操作过程中各自为是、随心所欲的不正常状况。例如,编制原料计划,不仅要有原料品种名称、数量,还要标出具体质量要求、购进时间、经费概算;设计宴会烹饪工艺,对切配而言,要有每一菜肴构成的原料名称、数量、比例、切制要求、组合形式、完成时间;对烹调而言,要有每一菜肴的烹调方法、味型、调味料数量、操作顺序、成菜标准、造型样式;冷菜、点心制作亦是如此,即便是初加工设计也应有定量化要求;宴会服务设计,要明确服务对象、程序、方法、设宴餐厅、台号、餐具选择、餐厅布置、上菜顺序、服务礼仪等多方面的内容;宴会营养设计,要根据不同的宴饮群体,确定营养素供给标准,计算营养素供给量,并根据平衡膳食、合理营养的原则做出评估……只有使设计的每一部分都落实到细处,即符合定量化、标准化的要求,宴会生产和服务的质量才能真正有保证。

(四)牢固地树立人性化和审美化意识

宴会设计归根结底是为人的社会需要服务的。因此,应该把人们对美食的需要、卫生安全的需要、营养健康的需要、利益的需要、尊重的需要、文化的需要、审美的需要等体现在设计中,即体现人性化的特点。

这些需要中,特别强调人们对宴会审美的诉求,这是因为宴会中存在着广阔的审美空间,需要创设供饮宴者审美的对象。例如,宴会主题的渲染、餐厅环境装饰的舒适温馨美、餐厅格局台面布置的典雅实用美、菜品色形香味质诸美的展示、宴会进程的运转流动的节奏美、服务员的热情体贴风度礼仪美,以及宴会过程中乐舞侑食、游戏活动、观赏活动及特色活动的介入。在这广阔的审美空间里,让人们的审美触觉可以自由地伸展,获取自己所需要的审美对象,并从中得到多重的审美满足。

二、宴会设计的原则

宴会设计的原则主要有目的性原则、整体性原则、因席制宜原则、多样化原则、满意性原则和效益性原则等。现分别阐释如下。

(一)目的性原则

所谓目的性原则,即是要求任一宴会设计都必须有明确的和必须实现的目标状态。作为一种特殊的社会交际工具,宴会被人们广泛地应用于国家政治与外事交往活动、社会生活、日常人际交往活动之中,人们举筵设宴,都带有一定的目的动机,有各种各样的需求。为了满足这些目的需求,宴会设计必须具有目的性。要根据不同宴会任务要求,确定与之相适合的设计方针和总目标,确定具体设计的分级目标,如成本与价格目标、菜点数量目标、质量目标、风味目标、营养目标、操作目标等,从而形成设计的目标体系网络。在设计中抓住了目的性原则,就好比抓住了一张渔网的纲,纲举自然会目张的。

(二)整体性原则

系统科学学说告诉人们,系统是由若干要素按一定方式构成的有机整体,其要素作为整体的部分,使整体呈现出各个组成要素所没有的新的值,因而具有构成部分所不具有的功能的规律性。用这个观点看宴会,宴会就是一个系统,一个开放的系统。因此整体性原则对宴会设计尤为重要。设计时,既要考虑局部设计之间及其与整体之间的相互作用、相互影响,还要考虑整体与宴会烹饪生产和服务的客观条件的相互作用、相互影响,考虑整体设计与筵宴群体的主观需求、接受程度的相互作用和相互影响。

在实际的宴会设计中,有不少设计人员往往把设计的重点只放在菜单设计上,而不顾及其他方面。以此来说,一张只考虑菜点如何组合的宴会菜单,孤立地分析或许挑不出毛病,但是若把它和外部环境联系起来分析时,却可能会发现其中某些原料在本地市场上是无法采购到的,或者是菜点的生产设备条件无法满足加工,抑或是厨师的操作技术水平实现不了;如果把它和宴饮群体的饮食需求联系起来分析,又发现菜点口味与宴饮群体的期望相去甚远,甚而还和他们的饮食习俗或宗教信仰直接相抵触,显然这个似乎很不错的宴会菜单实际上是一个很失败的设计。只考虑局部优化而不考虑整体的设计是有缺陷的设计。所以,在宴会设计中,一定要以整体性原则为指导,统筹规划,既要使各组成部分的设计优化,更要使整体的设计优化,实现和外部条件、筵宴群体的无缝对接。

(三)因席制宜原则

因席制宜是指宴会设计要契合具体宴会任务的要求进行有针对性的设计。由于在实际的宴会设计中,会面对不同的宴会任务,不同的宴饮群体,其需求是不尽相同的,企图用一种不变的设计去应对所有的宴会任务和宴饮群体,事实上是行不通的。宴会是开放的系统,饮宴群体的需求在变化,外部的条件在变化,必然伴以设计的相应变化才能与之相适应。因此,宴会设计就要以开放的姿态,适应变化的情况,具体宴会具体分析,使每一个设计都更具有针对性,让设计的价值充分显现出来。

(四)多样化原则

多样化原则是指宴会设计既要体现合规律性、合目的性,又要体现内容变化的丰富性、和谐性。用多样性原则指导宴会设计,就是要避免和克服设计的单一性。以宴会菜品为例,凡是吃过宴会的人都会体验到,丰富多样的菜点给人的印象是变化无穷,美不胜收,几乎没有人不喜欢这种多样化变化。因为不同菜点类别的变化,菜点具体品种的变化,必然引起在烹饪原料选用、刀工工艺、原料组合、烹调方法、风味特点、外观形式等诸方面的丰富变化,只有如此,才更容易为人们所喜爱、所接受,也才更具有普遍的适应性。当然,多样化原则并不意味着把设计搞得光怪陆离、混乱驳杂,它的最高准则是围绕主题展示丰富性,围绕风味特色展示多样性,有变化而又有规律性和目的性。

(五)满意性原则

所谓满意性原则,是指宴会设计必须以能满足和实现既定的目标状态为准则。

任何宴会设计都是有条件约束的,根据不同宴会的要求,可以确定与之相适应的目标体系。然而这一目标体系的实现并不只具有设计的一种可能性,换句话说,每一宴会的设计,都可以构造出若干个设计方案。而另一方面,设计者往往期望能从最便捷的途径和用最简便的方法,去寻找和构造出一个最佳最优的设计方案。在这种情况下,满意性原则的介入为实际的宴会设计带来了两个方面的好处:一是提供现实的终止依据,即一旦寻找并构造出一个能满足设计目标状态的方案时,设计便大功告成,这样就可以避免毫无必要地、无止境地去寻找和构造若干备选方案的设计反复。如果这个设计方案尚有不足与缺陷,则加以修订,使之与设计目标状态相吻合。二是避免不现实的边际主义假定,即在需要比较几个设计方案的优劣时,可以防止人为地不切实际地吹毛求疵,横挑鼻子竖挑眼，只要其中有一个设计方案与设计目标状态相吻合，就可以把它们认定下来，结束比较，或在其中挑选一个与设计目的相接近的，再进行补充和完善。所以，满意性原则追求的是一种相对状态中的最佳最优。

（六）效益性原则

所谓效益性原则是指宴会设计必须在充分考虑满足顾客需求的前提下，实现宴会经营经济效益与社会效益的最大化。宴会经营效益的基础在宴会菜单，宴会菜单的关键在设计。因为饭店企业的宴会价格集中体现在宴会菜品价格上，宴会经营成本则集中反映在宴会菜品成本上。因此，宴会菜单设计是控制宴会成本的首要环节。又因为宴会菜单是直接面向顾客的，顾客对宴会价格的理解是基于对宴会菜单价格的理解。所以，要让顾客能够接受宴会菜单，也就是接受宴会，并产生“物有所值”甚而是“物超所值”的印象，顾客就会成为宴会消费的常客，饭店宴会经营自然会兴旺起来，效益随之会好起来。所以，从这个意义上说，宴会菜单设计对确保宴会经营的效益性，具有特别重要的意义。

第三节　宴会设计的两种模式

所谓模式是指事物构成有序性系统的标准样式。宴会设计模式就是构成宴会有序性设计系统的标准样式。根据设计的性质及其创新程度，一般将宴会设计分为两种不同的设计模式，即常规性宴会设计模式和创造性宴会设计模式。

一、常规性宴会设计模式

（一）常规性宴会设计的定义

常规性宴会设计就是根据明确的宴会任务及其目标要求，套用现成的某种宴会格局，凭借丰富的设计经验，直接形成宴会实施方案的规划过程。

（二）常规性宴会设计的特点

1. 设计对象是经常再现的宴会任务

在饭店企业的宴会经营活动中，每天都会碰到宴请聚餐、迎来送往的酒宴，承接婚宴、寿宴、团圆宴及其他喜庆宴会任务，这类宴会是司空见惯的“老面孔”，再现的几率大。

以婚宴为例，扬州市除农历的5~7月外，其余逢农历初六、十六、二十六这样的“六六大顺”的“吉日”，市区各星级酒店、社会大型餐饮店承接的宴会基本上都是结婚喜宴。据报道，有的大酒店一年中仅承办的结婚喜宴就多达2~5万席。于此可见，常规性宴会设计的对象，是再现几率大的宴会任务。

2. 设计的目标要求具有相似性

由于承接的宴会任务在价格水平、饮宴方式、菜品认同上,并没有质的区别,因此,在设计的目标要求上也具有相似性。

3. 设计的内容具有相对稳定性

相近的设计任务、相似的目标要求,随之产生的是相对稳定的设计内容。以宴会菜单设计为例,通常是根据不同的价格水平,设计在风味特色上大同小异的系列宴会菜单,以便供顾客选择。例如下面两张婚宴菜单,就是同一档次的两种菜单。

婚宴菜单(A):百年好合宴	婚宴菜单(B):天长地久宴
精美八小碟	精美八小碟
鸿运乳猪盘	潮州卤水拼
上汤焗龙虾	金蒜大龙虾
鱼翅海参羹	鸡火鱼翅羹
姜葱焗花蟹	姜葱炒肉蟹
脆皮炸乳鸽	脆皮双喜鸽
黑椒牛仔骨	粽香糯米肉
金丝蒸鲜鲍	XO酱鲍澳带
云腿海石斑	清蒸石斑鱼
鲍汁扣灵菇	茶树菇牛柳
珍菌扒菜胆	上汤小菜心
鲜参炖野鸭	火瞳老鸭煲
扬州蛋炒饭	瑶柱蛋炒饭
美点双辉映	美点双辉映
木瓜哈士蟆	红枣哈士蟆
时令水果盘	时令水果盘

从以上两张婚宴菜单中,不难发现相同的菜品、相近的菜品是大多数,真正不同的菜品只是少数。饭店企业常常把同类宴会进行分档次、成系列的设计,即所谓“套宴”。例如,套装婚宴设计有两种形式,一种是只按档次设计套宴,还有一种是以庆祝结婚年限来区分档次设计套宴,如天赐良缘宴、珊瑚婚宴、明珠婚宴、翡翠婚宴、银婚宴、钻石婚宴、金婚宴等。又如,套装寿宴、套装合家欢乐宴、套装生意兴隆宴、套装年夜饭……每一套系列中,分出价格档次的差别,在同一价格档次中,再分出几种不同的菜单。这样的设计,在内容上具有明显的相似性和稳定性的特点,可以保证反复重演。餐饮企业运用这种“不变应万变”、“一次设计打天下”的方法,在面对纷至沓来的常规宴会任务时,才会显得应付自如,

游刃有余。

4. 设计的结果具有可预见性

在常规性宴会设计中,相对稳定的设计内容是经过宴会实践反复验证的,为大多数消费者接受的。设计人员积累了丰富的设计经验,所以,在设计中,一般是直接套用现成的宴会格局,便直接进入各部分的细节设计,例如编排宴会菜单、设计菜点工艺规程和服务规程,在此基础上,进行综合形成设计方案,根据设计任务要求进行检查与完善。这个设计过程是快捷的,设计的结果是可以预见的,是能令人满意或基本满意的。

(三)常规性宴会设计模式

根据对常规性宴会设计特点的分析,其设计步骤可用如下模式图来表示(见图4-1)。

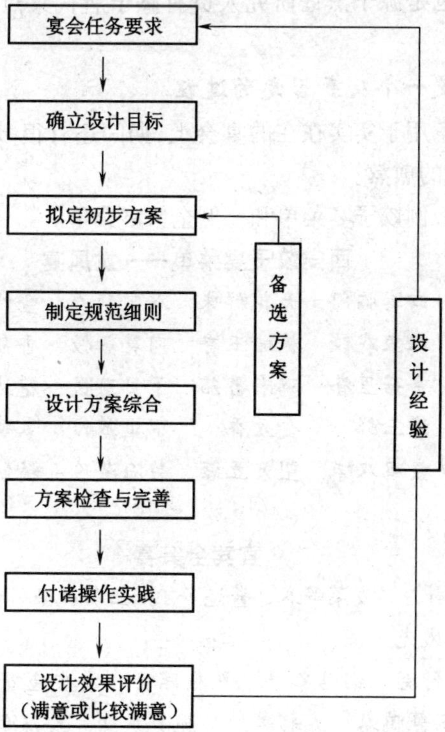

图4-1 常规性宴会设计模式图

二、创造性宴会设计模式

(一)创造性宴会设计的定义

创造性宴会设计就是根据新的宴会构思及其确立的目标要求,在没有先例可以参照的情况下，经过反复的否定和实验，构造新的宴会实施方案的规划过程。

（二）创造性宴会设计的特点

1. 设计构思新颖奇特

创造性宴会设计首先是一种有新的创意的设计。这种“新”，表现在构思的新。只有构思新，才会孕育并产生新的“前所未有”的宴会。例如，“饺子宴”的创制，源于西安解放路饺子馆张兴寿老师傅的“灵光一闪”：人家搞这个宴会，那个席面，咱们就不能搞它几种饺子宴？这是一个前人没有想过更没有去做过的事，因为在常人眼里，饺子是充饥填肚子的小吃，在正式筵席上只是充当微不足道的配角，哪能登“大雅之堂”呢？又比如，扬州“红楼宴”，是源于著名红学家冯其庸先生把扬州菜和红楼菜结合起来的红学新思考。仿唐菜点“仿唐宴”的出现，也是源于烹饪研究人员有感于唐代菜点史料的价值而萌发的想法。

2. 设计过程是一个反复否定的过程

要把新颖的创意用于实实在在的宴会上，期间还有很多艰苦细致的工作要做，甚至要经历失败的煎熬。

下面提供的是一例饺子宴菜单和一例全笋宴菜单。

西安饺子宴菜单——龙凤宴

油酥寿桃	四喜临门	天花群味	八宝拜寿	金钱鱼肚	五彩缤纷
御膳墨珠	双鱼戏饺	糖醋玉香	肉笋蒸饺	香菇玉兰	麻酱鲍鱼
燕窝汤	香菇里脊	鸡米番茄	干贝煎饺	花边莱菔	冬蓉蒸饺
虾仁蒸饺	海三鲜	蚕豆香	甲鱼蒸饺	冬笋山鸡	丹顶翡翠
绣球干贝	童鸡双味	望天豆蓉	碧海藏珍	精制水饺	太后火锅

宜宾全笋宴

冷菜：宣腿笋片　发菜笋卷　酱烧笋丁　玉笋脆肚　卤炸冬笋　虾仁笋花

彩盘：竹海风光

热菜：金钱竹荪　锅贴冬笋　笋燕鲜贝　吉庆鱼花　糖醋冬笋　冬笋凤翅鱿鱼卷　玉笋鸭卷　五彩笋丝　脆笋果羹　酸辣笋衣

小吃：宜宾燃面　午时粑　叙府发糕　千层饼

饭菜：鱼香笋丝　烧拌冬笋　碎米冬笋　笋烧白

上述两例宴会菜单是已经完成的设计，从有设计创意、构思走到这一步，把饺子从只能充作小吃的地位，提升为由30道饺子品种构成的饺子宴，其变幻之妙几近不可思议。笋子从只能做配菜的地位，焕然成为以笋为先、菜菜见笋的全笋宴，其构造之功令人赞叹不已。然而这一结果却是经历了一个充满变数、反复否定的过程。

设计之初人们对设计对象和所要确立的内容是缺乏深刻认识的,例如,宴会菜单采用何种结构模式,选用并确定哪些菜品更为合理,菜品的原料、配比、生产工艺流程和质量标准如何确定,宴会服务采用哪种形式,服务程序是什么,宴会整体方案如何编制等。所有这些都需要使之具体化,具有可操作性,但又都不确定,甚至一无所知。由于不确定性,才更富有挑战性,走前人没有走过的路,去探索未知的设计领域;由于不确定性,才更需要有严谨的科学态度,历经挫折而又百折不挠的意志品质。反复否定是从始至终贯穿于整个设计过程之中的,需要反复的寻找、试错,找到解决问题的正确答案,即通过否定的形式,实现肯定的结果。

3. 需要集体的协作和反复的实验

任何一个新的未知的宴会设计,如果仅仅靠个人的设计智慧、经验、技能是难以完成的。从众多创造性宴会实例来看,其成功都和一个集体分不开,和实验的支撑分不开。扬州"红楼宴"的研制小组,是由著名红学家、烹饪专家、美食家和厨师组成的;西安"饺子宴"的技术研制小组,是由有"饺子大王"美誉的张兴寿老师傅主持,领导、专家、面点师、青年艺徒组成的。这就是说,创造性宴会设计必须有研制组或课题组这样的集体作为依托。

据资料介绍,"饺子宴"研制小组成立后,他们"三下宝鸡,六出潼关,走遍大江南北,博采众家之长,到全国各地去取经";他们"奔图书馆、博物馆查阅资料,考证历史,收集典故";他们召开"大动脑筋,各抒己见,集思广益"的设计论证会。至此,设计还只是想象之中和纸上的符号的设计,决定设计能否成功的另一至关重要的因素是实验验证。通过实验,才能知道设计的菜品和服务方式及程序的可行性、合理性到底怎么样。所以,需要在确定理想方案之后,组织有步骤的实验研制,从单个的、分部类的菜点到一席的全部菜品,有的实验次数可能会少些,有的则是多次的反复实验。于是,参加"饺子宴"研制的人,他们"奔市场、商店去寻觅采购各种原料",他们为包制"珍珠饺"难煞了,"50 克面擀 12 个皮,比普通饺子皮缩小了一倍,不行,擀成 30 个,还得再小,再小……擀到 170 个,小得让人难以想象了。薄如纸厚,小如一分硬币。分毫之上,还要捏制花型,实在不是件容易的事儿。练!"一个"练"字,包含了多少次实验,多少艰辛,谁也记不清,但"珍珠饺"就在千锤百炼之后做成了。一个品种尚且如此"练"出,一席更显其难。此后还需要进行模拟实际的操演,邀请专家们品评、认证、鉴定,听取意见,一次、两次,有时甚至是几十次的操演、调整、修正,直至完善。

有了集体的协作和反复的实验,西安解放路饺子馆的"饺子宴终于脱颖而出,浓浓的饺香随着荡漾春风飘洒古城。"据闻,扬州宾馆的"红楼宴"也是这样硬给“逼”出来的。否则，谁也不能保证设计与实际效果的一致性。

4. 具有多重价值取向

如果宴会设计是推动饮食文化创造和宴会发展的重要手段的话，那么创造性宴会设计必然呈现出经济的、文化的、心理的、历史的、社会的、审美的等多方面的意义，这是毋庸置疑且被一再证明的事实。“饺子宴”、“红楼宴”、“仿唐宴”、“孔府宴”、“三头宴”……所有创造性宴会皆如此。

西安饺子宴是中国几千年筵宴史上从来没有过的宴席。其构成由煎炸饺、蒸饺、甜汤、煮饺、火锅为主体，配以酒水、冷菜、水果等内容。饺子宴的食序是：酒水→冷菜→煎炸饺→蒸饺→甜汤→蒸饺→煮饺（包括火锅饺）→水果。饺子宴自1984年5月1日问世后，以它鲜明的地方特色，浓郁的时代气息，独具一格的风味，受到广大食客的认可和赞赏，被誉为“神州一绝”。在最初的3年零7个月，品尝饺子宴的食客超过30余万人次，经营规模迅速扩张，在西安、杭州、哈尔滨开了4家分店，在日本东京挂起了“中国西安解放路饺子馆”的金字招牌，影响扩至海外。不仅如此，技术培训和输出也是成绩斐然，共接待了全国20多个省市、300多人的技术培训。由此可见，创造性宴会的影响力和价值之巨大。

在扬州，如果品尝“红楼宴”，人们会为它的魅力所折服。在典雅富丽的红楼餐厅里，身着清代古装的服务员，依次奉上“大观一品”、“贾府冷碟”、“宁荣大菜”、“怡红细点”，娓娓述说着它们各自的文化背景，包含的典故，不仅使人领略其中的滋味，还启发人悠悠遐想，耳畔不时传来优雅轻扬的古筝乐曲声，沉静在如此诗化欢乐的饮宴氛围之中，身心是何等的充盈和愉悦。冯其庸教授为此题诗云：“天下珍馐属扬州，三套鸭子烩鱼头，红楼昨夜开佳宴，馋煞九州饕餮侯。”王世襄先生品尝“红楼宴”后，即兴吟诗赞曰：

忆江南·扬州红楼宴

扬州好，盛宴有红楼。满室置陈皆雅丽，终宵饮馔尽珍馐，此是食之尤。
扬州好，盛宴有红楼。雏鸽翠芹埋雪底，老梅红萼绽枝头，君欲一尝不？
扬州好，盛宴有红楼。玉盾凝珠含蚌口，松仁粘卷沁鹅油，莫厌错觥筹。
扬州好，盛宴有红楼。鸭套三层藏鹜鸽，锁盘九曲切琳璆，嘉味更无俦。
扬州好，盛宴有红楼。茄嫩鲞如黄雀美，粳香粥似绿波柔，口福几生修。
扬州好，盛宴有红楼。碟上平铺糟鸭舌，钵中焖煮烂鱼头，隽永朵颐留。
扬州好，盛宴有红楼。不是烹调臻绝诣，那能饕餮自封侯，曹老足风流。
扬州好，盛宴有红楼。传艺有方工绝妙，得天独厚物饶优，毕竟数扬州。

这样的赞誉，以诗的语言道出了创造性宴会的全部价值所在。

（三）创造性宴会设计模式

创造性宴会设计的模式图可以勾勒如下（见图4-2）。

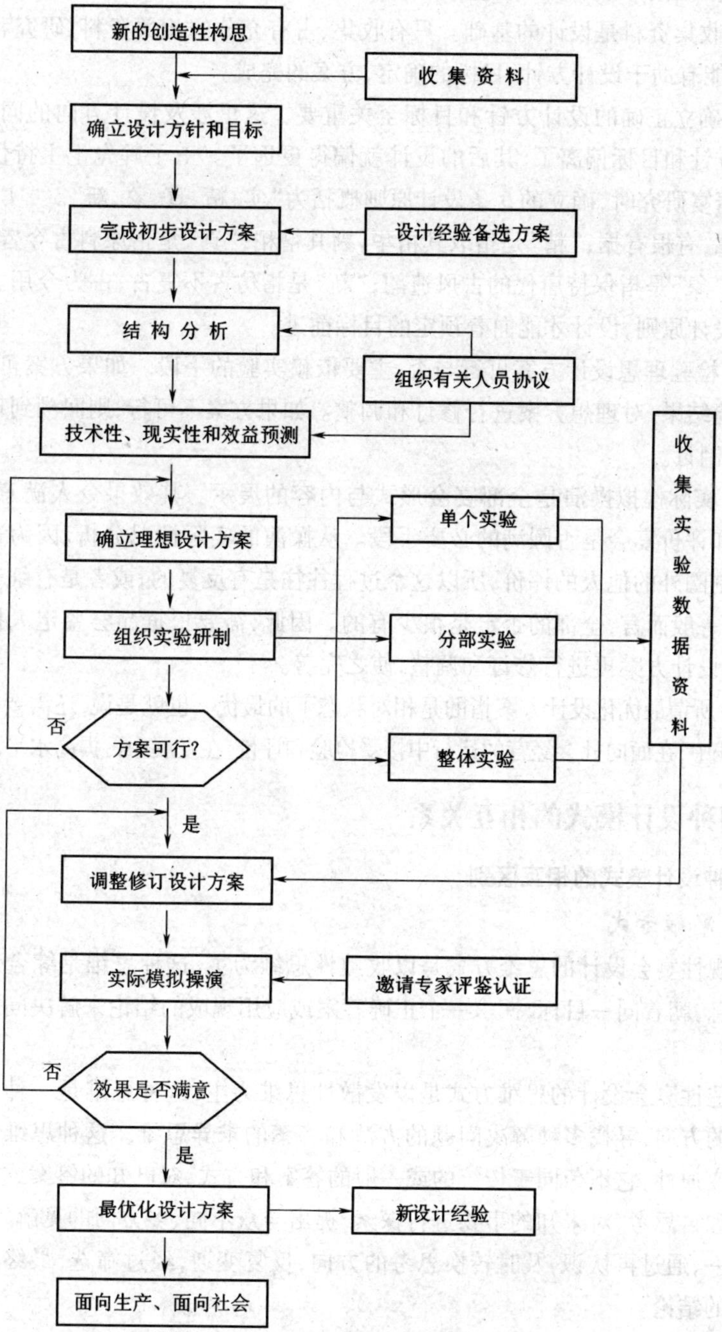

图4－2　创造性宴会设计模式图

从模式图中,有以下几点值得注意。

(1)收集资料是设计的基础。只有收集、占有充分的相关资料,研究和优选资料,才能有助于设计方针、目标的确定,方案的完成。

(2)确立正确的设计方针和目标至关重要。这里涉及设计方向的问题,如果设计方针和目标偏离了,其后的设计就偏得更远了。王子辉先生主持仿唐菜点和仿唐宴研究时,确立的5条设计原则概括为"实、精、真、象、新"。"实"是指史料可靠,有根有据;"精"是指取其精华,剔其糟粕;"真"是指原料古今皆有的,不作伪;"象"是指保持唐代的古风遗韵;"新"是指仿古不复古,古为今用。有了正确的设计原则,设计才能向着预定的目标前进。

(3)检验理想设计方案可行与否,主要依赖实验的手段。如果方案可行,则根据实验结果,对理想方案进行修订和调整。如果方案不可行,则回溯到理想方案,重新制订。

(4)实际模拟操演是全部宴会形式与内容的展示。其效果令人满意与否,是检验和评价宴会是否圆满的必要手段。从操演的实际情况分析,因为这是在设计研制圈外的他人的评价,所以这个过程往往是有反复的,或者是有细节方面的不足,一般而言,全部的否定是很少有的。因此,需要根据品尝鉴定人提出的建议,对设计方案再进行修订和调整,使之完善。

(5)所谓最优化设计方案指的是相对状态下的最优。也就是说,还需要在生产服务实践中,在面向社会经营的运行中接受检验和评价,在发展中再提高水平。

三、两种设计模式的相互关系

(一)两种设计模式的相互区别

1. 思维方式

常规性宴会设计的思维方式是以收敛性思维为主,这种思维是综合多种已有的信息,朝着同一目标,探求一个正确答案或应用现成的结论来解决问题的求同思维。

创造性宴会设计的思维方式是以发散性思维为主,这种思维是一种朝着许多不同的方向,寻找多种解决问题的方法和答案的求异思维。这种思维具有探索性和变通性,它不苟同于传统的或一般的答案和方式,对已知的答案或结论发生怀疑和再思考,对未知的事物进行探索,提出与众不同、多方面的见解,但又不急于归一,通过再认识,及时转换思考的方向,反复变通,经过筛选,最终找到比较合理的结论。

2. 设计性质

常规性宴会设计的性质为肯定性设计,即是因为在这类设计中套用的是已有的现成的宴会格局,凭借的是已经积累的丰富的设计经验,应用的是已有的现成的结论,所以这种设计具有肯定性性质。

创造性宴会设计的性质为否定性设计,因为在这种设计中,设计的对象及其内容是不确定的,寻找解决问题的方法和答案是多种多样的,答案的选择和确定是经过反复筛选的,所以这种设计具有否定性性质。

3. 结果预测

常规性宴会设计的结果预测一般是满意或比较满意的,具有必然性,因为这种结果是已经被过去的事实所证明了的。

创造性宴会设计的结果预测一般是很难的,它可以是成功的,也可以是失败的,具有或然性,因为这种结果是人们在此之前没有体验过的。

(二)两种设计模式的相互联系

常规性宴会设计不是一成不变的,不变只是相对的,变化才是绝对的。这种变化一方面是由于饮宴者的需求在变化,餐饮市场在变化,另一方面设计人员的设计理念、设计水平也在变化。所以,只要有变化的存在,它必然地要反映在设计中,而这种变化就是一种创新。

创造性宴会设计不是异想天开的设计,不是虚无缥缈的设计,说它不苟同传统的现成的结论和答案,并不意味着这些在设计中毫无用处而抛弃它,去寻找事实上并不存在的答案。在实际的设计中,过去的设计经验、已有的宴会形式、宴会格局、宴会菜品、宴会服务方式和服务程序,正是设计值得借鉴、改进并产生新的设计的基础。所以,在创造性宴会设计中必然地包含经验的因素。

至此,常规性宴会设计与创造性宴会设计的相互关系,可以用图4-3表示。其中字母a代表经验性因素,字母b代表创造性因素。即两者之间既各有侧重,又彼此交合,互辅互利。同时,两者亦可相互转化,即创造性宴会设计的固化便是常规性设计(如已沿用多年之久的饺子宴设计),常规性宴会设计由量变的积聚而致质的突变便是创造性设计,这对于发展中的宴会来说,尤其如此。

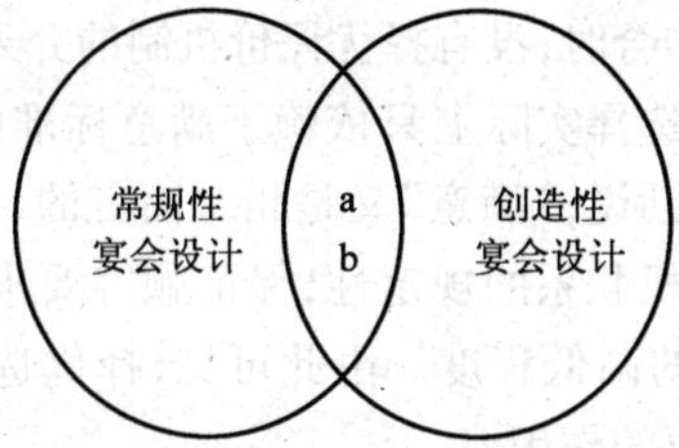

图4-3 常规性宴会设计与创造性宴会设计的关系图

四、宴会设计的机制

在宴会设计时,特别是在对任务复杂、要求高的宴会进行设计时,常常会面临寻找解决问题答案及对答案做出选择的困惑，举棋不定，难以做出抉择。在这种情况下，启发式搜索机制与择优选择机制的介入极为重要。

（一）启发式搜索机制

启发式搜索是指在充分理解和领悟宴会设计任务、目标要求的情况下，在给定目标所确定的范围内，循着某种解题途径，加上某种提示，采用正确的方法，寻找和发现解决问题答案的过程。在这一过程中，对设计任务和目标要求理解和领悟得越深刻越细致，受到的启发就越多。在目标确定的范围内，搜索的空间越小，其相对难度就越小，如果搜索空间扩展得无边无际，那是一种极为笨拙的搜索策略，反倒会在设计中举棋不定。所以，巧妙的搜索策略是要让搜索空间远小于问题的空间，大大地缩减搜索量，把似乎不容易解决的组合问题简化成比较容易解决的组合问题。

什么样的搜索策略才是巧妙的搜索策略呢？研究表明，在解决菜点组合时，给出某种提示或某种限制，然后一步一步地试探或试错，每一步都针对符合核心目标下的分目标（或曰子目标）来选择菜点。在饭店里，宴会设计人员通常是以饭店现供品种为主，按照季节性原料、主料不重复，烹调方法和味型可少量重复的提示来进行设计，这样搜索的空间变得小了，符合目标要求的菜品就会浮现出来。这种设计方式，通常称之为“手段——目的分析”，即在菜点组合进程中，任何一个分目标，对上一步搜索而言，是一个目标；对下一步搜索而言，则为手段。这与分析试错和目标体系的树状结构相吻合。

（二）择优选择机制

择优选择是一种评价机制，是以“满意原则”为准则，介入到设计过程各个阶段的搜索活动中去进行选择和评价的机制。

为了缩小搜索空间，虽然加上了设计提示或设计限制，使搜索过程减少了盲目性增加了启发性，但即使在这种情况下，当涌现出一串可供选择的原料、菜品时，或者说涌现出几种摆台方式、台型布局方式时，也就是说，当存在多种不同的组合并且与目标要求相吻合时，没有择优评价机制的介入，就会陷入取舍不定的境况中。因此，所谓择优选择实际上只依赖于满意标准的高低程度和它在设计中所占的份额大小，换句话说，“满意”又是相对而言的，只要不违背目标给定的约束条件，不违背整体有机联系的规定性，保证顾客要求能得到满足的前提下，可以人为地调整“满意”的高低程度。由此可见，择优选择的评价机制，在宴会设计过程中起着十分重要的作用。

（三）两种机制在设计中的应用

启发式搜索和择优选择机制在宴会设计过程中的应用方法如下。

（1）符合目标要求的直接确定下来。

（2）当发现已经挑选出来的与给定的目标条件相抵触时，必须放弃，退回到原来的出发点重新进行搜索和评价。

(3)随着设计进程的发展,可能发现前面的设计中确定的内容,和将要选定的内容发生了明显冲突,这时就要重新考虑和评价它们各自在不同部分组合中的作用、满意程度以及对整体的影响,经评价之后,或撤换或采用调整变通的方法加以解决。

(4)在设计完成后,如果又发现有与目标条件相抵触的部分,或相互间不相协调的部分,前者采用先放弃后再设计的方法,后者可采用局部变通的方法。

◎总结

1. 宴会设计是一种有目的性的心智活动、问题求解活动和创造性的活动,这是宴会设计的本质。

2. 宴会设计要求重点强调的是科学性、规范化、标准性和审美性。

3. 宴会设计的六条原则,是宴会所有设计的基本指导原则。

4. 常规性宴会设计与创造性宴会设计设计特点、设计模式的不同,归根结底是思维方式的不同,即常规性宴会设计是以收敛性思维为主,创造性宴会设计是以发散性思维为主。由此带来两者设计性质、设计结果的区别,即常规性宴会设计的性质为肯定性设计,设计的结果具有必然性,而创造性宴会设计的性质为否定性设计,设计的结果具有或然性。

5. 在宴会设计中,启发式搜索机制与择优选择机制是两种交互作用的机制。启发式搜索是在目标确定的范围内,寻找和发现解决问题答案的过程。择优选择是在搜索活动中根据满意性原则进行选择和评价的机制。

◎思考题

1. 简述宴会设计的定义及其本质。
2. 简述宴会设计的要求。
3. 简述宴会设计的原则。
4. 简述宴会设计模式、常规性宴会设计和创造性宴会设计的定义。
5. 简述常规性宴会设计的特点。
6. 简述创造性宴会设计的特点。
7. 画出创造性宴会设计的模式图。
8. 简述常规性宴会设计模式和创造性宴会设计模式的相互关系。
9. 什么叫启发式搜索? 启发式搜索机制在宴会设计中有哪些作用?
10. 什么叫择优选择? 择优选择机制在宴会设计中有哪些作用?
11. 简述启发式搜索和择优选择机制在宴会设计过程中的应用方法。

第五章　宴会菜单设计

本章内容：宴会菜单的定义和分类

宴会菜单的作用

宴会菜单设计的原则

宴会菜单的设计

宴会酒水的设计

宴会菜单设计应注意的事项

宴会菜单设计案例

教学时间：8课时

教学目的：通过本章的学习，使学生能够掌握宴会菜单的分类方法，了解宴会菜单在餐饮经营管理中的作用，掌握宴会菜单的设计步骤，能进行不同类型的宴会菜单设计。

教学要求：1.从饭店经营的角度，采用对比分析的方法，使学生能够区分每一种宴会菜单的长处和不足，知道它们的应用范围。

2.通过模拟设计的方法，让学生进行宴会菜单的设计训练，掌握宴会菜品的组合方法。

3.让学生了解宴会酒水与宴会的搭配、宴会酒水与菜肴的搭配、宴会酒水与酒水的搭配等宴会酒水设计的基本知识。

4.通过对宴会菜单设计案例的分析，让学生能够掌握不同类型宴会菜单设计的基本规律。

宴会菜单是饭店企业开展宴会经营活动的基础和总纲，集中反映了饭店经营理念、经营特色和经营水平，是沟通消费者和饭店之间最直接的桥梁。重视宴会菜单设计，是饭店企业宴会经营走向成功的关键一步，也是宴会设计课程的重要内容。在这一章里，将介绍宴会菜单的定义、分类和作用，阐述宴会菜单的设计原则和菜品方法，分析宴会菜单设计的典型案例，剖析菜单设计中应该注意的问题，期望通过理论与实际相结合的途径，收到学以致用的效果。

第一节　宴会菜单的定义和分类

一、宴会菜单的含义

"菜单"一词源于拉丁语"minutus"，意为备忘录，即菜单本来是厨师为了备忘而记录的单子。现在人们把菜单解释为饭店企业经营的食品饮料的清单。

宴会菜单的起源有几种不同的说法。法国人认为宴会菜单始自于1489年法国的蒙福特公爵，英国人认为宴会菜单源自布伦斯威克公爵。姑且不论宴会菜单的原创者究竟是谁，宴会菜单的使用在文艺复兴后出现了大排场的大菜单，这种大菜单的菜肴需分为2~3个梯次出菜，而每一梯次又分为很多道菜。这和我国同时期文献记载的清代满汉全席菜单的出菜形式相似，比宋代《东京梦华录·入内上寿》分九盏御酒的梯次出菜要晚几百年，但我国却没有筵席桌上用菜单的记载。在欧洲自19世纪中叶后，才逐渐简化成一道菜出完再上另一道菜的"俄国式供应方式"。此后随着时代的推演以及饮食习惯的进步，菜单才得以由繁至简地变得简短、单薄，由贵族阶层走向社会大众，变得广为流传，成为宴会餐桌上的必备之物。

宴会菜单的基本功能是向顾客提供宴会菜品的信息。对顾客而言，宴会菜单上开列的菜品，就是顾客要食用的或选择食用的菜品。对于宴会经营者而言，宴会菜单的含义绝非如此简单，它是饭店企业宴会运行系统中的关键性结点。所以，比较准确地说，宴会菜单是经过精心设计的反映宴会膳食有机构成的专门菜单。

宴会菜单是菜单中的一种，是专用于宴会的。饭店里使用的菜单有很多种，如早餐菜单、正餐零点菜单、客房送餐菜单、泳池送餐菜单、酒水单、外卖菜单等，宴会菜单是其中的一种。宴会菜单是设计的产物，菜单上的菜品是根据一定的要求，依据一定的原则，采用合适的方法，精心组织在一起的，所以人们说宴会菜单是"菜品组合的艺术"。

二、宴会菜单的分类

宴会菜单按设计性质与应用特点分类，有套宴菜单、专供性宴会菜单和点菜式宴会菜单三类。按使用时间长短分类,有固定性宴会菜单、阶段性宴会菜单和一次性宴会菜单三类。除了这两种分类外,还有按中西菜式分类,分为中餐宴会菜单和西餐宴会菜单两类;或按宴饮形式分类,分为正式宴会菜单、冷餐会菜单、鸡尾酒会菜单和便宴单四类。但从设计性质、应用特点及使用时间长短而言,后两种方法只是表现形式的不同,故说明从略。重点将放在前两种分类的介绍上。

(一)按宴会菜单设计性质与应用特点分

1. 套宴菜单

套宴菜单是餐饮企业设计人员预先设计的列有不同价格档次和菜品组合的系列宴会菜单。这种类型菜单的特点是:一是价格档次分明,由低到高,基本上涵括了一个餐饮企业经营宴会的范围;二是所有档次宴会菜品组合都已基本确定;三是同一档次列有几份不同菜品组合的菜单,以供顾客挑选,例如,同一档次分为A单与B单,A单与B单上的菜品,其基本结构是相同的,只是在少数菜品上做了变化。

套宴菜单除了根据档次作为划分的依据外,在表现主题方式上也有不同,如有套装婚宴菜单、套装寿宴菜单、套装商务宴菜单、套装合家欢乐宴菜单、套装全鹅宴菜单等。由于在设计时,套宴菜单针对的是目标顾客的一般性需要,因而对有特殊需要的顾客而言其最大的不足是针对性不强。

2. 专供性宴会菜单

专供性宴会菜单是餐饮企业设计人员根据顾客的要求和消费标准,结合本企业资源情况专门设计的菜单。这种类型的菜单设计,由于顾客的需求十分清楚,有明确的目标,有充裕的设计时间,因而其针对性便很强,特色展示便很充分。例如,日本中国料理协会曾组团专门到扬州品尝淮扬美食,参与接待的饭店,相互磋商,根据各自的情况,设计了几份不同风格的淮扬美食菜单,实施结果很受日本同行的赞赏。但是,这样的设计是不适应饭店正常宴会经营节奏的。

3. 点菜式宴会菜单

点菜式宴会菜单是指顾客根据自己的饮食喜好,在饭店提供的点菜单或原料中自主选择菜品,组成一套宴会菜品的菜单。针对有些顾客去饭店吃酒宴,喜欢根据自己的口味喜好自主选菜的情况,许多餐饮企业的餐厅把宴会菜单的设计权利交给顾客,饭店提供通用的点菜菜单,任顾客在其中选择菜品,或在饭店提供的原料中由顾客自己确定烹调方法、菜肴味型,组合成宴会套菜,饭店设计人员或接待人员在一旁做情况说明,提供建议。还有一种做法是,饭店将同一档次的两套或三套菜单中的菜品按大类合并在一起,让顾客从其中的菜品里任选其一,组合成宴会套菜。让顾客在一个更大的范围内,自主点菜、自主设计成的宴会菜单,在某种意义上来说,具有适合性。

(二)按宴会菜单使用时间长短分

1. 固定性宴会菜单

固定性宴会菜单是指长期使用的或者是不常变换的宴会菜单。这种类型的宴会菜单一经产生后,便在餐饮企业的宴会经营中,以长时间内不变或小变的方式,经年累月地使用着。所谓长时间不变,是指菜单菜品的基本构架、组合方式、基本菜品没有根本性变化;所谓小变,是指菜单中的菜品可能随季节不同有所调整,或者是少数菜品在原料、加工方法、味型、装盘形式等方面作了调整。例如,长期使用的套宴菜单、饺子宴菜单、红楼宴菜单、孔府宴菜单等。由于这些菜单上的菜品比较固定,因此,对餐饮企业生产和管理是利弊共存。其最根本的好处是有利于标准化,具体表现在以下方面。

(1)有利于采购标准化,即由于菜品品种固定可以对这些原料的购买和保管制订标准的规格、价格和程序,有利于节约餐饮产品成本。

(2)有利于加工烹调标准化,由于经常性地重复制作同样的菜品,因而便于对各种菜品的加工、烹调确定标准的加工方法和程序,便于规定标准的成本控制方法,有利于调配生产人员的工作量和提高劳动生产率。

(3)有利于产品质量标准化,即因为生产固定的菜品,使用标准的加工方法和程序,标准的原料和设备,所以容易得到质量标准化的产品。

使用固定性宴会菜单的不足如下。

(1)容易使顾客产生“厌倦”情绪,由于宴会的目标顾客主要集中在本地,因此对于经常设宴请吃或赴宴吃请的老顾客来说,面对“老面孔”的不变菜品,其“厌倦”情绪自然会产生,因而也会有更换饭店另觅他处的想法和举动,这种情况尤其是在长期使用固定性套宴菜单时会发生。

(2)不能迅速跟进餐饮市场潮流和适应顾客就餐习惯的改变。

(3)由于固定菜品的生产操作多为重复性劳动,容易使生产人员感到工作无新意,单调疲劳,因而影响生产积极性。

2. 阶段性宴会菜单

阶段性宴会菜单是指在规定时限内使用的宴会菜单。例如,餐饮企业根据不同的季节准备的菜单,这类菜单能反映不同季节的时令菜。又比如,餐饮企业举办美食活动时,本店推出的或邀请外地、外菜系厨师制作的具有显著风味特色的宴会菜单,这类菜单只在美食活动期间供应。又比如,在某一时段内餐饮企业专门针对特定的目标顾客设计的宴会菜单,如大学生毕业离校前、高考录取期间,不少餐饮企业推出毕业庆典宴会菜单、谢师宴菜单、状元宴菜单、金榜题名宴菜单等,都属于阶段性使用的菜单。

阶段性宴会菜单的优点如下。

(1)给顾客新鲜感,使生产人员不易对工作产生单调感。

(2)能有利于宴会销售,增加企业经济效益。

(3)扩大企业影响,提升企业品牌形象。

(4)能有效实施生产和管理的标准化。

其不足之处如下。

(1)在餐饮生产、劳动力安排方面增加了难度。

(2)增加了库存原料的品种与数量。

(3)菜单编制和印刷费用较高。

(4)策划、宣传及其他费用会增加。

3. 一次性宴会菜单

一次性宴会菜单又称即时性宴会菜单,是指专门为某一个特定宴会设计的菜单。这类菜单在餐饮企业的宴会经营中也是经常使用的,设计的依据是顾客的需要,菜品原料的可得性,原料的质量和价格,以及厨师的烹调能力。一次性宴会菜单的优点如下。

(1)灵活性强,虽然使用时间很短,但最能契合顾客的需求,最能紧扣宴会主题。

(2)能及时适应原料市场供应的变化。

(3)可以充分发挥厨师的烹调潜力和创造性,能生产出比较多的新菜品,并能调动员工的工作积极性。

其不足之处如下。

(1)由于菜单变化较大,对原料采购和保管、生产和销售增加了难度,难以做到标准化。

(2)扩大了经营成本,管理上也增加了困难。

所以,一次性宴会菜单不能作为餐饮企业的长期行为,而应与固定性宴会菜单和阶段性宴会菜单合用。

第二节　宴会菜单的作用

宴会菜单可以是预先设计好的固定菜单,如同说明书一般的用以向客人介绍该宴会厅的宴会产品。同时,宴会菜单也可以由设计者先根据宴请对象、消费标准以及顾客需要等,安排适合的菜品,并在客人预定宴会时再根据要求确定内容。

毋庸置疑,宴会菜单在餐饮经营管理中有着重要作用。它不仅是餐饮管理者经营思想与管理水准的体现,更是沟通消费者与经营者之间最直接的桥梁。因为要研究菜肴是否受欢迎,菜单即为最重要的改进资料。宴会菜单并不只是一张简单的产品目录,成功的宴会菜单设计还是一件艺术品,更是饭店经营的最佳宣传品，堪称为餐饮部门一切业务活动的总纲。具体地说，宴会菜单具有以下作用。

一、宴会菜单影响餐饮设备的选配和厨房布局

宴会菜单中的菜品内容体现着菜品的风味和经营风格，而菜品风味和经营风格的不同，必然会影响餐饮设备的选择和配置，影响厨房的规模及其生产设备的整体布局。例如，制作北京烤鸭需使用挂炉，而烤乳猪和烤羊肉串却常常使用明烤炉；蒸菜、炖菜需要蒸灶（柜）煲灶；上龙虾需要配钳子和叉子；水杯可用红酒杯，红酒杯可作白酒杯，但却不可以使用饭碗盛装鸡尾酒。显而易见，菜单中菜式品种及其特色的不同，需要有相应的加工烹制设备和服务设备及餐具，菜式品种越丰富，所需设备的种类就越多；菜式水准越高越珍奇，所需设备餐具也越特殊。设备不同，厨房的生产布局、空间布局也随之不同。

总之，菜单是餐饮部门选购设备的指南与依据，它同时还决定厨房和餐厅使用设备的数量、性能及型号等，因此从某种程度上说，菜单决定了餐饮部门的设备成本。当然菜单既能影响设备购置，有时也会受到设备的限制，由此可见宴会菜单跟宴会厅餐饮设备的不可分割性。

二、宴会菜单影响食品原料采购和贮藏

食品原料是制作菜品的物质基础。食品原料的采购贮藏是餐饮企业业务活动的必要环节，它们受到菜单内容、菜单类型的影响和支配。例如，对于使用固定性宴会菜单的企业而言，由于菜式品种在一定时期保持不变，厨房生产所需食品原料、规格等也相应固定不变，这就使得企业在原料采购方法、采购规格标准、货源提供途径、原料贮藏方法、贮藏面积、仓库条件等方面能保持相对稳定。列入菜单经营菜点的原料，是采购的必备品种，而临时增加或新推出的菜式品种所需的原料，应该及时调整落实到采购计划中去，保证在规定的时间内提供给厨房生产使用。

三、宴会菜单影响厨师和人员的配备

宴会菜单菜品内容、风格特色与服务的规格及特色，决定着厨师、服务员配备的取向。例如，经营粤菜要配备擅长制作粤菜的厨师，体现高规格服务要配备精通服务技能的优秀服务员。否则菜单设计得再好，若厨师无力烹调或服务员不谙服务方法，不但使顾客获得真实性产品及其服务享受的愿望落空，企业也反受其累。因此，餐饮企业在配备厨房和餐厅职工时，要根据菜式制作和服务的要求，建立一支具备相应技术水平、结构合理的厨师和服务员队伍。

四、宴会菜单是宴会工作的提纲

宴会菜单是开展宴会工作的基础与核心，宴会所用原料的采购，菜品的烹调制作，以及宴会服务必须围绕菜单才能开展。宴会菜单之于宴会，就好像各种工程建筑的图纸、预算，也好像是文学作品写作的纲目。所以，宴会菜单是餐饮企业宴会业务活动的总纲。特别是大型宴会，菜单拟定之后，其后续工作涉及饭店内许多部门，需要各部门通力合作，才能完成任务。所以，宴会菜单设计切不可不循章法，马虎对待，应付了事。

五、宴会菜单是沟通企业与顾客的有效工具

顾客到饭店举办宴会，通常是根据饭店提供的宴会菜单来选购他们所需的菜品和饮品。设计人员、服务人员有责任和义务向顾客推荐宴会菜单，介绍菜品和饮品，顾客和设计人员、服务人员通过菜单开始交流，信息得到沟通。这种“推荐”和“接受”的结果，使买卖双方达成一致。有的餐厅与宴会厅兼用的饭店没有专门的宴会菜单，只靠餐厅经理或厨师长根据顾客的消费标准和本餐厅原料情况，随时拿张纸条写个“菜单”交由厨师制作。顾客无法与服务人员沟通详细情况。这种沿袭旧的经营方式，灵活“下单子”的情况，实践证明是很难让顾客满意的。在宴会运转过程中，在按照菜单提供宴会产品服务的同时，服务人员和顾客之间仍然进行着直接的沟通，听取顾客对菜品的意见，有利于改进设计，提高服务质量。

六、宴会菜单直接影响宴会经营的成果

一份合适的宴会菜单，是宴会菜单设计人员根据餐饮企业的经营方针，经过认真分析客源和市场需求制订出来的。宴会菜单一旦制订成功，餐饮企业的其他工作也就可以按照既定的经营方针顺利进行，可以吸引众多的目标顾客，为企业创造利润。

宴会经营在餐饮企业中占有重要的地位，对略具规模的宴会厅而言，其营业额经常占餐饮部门营业收入的1/3～1/2，对以宴会经营为主的饭店企业而言，其重要性更是不言而喻。既然如此，如果不对宴会经营进行合理及有效的控制，势必将造成经营成本的增加甚至亏损连连。宴会菜单在整个宴会厅经营活动中具有计划与控制的作用，是一项重要的管理工具。

所以，宴会菜单设计得好与否直接决定了企业宴会经营成本的高低，直接影响到宴会盈利能力的大小。对中低档宴会而言，如果菜单中用料珍稀、原料价格昂贵的菜式太多，必然导致较高的食品原料成本；若精雕细刻、费工耗时的菜式过多，又会无端增加企业的劳动力成本。因此，餐饮企业成本控制的首要环节，就是要从菜单设计开始。在宴会菜单设计时，不仅要准确计算各具体品种的成本，而且要确定不同成本菜品的品种数量比例。将宴会经营成本控

制在规定的合适的范围内，保证宴会利润的最大化，不断扩大宴会经营成果。

七、宴会菜单是推销宴会的有力手段

菜单是连接顾客与餐厅的桥梁，起着促成买卖交易的媒介作用。餐饮企业通过菜单向顾客提供宴会菜肴信息，推销宴会。顾客则凭借菜单选择自己所需要的产品和服务。所以，餐饮企业或宴会厅应拥有丰富的宴会菜单，同时又能根据客人需求设计宴会菜单，供客人选择，要通过菜单文字介绍与图片视觉冲击，让顾客对菜单菜品内容、菜品品种、风味特色、价格范围及其他内容有所认识，使客人因菜单产生强烈的宴会消费欲望，达到推销宴会的目的。

因此，宴会菜单并非仅仅是一张简单的宴会菜品的目录单，它还在向顾客展示餐饮企业的水准与特色，无声而又强有力地影响着顾客的消费选择和决定。餐饮企业既要重视宴会菜单菜品的设计，还要重视宴会菜单外观形式的设计，增加艺术性，这既是推销宴会，更是宣传企业，推销企业，给客人留下良好而又深刻的印象。另一方面，餐饮企业通过对宴会销售状况的分析，及时调整菜单品种，改进烹调技术，完善菜单的促销方法和定价方法，使宴会菜单更能满足本企业特定的目标市场需求。

第三节　宴会菜单设计的原则

一、宴会菜单设计的指导思想

宴会菜单设计的指导思想是：科学合理，整体协调，丰俭适度，确保盈利。

（一）科学合理

科学合理是指在宴会菜单设计时，既要考虑顾客饮食习惯和品味习惯的合理性，又要考虑到宴会膳食组合的科学性。宴会膳食不是山珍海味、珍禽异兽、大鱼大肉类美食的堆叠，不能为炫富摆阔、暴殄天物等畸形消费张目，要突出宴会菜品组合的营养科学性与美味的统一性。

（二）整体协调

整体协调是指在宴会菜单设计时，既要考虑到菜品的相互联系与相互作用，更要考虑到菜品与整个菜单的相互联系与相互作用，还要考虑到与顾客对菜品的需要相适应。强调整体协调的指导思想，意在防止顾此失彼或只见树木，不见森林等设计现象的发生。

（三）丰俭适度

丰俭适度是指在宴会菜单设计时，要正确引导宴会消费，菜品数量丰足或档次高，但不浪费；菜品数量偏少或档次低，但保证吃好吃饱。丰俭适度，有利倡导

文明健康的宴会消费观念和消费行为。

(四)确保盈利

确保盈利是指餐饮企业要始终把自己的盈利目标贯穿到宴会菜单设计中去。要做到双赢,即既让顾客的需要从菜单中得到满足,利益得到保护,又要通过合理有效的手段使菜单为本企业带来应有的盈利。

以上这些,都是必须明确的设计指导思想。

二、宴会菜单设计的原则

宴会菜单设计应遵循以下基本原则。

(一)以顾客需要为导向的原则

在宴会菜单设计中,需要考虑的因素很多,但注重的中心永远是顾客的需要。“顾客需要什么”“应该怎样才能满足顾客的需要”这是在设计过程中必须得到贯彻落实的基本原则。

1. 要了解顾客对宴会菜品的目标期望

顾客在饭店里举办宴会的目标期望各不相同,有的讲究菜品的品位格调,有的追求丰足实惠,有的意在尝鲜品味,有的注重养生营养等。要通过宴会菜单设计,想顾客之所需,增强菜品对顾客的吸引力,实现顾客对宴会菜品的目标期望。

2. 要了解顾客的饮食习惯、喜好和禁忌

出席宴会的客人各有其不同的生活习惯,对于菜肴的选择,也各有不同的喜好,例如,在同一个地区的人,既有共同的饮食习惯、喜好和禁忌,但也因职业、性别、体质、个体饮食经历的不同而有差异。对于不同地区的人而言,口味喜好的倾向性差异更大,如川湘人喜辣,江浙人偏甜,广东人尚淡,东北人味重。不同民族与宗教信仰的人饮食禁忌各有不同,例如回族人信奉伊斯兰教,禁食猪肉;佛教徒茹素忌荤。至于招待外国宾客,其国籍及其饮食习惯、喜好、禁忌,也是差别很大。因此,在菜单设计前,要了解这些情况,把客人的特殊需要和一般需要结合起来考虑,要把宴会主要客人与一般客人的需要兼顾起来。这样菜单上的菜品安排,会更有针对性,效果就会更好。

3. 要适应饮食潮流的变化

设计宴会菜单时,要及时跟进饮食潮流的变化,把市场流行且顾客喜欢的新菜品充实到菜单中去。要了解饮食潮流与顾客需要的发展趋势,开发新的宴会产品,满足顾客尝新逐奇的消费心理。

(二)服务宴会主题的原则

人们举办宴会有这样或那样的目的,祈求表达某种愿望,如欢迎、答谢、庆功、祝寿、联谊、合作等,因而宴会的主题便有不同。宴会主题不同,反映在宴会菜单中,其菜品原料选择、菜品造型、菜品命名取意等方面也有区别,例如,扬州

人办婚宴，不用“炒四季豆”一菜，因其谐义与人们祈求婚姻美满、幸福长久的意愿相违背；又如，松鹤延年冷盘适合寿宴，却不适合婚宴。所以，宴会菜单要为宴会主题服务，要围绕宴会主题进行设计。

（三）以价格定档次的原则

宴会价格的高低，是确定宴会菜单菜品档次高低的决定性因素，是宴会菜单设计的根本原则。宴会价格的高低必然地反映到原料的选用、原料的配比、加工工艺的选用、菜品的造型等诸多方面。例如，价格标准高的宴会，其所用原料必然价高质优；配料时多用主料，不用或少用辅料；加工烹制方法也可能不同，以鸭子为例，高档宴会可能做成烤鸭，普通宴会可能做成红烧鸭块。价格标准高的宴会要选用精致的盛器，菜肴造型要美观。相反的，价格标准低的宴会可使用一般原料，并且增加配菜用量，用普通盛器盛装菜肴，以降低成本。

（四）数量与质量相统一的原则

宴会菜品的数量是指组成宴会的菜品总数与每份菜品的分量。一般来说，在总量一定的情况下，菜品的道数越多，每份菜的分量就越少，反之道数越少，每份菜的分量就越多。宴会菜品数量的多少应与参加宴会的人数及其需要量相吻合。在数量上，一般以每人平均能吃到500～600克净料，或以每人平均能吃到1 000克左右熟食为基本标准。把握菜品数量还应考虑到以下因素。

1. 根据宴会类型确定数量

不同的宴会类型，在不同的地区、不同的人群中有的形成了约定俗成的数量规定，例如国宴菜品道数大致是：1道冷菜、1道汤、4道热菜、1道点心、1道甜品、1道水果；有的地区的婚宴有8个单碟冷菜、4个热炒、8道大菜、2道点心、1道水果的约定；一般的商务宴会是1道冷菜、6道热菜、1道汤菜、3道点心、1道水果。虽然宴会菜品的道数没有一定的规定，但从目前餐饮企业经营宴会的情况来看，在10～20道菜品之间的居多。

2. 根据出席宴会的对象确定数量

出席宴会的对象群体不同，对宴会菜品的数量需求是有差别的。一般情况下，青年人比老年人食量大，男同志比女同志食量大，重体力劳动者比轻体力劳动者食量大。因此，宴会菜品数量的多少，要根据参加宴会群体的总体特征进行有针对性的设计。

3. 根据顾客提出的需要确定数量

由于举办宴会者的目的不同，请客赴宴的意义情境不同，在菜肴数量上也会有不同的要求。一般的宴请，要求数量丰足；高档的宴请，要求少而精致。以品尝为目的，要求菜品的道数多一些，其分量少一些；以聚餐为目的，既要求菜品道数多一些，也要求其分量大一些。

宴会菜品数量标准是相对的，但质量是绝对的。数量多了特别是批量菜品制作时,不代表应该降低质量要求。无论菜品数量多少,菜品质量都不应该降低标准。

(五)膳食平衡的原则

从食用角度看,宴会提供的是一餐的膳食。所以,膳食平衡的原则必须落实到宴会菜单的设计中。

1. 必须提供膳食平衡所需的各种营养素

宴会菜品是由多种原料烹制而成的,其种类是否齐全,品质是否优良,数量是否充足,比例是否合理是特别重要的,直接影响营养对人体的效用。要在菜单设计中,以科学的膳食营养观来编排菜品,改变以荤类菜肴为主的旧模式,增加蔬菜、粮食、豆类及其制品、水果类原料的使用,提供膳食平衡所需的各种营养素,达到合理营养、节约食物资源的目的。

2. 选择采用合理的加工工艺制作菜品

宴会菜品应该是美味与营养的统一体,既可口诱人,有助于刺激食欲,同时又含有多种营养素,能被人体消化吸收和利用。在编排宴会菜品组合时,要从营养的角度,从原料的性状、原料的选用、加工烹调方法等方面进行考虑。要设计最合理的加工工艺流程,使美味性与营养性统一于菜品之中。

3. 要从顾客实际的营养需求的角度设计菜品

顾客对宴会营养需要的期望是因人而异的,不同性别、不同年龄、不同职业、不同经济状况、不同身体状况的顾客,对营养的认识与营养素的需求量是不尽相同的。一般来说,宴会菜品的营养设计,不是针对某一顾客个体,而是针对群体的基本需求,从总体上把握膳食结构平衡和营养的合理性。

(六)以实际条件为依托的原则

宴会菜单设计是建立在市场原料供应、饭店生产设备和厨师技术水平等条件基础上的。

1. 市场原料供应是宴会菜单设计的物质基础

市场上都供应哪些原料品种? 不同季节里有哪些时令性原料? 其品质、价格水平如何? 能否及时保障供应? 这些都是在设计前需要充分了解掌握的情况。如果货源及原料品质不稳定或是没把握时,尽量不要列入菜单,以免在需要时发生缺货或无法使用的问题。

2. 饭店的生产设施设备是满足宴会菜单设计的必要条件

菜品的生产需要配备相应的设施设备,设备条件不同,适合生产的菜品及生产的产量是不一样的。在进行宴会菜单设计时,要根据设备条件,充分发挥设备的功能,选择与其功能相匹配的菜品。

3. 厨师和服务员的技术结构、技术水平是决定宴会菜单设计的关键性因素

有原料,有设备,还必须具备有技术的厨师,才能生产出菜单设计所需要的

菜品。菜品质量是宴会菜单的生命线,厨师的技术水平是菜品质量的保证。所以,在宴会菜单设计时,必须根据企业厨师队伍的技术结构与技术水平的实际状况,选择厨师能够保证制作质量的菜品,最拿手的菜品,编排到菜单中去。菜品的制式和服务员的服务能力是紧密联系的,菜肴准备及服务时间太长的菜品是不适宜编入大型宴会的菜单中的。

(七)风味特色鲜明的原则

宴会菜单设计必须彰显自己的风味特色。如果菜单上的菜品是人有我也有的,那是没有特色的菜单,没有特色的菜单是没有多少市场号召力的。菜单上的菜品不仅要做到"人有我优",更要做到"人无我有"。要让顾客既能感觉到,又能实际体验到;不仅要赞赏它,还要折服于它。当然,风味特色鲜明并不是说宴会菜单上的菜品,每一个都是特色菜、品牌菜,设计成"名菜荟萃"式的。风味特色鲜明,首先是要有主线,要靠主线将所有的菜品串起来;其次是要分主次,次要的是铺垫,体现的是多样性,主要的是亮点,亮点要光芒四射,凸显的是精彩性。

(八)菜品多样化的原则

宴会菜单直接体现的是菜品的有机联系,这种联系的最基本特征就是"和而不同"的丰富性。换言之,在宴会菜单设计时要从不同的方面去选择菜品。首先要求原料多样化,这是菜品多样化、膳食平衡的基础;其次要求加工方法的多样化,要从刀工、原料配伍、制熟调味方法等方面对原料进行多种加工处理,这样才能形成菜品风味的多样化;最后要求菜品在色彩、造型、香味、味道、质地等感观质量方面的多样化,这是菜品多样化的终结表现形式。

(九)菜单制式艺术化的原则

宴会菜单的制式艺术化,要求菜单封面要体现饭店风格,或融入饭店经营理念或体现宴会特色;菜目编排顺序适应宴饮习惯,排列整齐美观;字体及其大小要便于识读。要使菜单成为展示、宣传宴会的艺术品。

第四节 宴会菜单的设计

宴会菜单设计的过程,分为菜单设计前的调查研究、菜单菜品设计和菜单设计的检查三个阶段,现分述如下。

一、宴会菜单设计前的调查研究

在着手进行宴会菜单设计之前,首先必须做好与宴会相关的各方面的调查研究工作,以保证菜单设计的可行性、有针对性和高质量。调查研究主要是了解和掌握与宴请活动有关的情况。调查越具体,了解的情况越详尽,设计就越心中有底,越能与顾客的要求相吻合。从大的方面讲,调查要根据饭店企业宴会经营策略、目标市场定位等情况，结合宴会菜单的性质和应用特点来进行，尤其是套宴菜单、固定性宴会菜单设计。对具体的宴会任务的菜单设计，则是调查与宴会菜单设计相关的情况。调查的方法，主要采用询问法，即向宴会活动的经办人或主人直接询问，询问的形式有面洽，或通过电话、传真、信函、电子邮件等进行询问。

（一）调查的主要内容

（1）宴会的目的性质、宴会的主题和正式名称，主办人或主办单位。

（2）宴会的用餐标准。

（3）出席宴会的人数，或宴会的席数。

（4）宴会的日期及宴会开始的时间。

（5）宴会的类型，即中餐宴会、西餐宴会、冷餐会、鸡尾酒会或茶话会等，如是中餐宴会，是哪一种，如婚寿宴会、庆祝宴会、团圆宴、迎送宴会、表彰宴会、商务宴会等。

（6）宴会的就餐形式（是设座式还是站立式，是分食制还是共食制，或是自助式）。

（7）出席宴会宾客尤其是主要宾客对宴会菜品的要求，他们的风俗习惯、生活特点、饮食喜好与忌讳等，有无特殊需要。

（8）是饭店提供酒水，还是顾客自带酒水，如若谢绝顾客自带酒水，要明确告知。

（9）结账方式。

（10）顾客的其他要求。

对于高规格的宴会，或者是大型宴会，除了解以上几个方面的情况外，还要掌握更详尽的宴会信息。

（二）向顾客介绍有关宴会的情况

在调查宴会情况的过程中，为了让顾客了解饭店有关宴会菜品、服务项目及相关规定，宴会设计或预订人员还必须迅速准确地回答顾客有关宴会方面的问询，提供相关资料，其主要内容如下。

（1）不同档次的各类宴会的菜单、特色宴会菜单、可变换和递补的菜单，介绍菜单中菜品的内容，特别是主要菜品如特色菜、时令菜、名菜以及推荐的菜品内容，说明菜品的价格，提供菜品的彩色照片。要让客人因看到菜单的陈述内容而产生强烈消费的欲望。

（2）可供选用不同费用的酒单，实物彩色照片。

（3）宴会消费标准，如中西餐宴会、酒会、茶话会等的起点标准费用、高级宴会人均消费起点标准、大型宴会消费总额起点标准、宴会厅或宴会包间的消费起点标准。

（4）宴会厅或宴会间的规模、风格及各种设备设施情况，宴会厅或宴会间的彩色照片,以及宴会厅或宴会间是否有空。

(5)不同费用标准的宴会,饭店提供的服务规格以及配套的服务项目。

(6)中西餐宴会、酒会、茶话会的场地、环境布置和台型摆放的实例和彩色照片。饭店为宴会所能提供的所有配套服务项目和设备。

(7)宴会主办人或主办单位提出的有关宴会设想以及在宴会上安排活动的要求,能否得到满足。

(8)宴会预订金的收费规定,提前、推迟、取消宴会的有关规定。

(三)分析研究

在充分调查的基础上,要对获得的各方面的信息材料加以分析研究。首先,对有条件或通过努力能办到的,要给予明确的答复,让顾客满意,对实在没条件不能办到的要向顾客做解释,使他们的要求和饭店的现实可能性相互协调起来。这里特别需要强调两点。

(1)如果用已经设计好的固定性宴会菜单或套宴菜单,要给顾客的选择留有一定的空间。

(2)要有适当的灵活性,应对顾客的需求杜绝诸如"这个不行"或"那个办不到"的不礼貌回答方式。

宴会菜单设计的核心要素是以顾客的需求为主,并应尽最大的努力满足顾客需求。

其次,要将与宴会菜单设计直接相关的材料和与宴会其他方面设计相关的材料分开来处理。

最后,要分辨宴会菜单设计有关信息的主次、轻重关系,把握住缓办与急办的需要关系。例如有的宴会预订的时间早,菜单设计有充裕的时间,可以做好多种准备,而有的宴会预订留下的时间只有几小时,甚至是现来就办的,菜单设计的时间仓促,因此必须根据当时的条件和可能,以相对满足为前提设计宴会菜单。又如,高规格的豪华型宴会或政府及上级部门的指令性宴会,宴会菜单设计要能满足其提出的全部高要求。对于常规的普通宴会,虽然相应的要求较低,但也一定要尽量满足顾客的要求。

总之,分析研究的过程是协调饭店与顾客关系的过程,是为下一步有效地进行宴会菜单设计廓清疑惑、明确设计目标、设计思想、设计原则和掌握设计依据的过程。

二、宴会菜单的菜品设计

宴会菜单的菜品设计,按照确定设计目标体系、确定菜品组合、确定宴会与菜品的名称及菜目编排四个步骤进行。

(一)确定设计目标体系

目标是宴会菜单所期望实现的状态。宴会菜单的目标状态,是由一系列的指标来描述的,它们构成了指标的体系,反映了宴会的整体状态。例如,构成宴会菜单的菜品,要用原料、成本、工艺加工要求、质量、价格等一系列技术的经济的指标来描述。这些指标在反映目标状态的特征方面不是等同的。所以,宴会菜单设计目标的确定,就是要从这些指标体系中挑选出最能反映本质特征的指标。显然,只有这种指标体系才能反映宴会菜品的整体特性,体现设计的全部意义。

宴会菜单设计目标是一个分层次的目标体系结构,即在核心目标之下又有几个层次的分级目标。各个层次的指标相互联系、相互制约,共同反映宴会菜品的整体特征。

如何确定宴会菜单设计的核心目标,即一级目标呢?一级目标如何在分级目标中得到落实呢?分级目标体系如何构成呢?这里提供一种可供参考的分析和解决问题的方法。

1. 一级目标

一级目标的确定应是由宴会的价格、宴会的主题及菜品风味特色共同构成的。例如,桃红柳绿之季,扬州"希望大酒店"承接了每席为888元人民币的结婚宴会50桌的预订。根据提供的情况,此宴会任务的菜单设计的一级目标组成应确定如下。

(1)结婚喜宴。这是宴会的主题,对宴会菜单设计乃至整个宴会都是至关重要的。

(2)宴会价格。每席888元的价格,实际上即是宴会的规格,对宴会菜单设计是关键性影响因素,它与宴会菜品成本和利润直接连接在一起,涉及每一道菜品的安排,也涉及顾客对这一价格水平宴会菜品的期望,最通俗地说,是让顾客感觉值不值的问题。

(3)淮扬风味。这是此宴会菜单要体现的总的倾向性特征,因而也涉及每一道菜及其相互联系的问题。宴会菜单菜品设计是针对组成一次宴会菜品的整体设计和具体每道菜的设计。风味特色是宴会菜单设计最为关注的问题,自然也是顾客最为关注的问题之一,所以应当将其放在一级目标之中。

至于季节性的问题,其对宴会菜单设计的影响,远不及上述三个方面,把它作为具体设计的约束条件更为合适。

2. 二级目标

二级目标是在一级目标的指导下,根据优化原则,按照主次、从属关系来决定的。所以,二级目标应为反映菜品构成模式的宴会菜品格局。所谓宴会菜品格局,是指构成宴会菜品的基本结构模式。现代中式宴会菜品的构成模式有好多种,比较通行的一种模式是由冷菜、热菜、甜菜、点心、水果五个部分组成。也有的将热菜分成热炒菜和大菜两个类别;也有的将汤菜单独列出;也有的不把甜菜单独作为一个部分来看待，或将其纳入到大菜中去考虑；也有的将主食与点心分开单列；也有的在五个部分之外再加上香茗、酒水等。当然有的地区有相对固定的宴会格局，如川式宴会菜品格局即是由冷菜、热菜、点心、饭菜、小吃、水果等六个部分组成的；广式宴会菜品格局则是由开席汤、冷菜、热菜、饭点、水果等五个部分组成的。尽管宴会菜品格局有所不同，但一个宴会在绝大多数情况下只能选择一种菜品格局。

3. 三级目标

三级目标是由各部分菜品组成的菜品数目或道数、每部分菜品的荤素比例及占整个宴会成本的比例组成的综合目标。三级目标是在二级目标基础上的衍生。关于三级目标中的内容没有统一的规定，以中餐宴会为例，其各部分菜品组合的一般形式有以下几种。

(1)冷菜。又称凉菜、冷盘、冷荤菜等。有什锦拼盘形式，有 6～8 个单盘形式，有 6～8 个单盘对拼或 4～6 个三拼或四拼的形式，有主拼带 6～8 个围碟的形式，有各客冷菜的形式等。荤素比例为 4∶1、3∶1 及 2∶1 不等。冷菜占整个宴会菜品成本的 10%～20%。

(2)热菜。热菜是由炒菜与大菜组成的。热炒菜一般是小料型、短时间烹制，多以 8～10 寸盘盛装的菜品。其上席道数以 2～4 道为常见。在大型宴会菜单设计时，热炒菜应少用或不用。

大菜多指以大料型(如大块、整块、整只、整条形)的原料烹制而成的，盛装于大盘(12～14 寸盘为主)或大汤碗中上席的菜品。当然，大菜中也有小料型的原料，只不过相较于大料型略少而已。大菜一般为 6～10 道。在传统宴会大菜中，特别强调头菜的作用，头菜是标志宴会档次的大菜，大都以高档原料做成，而且是作为第一道上席的大菜。其次是烧烤菜，如烤方、烤鸭类菜，多作为第二道大菜上席，跟配面点和二汤。这种设计在现代宴会菜品安排中仍不少见。

热菜中素(蔬)菜约占热菜总量的 20%～30%，热菜占整个宴会菜品成本的 70%～80%。

(3)甜菜。这是宴会菜品中具有独特个性的一类菜品，以其香甜味型独树一帜。在大多数情况下，甜菜为 1 道，亦有上 2 道的，上 2 道多为一干一稀的形式。甜菜多错杂于热菜中上席，亦有前置为冷菜的。

(4)点心。除点心全席外，点心在宴会菜品占有的分量不是很大，通常为 2～4 道。宴会菜品还常见安排主食的，即饭粥、面条之类的食品，如扬州炒饭、海鲜泡饭、鸡汁煨面等。点心占整个宴会菜品成本的 5%～10%。

(5)水果。水果有 1 道拼盘的形式，有 1～2 个品种水果直接上席的形式。水果占整个宴会菜品成本的 1%～2%。

现代西式宴会菜品通常包括开胃品、汤、副菜、主菜、甜食等 5 大类，各类具体形式如下。

(1)开胃品。开胃品是指少量的、能起到开胃作用的小食品,类似于中餐的冷菜。开胃品有冷、热之分,冷的开胃品是第一道菜,较酸、冷;热开胃品是跟在汤后面的、味较浓烈的菜。

(2)汤。汤是起开胃、促进食欲作用的味道鲜美的汤菜,在西餐中,汤是跟在冷开胃品后面的,一般中午不上汤。汤在西餐中有冷、热、清汤、浓汤之分,浓汤又有白、红之分。另外还有一种称之为茶的汤,其清澈见底,味浓鲜美,如牛茶、鸡茶。西餐的汤盛放在汤盆内,牛茶、鸡茶盛放在大号咖啡杯内。

(3)副菜。副菜在西餐中也称为小盆,它可以是野味、海鲜等,一般使用8寸平盘,也可以是长盘、烤斗、烙盘、罐等餐具。副菜在西餐中烹调方法很多,可以是烩、烧、煎、炸、煮、烘等。副菜是西餐中表现力最丰富多彩的菜式。

(4)主菜。主菜包括海鲜、家禽、肉类、面食,一般量大、造型美观、装盘讲究。在法式小型宴会中,是一道表演菜,可将宴会推向高潮,同时经常跟上有清口解腻作用的蔬菜沙拉。

(5)甜食。包括甜沙拉、水果、奶酪、甜点心及冰激凌,可起到饱腹和助消化的作用。

4. 四级目标

四级目标是单个的具体菜品的确定,这是对上三级目标的细化。作为单个菜品,其目标构成有菜品名称,原料,原料的季节性、数量及构成比例,烹饪加工方法、加工流程及其标准,成品质量和风味特色,菜品成本等具体内容。四级目标实际上是具体菜品及其内容的选择与组合设计。

宴会菜单设计的目标体系可用下图表示。

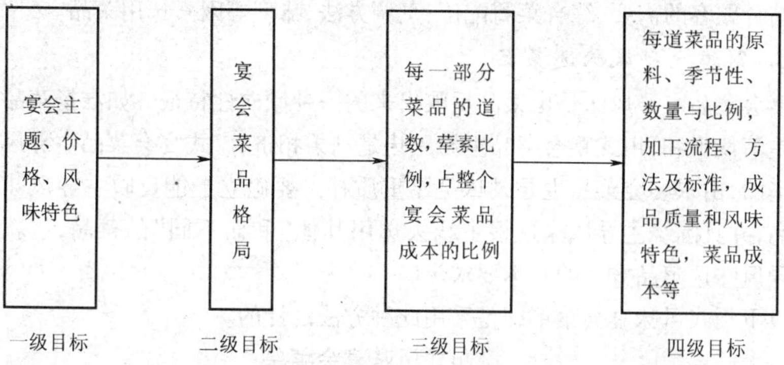

图　宴会菜单设计目标体系

建立目标体系对于宴会菜单设计是至关重要的,因为有了明确的目标,才能实现期望的状态。至于建立什么样的目标体系,会有不同的方式,但是有两条原则应该遵循:一是要优化筛选目标,即尽量减少目标的个数,把不需要优化的目标变为约束条件,使目标系统形成一个单一的综合目标。二是分析各目标的重要性,区别"必须达到的"和"期望达到的"两类目标,按照主次轻重的关系有顺序地排列。

(二)确定菜品组合

确定菜品组合是设计目标体系的具体落实,是关键性设计。任何一份宴会菜单都是由一道道的具体菜品组成起来的,然而,具体的菜品有很多很多的品种,如何从这许许多多菜品中挑选出有限的最合适的菜品,把它们有机地组合起来呢?这就需要在宴会菜单设计原则的指导下,围绕宴会菜单目标体系,采用最适合的组合方法。现将常用的几种组合方法介绍如下。

1. 围绕宴会主题选择菜品

宴会主题不同,菜品选择是有区别的。例如,以鳜鱼、鲤鱼、鲷鱼为原料的菜肴,适合于喜庆类宴会,清蒸刀鱼则不适合,刀鱼刺多,喜庆类宴会,人们是不希望"刺"多的;清蒸白鱼在有些地区只能上常规宴请的席面,还有的地区用来上"白事"宴会,不能上喜庆类宴会。以"鸳鸯"冠名的菜品,用在婚宴上最适合;以"祝寿"为名的菜品,用在寿宴上最适合。由此可见,宴会主题影响菜品的选用,菜品之于宴会主题不是都具有普适性。所以,宴会菜品要为宴会主题服务,要围绕宴会主题进行设计。

2. 围绕价格标准选菜品

宴会价格不同,直接决定了要选用有不同价格差别的菜品。设计时,要始终围绕宴会的价格标准,选用价格水平相当的菜品,即价格标准低的宴会,选用价格水平低的菜品;价格标准高的宴会,选用价格水平高的菜品。在设计时,还要注意结合顾客的需要,综合菜肴配伍、烹调方法、味型等因素选用菜品。

3. 围绕主导风味选菜品

宴会菜品主导风味是由菜品反映出来的一种倾向性特征。如淮扬菜品主导风味是清淡平和,川式宴会菜品主导风味是刚柔相济,广式宴会菜品主导风味是清新华丽,山东宴会菜品主导风味是厚重质朴。要确立最能反映主导风味的主要菜品,并且围绕主导风味这根主线去选用其他"和而不同"的菜品,这就是围绕主导风味选菜品方法的基本要求。

以下川式风味宴会菜单即是采用此种方法设计的。

川式风味宴会菜单

冷　菜:椒麻鸡片　五香熏鱼　白油腰片　蒜泥牛肚　糖醋蜇卷　姜汁蚕豆　珊瑚菜卷　炝拌黄瓜

热　菜:干烧鱼翅　香酥鸽子　家常蹄筋　双吃大虾　清蒸江团　银杏芥蓝　梨盅雪蛤　酸汤鸡豆花

小　吃：原汤抄手　缠丝焦饼　波丝油糕　担担面

随饭菜：醋渍青椒　清炒蕹菜　旱蒸茄子　麻婆豆腐

水　果：西瓜　葡萄

现在的餐饮业有一种现象值得注意，即在一个地方人们很难找着自己喜欢的地方风味宴席了，看到的是一些乱七八糟的东西拼凑在一起的宴席，还美其名曰“创新”，弄得人们无所适从。一个地方风味是由多种因素长期作用而形成的，具有深厚的积淀，是该地方人们共同的倾向性饮食喜好，不是朝夕之间便能改变的。所以，强调围绕主导风味选菜品，是在人们乐意接受的前提下，进行宴会菜品设计的方法。

4. 围绕主干菜选择菜品

所谓主干菜就是指在宴会菜品中能够起支撑作用的菜品。围绕主干菜选择菜品，就如同砌房造屋需框架结构一样，在宴会菜单的每一部分菜品里，都有若干个菜品将这一部分的菜品支撑起来。以大菜为例，其主干菜应该是头菜、二菜、甜菜、座汤这四类菜，在设计大菜时，首先要定的就是这四类菜，把四个主干菜立起来后，再按头菜的规格标准跟配其余几个菜，就完成了大菜部分的设计。在具体组合设计时，特别要注意：一是荤素菜的比例，二是宴会饮食习俗。例如，有的地方的婚宴要求有全鸡、全鸭，有的地方有“无鱼不成席”的习俗等，要把这些菜组合到菜单中去。

5. 围绕时令季节选菜品

应时当令的菜品，是满足顾客尝新尝鲜欲望的调节器，是宴会菜品引人注目的一部分。所以，在宴会菜品设计时，时令菜的选用，其意义和地位十分显著。当然，一个宴会的菜品不必都是时令菜，但是在不同部分的菜品里要都能见到时令菜，例如，在江苏地区，春季以扬花萝卜、莴苣、鸡毛菜、苋菜、茼蒿、春笋、嫩蚕豆米、韭芽、蒲菜、鳜鱼、鮰鱼、刀鱼、鲫鱼、鲤鱼、海蟹等原料制作的时令菜品，应该成为在这一季节里宴会菜品选用的对象，将其组合到冷菜、热菜、点心中去。选用时令菜时，要把品质在一段时间内最鲜嫩肥美、货源紧俏、价格高的时令菜，放到高档宴会菜单中，而把货源较为充足或渐成大市或接近落市的原料做成的应季菜，放在普通宴会菜单中。

此外，要准确地把握在不同季节时人们的味觉变化规律，即做到味的调配要顺应季节变化，要体察在不同季节人们对菜品色彩选择的倾向性需要，要调节在不同季节人们对菜品温度感觉的适合性。

6. 围绕特色选择菜品

特色菜是宴会菜单中的点睛之笔。虽然有的餐饮企业的宴会菜品，每一款都做得很不错，让顾客挑不出什么毛病来，但吃过之后，顾客对菜品却没有留下特别的印象。究其原因，在每一道菜品的好都堆砌在一起时，就成了一般意义上的好。在设计时，采用围绕特色选择菜品的方法，是在一般之好中显示出特别的好，即要有让人精神为之一振的“亮点”，让其他的菜品成为衬托“红花”的“绿叶”，这样的设计才是成功的设计。

宴会菜品中的特色菜，可以是一道，也可以是两三道，但宜少不宜多。例如，由人民大会堂承办的中国烹饪协会成立15周年的庆典宴会，其菜单是：

中国烹饪协会成立15周年庆典宴会菜单

冷　盘
雏凤吞翅
珍珠虾排
蟹黄带子
奶汁三文鱼
罐焖牛肉
清炖双菜
点　心
水　果
核桃酪

其中“雏凤吞翅”是最具有特色的菜，其独特之处在于打破了以老母鸡为原料的常规，而用生长不过15天的雏鸡，整料去骨，然后塞入鱼翅，加高汤蒸炖，其原料的独特性、品质的独特性，成为所有菜品中最超乎人们想象的菜品，令赴宴者留下了深刻的印象。

7. 围绕菜点协调选菜品

从宴会菜品构成的总体倾向性来看，基本都采用以菜肴为主的组合模式。在这种模式下，突出强调以菜为主、菜点协调的组合方法具有很强的操作意义。以菜为主，即菜肴是主体部分；以点为辅，即点心是从属部分；菜点协调，即虽然主从有别，但却是互为依存，相互辉映。俗话说：“无点不成席”。一席丰盛美味的菜品，是由菜肴与点心共同发挥作用的，没有点心的宴会菜品是不完整的菜品，况且点心在制作、造型、多样化、表现宴会主题、适应宴饮习惯等方面都有菜肴无法替代的作用。点心部分要用巧力跟进配合，使之与菜肴如影相随，两者协调平衡。关于宴会点心的设计，要注意以下几点。

(1)宴会点心的安排要与宴会档次相一致。宴会的档次分类因价格而有原料价值、选料精细程度、配菜比例、烹制工艺的难易程度、菜品造型的不同。据此可划分为高、中、普通三个档次，点心应该与之相适应。

①高档宴会所配点心用料要精良，制作精细，造型细腻别致，风味独特。

②中档宴会的点心用料高级，口味纯正，成形精巧，制作恰当。

③普通宴会的点心用料普通，制作一般，具有简单造型。

点心只有适应宴会的档次,才能使席面上菜肴质量与点心质量相匹配,达到整体协调一致的效果。

(2)点心的配置应与宴会的形式相适应。如婚宴,是人生结成终身伴侣的大喜之日,点心的配合就应体现吉祥如意的含义,如鸳鸯盒、莲心酥、鸳鸯包、子孙饺等。寿宴则应配备与祝寿相关联的点心,如寿桃、寿糕、麻姑献寿、伊府寿面等。喜庆宴会多种多样,有节日庆典、乔迁之喜、开业大吉等。这类宴会宜配以生动的点心,以活跃宴会气氛,使席点配合贴切、自然,紧紧围绕着宴会主题。

(3)宴会点心要考虑季节性。春、夏、秋、冬,四季有别,宴会菜肴、点心亦体现出季节特色。点心的季节性主要注意选用季节性原料,与人们在不同季节对色彩、味的转换相协调,这样就使宴会的菜肴、点心相映成趣。

如春季,气候变暖,人们喜爱清鲜可口的食品,配席点心就可上韭芽春卷、荠菜春饼、青团等,同时,春季也正是花卉树木芬芳吐艳的季节,可以配一些以杏花、梨花、桃花命名的具有自然风采意味的点心。秋季的九十月份,正是螃蟹上市的季节,以此为原料做成的蟹黄汤包、蟹肉蒸饺、蟹粉煨面等,是席上珍品。

(4)宴会点心应与临近节日相适应。如果举办宴会的日期与某个民间节日临近,点心也应该做相应的安排。如夏初办宴会正赶上端午节,各种粽子制品就可即席配备。民间节日很多,如元宵节可配食汤圆、中秋节可配食月饼、春节应配食年糕、春饼等。

(5)宴会点心应考虑各种形态的变化。点心配席一般只占2~4道,但形态要富于变化,要通过不同的成形技法使点心形态逼真,活灵活现。小巧玲珑的形态能为整个宴会增色加彩。宴会档次越高,点心越要做得精致,越要做得形态富于变化和生动,越要注意点心品种之间色、形、味的合理搭配。

(6)宴会点心应考虑使用不同面团的制品。制作点心的面团有面粉面团、米粉面团、澄粉面团、杂粮面团等,尤其是面粉面团中的水调面团、发酵面团和油酥面团,应用最为广泛,制作的点心品种十分丰富,不同面团的质感十分鲜明。所以,宴会点心应是由不同的面团制作而成的不同品种。

至于点心全席,著名的有西安饺子宴、上海城隍庙点心宴、南京秦淮小吃宴、扬州包子宴、云南紫米席等,这类宴会菜品的设计原则、设计方法与以菜为主的宴会是共通的,不再赘述。

8. 迎合顾客喜好选菜品

在宴会菜品设计时,要把顾客对菜品的喜好作为设计的导向。在一般情况下,既要考虑喜好的共同性,又要考虑喜好的特殊性,在两者不相冲突特别是特殊性不影响、冲减共同性的情况下,要兼顾到特殊性。既要考虑新潮流对顾客喜好带来的新变化,又要考虑本饭店企业宴会菜品的特色,要把顾客喜好的新变化,消融于饭店企业宴会菜品的特色之中。遵循这样的思路选择菜品,一定会收到顾客满意的效果。

在高规格的宴会菜单设计中,主要宾客的特殊喜好,在不影响其他赴宴人时,采用适应主宾的设计;如果主要宾客的特殊喜好,影响了其他赴宴人,应采用专门设计的方法,选用几道主要宾客特别喜欢的菜品供其专用。

总之,迎合顾客喜好选择菜品一定要有适当的灵活性,这样才能应付各种需求以妥善安排宴会菜单。切忌以餐饮部或宴会部经理及厨师长的喜好来臆断顾客的喜好,切忌生硬无礼地拒绝顾客对菜品安排的要求。

以上介绍的 8 种组合方法,在宴会菜单菜品设计中,有的可以单独应用,更多情况下是几种方法的综合应用。宴会菜单及其菜品组合,是复杂多变的,设计方法也不是一成不变的,相信在设计实践中,还有更适合更实用的方法,也会产生新的设计方法。

(三)确定宴会与菜品的名称及菜目编排形式

1. 确定宴会名称

宴会名称,简称宴名。宴名的确定应遵循:主题鲜明、简单明了、名实相符、突出个性的原则。

现举例说明如下。

(1)国宴的名称。国宴名称一定要庄重大方,说明宴会性质。例如,自 1980 年起我国国庆宴会改用酒会形式,宴名可称之为"国庆招待会"。为欢迎外国元首、政府首脑访问我国举行的宴会,则将宴会性质、宴请对象的国别、身份和姓名、我国领导人的身份、设宴时间和地点等在宴会名称中交代得清清楚楚,例如,李先念主席宴请英国女王的宴名全称是:"为欢迎大不列颠及北爱尔兰联合王国女王伊丽莎白二世陛下和爱丁堡公爵菲利普亲王殿下访华　李先念主席举行宴会　一九八六年十月十三日　北京"。

(2)喜庆类宴会的名称。有的很直朴,不加缀饰,有的则采用比拟附会的方法加以命名,如婚宴,称之为"天赐良缘宴"、"百年好合宴"、"龙凤和鸣宴"、"比翼双飞宴"等;如六十寿宴,称之为"千秋宴"等;如团圆宴,称之为"合家欢乐宴"、"满堂吉庆宴"等;如庆祝获奖、上大学类的喜庆宴会,有"庆功宴"、"琼林宴"、"谢师宴"等。

(3)商务宴会的名称。这类宴名有的比较夸张,以迎合生意人图吉利、讨个好口彩的心理。如"生意兴隆宴"、"事事如意宴"、"恭喜发财宴"、"百事大吉宴"、"开市大吉宴"等。

(4)岁时节令宴会的名称。一般都比较简朴,直截了当。如"新年招待会"、"请春酒"、"重阳宴"、"除夕宴"等。有的和游戏活动结合起来,称之为"元宵节赏灯宴"、"赏荷宴"、"中秋赏月宴"等。

(5)特色宴席名称。为了张扬特色,显示个性,这类宴名比较响亮。有的突出名特原料、名菜和地方特色,如“燕翅席”、“全体乳猪鲍鱼翅席”、“扬州三头宴”、“南通刀鱼宴”、“西安饺子宴”、“淮安长鱼宴”、“洛阳水席”、“四川田席”等;把古代有特色的宴会及名人参加的宴会与现代文明相融合的仿古宴会,一般都比较直接明了,如“满汉大席”、“仿唐宴”、“孔府宴”、“红楼宴”、“随园宴”等;有的突出菜点造型特色,如“西湖十景宴”、“西安八景宴”等;有的突出举宴场所和环境特色,如“太湖船宴”、“秦淮河船宴”、“烛光宴”、“海滨野餐宴”等;有的突出菜点道数,如“四六席”、“十大碗席”等。

宴名种类很多,定名方法也有多种,或俗或雅,或谐或庄,或拙或巧,或简或繁,或显或隐,各呈风采。但无论确定什么样的宴名,都应与宴会主题、宴会特色相表里,名实相符。

2. 确定宴会菜品名称

菜品名称的确定原则是雅俗得体,名实相符。其命名方法有三类。

(1)直朴式命名法。即看到菜品名称就能基本了解菜品的概貌,其可细分成如下8种方法。

①在主料前加调味品的命名方法。如黑椒牛柳、剁椒鱼头等。

②在主料前加烹调方法的命名方法。如滑炒虾仁、粉蒸牛肉等。

③以主辅料相加的命名方法。如香菇菜胆、瑶柱娃娃菜等。

④在主料和主要调味品之间标出烹调方法的命名方法。如糟卤鸭舌、腐乳炝虾等。

⑤在主料前加人名、地名的命名方法。如东坡肉、北京烤鸭等。

⑥在主料前加色、香、味、形、质等特色的命名方法。如金银大虾、蒜香开片虾、糖醋里脊、兰花肫仁、脆皮乳鸽等。

⑦在主辅料之间标出烹调方法的命名方法。如栗子烧鸡、豆苗炒鸭片等。

⑧在主料前加上烹制器皿或盛装器皿的命名方法。如沙锅野鸭、铁板鳝肉等。

直朴式命名法也见之于国宴菜单。例如,李先念主席宴请英国女王的菜单是这样写的。

冷　盘
茉莉鸡糕汤
佛跳墙
小笼二样
龙须四素
清蒸鳜鱼
桂圆杏仁茶
点　心

水　　果

慕　　司

其菜名质朴无华，不加矫饰，素面示人，坦荡大方。

（2）隐喻式命名法。这种方法是根据宴会主题，利用菜肴点心某些方面的特征，借助于谐音、比喻、夸张、借代、附会等文学修辞手法，为菜肴点心拟构与宴会主题相契合的名称。这些名称往往是含有祝福、祈福、求贵、吉祥、喜庆、兴旺的意思，读起来顺口，富有情趣性，令人产生联想，有舒心怡神的感觉。但是，如果以隐喻式菜名示人，是很难让人认识其“庐山真面目”的，故通常将直朴式的菜名标注其后，以便理解。如下例“天赐良缘宴”的菜名写法便是如此。

天赐良缘宴

桃运当头（蟹肉鱼翅）

龙飞凤舞（湘城拼盘）

蒸蒸日上（生炊石斑）

灿烂回忆（蒜蓉蒸虾）

莺鸣报喜（杏仁酥鸡）

浪漫时刻（醉菇上汤）

花开富贵（八宝素菜）

子孙满堂（潮州点心）

恩恩爱爱（金瓜芋泥）

（3）拙巧相济命名法。拙为直朴，巧为隐喻，两者结合，见拙见巧，拙巧相济，别具一格。在如下的婚宴菜单中不难发现用这种方法命名的菜名。

婚宴菜单

金玉满堂	红烧蟹肉翅
香橙焗肉排	彩凤鲜带子
红粉俏佳人	婆参鲜鲍片
清蒸双喜斑	幸福伊面
鸳鸯美点	百年好合

如彩凤鲜带子、幸福伊面、鸳鸯美点，这3个菜名中的“彩凤”、“幸福”、“鸳鸯”，是很难实指的，是隐喻式，分别冠于“鲜带子”、“伊面”、“美点”之前，拙巧互济，给人以一定的想象空间。此外，这份菜单的菜名中，还有以直朴式命名的红烧蟹肉翅、香橙焗肉排、婆参鲜鲍片、清蒸双喜斑等菜名；有以隐喻式命名的金玉满堂、红粉俏佳人、百年好合等菜名，总体来看，是三类命名方法皆有，这其实也是一种见巧见拙的安排方法。

总之，宴会的菜肴名称既需要直朴大方也讲求优雅动听，以增添宴会气氛与质感。但命名时应尽量避免采用怪异名称设计菜名，故弄玄虚或词不达意的甚至是低级趣味的名称反而会适得其反。

3. 确定菜品名称的字数

（1）顺其自然，字数不定。如上文提到的国宴菜单中的菜名，有2个字的菜名，有3个字的菜名，有4个字的菜名，也有5个字的菜名，字数不等，一切以菜名的合宜性而定。

（2）整齐划一，字有定数。菜名字数可以统一规定为由多少字组成。如上文“天赐良缘宴”中的菜名皆为4字构成。也有5字菜名的菜单，如南京玄武饭店的“百年好合宴”即是。

百年好合宴

金玉满华堂	银龙天仙配
爱巢藏玉娇	红袍披金凤
锦绣龙抱子	满掌接金钱
年年庆有余	七彩照红霞
玲珑话蜜语	情长意绵绵
百年庆好合	日月双辉映

也有6字、7字菜名的菜单，例如，扬州迎宾馆的“金秋贵宾宴”，为7字菜名组成，于直朴中见大方，颇显机巧。

金秋贵宾宴

秋色似锦迎贵宾	丹桂飘香小芋艿
碧绿银杏炖燕菜	原味慈姑扒牛排
菊香酒浓蒸蟹王	一品山药烤鳕鱼
上汤白玉浸菠菜	五谷丰登蛋炒饭
推纱望月映双辉	金秋硕果落玉盘

4. 确定菜目编排顺序与样式

（1）菜目的编排顺序。宴会菜单中的菜目排列，是按两种顺序方式编排的：一种方式是按照菜品上席的先后顺序依次排列的。这种编排方式，对顾客而言，知品味顺序，知节奏调节；对生产与服务而言，便于按序运作，不致错乱。另一种方式是按照菜点的类别和兼顾上席先后顺序编排的。如：冷菜→热菜→甜菜→点心→水果的排列顺序，但由于设计习惯的不同，这种排列方式也是各显其能，然而都有纲目分明、类别清楚的形式效果。

（2）菜单的编排样式。呈现给顾客的宴会菜单，很讲究菜目编排样式的形式美。其总的原则是：醒目分明，字体规范，易于识读，匀称美观。

中餐宴会菜单中的菜目有横排和竖排两种。竖排有古朴典雅的韵味，横排更适应现代人的识读习惯。菜单字体与大小要合适，让人在一定的视读距离内，一览无余，看起来疏朗开放，整齐美观。要特别注意字体风格、菜单风格、宴会风格三者之间的统一。例如，扬州迎宾馆的宴会菜单封面、封底是以扬州出土的汉瓦当图案的底纹，这和汉代宫殿风格的建筑相匹配，更契合扬州自汉代始便兴盛发达、名扬天下的悠久历史。菜单内页（或称插页）上的菜名字体选用的是隶书，因为隶体书法比电脑打印的隶体更显典雅珍贵，三种风格以一种完美的审美形式统一起来了。

附外文对照的宴会菜单，要注意外文字体及大小、字母大小写、斜体的应用、浓淡粗细的不同变化。其一般视读规律是：小写字母比大写字母易于辨认，斜体适合用于强调部分，阅读正体和小写字母眼睛不易疲劳。

此外，在宴会菜单上可以注明饭店（餐馆）名称、地址、预订电话等信息，以便进一步推销宴会，提醒客人再度光临。

三、宴会菜单设计的检查

宴会菜单设计完成后，需要进行检查。检查分两个方面：一是对设计内容的检查，二是对设计形式的检查。

（一）宴会菜单设计内容的检查

（1）是否与宴会主题相符合。

（2）是否与价格标准或档次相一致。

（3）是否满足了顾客的要求。

（4）菜点数量是否足够食用，质量是否有保证。

（5）风味特色和季节性是否鲜明，是否具有丰富多样性。

（6）有无顾客忌讳的食物，有无不符合卫生与营养要求的食物。

（7）原料是否能保障供应，是否便于烹调操作和服务操作。

（二）宴会菜单设计形式的检查

（1）菜目编排顺序是否合理。

（2）编排样式是否布局合理、醒目分明、整齐美观。

（3）是否和宴会菜单的装帧、艺术风格相一致，是否和宴会厅风格相一致。

在检查过程中，如果发现有问题的地方要及时改正过来，发现遗漏的要及时补上去，以保证宴会菜单设计质量的完美性。如果是固定性宴会菜单，设计完成后即直接用于宴会经营；如果是为某个社交聚会设计的宴会菜单，设计后，一定要让顾客过目，征求意见，得到顾客的认可；如果是政府指令性宴会的菜单设计，要得到有关领导的同意。

第五节 宴会酒水的设计

酒在宴会上占有举足轻重的地位。世界上各个国家、各个民族在饮酒方面形成了自己的饮酒习俗和饮酒方式。在我国，酒一般是不兑在一起喝的，否则容易醉人；喝白酒或绍兴黄酒，喜欢用热水温一下。欧美人恰恰相反，他们喜欢喝兑酒、混合酒、加酒的混合饮料，喝白酒（烈性酒）、白葡萄酒等酒品时，喜欢喝冰镇的或加上小冰块喝。因此，在宴会设计过程中，要重视酒水的运用。宴会酒水设计是宴会菜单设计的重要组成部分，酒水与菜品互相匹配、缺一不可。宴会酒水设计的内容很多，这里只介绍宴会酒水与宴会的搭配、宴会酒水与菜肴的搭配、宴会酒水与酒水的搭配等相关知识，以供参考。

一、酒水在宴会中的作用

（一）正确选择宴会酒水可以增强宴会饮食的科学性

宴会用酒讲究的是以酒佐食或以食助饮，佐酒、佐食是一门高雅的饮食艺术。和世界上许多善饮的民族一样，中华民族在几千年以前就创立了一整套佐食、佐饮的理论和方法。作为一门生活艺术，佐食、佐饮起源于生活，并且有一定的科学依据。酒的开胃功能、药用功能、助兴功能和礼仪用途确立了酒在宴会中的地位。

1. 大多酒品具有营养价值

酒是一种含有一定营养成分的饮料，尤其是低度酒品，对人体有不少作用。例如，葡萄酒中含有多种营养成分，其中包括维生素 A、B 族维生素、维生素 C 以及葡萄糖和多种矿物质。另外，酒液中的醇类物质可以提供人体所需要的一部分热能。除了葡萄酒，啤酒、黄酒、原汁果酒、配制酒、利口酒、蒸馏酒等也都具有不同的营养价值。

2. 有的酒品具有开胃的作用

酒中的酒精、维生素 B_2、酸类物质等都具有明显的开胃功能，它们能刺激和促进人体腺液的分泌，增加口腔中的唾液、胃囊中的胃液以及鼻腔的湿润程度。因此，适当、适时、适量饮用酒品佐食，可以增进食欲，并将食欲保持相当长的时间。

无论是中式宴会还是西式宴会，菜肴往往是很丰盛的。在宴会开始和进行中饮用适量的低糖、低酒精、少气体的酒品，可以让客人保持良好的食欲。

（二）酒水可以增加宴会气氛

中国有句古语叫“无酒不成席”。人们称办宴为“办酒”，请客为“请酒”，赴宴为“吃酒”。由于酒可刺激食欲，助兴添欢，宴会自始至终都是在互相祝酒、劝酒中进行的。美酒佳肴，相辅相成，才能显得协调欢乐。以酒待客是礼仪之道。凡是重大的祭祀、喜事、丧事和社会交往等活动都离不开酒，没有酒就表达不了诚意；没有酒就显示不出隆重；没有酒就毫无喜庆的气氛，显得冷冷清清；没有酒就如同缺少了灵魂，难以称其为真正意义上的“宴会”了。由此可见，酒水在宴会中起着何等的作用。

二、酒水与宴会的搭配

酒水与宴会的搭配原则如下。

(一)酒水的档次应与宴会的档次相一致

宴会用酒应与其规格和档次相协调。如果是高档宴会,则其选用的酒品也应是高档次的。如以前我国举办的许多国宴,用酒往往选用茅台酒,因为茅台被称为我国的"国酒",其质量和价格在我国白酒中独占鳌头,其身价与国宴相匹配;普通宴会则选用档次一般的酒品。如果不遵循这一原则,在低档宴会上用茅台做伴宴酒,则酒的价格在整桌菜肴之上,往往会抢去菜肴的风采;如果高档宴会选用低档酒品,则会破坏整个宴会的名贵气氛,让人对菜肴的档次产生怀疑。总之,宴会用酒应与宴会档次相匹配。

(二)酒水的来源应与宴会席面的特色相一致

一般来讲,中餐宴会往往选用中国酒,西餐宴会往往选择外国酒,不同的席面在用酒上也注重与其地域相适合。例如,北京人的席面上常配二锅头酒,江苏人的宴请常配洋河酒等。

(三)宴会中要慎用高度酒

无论是中餐宴会还是西餐宴会,对于高度酒的选用一定要谨慎。在中餐宴会上,人们以往的习惯是用高度白酒佐餐,但这种方法有很大的害处。因为酒精对味蕾有强烈的刺激性,宴会中饮用高度酒之后就会影响人们对美味佳肴的品味。现在人们已经认识到这个问题,故多以中度、低度白酒来满足宴会用酒的需要。

当然,宴会用酒,首先要遵从主办者的意愿,饭店的服务宗旨是"客人永远是对的"。当客人的意愿与饮酒原则不符的时候,不能片面强调原则。在客人向承办人征询意见时,把饮酒的原则向客人说明,然后按客人的要求去办。

三、酒水与菜品的搭配

酒水与菜品搭配的基本原则如下。

(一)有助于充分体现菜肴色香味等风格

酒水与菜肴的搭配有一定的规律可循,这些规律的形成是来自人们生活实践中摸索的结果。在我国南方,人们比较讲究黄酒的饮用"对口",元红酒专配鸡鸭菜肴,竹叶青酒专配鱼虾菜肴,加饭酒专配冷菜冷盘,吃蟹时专饮黄酒,而不饮白酒。甚至在烹制不同的菜肴时,使用的料酒也加以区别对待。如烹制一般菜肴使用绍兴老酒,而烹制"草头"(一种蔬菜)则专用高粱酒。酒水与菜肴搭配得好,不仅使客人吃喝相得益彰,而且给人以身心的享受。

西方国家有讲究上什么菜饮什么酒的习惯。"白酒配白肉,红酒配红肉",较清淡的鸡肉、海鲜,配饮淡雅的白葡萄酒,两者交相辉映,互增洁白晶莹的特色；而厚重的牛肉、羊肉，适宜配饮浓郁的红葡萄酒，相互映衬，更显浓厚、馥郁的风格。

（二）饮用后不抑制人的食欲和人体的消化功能

有些酒品在进餐时不适宜起佐助作用。酒精含量过高的酒品对人体有较大的刺激，如果进餐时过多饮用，会使肝脏来不及消化吸收，从而使肌体产生不同程度的中毒现象，使胃口骤减，对菜品的味感迟钝。有的烈性酒辛辣味过头，使人饮后食不知味，从而喧宾夺主，失去了佐助的作用。因而在进餐过程中品饮高度酒甚至干杯、劝饮、争饮等做法，是不太科学的。另外，配制酒、药酒、鸡尾酒的成分比较复杂，香气和口味往往比较浓烈馥郁，这一类酒在佐食时对菜肴食品的风味和风格的表现有相当的干扰，一般不作为佐助酒品饮用。还有，甜型酒品，单饮时有适口之感，但作为佐助酒品，便显得不太协调。甜味与咸味（菜肴的主导口味）相互冲突，两味的主要感受部位都集中在舌尖，从而使感觉分析器产生分析混乱，因此也不太适合作佐助饮品。

（三）佐食酒以佐为主

佐，即佐助，处于辅助地位。因而配餐的佐食酒品不能喧宾夺主，抢去菜肴的风头。在口味上不应该比该菜肴浓烈或甜浓；在用量上以适量为宜，“暴饮”、“豪饮”便会失去佐食的意义，是不足取的。

（四）风味对等、对称、和谐

（1）色味淡雅的酒应配颜色清淡、香气高雅、口味纯正的菜肴。例如，汾酒配冷菜，清爽合宜；干白葡萄酒配海鲜，纯鲜可口，恰到好处。

（2）色味浓郁的酒应配色调浓艳、香气馥郁、多味错杂的菜肴。例如，陈年老窖酒宜配鸡、鸭菜肴，意在取其味道浓郁、厚重、香馥；红葡萄酒宜配牛肉菜，酒纯肴香，口味相合。

（3）咸鲜味的菜肴应配干酸型酒。

（4）甜香味的菜肴应配甜型酒。

（5）香辣味的菜肴应选用浓香型酒。

（6）中国菜尽可能选用中国酒，西方菜尽可能选用西方酒，在难以定夺时，则选用中性酒类，如葡萄酒，或视客人和就餐者本人的意见而定。

（五）酒水与菜肴搭配应让客人接受和满意

使客人接受和让客人满意也是一项非常重要的原则，所有的搭配原则最终要遵从客人的意愿，如果客人自行点要的酒品违反了上述原则，或者服务人员向客人推荐的饮品没有得到客人的认同，则应该按照客人的意愿办。

具体到设计宴会时，酒水与菜肴的配合大可不必过于教条。前人的经验固然有道理，不可不继承；当地的风俗固然有形成的原因，不可不遵守。但随着科学文化的不断发展和人民生活水平的提高，酒水与菜肴的搭配艺术也应在实践中不断发展和完善。

西方国家讲究酒水与菜肴的搭配，现将目前在世界众多国家中广泛流行的，对我国餐饮业有参考价值的相关知识介绍如下：

1. 餐前酒

用餐前可选用具有开胃功能的酒品，如味美思（Vermouth）、比特酒（Bitter）、鸡尾酒（Cocktails）和软饮料（Soft Drinks）等。

2. 汤类

食用汤类时一般不用酒。如需要可配较深色的雪利葡萄酒（Sherry）或白葡萄酒（White Wine）。

3. 头盆

头盆大都是些较清淡、易消化的食品。可选用低度、干型的白葡萄酒（Dry white Wine），德国的摩泽尔（Mozel）白葡萄酒、法国的勃艮第（Burgundy）白葡萄酒。

4. 海鲜

品尝海鲜时宜选用干白葡萄酒、玫瑰露酒，在饮前一般需冷冻。如德国的莱茵（Rhin）白葡萄酒、法国的波尔多（Bordeaux）白葡萄酒等。一般来说，红葡萄酒不与鱼类、海鲜类菜肴相配饮。

5. 肉、禽、野味

品尝肉禽、野味时宜选用酒度为6°～12°的干红葡萄酒。其中小牛肉、猪肉、鸡肉等白色肉类最好选用酒度不太高的干红葡萄酒，如法国的布娇莱（Beaujolais）、波尔多（Bordeaux）红葡萄酒、意大利的干蒂（Chianti）红葡萄酒和玫瑰（Rose）葡萄酒等。牛肉、羊肉、火鸡等红色、味浓、难以消化的肉类，则最好选用酒度较高的红葡萄酒，如法国夜坡地（Core－de－nuits）红葡萄酒等。

6. 奶酪类

食用奶酪时一般配较甜的葡萄酒，也可继续使用配主菜的酒品，有时也选用波特酒（Porte）。

7. 甜食类

品尝甜食类时宜选用甜葡萄酒或葡萄汽酒，如德国的莱茵（Rhin）红葡萄酒、法国的高夫（Graves）红葡萄酒和香槟酒以及德国的摩泽尔白葡萄酒。

8. 餐后酒

用完餐后，可选用甜食酒、蒸馏酒和力娇酒等酒品。也可选用白兰地、爱尔兰咖啡等。香槟酒则在任何时候都可配任何菜肴饮用。

四、酒水与酒水的搭配

(一)酒水与酒水的搭配规律

酒水与酒水之间的搭配也有一定的规律可循，其复杂程度相对于酒与菜之间的搭配要小些。人们普遍认为，酒席间或宴会上如果备有多种酒品，要讲究饮用的先后顺序。一般的搭配方法参考如下。

(1)低度酒在先,高度酒在后。

(2)软性酒在先,硬性酒在后。

(3)有汽酒在先,无汽酒在后。

(4)新酒在先,陈酒在后。

(5)淡雅风格的酒在先,浓郁风格的酒在后。

(6)普通酒在先,名贵酒在后。

(7)干冽酒在先,甘甜酒在后。按照欧美人的饮食习惯,在进餐的结尾才吃甜食,因为"甜"的味觉会影响到品尝别的菜肴。所以喝酒时,他们也往往把甜味酒排在最后饮用。如果甘甜酒在先,干冽酒在后,则会染上"甜"味的痕迹。

(8)白葡萄酒在先,红葡萄酒在后(甜型白葡萄酒例外)。

(9)最好选用同一国家或同一地区的酒作为宴会的用酒。

这是依据先抑后扬的艺术思想设计的,目的在于使多种用酒中的每一种酒都能充分发挥作用。

(二)酒水与酒水搭配的一般方法

酒水与酒水的搭配没有明确的规定性,人们通常凭自己的兴趣进行搭配。我国民间饮酒常有橘子水冲啤酒、葡萄酒掺果汁等做法;东欧人则喜欢用水兑酒精饮用;英美人喜爱用冰块、冰霜、冰水稀释烈性酒后再痛饮;还有的民族用咖啡兑酒(爱尔兰咖啡),用奎宁水兑酒(金汤力),用巧克力同酒一同食用(酒心巧克力)等。

除了将酒与其他饮料同时饮用之外,人们还常常在饮酒后再饮用一些其他饮料,如咖啡、茶、果汁、汽水等。其中酒后饮茶在我国不少人认为这是不可取的做法。酒后饮汽水毫无疑问是有害无益的,尤其是在饮高度酒之后,再饮汽水会加速酒精在血液中的分散,加重酒精中毒。

五、酒会的酒水设计

酒会中的酒水设计通常是根据酒吧来体现的,酒吧则根据客人的要求来设置各种形式不同的酒会酒吧,称为Bar Set Up。酒会酒吧的设置形式分为软饮料酒吧、国产酒水酒吧、标准酒吧和豪华酒吧。

(一)软饮料酒吧

软饮料是指不含酒精的饮料。软饮料酒吧通常只用果汁、汽水、矿泉水等无酒精饮料来摆设酒吧,有时也使用啤酒。这种酒吧摆设多用在欢迎酒会、签字仪式、产品介绍和招待会上。

(二)国产酒水酒吧

国产酒水酒吧设置中,除了软饮料之外还使用几种国产酒。一般情况下用5~6种,如国产名酒茅台酒、五粮液酒、剑南春酒、加饭酒、竹叶青酒等。这种酒吧设置多使用在中餐的小型宴会中。

(三)标准酒吧

标准酒吧设置是酒会中使用最广泛、最多的一种。由于各饭店、宾馆的实际情况不同,使用的酒水也可能不相同。例如,在标准酒吧设置中除了用软饮料、啤酒外,较适宜使用9种烈性酒和开胃酒,这就是金酒、威士忌、白兰地、朗姆酒、伏特加、甜味美思、干味美思、金巴利酒和杜博尼酒。几乎80%以上的酒会中的酒吧设置都用标准酒吧。所以在饭店、宾馆中,标准酒吧使用的酒水品种应以一套"标准菜单"的形式确定下来。在标准酒吧中,一般只供应简单的混合饮料,不供应鸡尾酒,特别是复杂的鸡尾酒。

(四)豪华酒吧

豪华酒吧的设置是酒会中酒水品种较多、名牌酒水较多的一种设置形式,可根据客人的要求,使用最名贵的酒水。豪华酒吧使用的酒水没有固定的形式,要按客人需要,尽最大的努力来满足客人的要求。

以上4种酒会酒吧设计形式在饭店、宾馆中举办的酒会上经常都会采用。但由于每个酒会的人数、消费的不同,酒吧设置的数量、供应的酒水品种也有差别。一般情况下,酒吧设置的数量是由酒会的人数来定,大约150位客人设一酒吧。品种则根据饭店的酒水价格和客人的消费要求,与客人商量决定。

第六节　宴会菜单设计应注意的事项

一、宴会菜单设计应注意的一般事项

(一)关于烹饪原料的选择与利用应注意的一般事项

设计宴会菜单,进行菜品组合,烹饪原料的选择和利用是首当其冲要优先考虑的问题。以下几点是值得注意的基本事项。

(1)选用市场上易于采购到的原料。

(2)选用易于储存且质量能保持的原料。

(3)选用能够保持和提高菜品质量水准的原料。

(4)选用易于烹调加工的原料。

(5)选用有多种利用价值的原料。

(6)选用有利于提高卫生质量和对人体健康无害的原料。

(7)及时选购时令性原料。

(8)选用有助于稳定菜点价格的原料。

(二)关于菜点的选择和组合应注意的一般事项

宴会菜品的选择和组合空间很广,组合的方式也很多,但必须以顾客对菜品的喜好为基础。顾客对菜品的喜好既有共性的方面,也有特殊性的方面,下面说

明的是应该注意的共性问题。

(1)不选用绝大多数人不喜欢的菜品。

(2)慎用含油量太大的菜品。

(3)不选用质量不易控制的菜品。

(4)不选用顾客忌食的食物,例如不给佛教徒吃荤腥,不给信奉伊斯兰教的人吃猪肉等。

(5)慎用色彩晦暗、形状恐怖的菜品。

(6)不选用厨师不熟悉、不能操作的菜品。

(7)不选用重复性的菜品。

(8)不选用有损饭店利益与形象的菜品。

二、不同类型宴会菜单设计的注意事项

(一)大型中式宴会菜品设计应注意的事项

(1)选用工艺流程不太复杂、加工费时少的菜点。诸如蛋烧卖、八宝鸡、松子肉、花色缔子菜之类的菜品,最好不选用,换句话说,要选用宜于批量制作的菜品。

(2)选用有场地准备和设备加工的菜品。

(3)选用有助于控制菜温、保持外观质量的菜品。如拔丝类菜品就不宜选用。

(4)选用口味精致醇和的菜品,不选用口味过于厚重的菜品,不选用顾客吃后满嘴荤腥味不易散发掉的菜品。如随带生洋葱、生大蒜头之类食用的菜品。

(5)选用顾客取食方便且能优雅地进食的菜品。那些让顾客难以在公众场合轻巧而优雅地吃下去的菜品,如螃蟹、带骨的鸭掌,以及太过坚韧需要撕咬的食物,最好不选用。

(6)选用刺激味不甚强烈的菜品。因为过于强烈的刺激味,如辣味、麻味很强烈,一是很多顾客受不了这种刺激,二是会令顾客吃后满脸汗如雨注,有观之不雅之嫌,而频频发出的啧嘴声,也会有煞宴会风景。

(7)多用实惠丰足的大件菜,少用量少道数多的小件菜。

(二)自助餐宴会菜单设计应注意的事项

(1)设计前要了解自助餐宴会的主题、用餐标准、客人的组成及其人数等情况。

(2)要根据客人的需求,突出自助餐菜品风味,或是我国的地方风味菜品,或是西方不同国家的风味菜品,或是中西混合的风味菜品。

(3)根据就餐人数多少,合理确定菜品数量。一般以人均1 000~1 500克熟制品为宜。100人以下的自助餐会,菜品品种20~40种,100~500人的自助餐会,菜品品种40~60种,500人以上的则在70种以上。既要防止菜品过多造成

浪费，又要避免菜品过少造成顾客吃不饱的现象。

(4)要根据标准，确定菜品原料的贵贱与荤素的比例。

(5)中式自助餐菜品通常由冷菜类、热菜类、汤类、面点类、甜羹类、水果类和饮料类等组成。

西式自助餐菜品通常由汤类、冷盘类、沙拉类、热盘类、甜品与西饼类(包括面包)、客前烹制类、水果类和饮料类等组成。

中西混合式自助餐通常由冷菜类、小吃类、沙拉类、热菜类、客前烹制类、面食类、汤类、甜羹类、水果类和饮料类等组成。

(6)尽量选用较为大众化、大家均能接受喜食的菜品，避免选用过分辛辣刺激、太酸、太苦、太甜的菜品。

(7)菜品的形态设计要以大片或块为主，大小以一口为佳，块形的以方正为主，少用切成丝状的菜式。

(8)要考虑到菜品的分批次制作，备有及时替换、添加的菜品；可以设置特色菜品的烹制表演。

(9)要对每道菜品的色彩、造型及装饰美化进行设计，使其以大方美观的形式陈列在餐台上。

(三)鸡尾酒会菜单设计应注意的事项

(1)根据鸡尾酒会的规格和规模，根据客人的要求，备足足够品种和数量的酒，不用或少用烈性酒。

(2)要提供足量的冰块和各种鲜果汁，如橘子汁、柠檬汁、樱桃汁、苹果汁、薄荷汁、西瓜汁、黄瓜汁等，以及其他饮料。

(3)菜品安排以冷菜、干果、点心、水果、简易的热菜等为主，如小香肠、三明治、土豆片、夹心橄榄、花生米、腰果、各种面包托、炸虾球、鱼丸、椒盐里脊、春卷、小面包、小蛋糕等。

(4)选用不带骨、无壳、无筋的原料做成的菜肴。菜品要干爽，不带汤水，要清爽不油腻。

(5)菜点要小巧，以方便用牙签或其他小匙等取食。

(6)特别要提醒的是，鸡尾酒会上的菜肴，应该以冷菜为主。

三、不同特点的宴会菜单设计的注意事项

(一)不同规格的宴会菜单设计应该注意的事项

(1)价格高低是宴会规格或档次的决定性因素，没有价格标准是无法进行宴会菜品设计的。因为宴会售价决定了菜品原料的选用、菜品的数量、加工工艺的选择及成品的规格要求，菜单的成本核算也必须是在确定了售价，规定了毛利率的前提下进行。所以，在宴会菜品设计前要清楚地知道所要设计的宴会标准。

(2)准确地掌握不同部分菜品在整个宴会菜品成本中所占的比例。

(3)准确地掌握每一个菜品的成本与售价,清楚地知道它们在宴会菜品中的价格水平,适用于何种规格档次、何种类型的宴会。

(4)合理地把握宴会规格与菜肴质量的关系。无论何种水平的宴会价格,在菜肴制作质量上是没有区别的。

(5)规格高的宴会使用高档原料时,可以在菜肴中当主料用,不用或少用辅料。宴会规格低时,高档原料换为一般原料,并增加辅料的用量。

(6)高规格宴会要设计“粗菜细做,细菜精做”的菜品,数量不宜过多,以体现“精”的效果、低规格宴会每份菜的菜量要足些,口味要做到位,总数量相对要多些。

(7)高规格宴会菜品中可适当穿插做工讲究的菜肴、花色菜肴,用品位高、形制好的盛器装盛菜肴,并适当增加餐盘装饰。

(二)不同季节的宴会菜单设计应该注意的事项

(1)熟悉不同季节的应时原料,知道应时原料上市下市的时间,在应市时间范围内哪一段时间品质是最好的,了解应时原料价格的涨跌规律。

(2)了解应时原料适合制作的菜品,掌握应时应季菜品的制作方法。

(3)在设计宴会菜品时,要根据时令菜的价格及适合性,将其组合到不同规格、不同类型宴会菜单的各部分菜品中。

(4)准确把握在不同季节时人们的味觉变化规律。古人云:“春多酸,夏多苦,秋多辛,冬多咸,调以滑甘”,即做到味的调配要顺应季节变化。

(5)了解人们在不同季节由于味觉变化带来的对菜品色彩选择的倾向性,其一般规律是,夏季的菜品以本色为主,使人有清爽的感觉;冬季要增加色彩浓厚的菜品,使人有温暖的感觉。

(6)了解人们在不同季节对菜品温度感觉的适应性。一般而言,夏季应增加有凉爽感的菜品;冬季应增加沙锅、煲类、火锅之类有温暖感的菜品。

(三)受不同风俗习惯影响时,宴会菜单设计应该注意的事项

(1)了解并掌握本地区人们的饮食风俗、饮食习惯、饮食喜好。

(2)掌握不同目的性质宴会菜品应用的特定需要与忌讳。

(3)了解不同地区、不同民族、不同国家、不同宗教信仰人们的饮食风俗习惯和饮食禁忌,在接待他们时做到有针对性地设计宴会菜品。

(四)接待不同饮宴对象时宴会菜单设计应该注意的事项

(1)宴会饮宴对象的构成是很复杂的,因此在接受宴会任务前,要了解饮宴对象的基本构成(如年龄、性别、职业、来自何地等),选择与饮宴对象基本构成情况相适应的菜品组合方法和策略。

(2)了解饮宴对象的饮食风俗习惯、生活特点、饮食喜好与饮食禁忌,在设计菜品时,选择与之相适应的菜品,不选与之相冲突的菜品。

(3)在菜品设计时,正确处理好饮宴对象共同喜好与特殊喜好之间的关系。

(4)一般情况下,把主要宾客的饮食喜好和需求,放在菜品设计时需要注意的主要方面加以考虑。

(5)了解宴会举办者的目的要求和价值取向,并把它落实到宴会菜品设计中。

第七节 宴会菜单设计案例

一、中式宴会菜单案例

(一)"1999 年世界财富论坛年会"宴会菜单

由美国《财富》杂志主办的"1999 年世界财富论坛年会"即世界 500 强会议,于 1999 年在上海举行,上海锦江集团承办了这次宴会(因客人要求此宴会不要冷菜)。这份菜单意境深远、妙趣横生,菜单里面蕴藏了一首藏头诗。

风传萧寺香(佛跳墙):形象地描述了福建名菜佛跳墙。

云腾双蟠龙(炸明虾):清炒虾仁与炸菠萝明虾,通常在菜单中用虾来喻龙。

际天紫气来(烧牛排):紫气东来喻义财富滚滚,祥和如意。

会府年年余(烙鳕鱼):年年有余,通常在菜单中用鱼来寓意有余。

财用满园春(美点笼):满园春色翠竹青青,以竹笼中的花色点心喻之。

富岁积珠翠(西米露):西米如玉珠晶莹剔透,加翠珠来形容财富的聚积。

鞠躬庆联袂(冰鲜果):联袂,借各色水果表联欢、相聚之意。

前 4 道菜肴和 2 道点心的第一个字连在一起,便是"风云际会财富",最后一道水果的名字,则表示服务员向大家致意,庆祝会议隆重召开与全球经济合作繁荣。

(二)"2001 年中国 APEC 会议"宴会菜单

此菜单是为 2001 年 10 月 21 日中午,出席 APEC 第九次领导人非正式会议的经济体领导人的工作午餐而设计的。

菜单:迎宾龙虾冷盘、翡翠鸡蓉珍羹、炒虾仁蟹黄斗、锦江品牌烤鸭、香煎鳕鱼松茸、上海风味细点、天鹅鲜果冰盅。

设计思路:按照宴会主题,本次菜单的设计,是以绿色食品为主体,根据要求,要把工作午餐按照超国宴的要求来办,但是不用高档原料(鱼翅、海参、鲍鱼、燕窝、高档菌类慎用),不用猪、牛肉(避免宗教禁忌)。利用精美的装盆艺术来体现其豪华高档;用精湛的烹饪技艺来体现中华饮食文化的精髓,来体现海派文化接纳四方的精神。在菜式的安排上,针对来宾来自不同国家和地区,有各自不同的口味特点进行精心的安排和设计。菜单设计要求在宴会进行中要有高潮。菜式按中菜西吃方法,菜肴制作按纯中菜的方法,装盘方式、器皿、菜单结构按西式的要求(冷盘、汤、热头盘、家禽、主菜、甜品、水果),以此反映出中国改革开放的风貌,把世界优秀文化与中国传统文化融合在一起。

每位客人配有4味碟,各吃黑鱼子酱、糖醋三椒(青椒、黄椒、红椒)、琉璃橄仁肉、瑶柱辣椒酱。面包(法包、法棍、麸皮包与餐包)、黄油、鹅肝酱,分放在小盅、小味碟中,此设计是考虑到来宾的不同需求,主要起开胃的作用。味式多样,鱼子酱咸,糖醋三椒为甜酸味,适合海外来宾的口味;橄仁肉香脆,起调节作用;辣椒酱配有干贝,与数十种调味品秘制而成,为东南亚、墨西哥喜辣的客人而准备;黄油与鹅肝酱,是为配面包而准备的。各吃的安排是方便客人取用,并方便服务人员的添加。

迎宾龙虾冷盘:第一个高潮要掀起在客人入席之初,使之有眼睛一亮的感觉。客人入座后映入眼帘的是经厨师精心雕刻的龙形南瓜罩(西式上菜时,一般采用的是银器罩盖在菜盘上,很精美,但司空见惯),罩分三部,底层是古钱币图案,中层是中国民间传统的双龙拱寿图案,上层是20多条形态各异的腾龙,栩栩如生,喻义各国主要领导人,为了各国的经济发展聚在一起,为社会的发展与富裕开会讨论。打开瓜盖,是由1 000克左右深海龙虾所制的,配有含有芥末的、经特别制作的调味酱,适合西方人的口味,边上配以上海特色豆瓣酥、茭白、糖醋萝卜圈的冷盘,令人食欲大振。

翡翠鸡蓉珍羹:高汤配以野生荠菜汁加上鸡蓉,按传统淮扬菜鸡粥工艺的做法,经改良后而成,香滑可口。为了使翡翠鸡蓉珍羹达到鲜美、滑溜、喷香、烫口的效果,在制作工艺上做了大大的改良,使用了20多种食材,用西菜的烧汤制成了中式的粥。这一珍羹在餐桌上得到了各国领导人的特别青睐,这是一款老菜新做的创新菜。

炒虾仁蟹黄斗:十月正是螃蟹当令时节,用阳澄湖大闸蟹的肉、蟹膏熬制成蟹油,与高邮湖的虾仁同炒,体现了上海菜的精髓。虾仁滑嫩而有弹性,蟹肉鲜美,是本次宴会的亮点菜之一,体现了地域与季节相结合的地方特色高档菜的特点。

香煎鳕鱼松茸:选用深海鳕鱼,用数种酱汁腌制后以文火扒烤成熟,配以菌皇松茸橄榄菜,能适应东西方客人的口味,此菜为本宴会的副菜。

锦江品牌烤鸭:锦江烤鸭经过50多年的精炼,已成为国家元首访问上海的传统品牌菜,肥而不腻,入口即化,配以特制的面酱和京葱、黄瓜条,厨师现场片鸭,营造了我国餐饮文化的气氛。主菜的现场操作与法式服务的方式不谋而合,掀起了宴会的第二高潮。

上海风味细点:造型美观的巧克力慕司与薄脆饼,体现出中西饮食文化的结合。

天鹅鲜果冰盅:餐桌上最后压轴的"高潮"是"天鹅鲜果冰盅"。果盅是用冰雕凿而成的小天鹅,冰天鹅盅内放着哈密瓜、葡萄等新鲜水果,底座还亮起用纽扣电源发电的蓝色灯光,如此精致的手工艺品,又一次聚焦了所有人的目光,为午餐平添了新的境界和情调。它与头道闪亮登场的南瓜雕首尾呼应,为此宴会添上了精彩的句号。

此次 APEC 宴会菜单又写成如下形式,取每句头字即为“相互依存,共同繁荣”。

相辅天地蟠龙腾
互助互惠相得欢
依山傍水鳌匡盈
存抚伙伴年丰余
共襄盛举春江暖
同气同怀庆联袂
繁荣经济万里红

APEC 宴会菜单词意注解如下。

相互依存、共同繁荣:菜单每行句子的首字联词,为 APEC 会议的宗旨和目标。

相辅天地蟠龙腾:《周易·泰》“辅相天地之宜”,指相互辅佐以办天下大事。“蟠龙腾”指龙腾升,尤指中华龙腾升,气势千万,龙虾喻蟠龙。

互助互惠相得欢:《史记·魏费武安侯列传》“相得欢甚、无厌”指共事相处极为相投。《尚书·说命》“若作和羹,尔惟盐梅”,喻举办地区经济合作大事如作和羹,必须具备互助互惠的合作原则。

依山傍水鳌匡盈:喻亚太地区,大好山河,地利人和,特产充沛。鳌匡,蟹斗别称,盈即丰盈肥满。

存抚伙伴年丰余:《汉书》“存抚其孤弱”,“存抚”指关心爱抚,引申为参与世界经济发展的良好贸易伙伴关系。鱼喻年年丰收有余。

共襄盛举春江暖:苏轼《惠崇春江晚景》诗云:“竹外桃花三两枝,春江水暖鸭先知”,即用鸭子喻春江暖。

同气同怀庆联袂:《周易·乾》“同声相应,同气相求”,同气指气质相同。贾至《闲居秋怀》“我有同怀友,各在天一方”,同怀指同心。

繁荣经济万里红:江泽民《登黄山偶感》诗云:“且持梦笔书奇景,日破云涛万里红”,征兆亚太人民繁荣、健康和幸福生活的美好前景。

(三)扬州大明寺“鉴真素宴”菜单

鉴真为唐代佛教高僧,主持扬州大明寺,讲经传律。应日本僧人荣睿、普照、玄朗的邀请,东渡扶桑弘法,历时 10 年,6 次东渡失败,历经波涛终成夙愿。宋代欧阳修、苏东坡在任扬州太守时,常在大明寺平山堂设诗文酒会。“坐花载月”、“风流宛在”、“过江诸山到此堂下,太守之宴与众宾欢”等匾额、楹联集中反映了其时盛况。历代文人视平山堂雅集为平生快事,韩琦、梅尧臣、王安石、秦少游、孔尚任、王士祯、朱彝尊、袁枚、曹寅、卢雅雨、郑板桥……在此风雅吟唱。因此,大明寺的素宴久负盛名,现代鉴真素宴是淮扬素宴的一个组成部分,特点是素有荤名,素有荤味,素有荤形。

鉴真素宴菜单

主盘:松鹤延年

围碟:素鸭脯　素火腿　素肉　发菜卷　炝黄瓜　拌参须　萝卜卷　果味条

大菜:罗汉上素　醋熘鳝丝　三鲜海参　蟹粉狮子头　干炸蒲棒　香酥大排　烧素鳝段　扇面白玉

甜菜:八宝山药

汤菜:清汤鱼丸

点心:人参饼　草帽蒸饺　春蚕吐丝　果汁蹄莲

水果:时果拼盘

二、西式宴会菜单案例

(一)西餐餐桌服务式宴会菜单

冷菜 Cold Dish

苏格兰烟三文鱼

(配洋葱圈、西椒圈、柠檬片、黑水榄、水瓜柳)

Smocked Scotland Salmon

(Served with Onion and Chili Rings, Sliced Lemon, Black Oliver&Capers)

汤 Soup

酥皮焗蜗牛汤 Baked Snails Soup

主菜 Hot Dish

新西兰羊排 Newzealand Lamb Cutlets

甜品 Dessert

杏仁焗芒果 Baked Mango with Almond

饮料 Drink

咖啡 Coffee

(二)西式午餐宴会菜单

烟三文鱼慕斯 Smoke Salmon Mousse

香槟冰霜 Champagne with Sherbet

扒牛排沙司 Grilled Sirloin with Tomato and Tarragon Sauce

格司布丁 Custard Pudding

(三)西式晚餐宴会菜单

中国鱼子酱配薄饼卷 Chinese Black Caviar with Blintages

蟹肉浓汤 Bisque of Cra Band Shrimps

奶汁烤大虾 Roast Prawns with White Sauce

扒羊排 Grilled Mutton Chop with Stuffed Tomato

咖啡巧克力派 Chocolate Pie with Coffee Sauce

三、自助餐宴会菜单案例

(一)中式自助餐宴会菜单

冷菜类:盐水鸭　油爆虾　五香牛肉　卤水鹅掌　蝴蝶鱼片　凉拌海蜇　白斩鸡　辣白菜 蒜泥黄瓜 卤冬菇　红油莴苣 咖喱冬笋

热菜类:椒盐基围虾　脆皮鱼条　蘑菇烩鸡条　红烧牛筋　京都羊排　烤乳猪　咕咾肉　开洋萝卜条　蚝油生菜　大煮干丝　面拖花蟹草菇鸭舌

汤类:木耳鱼圆汤　山药无骨鸡　排骨冬瓜汤

面食类:素菜包子　扬州炒饭　三鲜炒面　枣泥拉糕　炸春卷　烧卖　水饺　山芋煮饭

甜羹类:桂花元宵　橘子西米　冰糖银耳

水果类:橘子　香蕉　葡萄　西瓜　猕猴桃

饮料类:橙汁　牛奶　可口可乐　中国绿茶

(二)西式自助餐宴会菜单

汤类:法式洋葱汤　乡村浓汤　海鲜浓汤

冷盘类:烤牛肉片　巴玛腿密瓜卷　烟熏鳟鱼　鲜虾多士　胡萝卜丝　西芹丝　番茄　黄瓜　生菜

沙拉类:龙虾沙拉　什肉沙拉　什菌沙拉　土豆沙拉　华杜夫鸡肉沙拉

热盘类:法式焗生蚝　德式煎猪排　意大利烩海鲜　香草烤羊排　红酒煨牛腩　香茅鸡　炸鱿鱼　咖喱蟹香橙鸭　烤鳕鱼　煎三文鱼　土豆球　什锦花菜　沙丁鱼　沙嗲串

客前烹制类:烤乳猪　扒鲜大虾　三鲜意大利面

甜品与西饼(包括面包)类:焦糖布丁　黑森林蛋糕　芒果芝士蛋糕　水果挞　美国芝士饼　面包布丁　巧克力蛋糕　泡芙　水果冻　各种面包

水果类:香蕉　菠萝　西瓜　芒果　猕猴桃　葡萄

饮料类:啤酒　咖啡　橙汁　柠檬茶　牛奶

(三)中西混合式自助餐宴会菜单

汤:海鲜浓汤

小食类:鲜虾多士　葡式鲨鱼球　吉利石斑鱼条　腌肉肠仔卷　咖喱牛肉饺　意大利薄饼　炸多士鱼　炸鸡翅　日式墨鱼仔　家乡咸水饺　潮州粉果　炸芋饺　沙嗲串烧(猪、牛、鸡)　虾饺　烧卖　芝麻油香饼　迷你莲蓉糯米糍　炸茨枣

沙拉类:龙虾沙拉　鲜大虾沙拉　火腿鸭丝沙拉　鲜果沙拉　俄罗斯蛋沙拉　意大利海鲜沙拉　青什菜沙拉　金枪鱼沙拉　鲜露番茄沙拉

冷盘类:芒果带子船　巴玛腿蜜瓜卷　烧新西兰牛排　西洋肠瓤猪柳　鲜果拼火腿　菠菜海鲜批

席前分割:乳猪全体　美国火鸡　苏格兰烟三文鱼　蜜汁火腿

客前烹调:新西兰牛柳　斑节虾

热盆:椰汁葡国鸡　红酒煨牛腩　西洋烩生鱼　葡国沙丁鱼　牛油西兰花　扒牛排(腌肉白菌汁)　咖喱羊肉　洋葱烩猪蹄　牛油西芹白菌甘笋　肉酱意粉　干炒火腿意粉　扬州炒饭　蚝油鲜菇　干炒伊面　腌肉炒露笋

甜品:草莓批　西米布丁　吉士布丁　大苹果批　香芋布丁　芒果布丁　栗子布丁　圣诞卷　花生朱古力饼　圆花饼

合时鲜果:苹果　雪梨　香蕉　柑橘

四、鸡尾酒会菜单案例

(一)经济型鸡尾酒会菜单

冷菜类:五香鹌鹑蛋　香肠　鸡卷　叉烧鸭肉　酸辣黄瓜　樱桃番茄

干果类:花生米　葡萄干　糖核桃　酸梅

点心:奶油小蛋糕　水果挞　泡芙　枣泥拉糕　面包托

鸡尾酒:配置4色

(二)高档鸡尾酒会菜单

冷菜类:鸡卷　盐水鸭肉　酒醉鸽蛋　橙汁虾球　叉烧肉　熏鱼　五香牛肉　葱油黄瓜　咖喱冬笋　樱桃番茄

干果类:炸腰果　甜咸青果　葡萄干　糖核桃仁　挂霜松子仁　金橘饼

小吃类:炸龙虾片　炸土豆条　牛肉干　鱼脯干

点心类:泡芙　水果挞　炸春卷　三明治　巧克力蛋糕　虾饺　小烧卖　小馒头　面包托　薄荷莫士饼

简易热菜类:香炸虾球　脆皮银鱼　牙签羊肉串　椒盐里脊　炸花菜　炸藕夹

客前表演菜:烤牛腿　片皮烤鸭　片皮乳猪

鸡尾酒:配置4~6色

◎总结

1. 饭店里使用的菜单有好多种,宴会菜单只是其中的一种,是专用于宴会的。

2. 宴会菜单可以从设计性质、应用特点及使用时间长短来进行分类,但每一种宴会菜单都有其长处和不足。

3. 宴会菜单在餐饮经营管理中有着重要作用。它不仅是餐饮管理者经营思想与管理水准的体现，更是沟通消费者与经营者之间最直接的桥梁，是宴会活动的总纲。

4. 宴会菜单设计的指导思想是：科学合理，整体协调，丰俭适度，确保盈利。宴会菜单设计有9条应该遵循的基本原则。

5. 宴会菜单设计的过程，分为菜单设计前的调查研究、菜单菜品设计和菜单设计的检查三个阶段。

6. 宴会菜单的菜品设计，有确定设计目标体系、确定菜品组合、确定宴会与菜品的名称、菜目编排四个步骤，其中目标体系是指导方针，菜品组合是内容支撑。

7. 宴会菜品组合要在设计原则的指导下，围绕宴会菜单目标体系，灵活地应用8种组合方法，把多种菜品有机地组合起来。

8. 宴会酒水与宴会的搭配、宴会酒水与菜肴的搭配、宴会酒水与酒水的搭配等，是宴会菜单设计的有机组成部分。

9. 在宴会菜单设计应注意的事项中，分别提出了应注意的一般事项、不同类型与不同特点的宴会菜单设计的注意事项，为解决宴会菜单设计中可能出现的问题提供借鉴。

10. 宴会菜单设计案例，旨在通过列举中式宴会菜单、西式宴会菜单、自助餐宴会菜单和鸡尾酒会菜单，探寻不同类型宴会菜单设计的基本规律。

◎思考题

1. 简述宴会菜单的定义和分类方法。
2. 简述套宴菜单、专供性宴会菜单和点菜式宴会菜单的优缺点。
3. 简述固定性宴会菜单、阶段性宴会菜单和一次性宴会菜单的优缺点。
4. 简述宴会菜单的作用。
5. 简述宴会菜单设计的指导思想。
6. 简述宴会菜单设计的原则。
7. 简述宴会菜单设计前的调查研究内容。
8. 如何确定宴会菜单设计的目标体系？
9. 简述宴会菜单菜品的组合方法。
10. 简述宴会点心设计的注意事项。
11. 宴会菜品命名方法有哪些？
12. 宴会菜单设计的内容检查应从哪些方面入手？
13. 简述酒水与宴会搭配的原则。
14. 简述酒水与菜肴搭配的基本原理。
15. 简述宴会上酒水与酒水的搭配方法。
16. 简述关于烹饪原料的选择与利用应该注意的一般事项。
17. 简述关于菜点的选择和组合应该注意的一般事项。
18. 简述大型中式宴会菜品设计应该注意的事项。
19. 简述不同规格的宴会菜单设计应该注意的事项。
20. 简述不同季节的宴会菜单设计应该注意的事项。

第六章　宴会菜品生产设计

本章内容： 宴会菜品生产活动的特点

宴会菜品生产设计的要求

宴会菜品生产工艺设计的方法

宴会菜品生产实施方案的编制

教学时间： 4 课时

教学目的： 通过本章的学习，使学生了解宴会菜品生产的意义、特点，理解厨房组织机构设置的基本知识，理解宴会菜品生产过程中各阶段的基本内容，掌握宴会菜品生产工艺的设计要求与方法，学会宴会生产实施方案的编制。

教学要求：

1.从宴会设计的整体观念出发，阐述宴会菜品生产的意义。

2.从比较零点菜品生产与宴会菜品生产的角度，使学生能真正了解宴会菜品生产的特点。

3.从餐饮及宴会生产管理入手，让学生理解厨房组织机构设置的基本知识和宴会菜品生产过程各阶段的基本内容。

4.从宴会菜品生产的规律性入手，使学生深刻理解宴会菜品生产工艺的设计要求，掌握设计方法，并学会运用这些方法进行宴会菜品生产工艺的设计。

5.以宴会菜品生产组织学为指导，使学生能够了解编制宴会生产实施方案的步骤，进行宴会生产实施方案的编制。

宴会菜品生产设计是为实现宴会菜单菜品设计提供的可操作性保证和技术支撑。本章主要介绍宴会菜品生产的特点,宴会菜品生产过程的划分,阐述宴会菜品生产工艺的设计要求与方法,讨论宴会生产实施方案的编制。

第一节 宴会菜品生产活动的特点

一、宴会菜品生产活动的意义

宴会菜品生产活动是执行宴会菜单设计的主要活动。宴会菜单中确定的菜品,只是停留在计划中的一种安排,它的实现主要靠生产活动,只有通过生产活动才能把处于计划中的菜品设计转化为现实的物质产品——菜品,然后才能提供给顾客。所以,宴会菜品生产活动是保证宴会菜单设计实现的基本活动。

宴会菜品生产活动为宴会菜单菜品的实现提供可操作性保证和技术支撑。要把宴会菜单中的菜品转化为设计者期望实现的菜品,它必须具有可操作性,需要有制作设备设施和技术手段以及技术方法支撑的生产活动作保障和后盾。如果宴会菜单中设计的菜品,不是围绕宴会生产活动而设计的,不具有可操作性和技术支撑,这样的设计是没有任何实际意义的。

宴会菜品生产活动是宴会菜品开发的归宿。宴会菜品开发,可以为调整和丰富宴会菜单设计服务,但是,宴会菜品开发离不开宴会菜品生产活动。只有通过宴会生产活动,才能把菜品开发的成果,由潜在的生产力转化为现实生产力。如果饭店企业的宴会菜品开发脱离了生产活动,那么,宴会菜品开发就失去了意义,先进的宴会菜品设计、先进的工艺方法、先进的技术手段等,都成了海市蜃楼。

所以,宴会菜品生产活动作为执行宴会菜单设计的基本技术活动,对宴会而言是十分重要的。作为宴会设计活动中的一个组成部分,其意义也是重要的。

二、宴会菜品生产的特点

(一)预约式的生产方式

餐饮企业经营宴会是根据顾客的事先预订进行的,因此,宴会菜品生产方式具有预约的特点。这一生产过程是按照预选的设计规定和完成任务的时间来组织生产的。其关键在于按“期”或按“时”去组织生产,按“质”如期输出菜品。

(二)连续化的生产过程

宴会菜品生产必须是在规定的时间里,连续不断地、有序地将所有菜品生产出来,输送出去。这种连续性一是由菜品属性所决定的,即菜肴点心是必须现做现食的;二是由宴会饮食方式和菜品构成方式的特殊性所决定的,即宴会菜品是分层次序列构成的有机整体,顾客的宴饮是根据预先安排的食序循序而食的,这是一个连续性的过程,因而生产过程也必须是连续性的。

(三)无重复性的生产内容

一个宴会无论规模大小,就其菜品组合情况而言,菜肴或点心品种之间没有重复性,即是由不同的菜肴或点心品种构成的组合体。正因为每个宴会中的菜品对该宴会而言都是唯一的,因此,对厨师的技术水平和操作水平的要求较高。

(四)可以批量化的生产任务

与零点菜品生产松散性不同,宴会菜品可以进行批量化生产。一是由宴会任务规定的,如几桌、几十桌的宴会,大家都吃着相同的菜肴与点心,其生产必然是批量式的;二是由餐饮企业经营定位决定的,在实际经营活动中,由于前来预订的宴会档次相同或相近,在同时要完成不同宴会生产任务时,为降低生产成本,为提高生产效率,总是尽可能地增加品种的重叠性,因此设计的宴会菜品组合也是相同的,或大部分是相同的。因此,其生产也变成了批量化生产。

三、宴会生产部门的机构设置

厨房是宴会的生产部门。由于饭店企业餐饮及宴会经营策略、经营规模、经营方式的不同,其生产规模和作业方式也不同,厨房组织机构设置也表现为不同形式。厨房组织机构并非一成不变,也没有统一的模式,但必须是围绕餐饮及宴会生产管理的目标建立起来的,以最适合的结构形式反映各生产岗位和工种之间关系的组织系统。

(一)中型厨房组织结构图

中型厨房组织结构图见图 6-1。

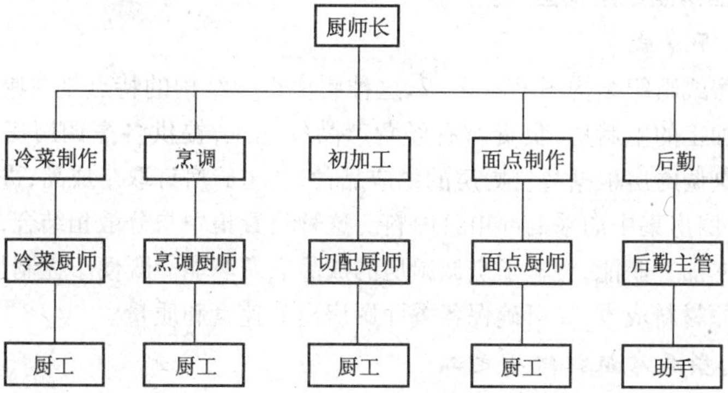

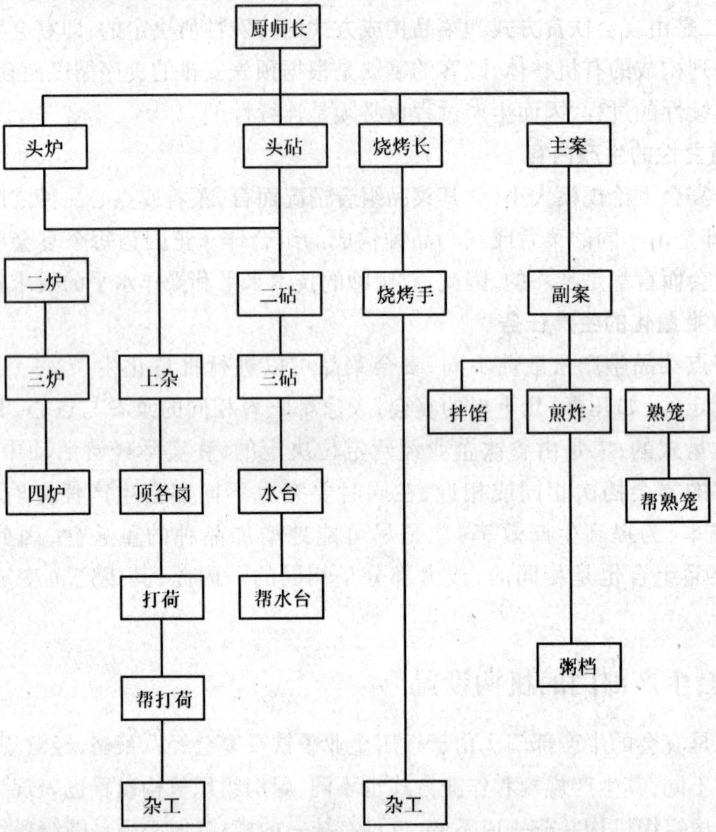

图 6－1　中型厨房组织结构图

这种厨房组织结构管理层次少，岗位分工明确，职责分明，便于督导和监控。属于职能直线管理结构。

(二)大型厨房组织结构图

1. 主厨房式

主厨房式组织结构图见图 6－2，这种厨房组织结构的特点是在厨房中设立一个集中加工的主厨房，负责所有经营产品的加工，提供各烹调厨房半成品原料。各个烹调厨房根据各自厨房的供应品种，从主厨房订取半成品，进行烹制出品，再由主厨房集中向采购部申订原料。这种设置集中与分散相结合，强化了主厨房的基本加工职能，突显了烹调厨房的成品烹调职能。既便于控制加工规格，统计核算原材料成本，又可确保各餐厅厨房出品速度和质量。

2. 大型厨房组织结构之二

大型厨房组织结构图之二见图 6－3。

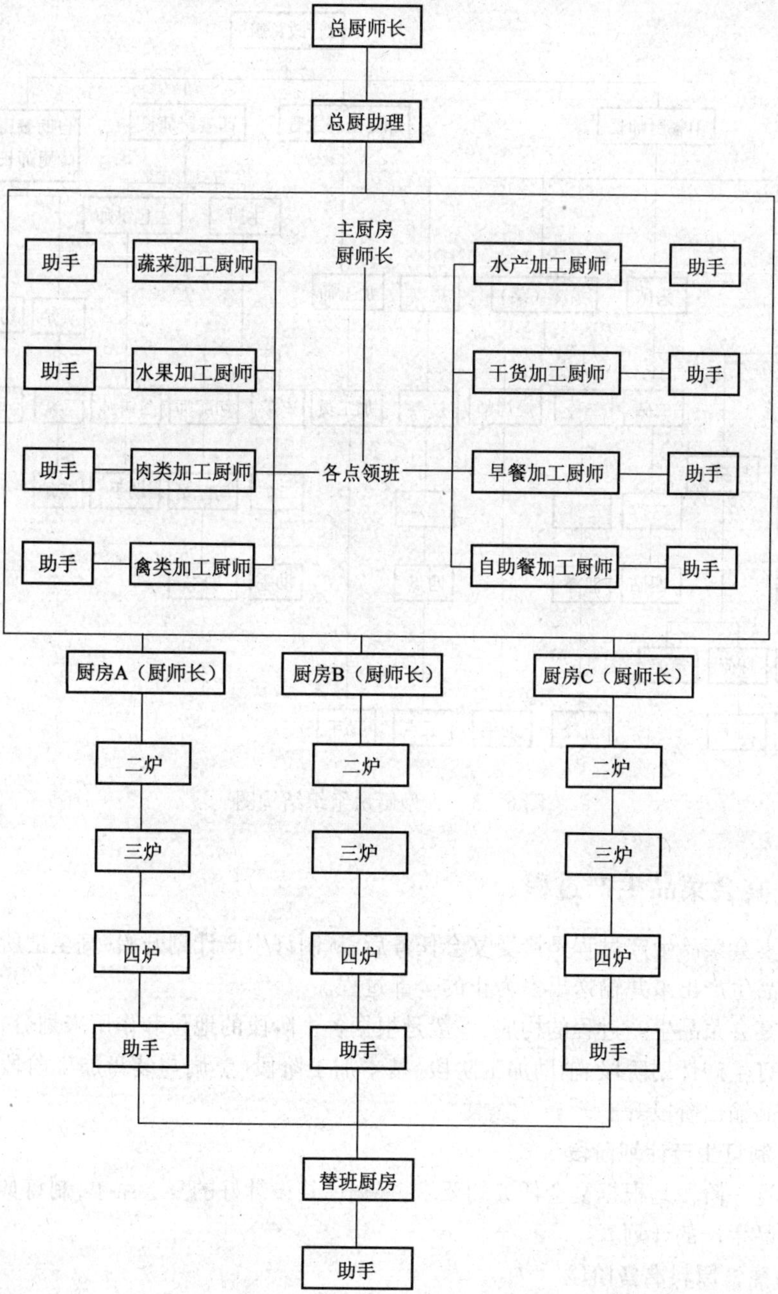

图6－2　主厨房式组织结构图

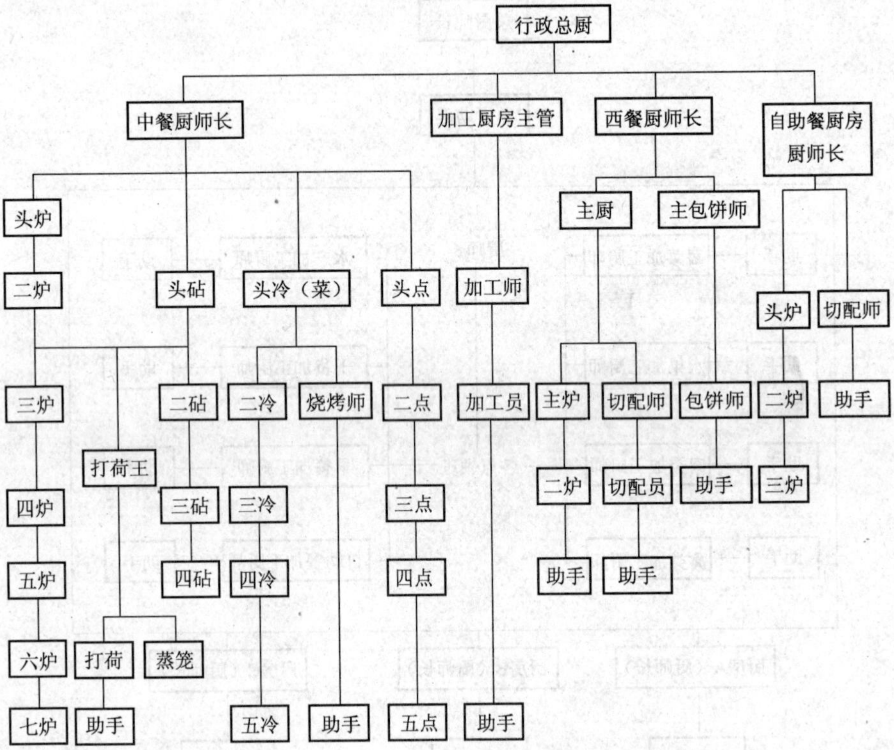

图6－3　大型厨房组织结构图

四、宴会菜品生产过程

宴会菜品生产过程是接受宴会任务后，从制订生产计划开始，直至把所有宴会菜品生产出来并输送出去为止的全部过程。

宴会菜品生产过程的构成，一般是根据各个阶段的地位和作用来划分，可分为制订生产计划阶段、辅助加工阶段、基本加工阶段、烹调与装盘加工阶段和菜品成品输出阶段等。

（一）制订生产计划阶段

这一阶段是根据宴会任务的要求，根据已经设计好的宴会菜单，制订如何组织菜品生产的计划。

（二）烹饪原料准备阶段

烹饪原料准备是指菜品在生产加工以前进行的各种烹饪原料的准备过程。准备的内容是根据已制订好的“烹饪原料采购单”上的内容要求进行的。准备的方式有两种：一种是超前准备，如干货原料、调味原料、可冷冻冷藏的原料等，提前在生产加工以前的一段时间就可以采购回来并经验收后入库保存起来；一种是在按规定的时间内即时采购,如新鲜的蔬菜和动物原料,或活禽、活水产原料(饭店无活养条件时或活养的数量、品种存在不足时)等,在进行加工之前的规定的时间内采购回来。

(三)辅助加工阶段

辅助加工阶段是指为基本加工和烹调加工提供净料的各种预加工或初加工过程。例如,各种鲜活原料的初步加工、干货原料的涨发等。

(四)基本加工阶段

基本加工阶段是指将烹饪原料变为半成品的过程。例如,热菜是指原料的成形加工和配菜加工,并为烹调加工提供半成品;点心是指制馅加工和成形加工;而冷菜则是制熟调味,如卤制水晶肴肉;或对原料的切配调味,如对黄瓜的成形加工、腌渍、调拌入味,以做凉拌黄瓜之用。

(五)烹调与装盘加工阶段

烹调加工是指将半成品经烹调或制熟加工后,成为可食菜肴或点心的过程。例如,菜肴经配份后,需要加热烹制和调味,使之成菜;点心经包捏成形后,经过蒸、煮、炸、烤等方法成熟。成熟后的菜肴或点心,再经装盘工艺,便成为一个完整的菜品成品。冷菜则是在热菜烹调、点心制熟之前先行完成了装盘。

(六)成品输出阶段

成品输出阶段是指将生产出来的菜肴、点心及时有序地提供上席,以保证宴会正常运转的过程。从开宴前第一道冷菜上席,到最后一道水果上席,菜品成品输出是与宴会运转过程相始终的。

构成宴会菜品生产过程的六个阶段,因为生产加工的重点不同而有区别,甚至是相对独立的,但是作为整个过程的一个部分,由于前后工序的连接和任务的规定性,它们又是紧密联系,协同作用的。

第二节　宴会菜品生产设计的要求

一、目标性要求

目标性是宴会菜品生产设计的首要要求。它是生产过程、生产工艺组成及其运转所要达到的阶段成果和总目标。宴会菜品生产的目标,是由一系列相互联系、相互制约的技术经济指标组成的。如品种指标、产量指标、质量指标、成本指标、利润指标、技术指标等。宴会菜品生产设计,必须首先明确目标,保证所设计的生产工艺能有效地实现目标要求。

二、集合性要求

集合性是指为达到宴会生产目标要求,如何合理组织菜品生产过程。要通过集合性分析，明确宴会生产任务的轻重缓急，确定宴会菜单中菜品的生产工艺的难易繁简程度和经济技术指标，根据各生产部门的人员配置、生产能力、运作程序等情况，合理地分解宴会生产任务，组织生产过程，并采用相应调控手段，保证生产过程的运转正常。

三、协调性要求

协调性是指从宴会菜品生产过程总体出发，明确规定各生产部门、各工艺阶段之间的联系和作用关系。宴会菜品的生产既需要分工明确、责任明确，以保证各自生产任务的完成。同时，也需要各生产部门相互间的合作与协调，各工艺阶段、各工序之间的衔接和连续，以保证整个生产过程中，生产对象始终处于运动状态，没有或很少有不必要的停顿和等待现象。

四、平行性要求

平行性是指宴会菜品生产过程的各阶段、各工序可以平行作业。这种平行性的具体表现是，在一定时间段内，不同品种的菜肴与点心可以在不同生产部门平行生产，各工艺阶段可以平行作业；一种菜肴或点心的各组成部分可以单独地进行加工，可以在不同工序上同时加工。平行性的实现可以使生产部门和生产人员无忙闲不均的现象，缩短宴会菜品生产时间，提高生产效率。

五、标准性要求

标准性是指宴会菜品必须按统一的标准进行生产，以保证菜点质量的稳定。标准性是宴会菜品生产的生命线。有了标准，就能高效率地组织生产，生产工艺过程就能进行控制，成本就能控制在规定的范围内，菜品质量就能保持一贯性。

六、节奏性要求

生产过程的节奏性是指在一定的时间限度内，有序地、有间隔地输出宴会菜品。宴会活动时间的长短、顾客用餐速度的快慢，规定和制约着生产节奏性、菜品输出（主要指冷菜之后的热菜与点心等）的节奏性。设计中要规定菜品输出的间隔时间，同时又要根据宴会活动实际、现场顾客用餐速度，随时调整生产节奏，保证菜品输出不掉台或过度集中。

总之，目标性是宴会菜品生产的首要要求，通过目标指引，可以消除生产的盲目性；集合性是分析解决生产过程组织的合理性，保证生产任务的分解与落实；协调性是要求生产部门、各工艺阶段、各工序之间的相互联系，发挥整体的功能；标准性是宴会菜品生产设计的中心，是目标性要求的具体落实，没有菜点的制作标准、质量标准，生产与菜品质量无法控制；平行性和节奏性是对生产过程运行的基本要求，是对集合性和协调性的验证。

第三节　宴会菜品生产工艺设计的方法

宴会菜品生产工艺设计方法，主要有标准菜谱式、标量式、工艺流程卡式、工艺工序卡式和表格式等。

一、标准菜谱式

标准菜谱式就是以菜谱的形式，列出菜肴或点心所用原料配方，规定制作程序和方法，明确盛器规格和装盘形式，注明菜肴或点心的质量标准，说明可供用餐人数（或每客分量）、成本和售价的设计方法。简单地说，标准菜谱是关于制作某一菜品的一系列说明的集合。宴会标准菜谱的设计样本见表6－1。

表6－1　宴会标准菜谱设计样本

<table>
<tr><td colspan="2">菜名　月宫鲍鱼</td><td colspan="3">规格　3寸汤盅（各客）　　用餐人数　10　人
成本　＿＿＿＿元　　售　价＿＿＿＿元</td></tr>
<tr><td>原料名称</td><td>数量</td><td>制作程序</td><td colspan="2">备　注</td></tr>
<tr><td>水发鲍鱼</td><td>500克</td><td rowspan="17">1. 水发鲍鱼批整形片，焯水后，捞起沥水
2. 鲍鱼片、火腿片、冬笋片分盛于10只小汤盅内，每只汤盅内放鸡清汤100克、黄酒2克、姜片1片、小葱段1根
3. 将汤盅盖好，入笼锅蒸约1小时
4. 取10只2寸调味碟，用热猪油抹匀
5. 将鸽蛋磕入碟中，用水发香菇丝、绿菜末、黄蛋糕末、熟火腿末在蛋液表面点缀
6. 入笼蒸3分钟至熟
7. 将蒸熟的鸽蛋取出，装入盛有鸡清汤的碗中，撇去油花
8. 豌豆苗焯水至变色，捞起沥水
9. 取出汤盅，拣去姜、葱，加精盐、味精，再放入豌豆苗、熟鸽蛋
10. 上笼再蒸2分钟，即成</td><td colspan="2" rowspan="17">1. 葱、姜不宜多放，否则影响口味
2. 蒸炖时要用旺火蒸制
3. 点缀要简洁鲜明
4. 蒸鸽蛋要用小火沸水蒸制</td></tr>
<tr><td>火腿片</td><td>100克</td></tr>
<tr><td>冬笋片</td><td>100克</td></tr>
<tr><td>鸡清汤</td><td>1 000克</td></tr>
<tr><td>黄酒</td><td>20克</td></tr>
<tr><td>姜片</td><td>10片</td></tr>
<tr><td>小葱段</td><td>10根</td></tr>
<tr><td>熟猪油</td><td>5克</td></tr>
<tr><td>生鸽蛋</td><td>10只</td></tr>
<tr><td>水发香菇丝</td><td>10克</td></tr>
<tr><td>绿菜末</td><td>3克</td></tr>
<tr><td>黄蛋糕末</td><td>3克</td></tr>
<tr><td>熟火腿末</td><td>2克</td></tr>
<tr><td>豌豆苗</td><td>50克</td></tr>
<tr><td>精盐</td><td>35克</td></tr>
<tr><td>味精</td><td>5克</td></tr>
<tr><td></td><td></td></tr>
<tr><td colspan="2">装盘图示</td><td>（略）</td><td>特点</td><td>造型典雅，色彩鲜明
鸽蛋细嫩，形如满月
鲍鱼软韧，汤清味醇</td></tr>
</table>

设计标准菜谱必须注意以下各点。

(1)叙述要简明扼要,晓畅易懂。

(2)概念、专业术语的使用要确切、一致,对不熟悉或不普遍使用的概念、专业术语要另加说明。

(3)原料按使用顺序排列,原料名称要写全称,对质量、规格有特别要求的必须要注明,需用替代品的也要注明。

(4)原料的数量要准确,计量单位一般用克、千克表示,适合于衡量的可以用茶匙、汤匙、杯等固定的衡具标注用量,如需要另用其他计数单位表示的要一并写上。

(5)制作程序要按加工顺序一步步地写,适合于定量表述的要注明相关数据(如烹调时的加热温度和时间),适合于定性表述的要描述精确,适合用机器加工的要作必要的说明。

(6)如果条件许可,应用图示来表达产品的最后装盘形式,以加强直观性。对成品质量特点的说明要言简意赅。

(7)标准菜谱的分量如果是以用餐人数10客来确定的,那么当客数有变化时,分量应随之增加或减少。

宴会菜品生产工艺采用标准菜谱设计法,具有实际的指导意义,它对于规范厨师的操作、控制原料使用数量、控制生产过程和生产成本、保证宴会菜品质量和加强科学管理是非常必要的。

二、标量式

标量式就是列出宴会每种菜肴或点心的名称、用料配方,注明菜肴或点心份数和用餐人数,用它来作为厨房备料、切割加工、配份和烹调的依据的设计方法。这种形式的设计,有利于控制食品成本和菜点规格,比较适合于对菜品非常熟悉、已掌握生产标准、有较高技术操作水平的厨师。

(一)原料切割规格表

原料切割成形规格,可采用表6-2的格式。

表6-2 宴会菜品切割规格表

菜肴名称	原料名称	用 料	切割规格
瓜姜鱼丝	鱼丝	鳜鱼肉	0.3厘米见方,长5厘米
	瓜丝	酱瓜	0.1厘米见方,长4厘米
	姜丝	酱生姜	0.1厘米见方,长4厘米
	葱丝	葱白	0.1厘米见方,长4厘米
	火腿丝	熟火腿	0.1厘米见方,长5厘米

(二)上浆挂糊用料规格表

原料切割成形后,大部分动物性原料还需要进行上浆、挂糊处理,以保证成品菜肴的色泽、嫩度和口味,符合质量要求(见表6-3)。

表6-3 上浆挂糊用料规格表

品种/用量/用料	鸡片(5千克)	鱼条(3千克)
精盐	30克	18克
清水	400毫升	—
淀粉	120克	1 000克
鸡蛋清	5只	12只
松肉粉	3克	—

(三)菜肴配份规格表

菜肴配份是菜肴备料、加工的依据,必须严格按照既定的规格标准,称量取用各种原料,以保证菜肴的风味(见表6-4)。

表6-4 宴会菜肴配份规格表

菜肴名称	主料		配料		料头		盛器规格	备注
	名称	数量	名称	数量	名称	数量		
清炒虾仁	大虾仁	500克	—	—	葱白	15克	10寸圆盘	10人量

(四)调味汁用料规格表

为了保证菜肴的味型、出品质量的一致性,应将饭店经常使用的主要味型的调味汁,实行批量兑制,以减少因人而异的偏差。调味汁的调制应专人负责,根据一定的味型规格要求,按比例准确制作(见表6-5)。

表6-5 调味汁用料规格表

调味汁名称/用量/用料	糖醋汁	京都汁
绵白糖	1.2千克	600克
白糖	2千克	—
精盐	80克	—

续表

调味汁名称 / 用量 / 用料	糖醋汁	京都汁
番茄汁	150 克	300 克
辣酱油	150 克	—
浙醋	—	1 千克
芝麻酱	—	200 克
梅子	—	200 克
喼汁	—	150 克

(五)冷菜装盘规格表

冷菜与热菜不同,多在烹调后再切配装盘,故每份冷菜的数量多少,必须按既定规格盛装(见表 6-6)。

表 6-6 冷菜装盘规格表

菜名	用料		盛器	盛装要求	备注
	名称	数量			
盐水鹅	熟盐水鹅	1/4 只	8 寸圆盘	剔骨	馒头形
油爆虾	油爆虾	350 克	8 寸圆盘	饱满	逐层围叠

(六)点心制作装盘规格表

宴会点心大都制作精细,小巧玲珑,其分量和数量包括两个方面内容:一是每份点心的个数,二是每只点心的用料及其配比。点心制作一般采用批量制作的方法。点心制作装盘规格表见表 6-7。

表 6-7 点心制作装盘规格表

名称	主料		馅料		制作要求	盛器	装盘份数
	名称	数量	名称	数量			
鲜肉包子	面粉	25 克	生肉馅	25 克	开口	10 寸圆盘	10 份

三、工艺流程卡式

工艺流程卡又称工艺路线卡、制作程序卡。工艺流程卡是在标量法的基础上,将加工生产每种菜肴或点心的工艺过程中的每道加工环节(或加工工序)以图示和文字说明的形式反映出来的设计方法。图6-4是“双皮刀鱼”的工艺流程卡。

原料	刀鱼20条,白鱼肉500克,熟火腿末50克,绿菜叶末50克,熟火腿片200克,冬笋片250克,水发香菇125克,生姜片75克,葱结75克,熟猪油250克,鸡清汤600克,蛋清、精盐、味精、黄酒各适量	装盘规格	装盘份数
		4条/盘	5份

工艺流程

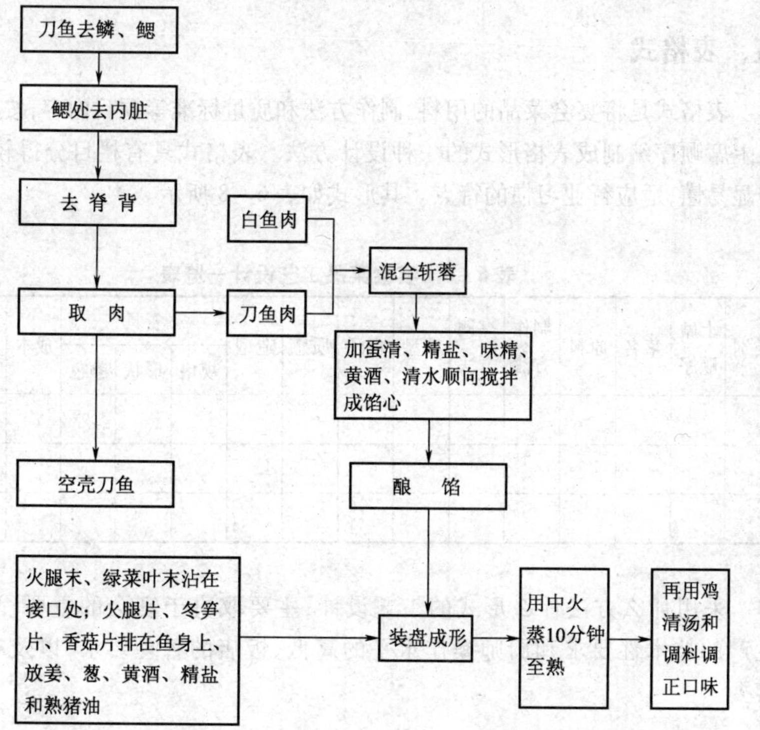

注意事项	质量特点
1. 取肉时动作要轻巧,鱼皮上留些肉,皮不可破 2. 蒸制时用沸水中火,注意蒸制时间与成熟度	鱼体完整饱满,排列整齐,肉质细嫩滑润,味道清鲜适口

图6-4 “双皮刀鱼”工艺流程卡

在设计工艺流程卡时,应注意以下几点。

(1)加工工序的转换和衔接,要交代得清清楚楚。

(2)文字描述要简洁明了。

(3)概念、专业术语的应用要准确,特别是关键词一定要精确、统一。

(4)图示清晰有序,便于阅读。

四、工艺工序卡式

工艺工序卡是按照菜肴或点心生产过程的每一个工艺阶段分工序编制的。

它包括工艺流程卡的全部内容，并且比其更细致，标准更明确。工艺工序卡除了考虑菜品类别外，还要注意不同品种的工艺阶段的特殊性。在工艺工序卡上，不仅要正确区分工艺阶段，而且要将在这一工艺阶段中的每一道加工工序的详细操作内容、加工方法和规格要求、注意事项等，一一清楚地列出来。这种设计方法，对高规格宴会的菜品，或对一些技术难度高的菜品或是厨师不够熟悉的菜品比较适宜。

五、表格式

表格式是将宴会菜品的用料、制作方法和质量标准等项目内容，按菜品类别及上席顺序编制成表格形式的一种设计方法。表格式具有栏目分得较细，文字浅显易懂，适应行业习惯的特点。其形式如表6－8所示。

表6－8　宴会菜品工艺设计一览表

类别	上席顺序	菜名	原料	制作方法	烹调方法	味型	色泽	质感	造型	餐具			成本	售价	备注
										规格	形状	颜色			

采用什么方法什么形式的工艺设计，主要取决于宴会的重要程度、菜品生产的技术性要求和厨师操作水平的高低、饭店的管理要求，以及宴会经营需要。

第四节　宴会菜品生产实施方案的编制

宴会菜品生产实施方案，是在接到宴会任务通知书、确定了宴会菜单之后，为完成宴会菜品生产任务而制定的计划书。

一、宴会菜品生产实施方案的编制步骤

宴会菜品生产实施方案是根据宴会任务的目标要求编制的用于指导和规范宴会生产活动的技术性文件，是整个宴会实施方案的组成部分，其编制步骤如下。

(1)充分了解宴会任务的性质、目标和要求。

(2)认真研究宴会菜单的结构，确定菜品生产量、生产技术要求，如加工规

格、配份规格、盛器规格、装盘形式等。

(3)制订标准菜谱,开出宴会菜品用料标准料单,初步核算成本。

(4)制订宴会生产计划。

(5)编制宴会菜品生产实施方案。

二、宴会菜品生产实施方案的内容

(一)宴会菜品用料单

宴会菜品用料单是按实际需要量填写的,即是按照设计需要量加上一定的损耗量填写的。设计的需要量是理想用量,在实际应用中,由于市场供应原料的状况、原料加工等多种因素的影响,会产生一定数量的损耗,也就是说实际需要量会大于设计需要量。有了用料单可以对贮存、发货、实际用料,进行宴会食品成本跟踪控制。

(二)原材料定购计划单

原材料定购计划单是在用料单的基础上填写的,格式如表 6-9 所示。

表 6-9 原材料定购计划单

定购部门＿＿＿＿ 定购日期＿＿＿＿ NO ＿＿＿＿

原料名称	单位	数量	质量要求	供货时间	费用估算		备注
					单位价格	总价	

填写原材料采购计划单要注意以下几点。

(1)如果所需原料品种在市场上有符合要求的净料出售,则写明是净料;如果市场上只有毛料而没有净料,则需要先进行净料与毛料的换算后再填写。

(2)原料数量一般是需要量乘以一定的安全保险系数,然后减去库存数量后得到的数量。如果有些原料库存数量较多、能充分满足生产需要,则应省去不填写。

(3)对原材料质量要求一定要准确地说明,如有特别要求的原料,则将希望达到的质量要求在备注栏中清楚地写明。

(4)如果市场上供应的原料名称与烹饪行业习惯称呼不一致、或相互间的规格不一致时,可以经双方协调后确认。在发达国家(如新加坡),填写原料订购计划单是以编码的形式代替原料名称,这种做法有一个好处,就是厨房生产人员的变动,不影响原料名称确认。

(5)原料的供货时间要填写明确,不填或误填都会影响菜品生产。

(三)生产设备与餐具的使用计划

在宴会菜品生产过程中,需要使用诸如和面机、轧面机、绞肉机、食物切割机、烤箱、切片机、炉灶、炊具和燃料、调料钵、冰箱、制冰机、保温柜、冷藏柜、蒸汽柜、微波炉等多种设备,以及各种不同规格的餐具等。所以,要根据不同宴会任务的生产特点和菜品特点,制订生产设备与餐具使用计划,并检查落实情况、完好情况和使用情况,以保证生产的正常运行。

厨房常备的餐用具介绍如下。

(1)平盘。平盘的规格从5~32寸不等,有16种规格之多(10寸以下每隔1寸一个档,10寸以上每隔2寸一个档,以下各种瓷盘均如此)。各种规格平盘的用途是:5~6寸平盘一般作冷盘围碟、冷菜小碟使用,7~9寸平盘一般为冷菜单碟、炒菜、干点心使用,10寸以上平盘一般作拼盘或炒菜使用,14寸、16寸以上平盘作花色冷拼的主盘、盛装大菜用,还可作垫盘用。

(2)凹盘。又名窝盘、戈盘,盘边稍高而盘深。其规格有5~12寸共7种。其用途是:一般用作盛装烩菜,卤汁、芡汁较多的烧、焖、扒等菜点。

(3)腰圆盘。又叫鱼盘、长盘。其形呈椭圆,有深腰圆盘和腰圆盘两种。其规格从6~32寸共有14种。其用途是:一般用作盛装整形菜和作拼盘用。如装全鱼、全鸡、全鸭、烤乳猪等。10寸以下的也常用作盛装爆、炒、烧、炸类菜点,12寸左右的多用于盛装全鱼等整形菜,14寸以上的常用作有雕刻装饰的菜肴。

(4)异形盘。近年来较为流行,它对于突出表现菜肴能起到很好的作用。平盘主要用于炒菜类,凹盘用于扒菜和造型菜。

(5)盖碗。又名卫生碗,其底平口直,略呈喇叭状,配有盖子,有6~14寸等多种。其用途是:6~8寸用于冷菜或各吃的鱼翅、鲍鱼、海参等高档菜,或替代凹盘使用。

(6)锅。有火锅、沙锅、汤锅、气锅、煲仔锅等。

①火锅:又称暖锅。按质地有铜质、铝质、搪瓷和不锈钢之分;按燃料又有炭火火锅和电火锅之别。火锅按大小分为一号、二号、三号、四号。一号火锅为大型火锅;二号、三号为中型火锅;四号为小型火锅。火锅主要用于冬令季节烹制“四生火锅”、“什锦火锅”等时令菜肴。

②仔锅:是近年来新出现的一种带有保温作用的锅。有采用固体燃料与乙烷气罐两种。仔锅有铜质、铁质和不锈钢质等,大小也不一样。

③沙锅:一种陶质炊具。分为普通沙锅与紫沙锅,按其大小可分为一号、二号、三号、四号和特号5种。四号为小型沙锅;二号、三号为中型沙锅;一号和特号为大型沙锅,可炖、焖不同原料的菜肴。沙锅主要用来在冬令季节烹制“沙锅狮子头”、“沙锅豆腐”、“沙锅什锦”、“沙锅鱼头”等风味菜肴。

④汤锅:又称品锅,有盖,边壁比碗厚实。按其大小一般有一号、二号、三号、

四号4种。一号汤锅直径约10寸,二号汤锅直径约9寸,三号汤锅直径约8寸,四号汤锅直径约7寸。因汤锅厚实,有盖,保暖性能好,在冬季主要用于盛装汤菜。

⑤气锅:形似沙锅,上有盖,锅中有一孔管,主要用于烹制炖品,如“气锅炖鸡”、“气锅炖鸭球”等菜。

⑥煲仔锅:一种与沙锅相同但比沙锅浅的锅,是20世纪90年代发明的一种炊具。主要用于烩、烧等带有较多汤汁的菜肴,能起到很好的保温作用,菜肴上桌后还能保持滚沸的状态。

(7)铁板。是由生铁铸成的椭圆形的盘子。使用前先将铁板烧至很烫,然后垫上一层洋葱片,再铺上烹调完毕的原料,如牛肉片、大虾、肉串等,上席后浇上兑好的卤汁,热气蒸腾,吱吱作响,能增添席面的欢乐气氛。

西式宴会关于什么类别的菜要装什么盘,都有严格的规定。

西式餐具没有餐厅用具(食具)和厨房用具(盛具)之分,厨房用具(盛具)也就是餐厅用具(食具)。西式瓷器餐具的特性与中式餐具相似,在此不再作介绍。主要介绍以下几个品种。

(1)小盘。小盘的规格为8~12寸,传统为8寸,现代也有用10寸的,主要用于冷盘、热开胃菜、副菜、甜品、水果等。

(2)汤盘。汤盘的规格与形状有3种。第一种是凹盘类,规格为8寸,有带边与无边2种,这是传统的汤盘;第二种是汤碗类,规格为6寸,有有耳与无耳之分,这是比较新颖的盛汤餐具;第三种是杯类,主要用于盛装鸡茶、牛茶(一种英国式的清汤)等。

(3)大盘。大盘是圆的平盘,规格为10~12寸,传统为10寸,现代也有用12寸的,主要用于主菜。

(4)其他餐具。其他餐具是为烹制有特色的副菜所使用的,有长腰形烤斗,用于焗鱼、焗虾等;长腰形带盖的陶瓷盅,主要用于烩的野味类菜肴;带小凹圆的圆形盘(蜗牛盘),有瓷器与不锈钢两种,主要用于烙蜗牛、烙蛤蜊。

(5)咖啡杯、底盘。咖啡杯、底盘是配套使用的,咖啡杯分大号、中号、小号。按不同的用餐时间来选用,早晨用大号、中午用中号、晚上用小号。

(6)面包盘。面包盘规格为6~7寸,传统为6寸,现代也有用7寸的,主要用于宴会中盛面包。

大型宴会的厨房设备餐具使用量大,要将所需的有关厨房设备,冷菜、热菜、点心所需餐具的名称、规格、数量及提供时间,填入预先设计的表格中,报餐务部门准备。特别是当这种宴会摆放在大型多功能厅,而不是在宴会厅时,有些厨房设备如烹调车、蒸柜车及餐具等,要搬运到现场的临时厨房去,此时计划性尤显重要(见表6-10、表6-11)。

表 6－10　大型宴会的厨房设备使用计划表

宴会活动名称				人数	
消费标准			地点	时间	
活动形式					
序号	设备名称	型号规格	需要量	到位时间	摆放位置
备注:					

负责人＿＿＿＿＿＿　填表人＿＿＿＿＿＿　时间＿＿＿＿＿＿

表 6－11　大型宴会活动厨房餐具使用计划表

宴会活动名称				人数	
消费标准			地点	时间	
活动形式					
序号	菜品名称	盛器规格	需要量	到位时间	摆放位置
备注:					
负责人		填表人		时间	

2002 年亚洲银行行长会议在上海举办,设宴地点在上海科技城二楼宴会厅,5 月 10 日晚 19:30～20:30,上海市领导设宴 21 席宴请与会代表(主桌 1 桌 21 人,副桌 20 桌,每桌 10 人,其中 2 桌,每桌 8 人,计 217 人)。该宴会使用的餐具准备计划如下。

☆餐具:于 5 月 10 日上午与管事部联系,落实全部厨房餐具。5 月 10 日下午 14:00 前全部清洗完毕,清点数量、消毒、存封。

(1)迎宾海鲜盘。10寸金边盘220只,于5月10日16:00在食品检验人员的督导下启封,装盘。

(2)风味四小碟。2.75寸金边碟、黄边碟850只,于5月10日17:00在食品检验人员的督导下启封,装碟。

(3)龙井炖雪燕。皇帝黄小汤碗(连盖、带底座、带汤勺)220套,双格碟220套,于5月10日下午在食品检验人员的督导下启封,存入保暖箱保洁保温。

(4)锦江脆皮鸡。10寸金边盘220只,于5月10日下午在食品检验人员的督导下启封,存入保暖箱保洁保温。

(5)蟹膏熘塘鲤。10寸金边盘220只,于5月10日晚在食品检验人员的督导下启封,使用。

(6)蚝皇鲜鲍鱼。10寸白盘220只,于5月10日下午在食品检验人员的督导下启封,存入保暖箱保洁保温。

(7)水果栗子粉。10寸金边盘220只,于5月10日晚在食品检验人员的督导下启封,使用。

(注:主桌餐盘全部用白盘。)

(四)宴会生产分工与完成时间计划

除了临时性的紧急宴会任务外,一般情况下,应根据宴会生产任务的需要,尤其在有大型宴会或高规格宴会任务时,要对有关宴会生产任务进行分解与人员配置和人员分工,明确职责,并提出完成任务的时间要求。

拟定这样的计划,还要根据菜点在生产工序上移动的特点,并结合宴会生产的实际情况来考虑。例如,从原料准备到初加工,再到冷菜、切配、烹调和点心等几个生产部门,生产工序有的是一种顺序移动的方式,因此,完成原料准备必须先进行初加工,而完成初加工后又必须先进行冷菜、切配、烹调和点心加工。所以,对顺序移动的加工工序而言,对前道工序的完成时间应有明确的要求,否则将影响后续工序的顺利进行和加工质量。

又如,冷菜、热菜、点心的基本生产过程,是一种平行移动的方式,但由于成品输出的先后顺序不同,因而在开宴前对它们的完成状态要求也不同,即冷菜是已经完成装盘造型的成品,热菜和点心是待烹调与制熟的半成品,或已经预先烹调制熟(如加工方法复杂或加热时间长的菜点)但尚需整理、装盘造型的成品。所以,对平行移动的加工过程而言,必须对产品完成状态与完成时间提出明确的要求,对成品输出顺序与输出时间(节奏)提出明确的要求。

仍以上文亚行年会晚宴为例,其厨房生产人员组成和分工、操作日程安排、完成菜品生产的时间计划等,制订如下。

☆总负责:行政总厨。

☆人员组成与分工:厨师共23人,其中炉灶人员5人,切配人员3人,冷盘人员7人,中点人员2人,西点人员2人,雕刻人员4人。由行政总厨督导。

☆厨房准备:消毒水、毛巾、筷子、汤勺、小汤碗、口罩、一次性手套、白大褂等,由炉灶大厨负责,行政总厨督导。

厨房餐具由管理部负责,由切配大厨督导。

排菜由切配大厨负责,行政总厨督导。

用具及调料由炉灶大厨负责。

食品联系由行政总厨与采购部统一协调,保证一流的调料、食品、蔬菜。采购部做到采购原料有“三证”。

☆宴会操作日程安排如下:

5月8日10:00到科技会馆,各厨房做消毒工作。

5月8日下午准备好用具、调料。

5月9日在酒店做各种准备工作。

5月10日9:00到科技会馆进行厨房加工。

☆菜肴操作:

(1)迎宾海鲜盘(风味四小碟)。由冷菜大厨负责,行政总厨督导。

5月9日在东锦江做各种准备工作。

5月10日9:00到科技会馆进行厨房加工。

5月10日13:00前做好宴前准备工作,17:50开始装盘。

(2)龙井炖雪燕。由行政总厨负责。

5月9日上午进货。

5月10日9:00到科技会馆进行厨房加工。

5月10日13:00前做好宴前准备工作。

5月10日18:00准备出菜(以通知出菜时间为准)。

(3)锦江脆皮鸡。由行政总厨负责。

5月9日上午进货,送至冷库冷冻。

5月10日13:00进行加工准备,入冰箱冷藏。

5月10日17:50做准备工作。

5月10日18:25出菜(视具体情况出菜)。

(4)蟹膏熘塘鲤。由行政总厨负责。

5月9日上午进货,送至冷库冷冻。

5月10日13:00加工准备,入冰箱冷藏。

5月10日17:50做出菜前的准备工作。

5月10日18:35出菜(视具体情况出菜)。

(5)蚝皇鲜鲍鱼。由行政总厨负责。

5月9日准备原料,9:00到货。

5月10日14:00进行加工。

5月10日18 :15做宴前准备工作。

5月10日18:40出菜(视具体情况出菜)。

(6)水果栗子粉。由行政总厨负责,西点大厨负责装盘。

5月9日上午栗子磨成粉,准备黄油薄片,刮出巧克力,然后冷藏保存。

5月10日12:00准备好杂粮面包、软面包和法棍面包,组装到科技馆完成。

5月10日水果于9:00前到货,12:00前清洗消毒完毕,18:00进入专间进行准备工作。

5月10日18:30前做好出菜前准备工作。

5月10日18:40出菜(视具体情况出菜)。

☆收尾工作:宴会菜品上完后,厨房立即进行整理清洁工作,将剩余的每道菜点归纳整理,由管事部辅助。

(五)影响宴会生产的因素与处理预案

影响宴会生产的因素主要有原料因素、设备条件、生产任务的轻重难易、生产人员的技术构成和水平等;影响宴会生产的主观因素主要有生产人员的责任意识、工作态度、对生产的重视程度和主观能动性的发挥水平。为了保证生产计划的贯彻执行和生产有效运行,应针对可能影响宴会生产的主客观因素提出相应的处理预案。

另外,在执行过程中,要加强现场生产检查、督导和指挥,及时进行调节控制,能有效地防止和消除生产过程中出现的一些问题。调控的方法主要有程序调控法、责任调控法、经验调控法、随机调控法、重点调控法和补偿调控法等。

三、编制宴会菜品生产实施方案的注意事项

(一)不同性质宴会任务菜品生产实施方案编制应注意的事项

(1)提供安全质量、风味质量能得到充分保证的菜品,这是所有性质的宴会都必须得到落实的基本要求。特别要注意的是,大型宴会由于人数多,一定要掌握好菜肴制作完毕后等候上席的时间,尤其是冷菜,必须有准确的时间概念。

(2)对烹调时间长短不一致的菜肴,要进行不同加工时间的安排,保证在既定的时间内能按时出菜。

(3)适应顾客品味习惯的需要,合理安排好菜品的上席顺序。

(4)根据宴会时间的长短、顾客的用餐速度,控制好出菜节奏,既不能让顾客来不及吃,又不能让顾客等菜吃。

(5)选择最合理的加工路线,优化加工操作工艺,合理调节生产任务,提高生产效率,保证厨房出品的完美。

(二)不同饮宴形式的宴会菜品生产实施方案编制应注意的事项

(1)中餐宴会由于菜品道数多,选用的原料种类多,总加工量大,技术性要求高,所以在编制宴会生产实施方案时,计划的周密性、生产的标准性、菜品的质量和出品的输出节奏是注意的重点。

(2)冷餐会的大部分菜品是开宴前就陈列在餐台上的,因此在编制宴会生产实施方案时应注意:对菜品的生产时间计划要精确;冷热菜的保温要严格控制;菜品盛装的形式要大气美观;菜品的陈列要考虑到取食的方便;现场烹饪的时间、切割食品的时间要短(即要提前做好充分准备)。也可以让有兴趣的顾客自己动手,烹制食物。

(三)鸡尾酒会宴会菜品生产实施方案的编制应注意的事项

(1)制作的菜品要小巧精致,便于用牙签取食。

(2)在冷菜、点心、小吃(如薯片、花生米、三明治、各种面包、椒盐卷饼、咸肉干、奶酪丁、开胃饼干等)的生产方面做好充分准备。

◎总结

1. 宴会菜品生产设计是为实现宴会菜单菜品设计提供的可操作性保证和技术支撑。宴会菜单中确定的菜品,只是停留在计划中的一种安排,它的实现主要靠生产活动,只有通过生产活动才能把处于计划中的菜品设计转化为现实的物质产品——菜品,然后提供给顾客。所以,作为宴会设计活动中的一个组成部分,其意义是重要的。

2. 宴会菜品生产具有预约式的生产方式、连续化的生产过程、无重复性的生产内容和可以批量化生产的特点。

3. 厨房组织机构是围绕餐饮及宴会生产管理的目标建立起来的,以最适合的结构形式反映各生产岗位和工种之间关系的组织系统。

4. 宴会菜品生产过程是接受宴会任务后,从制订生产计划开始,直至把所有宴会菜品生产出来并输送出去为止的全部过程。

5. 宴会菜品生产过程的构成,一般是根据各个阶段的地位和作用来划分,分为制订生产计划阶段、辅助加工阶段、基本加工阶段、烹调与装盘加工阶段和菜品成品输出阶段等。

6. 目标性是宴会菜品生产的首要要求;集合性是分析解决生产过程组织的合理性,保证生产任务的分解与落实;协调性是要求生产部门、各工艺阶段、各工序之间的相互联系,发挥整体的功能;标准性是宴会菜品生产设计的中心,是目标性要求的具体落实;平行性和节奏性是对生产过程运行的基本要求,是对集合性和协调性的验证。

7. 宴会菜品生产工艺设计,主要有标准菜谱式、标量式、工艺流程卡式、工艺工序卡式和表格式等方法。

8. 宴会菜品生产实施方案是根据宴会任务的目标要求,编制的用于指导和规范宴会生产活动的技术性文件,是整个宴会实施方案的组成部分。

◎思考题

1. 简述宴会菜品生产活动的意义。
2. 简述宴会菜品生产的特点。
3. 试比较中型厨房与大型厨房组织结构设置的区别。
4. 简述宴会菜品生产过程的基本内容。
5. 简述宴会菜品生产设计的要求。
6. 简述宴会菜品生产工艺设计的方法。
7. 简述标准菜谱设计必须注意的事项。
8. 举例说明菜品工艺流程卡设计应注意的事项。
9. 以表格形式写出一份商务宴菜品的工艺设计要素。
10. 简述宴会菜品生产实施方案的编制步骤。
11. 简述宴会菜品生产实施方案的内容。
12. 设计一份20桌的寿宴宴会菜单,并写出此菜单菜品的餐具准备计划。

第七章　宴会服务的基本技能

本章内容： 托盘

铺台布

叠餐巾花

摆台

斟酒

宴会菜肴服务

教学时间： 10课时

教学目的： 通过本章的学习，使学生能够了解托盘、铺台布、摆台、斟酒、上菜和让菜、叠餐巾花等宴会服务的基本技能，并通过练习掌握这些基本技能。

教学要求： 1.让学生了解托盘的种类和用途，基本掌握托盘的操作方法。

2.让学生了解和基本掌握宴会铺台布的方法和标准。

3.让学生了解餐巾折花的基本手法、种类及餐巾花造型的基本原则。

4.让学生了解和基本掌握宴会摆台的基本操作方法。

5.让学生了解和基本掌握酒水服务的技能。

6.让学生了解宴会派菜与分菜的操作方法。

宴会服务的基本技能包括托盘、铺台布、叠餐巾花、摆台、斟酒、上菜和让菜等,这些技能是每个宴会服务员所必须熟练掌握的基本功。这些内容也是本章要介绍的内容。

第一节　托盘

一、托盘的种类及用途

托盘是餐饮服务员端菜送饭时盛碗碟的盘子,有木制的、金属(如银、铝、铜、不锈钢)的以及搪瓷的。根据用途不同,托盘分为大、中、小三个规格的方托盘、长方形托盘和圆形托盘。

大长方形托盘和大方形托盘一般用于端饭送菜、酒水饮料和盘碟等分量较重的东西;中方形托盘和中圆形托盘一般用于摆、换、撤餐具、酒具,让酒、让菜等;小型托盘多用于送茶、送咖啡及盛放小礼品等。

二、托盘的操作方法

(一)胸前托(即轻托)

这种托法一般多适用于中、小型托盘,其操作方法如下。

1. 理盘

将要用的托盘先洗净擦干,在托盘内垫上洁净的花垫或专用的盘布,铺平拉正,使整理铺垫后的托盘既整洁美观,同时又可以避免托盘内的物品滑动。

2. 装盘

根据物品的形状、重量、体积和使用的先后顺序合理装盘,一般是重物、高物在里面,先用的物品在上、在前,后用的物品在后、在下。

3. 托送

左手臂自然弯成90°,掌心向上,五指分开,用手和掌托住盘底(掌心不与盘底接触)平托于胸前。行走时,要头正肩平,注视前方,脚步轻捷,托盘的手腕要轻松灵活,使托盘在胸前随着走路的节奏自然摆动。动作切忌僵硬死板,因为越死板,盘中的酒水、汤汁越容易外溢。托盘上下摆动的幅度不可过大,否则既不美观,也不礼貌。

(二)肩上托(即重托)

肩上托多用于大型托盘,其操作方法为:五指分开,用掌托住盘底,掌握好重心后,用另一只手护持,将盘托起至胸前,向上转动手腕,使托盘稳托于肩上。肩上托一般要送近10千克甚至更重的物品,这不仅要有较强的臂力,而且需要熟练的技术。托送时,要平稳轻松,保持盘平、肩平、头正、身直,保证托盘不晃动,身体不摇摆。

第二节　铺台布

一、台布的种类选用

(一)台布的种类

台布也称桌布,有很多样式和多种颜色。从台布的质地来看,有提花台布、织锦台布、工艺绣花台布和布台布。从颜色上看,有白色、黄色、橙色、绿色和红色等。

(二)台布的选用

铺台布的作用是卫生、美观且便于服务。铺台布时,要根据餐桌的大小选择合适的台布。餐桌的尺寸大小不同,台布的规格的选择也应相应改变。

目前常用台布的尺寸如下。

(1)220 厘米×220 厘米的台布,可供 8~10 人餐桌使用。

(2)240 厘米×240 厘米的台布,可供 12 人餐桌使用。

(3)260 厘米×260 厘米的台布,可供 14~16 人餐桌使用。

(4)180 厘米×360 厘米的台布,可供西餐长台使用。

在宴会厅里,准备一些 240 厘米×240 厘米的台布或 260 厘米×260 厘米的台面是很有必要的,因为宴会经常有一桌超过 10 位宾客的情形发生。台布色彩及质地的选用,应与宴会的档次和宴会厅的装饰风格相协调。

二、铺台布的方法

在铺台布之前应先在台面上铺台垫(又叫衬布),并且在铺台布之前,服务员要认真细致地对每块台布进行检查,如发现台布有破损、过旧和污迹等情况,要予以更换。先铺台垫,再铺台布,这样会使台布平整,并能避免摆上的餐具滑动。

(一)中餐宴会铺台布

1. 铺台布的方法

中餐宴会铺台布的方法有抖铺式、撒网式和推拉式三种。下面分别予以介绍。

(1)抖铺式。先根据餐桌大小选择台布,然后站在副主人座位处,用双手将台布一次性抖开,并平行打褶在桌面上。要求台布中心线缝直对正副主人席位,台布的四角要与桌腿成直线下垂,四角垂下部分与地面距离相等,不许搭到地面。台布的图案、花纹要恰好铺在桌面正中。这种方法要求姿势潇洒、有力,一次性成功。

(2)撒网式。先根据餐桌的大小选好台布,然后站立在副主人的座位处,离桌40厘米,用双手将台布平行打褶并提起,向第一宾座位方向一次性撒开,中线缝直对正副主人席位,台布的四角和桌腿成直线下垂。这种方法要求姿势自然、优美,一次性成功。

(3)推拉式。运用这种方法铺台布时要站在副主人座位处,靠近桌边将台布用双手平行打褶,推出再拉回,使桌布铺好。要求姿势大方、利落,一次性成功。

台布铺好后,有的宴会还需要对台布做进一步的工作,如冷餐酒会设在餐厅四周,铺台布时应使其前方下垂部分与台脚基本相齐,距地面约6.6厘米,并用图钉将台布两端绷平,上面用大头针钉些彩纸花等,构成各种图案以增添酒会气氛。

2. 铺台布的标准

中餐宴会一般用圆台,铺台面时要将中间的褶痕对正主位,十字取中,四角下垂部分要一致,花纹图案要端正。

(二)西餐宴会铺台布

1. 铺台布的方法

西餐宴会一般是使用长台,铺台布工作一般是由2个或4个服务员共同完成。铺台布时服务员分别站在餐桌两侧,将第一块台布定好位,然后按要求依次将台布铺完。

2. 铺台布的标准

台布正面朝上,台布之间要求中心线对正,压贴的方法和距离要一致,两侧下垂部分要一致,做到美观整齐。

(三)"台裙餐台"的铺台布方法

目前颇为流行的铺台布的方法是将餐台增设"台裙"。增设台裙就是在餐桌铺好台布后,在餐桌的边缘,用与餐厅环境协调、颜色明快、质地华丽的平绒布料把整个餐台围上。增设台裙的目的在于提高宴会的规格,使宴会厅更加美观大方,给宾客增加高雅、舒适的感觉。

铺设台裙的方法是:先将台布铺好,再沿桌沿按顺时针方向将台裙布打成"褶",或直接使用有折的台裙,然后用摁钉或尼龙搭固定。台裙的"褶"要下垂均匀。每个褶相隔约5厘米为宜。

第三节　叠餐巾花

一、餐巾的用途

餐巾是供宾客在进餐过程中使用的布巾。宾客把餐巾衬在胸前或放在膝盖上,一方面可用来擦嘴,另一方面也可防止汤汁弄脏衣服。摆台时,餐巾最早是叠成方形,平放在宾客的盘中,以后渐渐发展为叠成造型插放在杯子里或叠成盘花放在盘子里,供宾客欣赏。目前用餐巾花衬托餐具已经成为宴会桌面综合艺术的一部分。

叠餐巾花时,服务员首先要根据餐巾和餐桌台面的颜色以及餐具的质地、形状进行构思,使叠出的餐巾花同宴会桌面融为一体。通常,饭店使用的台布和餐巾,是用白色丝光提花制成的,用这种白色餐巾折叠出的造型雅致漂亮。

当前,饭店对叠餐巾花的要求出现了新的趋向,即美观大方、造型简单、叠法快捷,这是因为复杂的造型需将餐巾多次折叠才能成形,既费工夫,且打开后折痕多不美观,并且也不符合卫生要求。

二、餐巾折花的手法与种类

(一)餐巾折花的基本手法

1. 推折

在打折时,两个大拇指相对成一线,指面向外,指侧面拧紧餐巾向前推开,这样形成的折比较均匀。推折可分为直线推折和斜线推折两种方法,折两头一样大小的折,用直线推折;折一头大一头小的折或折半圆形或椭圆形,可用斜线推折。

2. 折叠

折叠可将餐巾一折为二、二折为四或者折成三角形、长方形等其他形状。折叠的要求是:折叠前算好角度,一次折成,如反复多次,餐巾上就会留下一条条抓痕,使餐巾不挺,影响餐巾美观。

3. 卷

卷可分为直卷和螺旋卷两种。直卷时,餐巾两头一定要卷平。如采用螺旋卷可先将餐巾折成三角形,餐巾边要参差不齐。不管是直卷还是螺旋卷,餐巾都要卷紧,如卷得松就会在后面的折花中出现软褶。

4. 翻拉

翻拉大都用于折花鸟。操作时,一手拿餐巾,一手将下垂的餐巾翻起一只角,拉成花卉、鸟的头颈、翅膀、尾巴等。翻拉花卉的叶子时,要注意对称的叶子大小一致,距离相等。拉鸟的翅膀、尾巴或头颈时,一定要拉挺,不要软折。

5. 捏

捏的方法主要用于折鸟的头部。操作时,先将鸟的颈部拉好(鸟的颈部一般用餐巾的一角),然后用一只手的大拇指、食指、中指 3 个指头,捏住鸟颈的顶端,食指向下,将餐巾一角的顶端的尖角向里下压,用大拇指和中指将压下的角捏出尖嘴。

上述 5 种手法是最基本的,掌握了这些基本方法后,经常模仿、练习和创新,就能叠出多种美观大方的餐巾花。

(二)餐巾花的种类

餐巾花的种类很多,大致有以下6类。

1. 花草类

有牡丹、马蹄莲、荷花、兰花、灵芝草、玉兰花、马兰花、仙人掌等。

2. 飞禽类

有凤凰展翅、孔雀开屏、和平鸽、鸵鸟、云雀、鸳鸯、金鸡、大鹏、仙鹤、大雁、小燕、喜鹊、海鸥等。

3. 蔬菜类

有春桃、冬笋、白菜、卷心菜等。

4. 走兽类

有长颈鹿、熊猫、白兔、松鼠、玉兔等。

5. 昆虫类

有蝴蝶、蜜蜂、青蛙、蝉、蜗牛等。

6. 鱼虾类

有龙井鱼、望天鱼、龙虾等。

将餐巾花插入水杯的称为“杯花”,平放在服务盘上的称为“盘花”。通常中餐用杯花,西餐用盘花。但近年来的发展趋势是,中餐宴会餐巾花越多地选用造型简便的盘花。

三、餐巾花造型的基本原则

餐巾花型的选择和运用,一般应根据宴会的性质、规模、冷菜名称、季节时令、来宾的宗教信仰、风俗习惯、宾主座位的安排、台面的摆设需要等方面的因素进行考虑。其基本原则如下。

(一)根据宴会的性质来选择花型

如以欢迎答谢表示友好为目的的宴会餐巾花可设计成友谊花篮及和平鸽等。

(二)根据宴会的规模来选择花型

一般大型宴会可选用简单、快捷、挺括、美观的花型。小型宴会可以在同一桌上使用各种不同的花型,形成既多样,又协调的布局。

(三)根据花式冷拼选用与之相配的花型

如冷拼是“游鱼戏水”,则餐巾花可以选用“金鱼”造型。

(四)根据时令季节选择花型

用台面上的花型反映出季节的特色,使之富有时令感。

(五)根据宾客身份、宗教信仰、风俗习惯和爱好来选择花型

(六)根据宾主席位的安排来选择花型

宴会主人座位上的餐巾花称为主花,主花要选择美观而醒目的花型,其目的

是使宴会的主位更加突出。

四、摆插餐巾花的注意事项

在摆插餐巾花时,应注意以下几点。

(1)要恰当掌握插入杯中的餐巾花的深度,保持花型的完整,杯内部分应线条清楚。插花时慢慢顺势插入,不能乱插乱塞或硬性塞入,以防杯口破裂。插入后,要再整理一下花型,盘花要摆正摆稳,挺立不倒。

(2)主花要摆插在主位,一般的餐巾花则摆插在其他宾客席上,高低均匀,错落有致。

(3)摆插餐巾花时,要将其观赏面朝向宾客席位,适合正面观赏的花形如孔雀开屏、和平鸽等,要将头部朝向宾客。适合侧面观赏的花型如相思鸟、花背鸟等要选择一个最佳的观赏角度摆放。

(4)不同品种的花型同桌摆放时位置要适当,将形状相似的花型错开并对称摆放。

第四节　摆台

宴会摆台就是将餐具、酒具及桌上装饰用品按台面设计要求,运用一定的技法,遵循一定的程序摆放在餐台上。它是宴会备餐工作中的一项,也是餐馆服务员必须掌握的一门基本功。摆台的要求和标准是:先铺好台布,定好座位,再按顺序依次安放餐具、酒具、餐台用品,叠摆餐巾花。摆台时,要求餐具图案对正、距离匀称、整齐美观、清洁卫生、便于使用。

摆台分中餐摆台、西餐摆台两大类。因中餐与西餐的就餐习俗不同和饮食品种不一,餐桌、餐具、酒具等各异,所以摆放出来的台面形式也就各具特点。

一、中餐宴会摆台

(一)摆台与定位

摆台前要先洗手,再在餐桌上铺上台垫,然后按照规定铺好台布。如果使用转台,先将转台端正地摆在桌面的中央,再将椅子定位。

(二)摆餐具

将餐具码放在垫有布巾的托盘内,用左手将托盘托起(胸前托法),从主人座位处开始,按顺时针方向依次用右手摆放餐具,摆餐具的顺序如下。

1. 摆餐盘

盘边与桌边距离为1厘米,盘与盘之间距离相等,盘中店徽等图案要对正。

2. 摆筷架、筷子

将筷架摆在餐盘的右上方,再将带筷套的筷子摆放在筷架上。筷子的前端距盘边约5厘米，筷子的后端距桌边0.5厘米，距餐盘边1厘米。筷套的图案要向上。

3. 摆羹匙垫、羹匙

将羹匙垫放在餐盘的正前方，距离餐盘0.5厘米，然后将羹匙摆在羹匙垫上，匙把向右。

（三）摆酒具

中餐宴会一般使用三套杯，即水杯、葡萄酒杯、白酒杯。先将葡萄酒杯摆在羹匙垫的正前方，酒杯的底座距匙垫0.5厘米左右，白酒杯摆在葡萄酒杯的右侧，与葡萄酒杯的距离约为1厘米。将叠好的餐巾花插放在水杯中，将水杯摆在葡萄酒杯的左侧，距葡萄酒杯约1厘米。三个杯横向成一条直线。

（四）摆公用餐具

若使用转台，在正、副主人酒具的前方横放一双垫有筷架的筷子，筷子的手持端向右；如果不使用转台，就要在正、副主人酒具的前方摆放2套上述公用餐具，10人以上的餐台可根据人数摆放4～6套公用餐具。

（五）摆牙签

摆牙签有两种方法：一种是用牙签筒，摆放时将其摆在公用餐盘右侧距餐盘5厘米处；另一种方法是把袋装牙签摆放在每位宾客的餐具旁边，袋装牙签一般都印有本店标志，要注意摆正。

（六）摆烟灰缸、香烟、火柴

从主人酒具的右侧开始摆放，每隔两人摆一个，烟灰缸的前端要与酒具齐平。把香烟、火柴摆在正副主人的右侧，正面向上，烟盒的上端紧挨烟灰缸。

（七）摆放菜单、席次牌

在通常情况下，10人餐台放2张菜单，10人以上餐台放4张菜单，菜单摆在正、副主人筷子旁边，菜单的下端距桌边1厘米。摆4张菜单时，除正、副主人旁边各放一张外，另两张放于正、副主人之间两中点的宾客旁边。菜单也可以竖立摆放在水杯旁边。多桌宴会所用的席次牌摆在餐台的下首（以10人桌为例，主人右手第三位宾客的餐具旁），席次牌的牌号朝向宴会厅的入口处。

（八）复查摆台

全部餐、用具摆好后，再次整理、检查台面，整理调整椅子。

中餐宴会摆台顺序与方法大致如上所述，但由于南、北方操作习惯不尽相同，方法也不完全一样，图7－1是三种不同的中餐宴会餐具摆台，图7－2为2001年上海APEC会议工作午餐中餐西吃法的餐具摆放，供参考。

二、西餐宴会摆台

（一）摆台与定位

摆台前要先洗手，再按规定铺好台布，摆上蜡台，并将椅子定位。

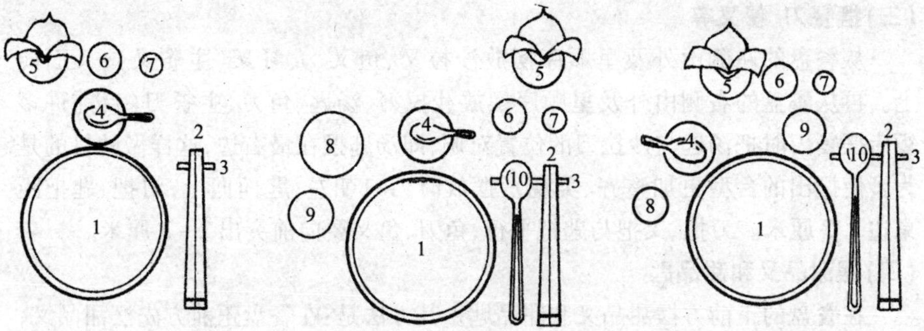

图 7-1　中餐宴会每客餐位餐具摆放示意图

1. 餐盘　2. 筷子　3. 筷子架　4. 羹匙、羹匙垫　5. 水杯 、餐巾　6. 葡萄酒杯　7. 白酒杯　8. 汤碗　9. 味碟　10. 取菜公匙

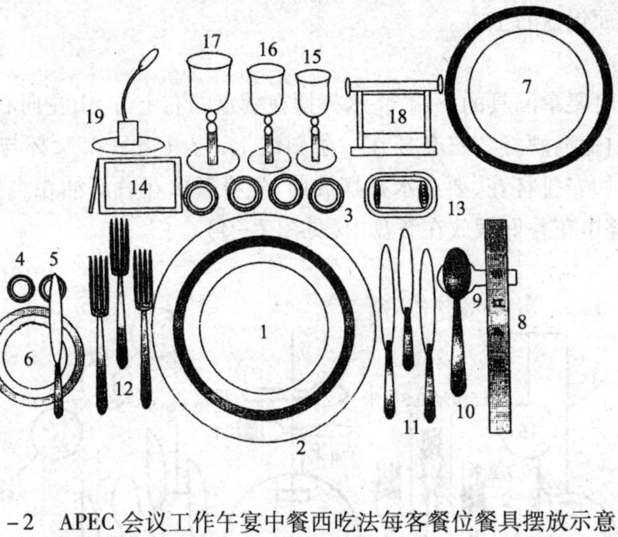

图 7-2　APEC 会议工作午宴中餐西吃法每客餐位餐具摆放示意图

1. 12 寸菜盘　2. 13 寸银看盘　3. 4 寸各吃小冷碟　4、5. 2. 5 寸味碟　6. 8 寸面包盘与黄油刀　7. 12 寸青花看盘　8～10. 筷子、筷架、银勺　11、12. 银大刀、小刀、大叉、鱼叉、小叉　13. 银毛巾碟　14. 席位卡架　15～17. 水杯、红葡萄酒杯、白葡萄酒杯　18. 红木架画轴式中文菜单，中间为玻璃雕刻英文菜单　19. 话筒

(二)摆餐盘

从主人(西餐宴会使用长台时,主人一般多安排在长台正中或长台顶端,使用圆桌时与中餐宴会安排相同)位置开始按顺时针方向摆放餐盘(服务盘、小吃盘),摆盘时,将餐巾放在餐盘上,盘的中心要对准椅背的中间,注意盘的图案、店徽要摆端正,盘边距桌边约 1.5 厘米。

(三)摆餐刀、餐叉等

从餐盘的左侧由外及里顺序摆放沙拉叉、鱼叉、大餐叉(主餐叉),叉面向上。再从餐盘的右侧由外及里顺序摆放沙拉刀、汤匙、鱼刀、主餐刀(目前许多饭店摆餐刀时把汤匙与沙拉刀的位置对调,即汤匙摆在最右边,这样做的目的是为了使摆出的台型更加整齐、美观),摆放时刀口朝左,匙面向上,刀把、匙把距桌边1.5厘米。刀把、叉把与匙把平行,鱼刀、鱼叉要向前突出2~3厘米。

(四)摆甜品叉和甜品匙

在餐盘的正前方摆甜品叉和甜品匙。其方法是:在餐盘正前方先摆甜品叉,叉把向左;在甜品叉的前方摆甜品匙,匙把向右。

(五)摆面包盘、黄油刀和黄油盘

在靠沙拉叉的左侧1厘米处摆面包盘,面包盘与餐盘中心取齐,面包盘的中心线到沙拉刀宽度约为58~60厘米。在面包盘的右侧竖放黄油刀,刀刃朝左。黄油盘摆在面包盘右上方。

(六)摆酒具

摆酒具时要拿酒具的下端,将水杯摆在餐盘的右上方,由左向右顺序摆放红葡萄酒杯、白葡萄酒杯。三套杯在一条斜线上,与桌边呈45°,杯与杯之间相距约1厘米。如安排杯花,要在水杯摆放前,先将餐巾花叠好插在水杯中;如安排盘花,就将叠巾花叠好摆放在餐盘内(见图7-3)。

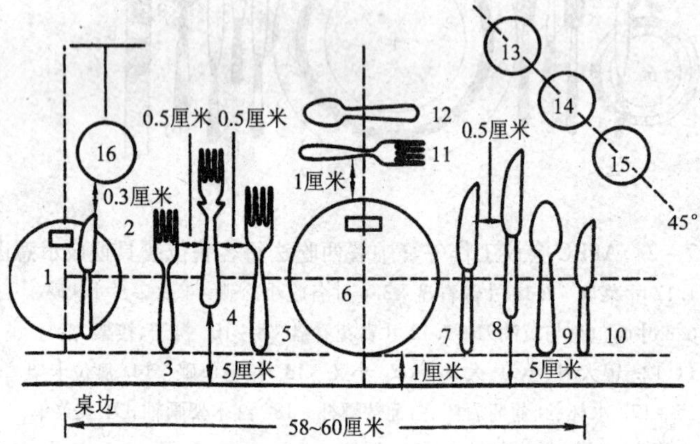

图7-3 西餐宴会每客餐位餐具摆放示意图

1. 面包盘 2. 黄油刀 3. 沙拉叉 4. 鱼叉 5. 主餐叉 6. 装饰盘
7. 主餐刀 8. 鱼刀 9. 汤匙 10. 沙拉刀 11. 甜品叉 12. 甜品匙
13. 水杯 14. 红葡萄酒杯 15. 白葡萄酒杯 16. 黄油盘

(七)摆放用具

盐瓶、胡椒瓶、牙签筒按5人一套摆放在餐台中心横线上。烟灰缸从主人右侧起，每两人摆一个烟灰缸。目前，国外许多餐厅在摆台时不放烟灰缸，如有宾客抽烟，则在上完点心之后再摆烟灰缸。如主办单位需要上香烟、火柴，则将香烟放在茶盘上，摆在正、副主人餐具右侧，火柴摆在香烟的右侧，正面朝上。摆放菜单时，将菜单放在正、副主人餐具的右侧，距桌边1.5厘米。

第五节　斟酒

一、酒具的种类和示瓶

(一)酒具的种类

如图7－4所示。

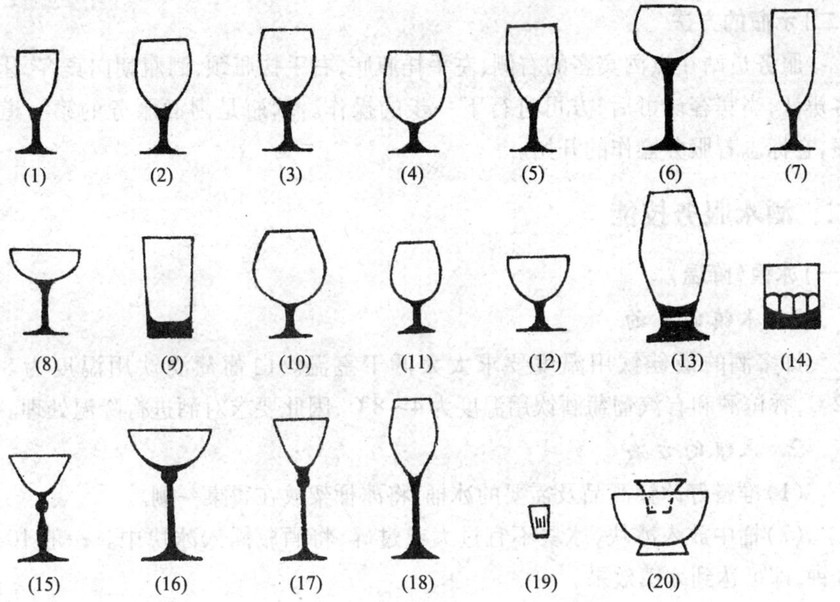

图7－4　各种酒具

图中标示如下：

(1)白葡萄酒杯是饮用各种白葡萄酒的专门酒具。

(2)红葡萄酒杯是饮用各种红葡萄酒及玫瑰葡萄酒的专门酒具。

(3)水杯是西餐厅中饮用冰水的专门杯具。

(4)、(5)、(6)是饮用各种红葡萄酒、白葡萄酒的酒具。

(7)新式香槟杯是专门饮用香槟酒的酒具。

(8)老式香槟杯。

(9)汁水杯是饮用各种饮料的专门杯具。

(10)白兰地杯是饮用各种白兰地的专门酒具。

(11)郁金香杯是饮用葡萄酒的酒具。

(12)开胃酒杯是饮用西餐餐前酒的专门酒具。

(13)啤酒杯是饮用各种啤酒的专门酒具。

(14)老式威士忌杯是饮用威士忌酒的专门酒具。

(15)鸡尾酒杯是饮用鸡尾酒的专门酒具。

(16)客普杯是饮用鸡尾酒的酒具。

(17)另一种鸡尾酒杯,是饮用双份鸡尾酒的专门酒具。

(18)笛杯是饮用鸡尾酒的酒具。

(19)利口杯是饮用各种利口酒的酒具。

(20)黄酒杯是中国传统的饮用黄酒(绍兴酒)的专用酒具。

(二)示瓶的方法

服务员站在点酒宾客的右侧,左手托瓶底,右手扶瓶颈,酒瓶朝向宾客,让宾客辨认,当宾客认可后,方可进行下一步的操作。示瓶是斟酒服务的第一道程序,它标志着服务操作的开始。

二、酒水服务技能

(一)冰镇(降温)

1. 冰镇的目的

许多酒的最佳饮用温度要求大大低于室温。白葡萄酒饮用温度为8~12℃,香槟酒和有汽葡萄酒饮用温度为4~8℃,因此要求对酒进行降温处理。

2. 冰镇的方法

(1)准备好冰镇酒品及需要的冰桶,将冰桶架放在餐桌一侧。

(2)桶中放入冰块,冰块不宜过大或过碎,将酒瓶插入冰块中。一般10余分钟,即可达到冰镇效果。

(3)溜杯,用冰块对杯具进行降温处理。服务员手持酒杯的下部,杯中放入一块冰块,摇转杯子,以降低杯子的温度。

(4)用冰箱冷藏酒品。

(二)温烫(升温)

1. 温烫的目的

某些酒品(如黄酒、加饭酒)在饮用前将酒的温度升高,味感会更好,这已是一种习惯做法。有些外国酒也有升温后饮用的习惯。

2. 温烫的方法

(1)水烫。将酒倒入温酒壶,然后放入热水中升温。

(2)火烤。将酒装入耐热器皿,置于火上升温。

(3)燃烧。将酒倒入杯中放于酒精内,点燃酒精升温。

(4)将滚烫的饮料(水、茶、咖啡)冲入酒液中或将酒液注入热饮料中(如爱尔兰咖啡)升温。

水烫和燃烧一般是当着宾客的面操作的。

(三)开瓶

这是指开启酒瓶瓶塞的方法与注意事项。

(1)使用正确的开瓶用具。开瓶器有两大类型,一类是专用于开启葡萄酒瓶塞的酒钻,一类是开瓶盖用的起子(扳手)。酒钻的螺旋部分要长(有的葡萄酒软木塞长达8~9厘米),头部要尖,切不可以带刃,以免割破瓶塞。酒钻最好装有一个起拔杠杆,以有利于拔起瓶塞。

(2)开瓶时,要尽量减少瓶体的晃动。一般将瓶放在桌上开启,动作要准确、敏捷、果断。万一软木塞有断裂危险,可将酒瓶倒置,用内部酒液的压力顶木塞,然后再旋转酒钻,切忌双腿夹住酒瓶来拔塞,动作不雅观。

(3)开拔越轻越好。要防止突爆声产生,特别是在高雅幽静的场合下,嘈杂声与环境是不协调的。

(4)拔出瓶塞后需进行检查。检查瓶中酒是否有质量问题,检查的方法主要是嗅辨(嗅辨以嗅瓶塞插入瓶内的那部分为主)。

(5)开启瓶塞以后,要用干净的布巾仔细擦拭瓶口。擦拭时,注意不要将瓶口积垢落入酒中。

(6)开启的酒瓶、酒罐可以留在宾客的餐桌上,放置的位置一般在主人的左手一侧。使用冰桶的冰镇酒水要放在冰桶架上,放在餐桌一侧,距离餐桌不要过远,以方便宾客取用和不妨碍另桌宾客为准。用酒篮盛放的酒连同篮子一起放在餐桌上。空瓶应随时从餐桌上撤下、回收。

(7)开瓶后的封皮、木塞、盖子等杂物,不要直接放在桌子上,可以放在小盘子里,操作完毕一起带走,不要留在宾客的餐桌上。

(8)开启带汽或者冷藏过的酒罐时,会有水汽喷射出来,因此在宾客面前开启时,应将开口一边对着自己,并用手挡遮,以示礼貌。

(9)开香槟酒的方法。香槟酒瓶塞大部分被压进瓶口,上有一段帽形物露出瓶外,并用铁丝浇扎固定。开瓶时,在瓶上盖一块餐巾,双手在餐巾下操作,具体方法是左手斜拿酒瓶,大拇指压住塞顶,用右手扭开铁丝,然后握住塞子的帽形物,轻轻转动上拔,靠瓶内的压力和手拔的力量把瓶塞顶出来。操作时,应尽量避免瓶塞拔出时发生声音,尽量避免晃动,以防酒液溢出。饮用香槟酒一般都是事先冰镇的,因此开瓶后一定要擦净瓶口。

(四)滗酒

有些贮存时间较长的陈酒有一定的沉淀物积在瓶内,这是正常的,但为了避免斟酒时产生混浊现象,要事先去掉瓶内的沉淀物,以确保酒液的纯净。有些高档西餐厅在为宾客服务之前对使用的进口葡萄酒都要滗酒。滗酒时使用滗酒器,没有滗酒器时,可以用容量较大的水杯代替,其操作方法如下。

(1)先将酒瓶竖放,待沉淀物积于瓶底,再将瓶子横放,动作要轻。

(2)将酒瓶和水杯对着亮光,然后慢慢将酒液滗入水杯。当接近含有沉淀物的酒液时,需要沉着果断,争取滗出尽可能多的酒液,剔除混浊物质。

(五)斟酒

斟酒的基本方法有两种:一种叫桌斟,一种叫捧斟。

(1)桌斟。其具体操作方法是:服务员站在宾客的右边,侧身用右手握酒瓶向杯中倾倒酒水。瓶口与杯沿需保持一定的距离,一般以1厘米为宜,切忌将瓶口搁在杯沿上或采取高溅注酒的错误方法。服务员每斟一杯,都要换一下位置,站到下一位宾客的右侧。正对宾客或手臂横越宾客的视线等都是不礼貌的行为。采用桌斟时,还要注意掌握好斟满的程度,有些酒需要少斟(白兰地),有些酒需要多斟,但不要过分。每斟一杯酒后,持瓶的手要顺时针转一个角度,同时收回酒瓶,使酒滴留在瓶口上,不落在桌上、餐具上或宾客身上,然后左手持布巾擦拭一下瓶口,再给下一位宾客斟酒。

(2)捧斟。捧斟多适用于酒会和酒吧服务。其方法是一手握瓶,一手将酒杯捧在手中,站立在宾客右侧,然后向杯内斟酒。斟酒动作应在台面以外的空间进行,然后将斟满的酒杯放在宾客的右手处。捧斟适用于非冰镇处理的酒。捧斟时服务员要做到准确、优雅、大方。

总之,不论采用哪种斟酒方法,都要动作细腻,优雅大方,同时要注意服务卫生,不能将脚踏在椅子上,更不能将手搭在椅背或宾客身上。

(3)手握酒瓶的姿势。首先要求手握酒瓶中部、商标朝向宾客,便于看到酒水商标(在西欧也有手握酒水商标的),向宾客说明酒水特点。

(4)凡使用酒篮的酒,瓶颈下应衬垫一块布巾或纸。

(5)凡使用冰桶的酒,从冰桶取出时,应以一块布巾包住瓶身,以免瓶外水滴弄脏台布或宾客衣服。

(6)斟倒香槟酒时,应将酒瓶用餐巾包好,先向杯中注入1/3的酒液,待泡沫退去后,再往杯中续斟,以八成满为宜。

三、中西餐宴会斟酒程序

(一)中餐宴会斟酒程序

1. 中餐宴会的常用酒水

中餐宴会一般用两种酒:一类是度数较高的高度酒,如茅台、五粮液等;另一类是度数较低的酒,如各种红葡萄酒、白葡萄酒、黄酒等。饮料一般多用啤酒、矿泉水、可口可乐及各种果汁等。宴会要准备哪些酒品和饮料,应在宴前征求主办人的意见,根据规格和用餐标准办理。备酒时,要多备几种,以防临时变化或为满足个别宾客的特殊需要。

2. 中餐宴会的斟酒程序

(1)重要的或大型宴会,在宴会开始前5分钟,服务员应将烈性酒和葡萄酒先斟好。在宾客入座后,再斟饮料,同时检查服务桌上酒水质量,如发现瓶子破裂或有变质的酒水要及时调换。小型宴会一般不要先斟酒品,待宾客入座后再斟倒。

(2)服务员为宾客斟酒时,应从主宾开始,按男主宾、女主宾、主人的顺序,顺时针方向依次斟倒。两个服务员同时斟酒时,一个从主宾开始,顺时针方向绕餐台进行,另一个从副主人一侧开始,顺时针方向绕台进行。给每位宾客斟酒之前,应先示意一下。

3. 斟酒注意事项

(1)为宾客斟酒不可太满,一般以八成为宜(指烈性酒杯和中餐宴会用的葡萄酒杯),瓶口不要碰上杯口,以防把杯口碰毛、碰碎或者将杯子碰翻。

(2)斟酒时,酒瓶不要拿得过高,以防酒水溅出杯外,当操作不慎,将杯子碰倒时,应向宾客表示歉意,并立即在餐台有酒水痕迹处铺上一块干净的餐巾,如宾客将杯碰翻、碰碎时,服务员也要用上述方法处理。

(3)控制好酒水流出瓶口的速度。满瓶酒和半瓶酒出口速度不同,瓶内酒越少,出口速度就越快,斟倒时稍不留意,就容易使酒水冲出杯外,因此一定要掌握好酒瓶的倾斜度。

(4)啤酒泡沫较多,斟倒时速度要慢,让酒沿杯壁流下,这样泡沫就可减少。斟酒量以泡沫不溢为准。将酒瓶搭在杯口上,然后使杯子倾斜的斟啤酒方法是不正确的。

(5)在宾客祝酒讲话时,服务员应停止一切活动,精神饱满地站在适当的位置上。要端正肃立,不可抓耳挠腮或交头接耳,并要注意每个宾客杯中的酒水,特别要照应好主宾和主人。讲话即将结束时,服务员要送上一杯酒,供祝酒之用。主人离位或离桌去祝酒时,服务员要托着两种酒,跟随主人身后,以便及时给主人或其他宾客续斟。

(6)在宴会进行过程中,看台服务员要随时注意每位宾客的酒杯和水杯,见到杯中酒水喝到只剩1/3时,就应及时添满。

(二)西餐宴会斟酒程序

1. 西餐宴会的常用酒品

比较高级的西餐宴会一般要用7~8种酒,而且每道菜都要跟上一种酒,也就是说,吃什么菜,配什么酒。喝什么酒配用什么杯,有较严格的规定和要求。

西餐菜肴服务顺序及各种菜肴需配酒品见下表。

表 西餐宴会菜点、酒品及杯具的搭配

菜 点	酒 品	杯 具
冷盘或海味	烈性酒	烈性酒杯
汤	雪利酒	雪利杯
鱼虾	白葡萄酒	白葡萄酒杯
副菜(又叫小盘)	红葡萄酒	红葡萄酒杯
主菜(又叫大盘)	香槟酒	香槟酒杯
甜点	波特酒	葡萄酒杯
水果	—	—
奶酪	—	—
咖啡	白兰地酒、利口酒	白兰地杯、烈性酒杯

2. 西餐宴会的斟酒程序

(1)做好酒的质量检查,变质的酒要及时更换。各种酒瓶应在餐前开启,擦干净瓶口,塞好瓶盖待用。上开胃品或海味时要跟上烈性酒,用小的烈性酒杯(一般在宾客入席前5分钟斟好)。在斟烈性酒的同时,在水杯内倒上冰水(在夏季还须放上小块冰以保持冷度)。

(2)上汤时,要上雪利酒,用雪利杯。斟酒之前,将雪利杯与烈性酒杯对调一下位置,使宾客举杯方便。在进餐中,每斟一种酒时都应将相应酒杯调到外档(右侧)。

(3)上鱼时,跟上浓度较低的白葡萄酒,用白葡萄酒杯,酒应是冰镇过的。在夏天须在前一天或当天一早通知酒水间将酒冰冷。在宴会开始前,将酒移入冰桶,并在冰桶内加入冰块,放在服务台上。斟酒之前要将瓶身擦净,以防酒水滴在宾客身上。

(4)上副菜时,跟上红葡萄酒,用红葡萄酒杯。冬天饮用此种酒时,有些宾客喜欢用温水烫热饮用(一般宴会用这种酒是不烫的)。某些红葡萄酒有沉淀物,应在宴会前滗好,再灌入瓶内,斟时尽量避免摇动。

(5)上主菜时,跟上香槟酒,用香槟酒杯。香槟酒是随菜点的主酒,除主菜跟上香槟酒外,其他菜肴也可跟上香槟酒,如吃点心或讲话祝酒时,也可用香槟酒。香槟酒(事先冰镇)开瓶后,擦干净瓶口,用餐巾包好瓶子再斟酒。

(6)上甜点时,可上波特酒,用葡萄酒杯。波特酒是深红色的葡萄酒,味甜而略酸,有较浓的葡萄酒味。

(7)上水果和奶酪时,一般不需上酒。

(8)上咖啡时,上白兰地酒和利口酒。

西餐宴会各道菜配上的酒一般在菜上桌之前斟好。

西餐宴会斟酒的顺序一般为:女主宾、男主宾、主人、其他宾客。

3. 西餐宴会斟酒注意事项

(1)白葡萄酒斟满杯的3/4。

(2)红葡萄酒斟满杯的2/3。

(3)白兰地酒只斟满杯的1/6或1/5,标准是当把白兰地酒杯横放时,酒液与杯口齐平。

(4)利口酒的种类很多,它具有酒精度较高、含糖分高的特点,有助消化。斟酒时,应用较大的圆托盘或方托盘,装上4~5种利口酒,摆上几只利口酒杯,服务员左手托盘,右手布杯,询问宾客喜欢饮用哪种酒,然后为宾客斟倒。

(5)其他注意事项与中餐宴会大体相同。

第六节 宴会菜肴服务

菜肴服务是整个宴会服务过程的中心环节,由于宴会规格等级不同,用餐人数多少不等,菜肴的品种和数量也就不同,这就要求宴会服务员要掌握菜肴服务的不同方法。

一、中餐宴会的菜肴服务

中餐宴会的菜肴服务一般有上菜、派菜(让菜)和分菜三种服务。

(一)上菜

1. 上菜的原则

中式宴会上菜的原则是先冷后热,先菜后点,先咸后甜,先炒后烧,先清淡后肥厚,先优质后一般。

2. 要正确选择操作位置,按服务程序上菜

上菜的位置一定要在译陪座位之间,一般不能在主宾和主人之间。上菜前,在菜盘中放一副大号的餐叉或筷子、餐匙。服务员双手将菜放在餐桌的中央,同时报上菜名,简要介绍菜肴的特色,然后请宾客品尝。每上一道新菜,须将前一道菜移至副主人一侧,将新菜放在主宾、主人面前,以示尊重。

3. 及时撤菜

餐台的桌面上一般只留下两道菜,当第三道菜上桌时,餐台上原有的两道菜就应撤下一道,服务员撤菜前要征询宾客的意见,待经宾客允许后方可操作,撤菜的位置与上菜的位置相同。掌握正确的上菜方法,能为宾主之间创造良好的气氛。

4. 不同类别菜肴的服务方式

(1)冷菜。上冷菜,如潮式卤水拼盘,要配上白醋,鲨鱼类要跟糖醋汁。

(2)佐料类。如果有的热菜跟佐料、小料等,应同热菜一起上齐。如清蒸鱼配有姜醋汁,北京烤鸭配有葱、酱、饼等,在上菜时可略作说明。

(3)声响菜。上有声响的菜,如海参锅巴、肉片锅巴、虾仁锅巴等,一出锅就要以最快的速度端上台,随即把汤汁浇在锅巴上,使之发出响声。做这一系列动作要连贯,不能耽搁,否则此类菜将失去应有的品位和质感,影响声响效果。

(4)炸爆炒菜。如凤尾明虾、炸虾球、油爆肚仁等,一出锅即须立即端上餐桌。上菜时要轻稳,以保持菜肴的形状和风味。

(5)拔丝菜。上拔丝菜,如拔丝香蕉、拔丝苹果、拔丝山芋等,要托热水上,即用汤碗盛装热水,将装有拔丝菜的盘子搁在汤碗上,用托盘端送上席,并跟凉开水数碗。将拔丝菜放在保温热水上,可防止糖汁凝固,保持拔丝菜的风味。

(6)外包菜。上泥包、盐焗、荷叶包的菜,如叫花鸡、盐焗鸭、荷香鸡,要先上台让客人观赏后,再拿到操作台上当着客人的面打破或启封,以保持菜肴的香味和特色。

(7)原盅炖品菜。上原盅炖品菜,如冬瓜盅,上台后要当着客人的面启盖,以保持炖品的原味,并使香气在席上散发。揭盖时要翻转移开,以免汤水滴落在客人身上。

(8)火锅。四生火锅、六生火锅、八生火锅、菊花火锅、毛肚火锅等,均属生炊火锅一类,一般使用固体酒精,其上席的操作方法和要求基本相同。

四生火锅上席的操作方法和要求如下。

①将火锅拿到工作台后,在上席前掀开火锅盖,再检查一下菜肴的质量和卫生,然后用大汤勺舀出适量的汤,盛于大汤碗内,以防止上席后加主料、配料时汤汁溅出。

②在四生盘中稍许放一点料酒,轻轻晃动一下,使酒浸润盘底,以避免原料因干燥而粘在碟子上。这样做,上席后可顺利地将原料拨进火锅。

③将火锅盖好上桌。上桌时,火锅下要放一个盛水的盘子,以防止烤焦台布。上桌摆稳后,先点燃锅底的酒精炉再将锅盖揭起。揭盖时要轻轻掀起,在火锅上面将锅盖翻转,以防止锅盖的水珠滴到桌面上,并用另一只手接在锅盖下面,拿出桌外。

④上四生盘。如果四生盘子是花色拼盘,须在上火锅前摆在桌上展示。如果是一般的拼碟,在上桌时摆在火锅四周即可。

⑤加入四生原料。待火锅里的汤烧开后,先把荤料放入火锅,煮开后先分给客人食用,然后加入不易煮熟的白菜,煮开后再按烹熟所需时间长短,依次用筷子将其他素菜拨进火锅。不易煮熟的先拨入,易熟的后拨入,随即用筷子搅散煮熟,分给客人食用。

(9)菜肴的看面要对准主位。所谓菜肴的看面,就是最宜于观赏的一面。

各类菜的看面是：整形的有头的菜，如烤乳猪、冷碟“孔雀开屏”等，其头部为看面；而头部被隐藏的整形菜，如八宝鸡、八宝鸭等，其丰满的脯面为看面；有“喜”字、“寿”字的造型菜，其字画的正面为看面；一般的菜其刀工精细、色调好看的部分为看面。

如果上整鸭、整鸡、整条鱼时，中国传统的习惯是“鸡不献头，鸭不献掌，鱼不献脊”。即上菜时将其头部一律向右，腹部朝主人，表示对客人的尊重。

(二)派菜

中餐宴会的派菜是由服务员使用派菜的叉、匙(银制或不锈钢制品)，依次将热菜分派给宾客，每道热菜派让两遍，具体操作方法如下。

(1)派菜服务员左手垫上布巾将热菜盘托起，右手拿派菜用的叉、匙进行分派。服务员要站在宾客左侧，站立要稳，身子不能倾斜在宾客身上，腰部稍弯。

(2)派菜时呼吸要均匀，可以边派边向宾客讲明菜点的名称、特色和风味，但要注意讲话时头部不要距离宾客太近。

(3)要掌握好派菜数量，做到分让均匀，特别是主菜。

(4)派菜要做到一勺准，决不允许把一勺菜分让给两位宾客，更不允许从宾客的盘中往外拨菜。

(5)派每道菜，第一次派完后，盘中宜余下1/10的菜肴，以示菜肴的宽裕，并为第二次派菜做好准备。

派菜服务要求服务员熟练地掌握叉、匙夹菜的技巧，能够在宾客面前操作自如，服务员使用叉、匙的姿势见图7－5。

图7－5　派菜服务右手执叉匙姿势图

(三)分菜

分菜方法有三种：托盘分菜、桌面上分菜、服务车或服务桌上分菜。

1. 托盘分菜

分菜方法是，服务员左手托盘，右手拿叉与匙，将菜从客人的左边派入其餐盘中。

2. 桌面上分菜

(1)分菜的服务用具。分鱼、禽类菜肴时，用一刀、一叉、一匙，分炒菜时使用服务匙、中叉一把或一双筷子、一长柄汤匙。

(2)分菜方法。分菜由两名服务员配合操作，一名服务员分菜，一名服务员为宾客送菜。分菜服务员站在译陪位置进行操作，右手执叉、匙夹菜，左手执长柄汤匙接挡下方,以防菜汁滴落在台面上。另一名服务员站在宾客的左侧,把餐盘递给分菜服务员,待菜肴分好后将餐盘放回宾客面前。有配料的菜,如烤鸭,要配上甜面酱等,才能放入宾客的餐盘中。

(3)剔鱼脊骨。服务员应左手持匙,右手持刀,用匙按住鱼头,用餐刀顺着鱼背往后划,把鱼肉分开,将骨取出,然后将鱼肉分入宾客餐盘。

送菜的顺序为先送主宾、副主宾、主人,然后再依次按顺时针方向送。

3. 服务车或服务桌分菜

(1)在宾客餐桌旁放置一辆服务车(或服务桌),准备好干净的餐盘,放在服务车上的一侧,备好叉、匙等分菜工具。

(2)每当菜从厨房取来后,服务员将菜放在餐台上向宾客展示,介绍名称、特色,然后取下菜放到服务车上分菜。

(3)分菜服务员在服务车上将菜均匀、快速地分到宾客所用的餐盘中。

(4)菜分好后由服务员将餐盘从宾客的左侧送到宾客的面前,顺序与桌面分菜顺序相同。

中餐宴会的几种菜肴服务方法,餐饮服务员都应熟练地掌握,在宴会服务中根据规格、标准和菜肴灵活运用。

二、西餐宴会的菜肴服务

西餐宴会菜肴服务方法大体与中餐宴会菜肴服务方法相同,但是由于各国宴会习俗不同,因此在服务方式上也有所不同。现将英式、法式、美式、俄式西餐宴会菜肴的服务方法简介如下。

(一)法式宴会菜肴服务方法

法式服务一般是为宾客派菜。派菜由两名服务员操作,一名服务员派主菜,一名服务员为宾客上各种沙司。派菜时,放上夹菜用的银制(或不锈钢)叉和匙各一把,服务员用左手托盘,在宾客左边呈给宾客,由宾客自己动手将菜夹到自己的餐盘内。法式服务的特点是宾客可根据自己的喜好取食菜点。这种服务,服务员应注意整理菜盘内的菜肴,以整齐美观和富有吸引力的形象出现在宾客面前。有些高档的宴会,为了使宴会的气氛更加热烈,往往备有客前烹制的菜肴。法式服务是一种需要服务较多、服务步骤分得很细的服务。

(二)英式宴会菜肴服务方法

服务员手托菜盘,拿着夹菜用的叉和匙,从宾客的左侧把菜夹到宾客的餐盘里。这是目前各国采用最广的方式,它的特点是一切由服务员为客人操作,较为迅速。英式服务要求服务员熟练地掌握夹菜的技巧。

(三)美式宴会菜肴服务方法

美式服务比较简便,在厨房内就将菜分成一人一份,服务员所要做的就是把菜按顺序迅速地送到宾客的面前。

(四)俄式宴会菜肴服务方法

在离宾客餐桌不远处设一个服务桌,服务员将从厨房端出的菜盘和宾客所用的餐盘一齐放在服务桌上。服务员面对宾客把菜分到餐盘中,然后按顺序把餐盘从宾客左侧送到宾客面前。俄式服务的特点是,每位宾客所得到的菜肴都是精心分配的,各份中主菜、配菜齐全一致。

目前,在西餐宴会的菜肴服务上,有的饭店采用单一的某种方式,也有的饭店采取两种服务方式相结合的服务方法。

◎总结

1. 托盘是餐饮服务员端菜送饭时盛碗碟的盘子。托盘根据用途不同,分为大、中、小三个规格的方托盘、长方形托盘和圆形托盘。托盘的操作方法,从托载物品的重量区分,有胸前托(即轻托)和肩上托(即重托)两种。

2. 中餐宴会与西餐宴会铺台布的方法和标准,既有相似性又有不同性。

3. 美观大方、造型简单、叠法快捷,是叠餐巾花的新的趋向,餐巾花造型有6条应该遵循的基本原则,摆插餐巾花有4点注意事项。

4. 中餐摆台与西餐摆台因其菜式、就餐习俗、餐具酒具等各异,所以摆放出来的台面也各具特点。

5. 中西酒具的种类很多,用途有别,斟酒程序亦有区别。

6. 菜肴服务是整个宴会服务过程的中心环节,西餐宴会菜肴服务方法大体与中餐宴会菜肴服务方法相同,但是由于各国宴会习俗不同,因此在服务方式上,也有所不同。

◎思考题

1. 简述托盘的种类、用途和操作方法。
2. 简述中餐宴会铺台布的方法和标准。
3. 简述餐巾折花的基本手法与种类。
4. 简述餐巾花造型的基本原则。
5. 画出中餐宴会每客餐位的餐具摆放示意图。
6. 画出西餐宴会每客餐位的餐具摆放示意图。
7. 酒水服务技能包括哪些方面的内容?
8. 简述桌斟与捧斟的基本操作方法。
9. 简述中餐宴会的斟酒程序。
10. 简述中餐宴会派菜与分菜的操作方法。

第八章　宴会服务设计

本章内容： 宴会服务的意义与作用

宴会台面设计

宴会台形设计

宴会花台设计

宴会服务程序设计

宴会服务实施方案的编制

教学时间： 6课时

教学目的： 通过本章的学习，使学生了解宴会服务的意义、特点和作用，掌握宴会台面设计、台形设计和花台设计的基本内容，掌握宴会服务程序设计，学会编制宴会服务实施方案。

教学要求： 1.从宴会服务与公众口碑及宴会销售三者间的关系入手，让学生理解宴会服务的意义与作用。

2.让学生掌握宴会台面的种类、命名方法、设计的要求。了解中餐宴会台面的装饰技法，掌握宴会席位安排的方法。

3.让学生理解宴会台形设计的定义，掌握不同类型宴会台形的设计，并能有所创新。

4.从分析宴会服务的阶段性、延续性特征切入，让学生理解不同类型宴会服务的程序设计。

5.以案例分析作引导，让学生学会编制宴会服务实施方案。

美国国家餐厅协会主席迈克尔·赫斯特曾说过："良好的服务是使你在当今饱和的市场上与众不同的关键。我们并非只在自己的餐厅里面出售食品，而是向人们推出一种舒适的经历。"做好宴会服务工作的关键，就是根据宴会的类型、客人的特征及要求，进行恰到好处的服务。宴会服务既需要服务人员有胜任服务工作的能力，微笑着把食物送到宴会餐桌上，更需要服务人员有一颗热情友善的心，并体现在服务人员的一言一行之中。所以，宴会服务是一门综合性学问，是服务的艺术，它将随着时代的进步，不断的发展和完善。

在这一章里，首先要阐述的是宴会服务的特点和作用，接着重点说明宴会台型和服务程序的设计，以及宴会服务方案的编制。

第一节　宴会服务的意义与作用

一、宴会服务的意义

宴会服务是指饭店在承办宴会活动过程中，为满足顾客的需求而进行的活动。

任何一次成功的宴会都离不开承办者的精心策划和所有工作人员的密切配合。任何宴会最终都是通过服务人员以及他们的服务来完成的。而从某种意义上说，宴会厅基层服务人员为顾客提供的服务，便是顾客所注意到的和直接获得的产品。因此，服务在整个宴会中占有重要的地位和重要的意义。

饭店企业过去和现在的宴会经营都基于优质的食品服务。年复一年的各种调查表明，顾客为什么不回头再次光顾饭店，有超过 60% 以上的顾客认为是低质服务的原因。在当今，对客服务已成为饭店企业的头等挑战。

优质的宴会服务能给饭店带来积极的口碑，促进宴会销售的兴旺发展，反之，低质的宴会服务只能给饭店带来负面的口碑，宴会销售也会受到极大的损失。有人做过统计，如果有一位客人投诉，这意味着还有 26 位客人不满意，但却都保持沉默。一个不满的客户将向 8 ~ 16 人讲述神经质不快，91% 的不满客人将不再回来。得到一个新客户要比保留住一个老客户多花 5 倍的时间。负面的口碑是极具破坏性的。从图 8 – 1 中，人们不难看到负面口碑的破坏力到底有多大。

由此可见，口碑既是最佳也是最具杀伤力的行业宣传。它对宴会部或饭店的影响远远超过其他因素。这是为什么呢？因为人们喜欢询问他人哪里能找到一个好的举办宴会的地点或就餐的地点。人们往往更相信自己的朋友，而非天花乱坠的广告词。光顾餐厅和宴会的客人，喜欢向他们的朋友讲述他们受到的服务。因此，饭店和宴会经理的必要工作就是提供优质的服务，使这些客人利用

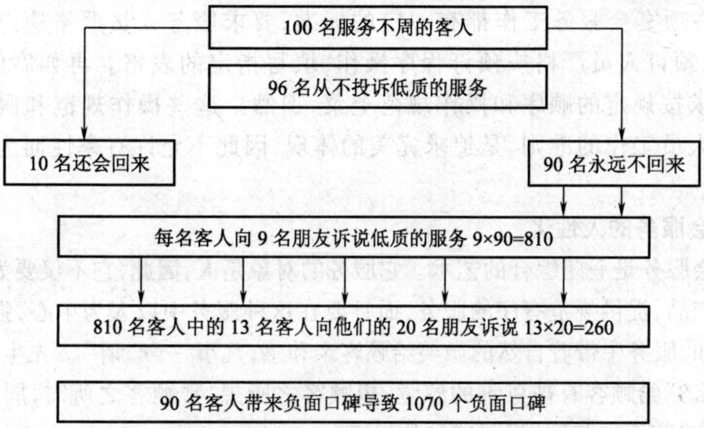

图 8－1　公众负面口碑的影响力

自己的积极口碑促使饭店和宴会的经营成功。

当今餐饮市场已成饱和状态，饭店企业之间的竞争十分激烈，如何在宴会活动中提供与竞争对手不同的超常服务，以提升客人的感受，已成为宴会服务研究的新课题。长久以来，特别是现在，人们宁可多付数倍于自己在家中请客设宴享用美食的花费，而选择去饭店举办宴会，注重的就是饭店的服务、价值和宴会就餐的氛围。所以，饭店宴会经营的成功秘诀，唯有“服务”二字。

二、宴会服务的特点

宴会一般要求格调高雅，在环境布置及台面布置上既要舒适、干净，又要突出隆重、热烈的气氛。在接待服务上强调周到细致，讲究礼节和礼貌、讲究服务技艺和服务规格。从这个意义上来讲，宴会服务具有以下几个特点。

(一)宴会服务的系统化

宴会服务并不仅指宴会服务员在宴请时为客人提供的服务，它同时还指从客人问询宴会开始，到预订、筹办、组织实施、实际接待以及跟踪、反馈等，是宴会部各个部门全体员工共同努力，密切配合，共同完成的工作。因此，宴会服务是一项系统性很强的工作，每一个部分既自成一体，又属于整体规划的一部分。任何一个环节的服务脱节或不到位都将影响到整个宴会部的正常运转。

(二)宴会服务的程序化

宴会部所提供的服务是有先后顺序的。也就是说，各项工作是按照一定的程序进行的，这个程序被各个岗位及所服务的工作人员所遵守，不能有先后的颠倒，更不能有中断，要求每个环节互相衔接。例如，服务操作的铺台布、摆转台、摆小件餐具等，都是依次进行的，如果前后颠倒，便无法进行操作。

(三)宴会服务的标准化

每一项宴会服务工作都有一定的标准,要求服务人员严格遵循。如预订,要求预订人员严格按预订程序操作,填写指定的表格。再如席间服务,也是要求按规定的顺序和操作规范上菜、斟酒。这些操作规范和服务程序是服务人员工作的准则,是追求完美的体现,因此不允许有率性而为的背离和疏漏。

(四)宴会服务的人性化

宴会服务是一门综合的艺术。它服务的对象是人,因此,它不仅要为顾客提供饮食产品,提供规范有序的服务,而且要在这种服务中以人为中心,强调人性化。例如,服务中带着自然的微笑给顾客亲和感;凡事一声"请"、"先生,请问您需要什么?"给顾客有被尊重的感觉;想顾客之所想,帮顾客之所需,周到细致,给顾客有"宾至如归"的温馨感和信赖感。

在当今的社会中,计算机越来越普遍的使用到点菜中,而顾客想要得到的是微笑和人际交流,而不想只与冷冰冰、毫无思维的计算机交流,更不愿意与只懂得宴会服务规范的那些冷冰冰、面无表情的服务人员交流。宴会服务人员应该是充满热情、关怀备至并富有洞察力的人员,懂得把关注点投放在顾客的愉悦中,把服务及时送给顾客,送到细微之处。当客人伸手拿茶杯时,杯子的把手应正好位于客人的手指能够拿到的地方;水杯和酒杯永远是斟满的,在客人喝完杯中酒水后,在客人要求之前,已经为客人又斟倒上了酒水;客人带着幼儿赴宴时,应有供幼儿坐的带护栏的高脚椅子,等等。人性化服务的特点是让客人能感受到服务人员的热情友善,当客人离开餐厅后仍然把这次赴宴当作是一次愉快的经历。

三、宴会服务的作用

宴会服务的作用主要表现在以下几个方面。

(一)宴会服务质量的高低,直接体现宴会规格的高低

不同规格的宴会对宴会厅的布局、摆台、座次的安排以及席间服务的要求是不同的。赴宴者有时可以根据服务人员的服务质量来评判宴会档次和规格的高低。为此,宴会工作人员要努力通过提高服务质量来提高宴会本身的规格。若本来是便宴,但如果顾客得到的是高规格的服务,则宴会本身便增值了,举办宴会者会对所购买的消费感到物有所值,甚至是超值享受,因而非常满意;如果本来是高规格的宴会,但若只给顾客提供便宴的服务水平,则宴会随之就贬值了,举办宴会者便会对其所购买的服务感到不值得,引起顾客的不满,高档宴会在客人眼里也只是普通的宴会了。

(二)宴会服务质量的高低直接影响宴会的气氛

不论是中餐宴会还是西餐宴会都非常讲究宴会的气氛,席间往往要有宾主

讲话或致词,有时还要有席间演奏或席间文艺表演。作为营造这种气氛的直接参与者的服务人员,如果服务质量高超,服务技巧娴熟,则起到锦上添花、画龙点睛的作用。如满汉全席的服务人员要求身着民族服装,步伐轻盈,整齐一致,间或有满族舞姿造型,配以民族音乐,使宾客在享受民族名贵佳肴的同时,领略皇家饮食文化、民族风情和民族风采,席间气氛欢愉融洽,使宴会掀起一个又一个高潮,从而营造出文雅欢快的宴会氛围。

(三)宴会服务的成败决定宴会经营的成效

宴会的成功与否取决于诸多方面的原因。主办者举办宴会往往有其明显的目的,或表示友好,或答谢或贺喜等。经验丰富的宴会工作人员往往在了解宴会主办者的目的之后,运用各种服务技巧和热诚,提供优质服务加强宴会主题气氛的渲染,使气氛和谐统一,达到令主办者满意的效果,使宴会获得圆满成功。一次成功的宴会,就是一次成功的宣传、一次成功的营销,如此良性循环,可以给企业带来不尽的财富。

(四)宴会服务质量的高低直接影响饭店的声誉

宴会服务人员直接与宾客接触,他们的一举一动、一言一行都会在宾客的心中留下深刻的印象。因此,顾客可以根据宴会为他们提供的食品、饮料的种类、质量和分量及服务人员的服务态度和服务方式来判断服务质量的优劣和管理水平的高低。所以,宴会服务的好坏直接关系到饭店的声誉和形象。优质宴会服务可以扩大饭店的美誉度,提升饭店的良好形象。

由此可见,宴会服务在宴会中起着非常重要的作用。服务人员只有提高服务水平和服务质量,才能更好地满足顾客的宴会消费需求,创造出更多的利润,以提高宴会的经济效益。

第二节　宴会台面设计

优雅大方的就餐环境与实用美观、富有创意的宴会台面设计,将为客人营造出良好的就餐氛围。就餐环境与宴会台面设计是客人步入宴会厅之后的第一视觉印象,至关重要,也是宴会服务成功与否的一个重要因素。富有特色与创意的台面,是设计者在掌握宴会台面设计基本知识的基础上经过潜心研究设计出来的,也才能使赴宴宾客达到赏心悦目的效果。

一、宴会台面的种类

宴会台面的种类很多,通常按餐饮风格划分为中餐宴会台面、西餐宴会台面和中西混合宴会台面;也可按宾客的人数和就餐的规格划分为便宴台面和正式宴会台面;按台面的用途又可以划分为餐台、看台和花台。

(一)按餐饮风格分

1. 中餐宴会台面

中餐宴会台面用于中式宴会,一般使用圆桌台面和中式餐具进行摆台设计,如筷子、骨碟、汤碗、汤勺、搁碟、味碟、口汤碗和各种酒杯等。

2. 西餐宴会台面

西餐宴会台面用于西式宴会。常用方形、长形台面,或用长形、半圆形、1/4圆形等台面搭成椭圆、"T" 形台面、"工" 字形台面等。西餐摆台设计时使用西式餐具,如金属餐刀、餐叉、餐勺、菜盘、面包盘和各种酒具、银制烛台等。

3. 中西混合宴会台面

由于中西饮食文化的交流,许多中餐菜肴都采用了中菜西吃的用餐形式,既保持了中菜的优点,又吸收了西菜用餐方式的长处,这是一种值得推广的用餐形式。中西混合宴会台面就是针对这种就餐方式而设计的,可使用圆台或西餐各种台面。摆放的餐具主要有:中餐用的筷子、骨碟、汤碗,西餐用的餐刀、餐叉、餐勺及各种酒具等。

(二)按台面用途分

1. 餐台

餐台也叫食台、素台,在饮食服务行业中称为正摆台。此种宴会台面的餐具摆放都应按照就餐人数的多少,菜单的编排和宴会标准配用。餐台上的各种餐具、用具,要距离间隔适当,清洁适用,美观大方,放在每位宾客的就餐席位前。各种装饰物品都必须整齐一致地摆放,而且要尽量相对集中。

2. 看台

看台是指根据宴会的性质、内容,用各种小件餐具、小件物品和装饰物品摆设成各种图案,供宾客在就餐前观赏。在开宴上菜时,撤掉桌上的各种装饰物品,再把小件餐具分给各位宾客,让宾客在进餐时便于使用。这种台面多用于民间宴席和风味宴席。

3. 花台

花台,广义的解释就是用鲜花、绢花、盆景、花篮,以及各种工艺美术品和雕刻物品等点缀构成各种新颖、别致、得体的台面。这种设计要符合宴会的内容,突出宴会主题。图案的造型要结合宴会的特点,要具有一定的代表性或者政治性,色彩要鲜艳醒目,造型要新颖、独特。

二、宴会台面命名的方法

大多成形或成功的台面,都拥有一个别致而典雅的名字,这便是台面的命名。只有给宴会台面恰当的命名,才能突出宴会的主题、增加宴会的气氛,宴会台面命名的方法主要有以下几种。

(一)根据台面的形状或构造命名

这是最基本的台面命名方法,其具体命名如中餐的圆桌台面、方桌台面、转台台面,西餐中的直长台、"T"形台、"M"形台、"工"形台等。

(二)根据每位客人席前所摆的小件餐具的件数命名

这种命名方法使人一听便知台面餐具的构成,便于了解宴会的档次和规格。其具体命名如五件餐具台面、七件餐具台面等。

(三)根据台面造型及其寓意命名

这种命名方法容易体现宴会主题,其具体命名如百鸟朝凤席、蝴蝶戏花席、友谊席等。

(四)根据宴会的菜肴名称命名

这种命名方法使宴会工作人员一听便知应该摆放何种用餐具,如全蟹席,其中有清蒸大闸蟹一菜,餐台上每客面前要摆放剔蟹用的八件套剔蟹工具等。

三、宴会台面设计的要求

一个成功的宴会台面设计,既要充分考虑到宾客用餐的需求,又要有大胆的构思、创意,将实用性和观赏性完美地结合,所以在宴会台面设计时,要满足以下几个基本要求。

(一)根据宾客的用餐要求进行设计

在进行宴会设计时,每个餐位的大小、餐位之间的距离、餐用具的选择和摆放的位置,都要首先考虑到宾客用餐的方便和服务员为宾客提供席间服务的方便。

(二)根据宴会的主题和档次进行设计

宴会台面设计应突出宴会的主题,例如婚庆宴会就应摆"喜"字席,百鸟朝凤、蝴蝶戏花等台面,如果是接待外宾就应摆设迎宾席、友谊席、和平席等。

同时台面设计还应考虑到不同宴会档次,根据宴会档次的高低来决定餐位的大小、装饰物及餐用具的造价、质地和件数等。

(三)根据宴会菜点和酒水特点进行设计

餐用具及装饰物的选择与布置,必须由宴会菜点和酒水特点来确定。不同的宴会配备不同类型的餐用具及装饰物,如中餐宴会应选用传统的中式餐用具,如筷子、骨碟、汤勺等;西餐宴会菜点有配套的餐具,如西餐中有头盘刀、头盘叉、沙拉刀、沙拉叉、主餐刀、主餐叉、甜品勺、甜品叉、汤勺等餐具用以配备不同的菜点;饮用不同的酒水也应摆设不同的酒具,如饮料杯、红葡萄酒杯、白葡萄酒杯、啤酒杯等。

(四)根据美观性要求进行设计

宴会台面设计在满足以上实用性的基础上,应结合文化传统、美学原则进行创新设计,将各种餐用具加以艺术陈列和布置,起到烘托宴会气氛、增强宾客食欲的作用。

（五）根据民族风格和饮食习惯进行设计

选用小件餐具，要符合各民族的用餐习惯，例如中餐和西餐所用的桌面和餐具都不一样，必须区别对待，中餐台面要放置筷子；西餐台面则要摆放餐刀、餐叉。安排餐台和席位要根据各国、各民族传统习惯确定，设置座位花卉不能违反民族风俗和宗教信仰的禁忌。例如，日本人忌讳荷花，因而日本人用餐就不能摆放荷花及有关的造型。

（六）根据卫生要求进行设计

摆台所用台面、口布、小件餐具、调味瓶、牙签和其他各种装饰物品都要保持清洁卫生，特别是摆设小件餐具和折叠餐巾，更要注意操作卫生，手和操作工具要洗干净，防止污染。折叠餐巾花忌用嘴咬餐巾；摆设筷勺，不准拿筷子尖和汤勺舀汤部位；摆碗、盘、杯时，不准拿与口直接接触的部位，不可接触用具的内壁。

四、中餐宴会台面的装饰技法

中餐台面装饰就是恰当地运用餐台上一切用品，采用一定技法进行装饰、美化，将台面摆成各种图案或造型。中餐台面装饰的造型主要有六种方法。

（一）用小餐具造型的方法

它是指用杯、盘、碗、碟、筷、勺等物件摆成各种象形或会意图案，并根据形状或会意图案给台面命名，此法在摆台中运用较广，如图 8－2 所示。

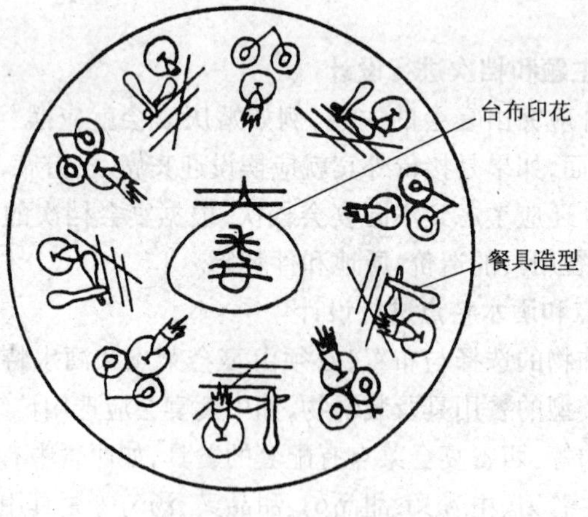

图 8－2 “寿”字台面

（二）用台布餐巾花造型的方法

它是指用印有各种具有象征意义图案的台布铺台，并以台布图案的寓意为主题，组织拼摆各小件餐具和其他物品。并利用餐巾花的造型，使之与台布图案相契合、主题相统一，并以此命名台面。

(三)用鲜花烛台装饰的方法

西餐宴会餐桌中央不摆菜品，多用各种花盘或花瓶及银烛台摆在中间，用以装饰台面，如果是长台，可摆几个花瓶烛台作为装饰。中餐的高级宴会也常在大圆桌中央摆花盘以装饰美化台面。

(四)用水果造型的方法

根据季节变化，将各种色彩和各种形状的水果，衬以绿色的叶子，在果盘上堆摆成金字塔形状上台，既可观赏，又可食用，简便易行，此法在传统的宴会摆台中运用较多。

(五)花朵食雕作品镶图法

即用不同颜色的鲜花或纸花、绢花，或食品雕刻作品，在餐桌上镶成各种图案或字样，用以烘托宴会气氛。如接待外宾的宴会，就可以用小朵鲜花或纸花在席面摆出“友谊”、“迎宾”等字样，以表示宾主之间的友好情谊。或用食雕作品进行装饰美化，以展示中国餐饮文化的独特风貌。

(六)用剪纸铺台的方法

剪纸是我国的一项传统民间艺术，常常运用于宴会台面的装饰。摆台时可根据宴会的性质，预先设计出各种有意义的图案，用单色或彩色纸一次剪成若干张图案，装饰台面的中间，既能增加宴会台面的美观，又可作菜盘垫底。

五、宴会席位安排

(一)中餐宴会席位安排

在进行宴会设计时，应按照礼仪规范合理地安排好宾主的席位。

1. 单桌宴会的席位安排

(1)主人席位的确定。第一主人(正主人)的席位一般面对宴会厅入口处，以便环视整个宴会的进展情况。第二主人(副主人)的席位设于正主人的对面，正副主人与桌中心呈一条直线相对。

(2)宾客席位的安排。第一客人(主宾)位应设于主人位的右侧，第二客人(副主宾)位应设于副主人位的右侧，使主宾位与副主宾位呈相对式；第三客人位与第四客人位分别在主人位与副主人位的左侧，也呈相对式。如主宾、副主宾均偕夫人出席时，此席位则分别为夫人席位；主宾与副主宾位的右侧分别为翻译席位；第三客人与第四客人位的左侧分别为陪同席位。同一桌上，席位的高低以离主人座位的远近而定(见图8-3)。

在国际交往中，安排席位遇到特殊情况也可以灵活变动，如主宾身份高于主人，为表示对宾客的尊敬，可把主宾安排在主人席位上，而主人则坐在主宾的席位上。主宾有夫人参加宴会，而主人的夫人未能出席时，可以请身份相当的妇女坐在副主人位或者把主人夫妇安排在主宾一侧。

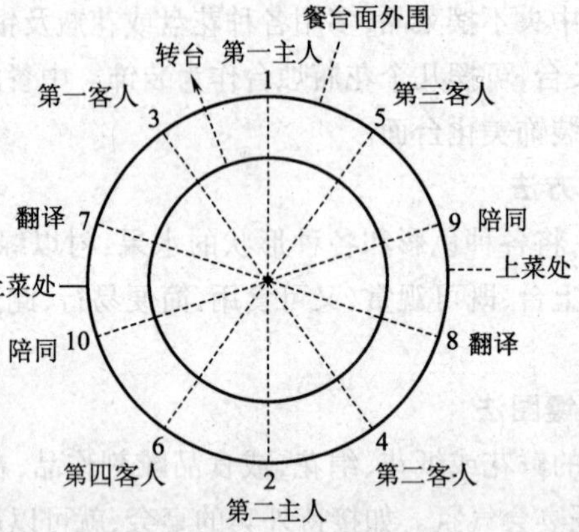

图 8－3　单桌宴会的席位安排

2. 多桌宴会的席位安排

正式宴会一般均安排席位。大中型宴会往往只安排主桌席位，其他宾客则按照桌次就位。大型宴会可先将宾客席次打印在请帖上，使宾客心中有数，现场还可以安排礼宾员，引领客人入座。

多桌宴会的主桌要求居中摆放，主人席位居于主桌正中，而其他桌的主人席位应与主桌主人呈对面式或侧对式（见图 8－4）。

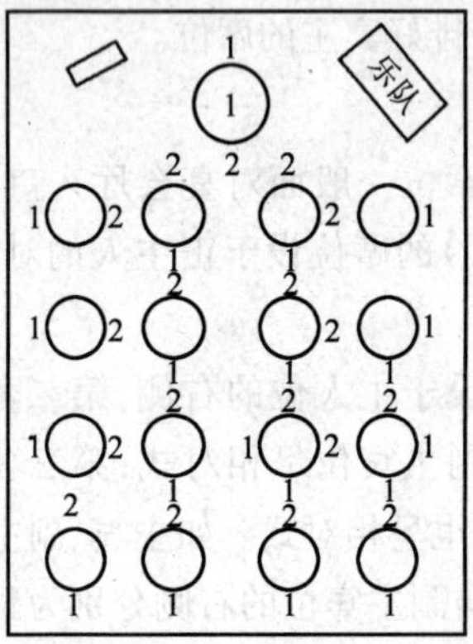

图 8－4　多桌宴会的席位安排

（二）西餐宴会席位安排

西餐习惯男女穿插安排，以女主人为准，主宾在女主人右方，主宾夫人在男主人右方。也可以根据宾客的习惯，将主宾夫人与主宾安排在一起。

1. 一字形长台席位安排

一字形长台席位安排有两种方式：一是将主人席位安排在餐台横向的上首中间，副主人（女主人）席位在主人席对面，即横向下首中间，如图 8－5 所示；另一种方式是将主人和副主人（女主人）席位安排在长台纵向的两端，这种安排可提供两个谈话中心，避免客人坐在末端，如图 8－6 所示。

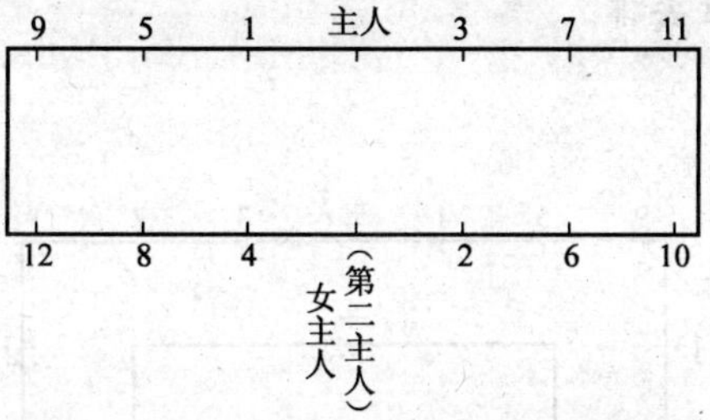

图 8－5　一字形长台席位安排方式之一

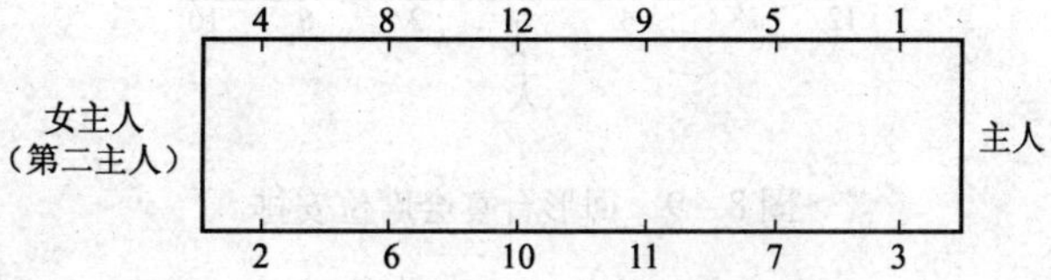

图 8－6　一字形长台席位安排方式之二

2. U 形台席位安排

如图 8－7、图 8－8 所示。

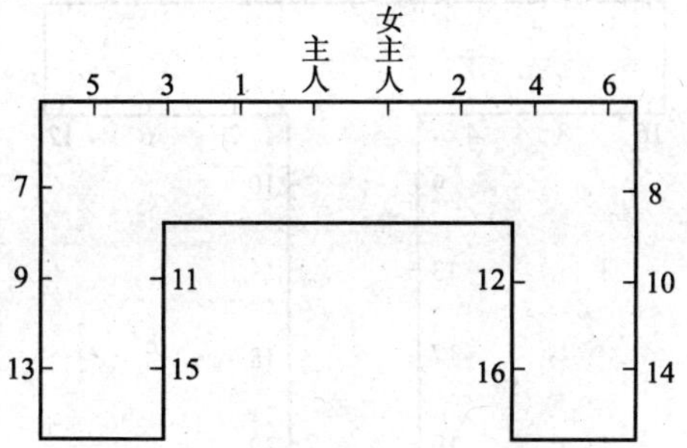

图 8－7　U 形台席位安排方式之一

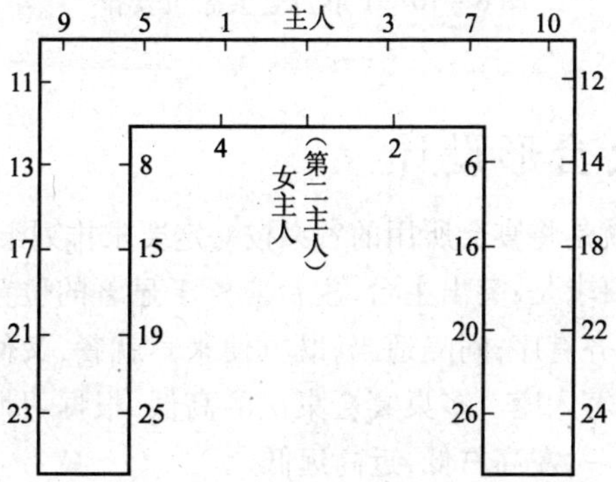

图 8－8　U 形台宴会席位安排方式之二

3. 回形台席位安排

如图 8－9 所示。

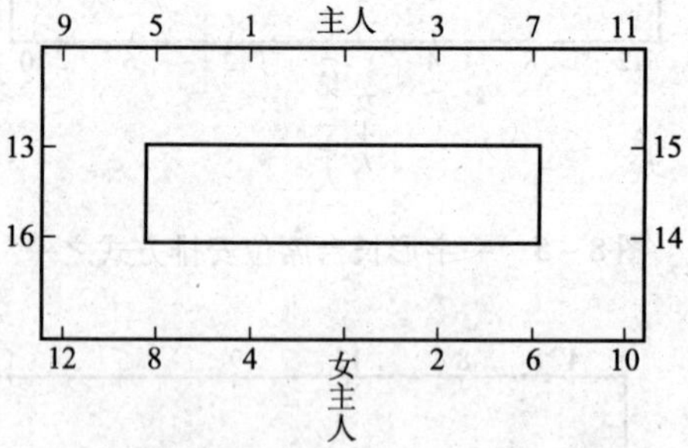

图 8－9 回形台宴会席位安排

4. T 形台宴会席位安排

如图 8－10 所示。

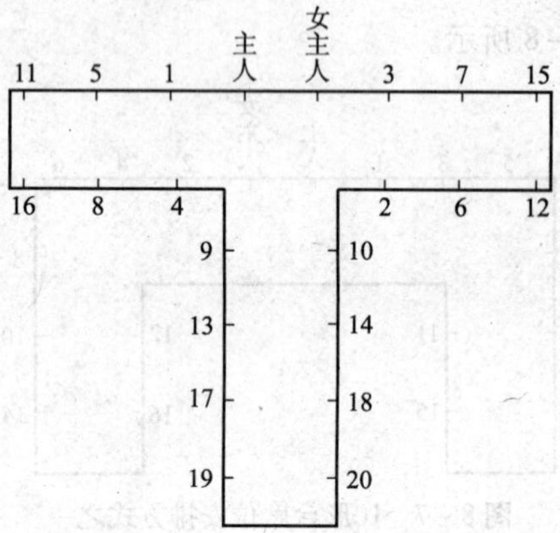

图 8－10 T 形台宴会席位安排

第三节 宴会台形设计

宴会台形设计就是将宴会所用的餐桌按一定要求排列组成的各种格局。宴会台形设计的总体要求是：突出主台，主台应置于显著的位置；成一定的几何图形，餐台的排列应整齐有序；间隔适当，既方便来宾就餐，又便于席间服务；留出主行道，便于主要宾客入座。多桌宴会桌次的高低，根据习惯，以离主桌位置的远近而定，即主桌第一，左高右低，近高远低。

一、中餐宴会台形设计

(一)小型宴会台形设计(1~10 桌)

1. 一桌宴会台形设计

餐桌应置于宴会厅的中央位置,宴会厅的屋顶灯对准桌心。

2. 两桌宴会台形设计

餐桌应根据厅房的形状及门的方位而定,分布成横一字形或竖一字形,第一桌在厅堂的正面上位,如图 8-11 所示。

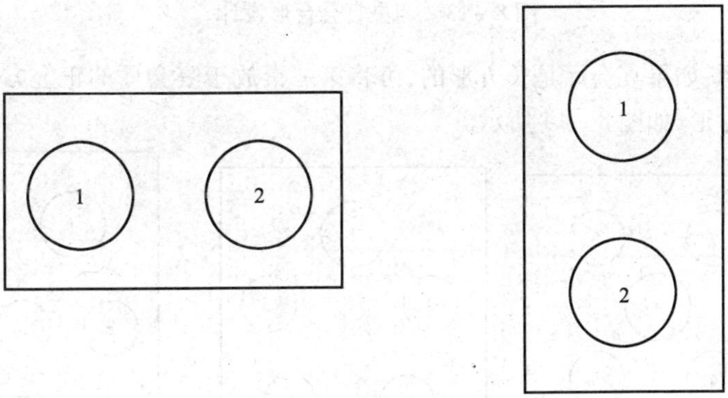

图 8-11　两桌宴会台形设计

3. 三桌宴会台形设计

如果宴会厅是正方形的,可将餐桌摆放成品字形;如果是长方形的,可将餐桌安排成一字形,如图 8-12 所示。

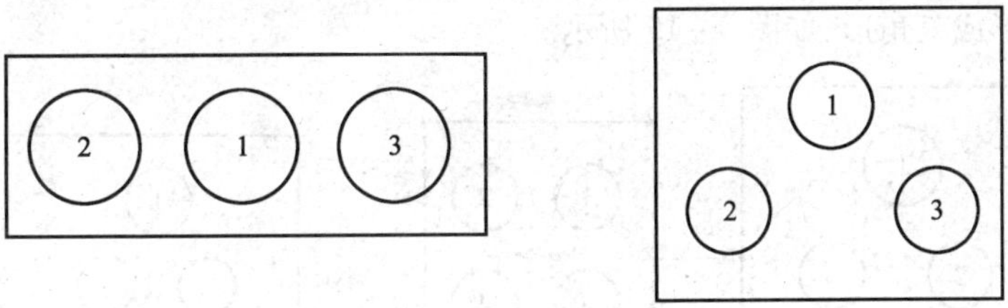

图 8-12　三桌宴会台形设计

4. 四桌宴会台形设计

如果宴会厅是正方形的,可将餐桌摆放成正方形;如果是长方形的,可将餐桌摆放成菱形,如图 8-13 所示。

5. 五桌宴会台形设计

如果宴会厅是正方形的,可在厅中心摆一桌,四角方向各摆一桌,也可以摆

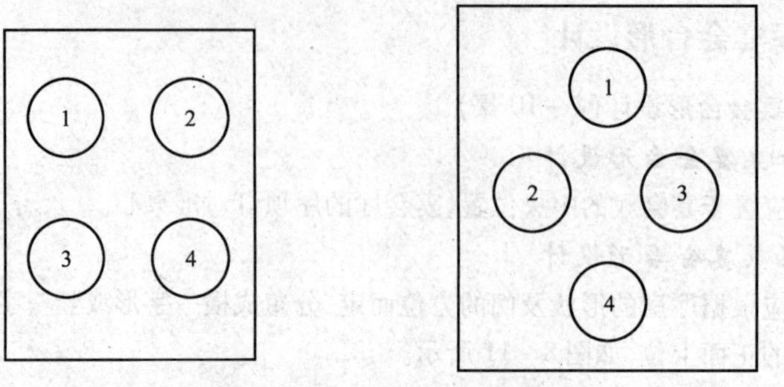

图 8－13　四桌宴会台形设计

成梅花瓣形；如果宴会厅是长方形的，可将第一桌放于宴会厅的正上方，其余四桌摆成正方形，如图 8－14 所示。

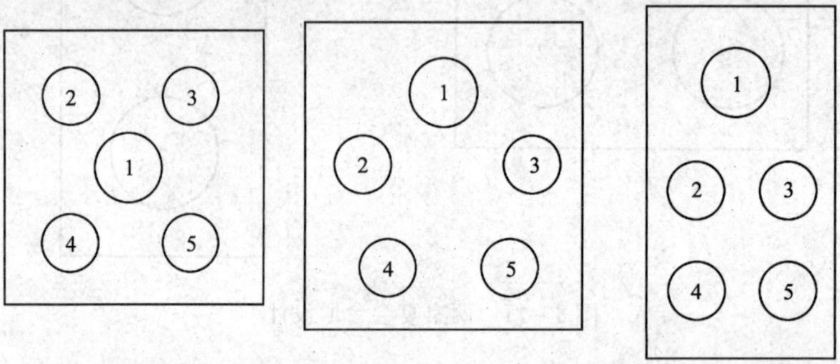

图 8－14　五桌宴会台形设计

6. 六桌宴会台形设计

正方形宴会厅可将餐桌摆放成梅花瓣形；长方形宴会厅可将餐桌摆放成菱形、长方形或三角形，如图 8－15 所示。

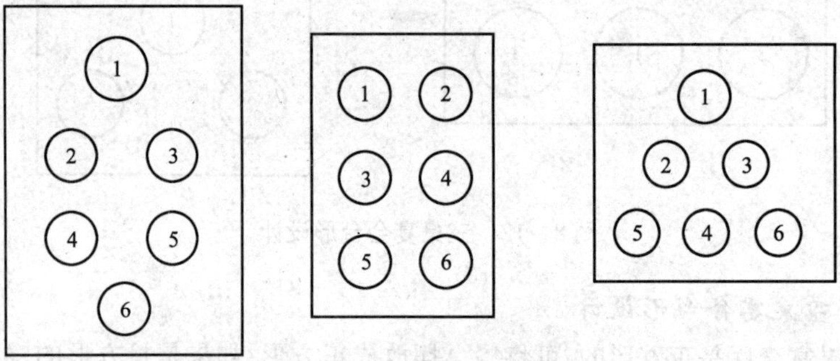

图 8－15　六桌宴会台形设计

7. 七桌宴会台形设计

正方形宴会厅可将餐桌摆放成六瓣花形，即中心一桌，周围摆六桌；长方形宴会厅可将餐桌摆放成一桌在正上方，六桌在下，呈竖长方形，如图 8－16 所示。

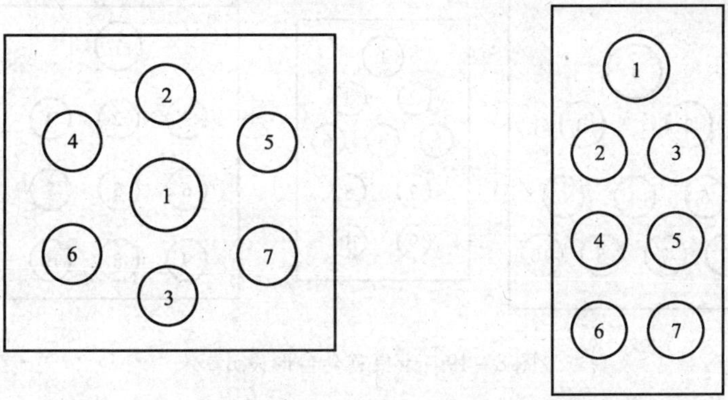

图 8－16　七桌宴会台形设计

8. 8～10 桌宴会台形设计

将主桌摆放在宴会厅正面或居中摆放，其余各桌按顺序排列，或横或竖，可双排或三排，如图 8－17、图 8－18、图 8－19 所示。

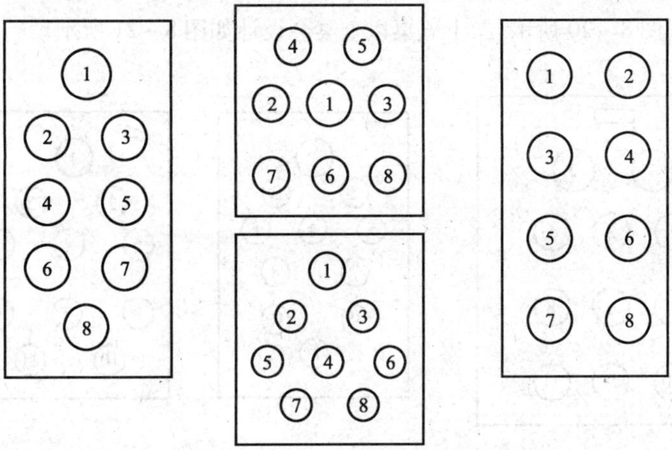

图 8－17　八桌宴会台形设计

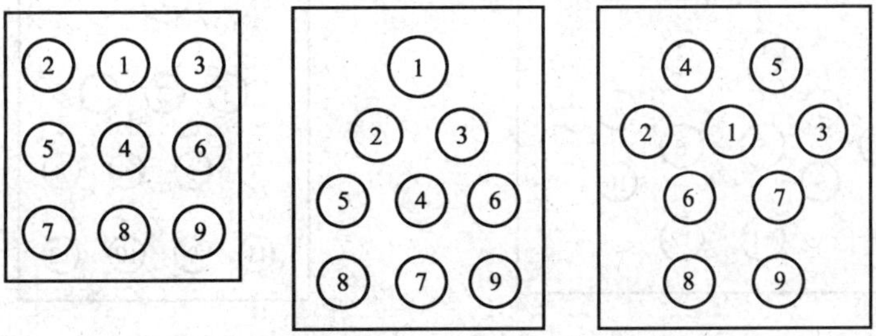

图 8－18　九桌宴会台形设计

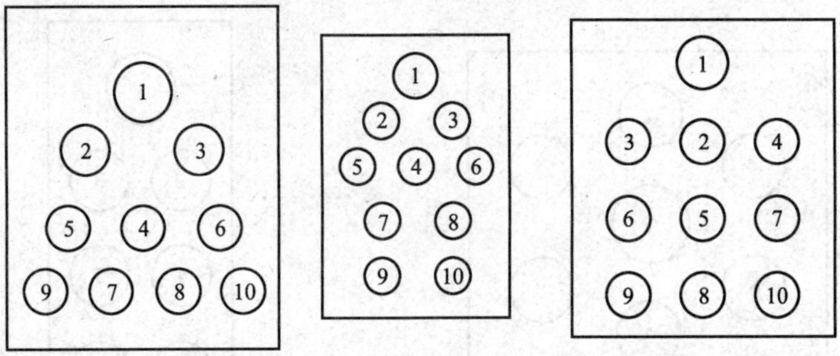

图 8－19　十桌宴会台形设计

(二)中型宴会台形设计(11～30 桌)

中型宴会台形设计,可参考九桌、十桌宴会的台形设计。如宴会厅够大,也可将餐桌摆设成别具一格的图案。中型宴会无论将餐桌摆成哪一种形状,均应注意突出主桌,如果主桌由一主两副组成,即摆三桌,一主宾桌与两副主宾桌。中型及其以上宴会均应在主桌的后侧设讲话台和麦克风。十一桌、十二桌宴会台形设计如图 8－20 所示,二十五桌以上宴会设计如图 8－21 所示。

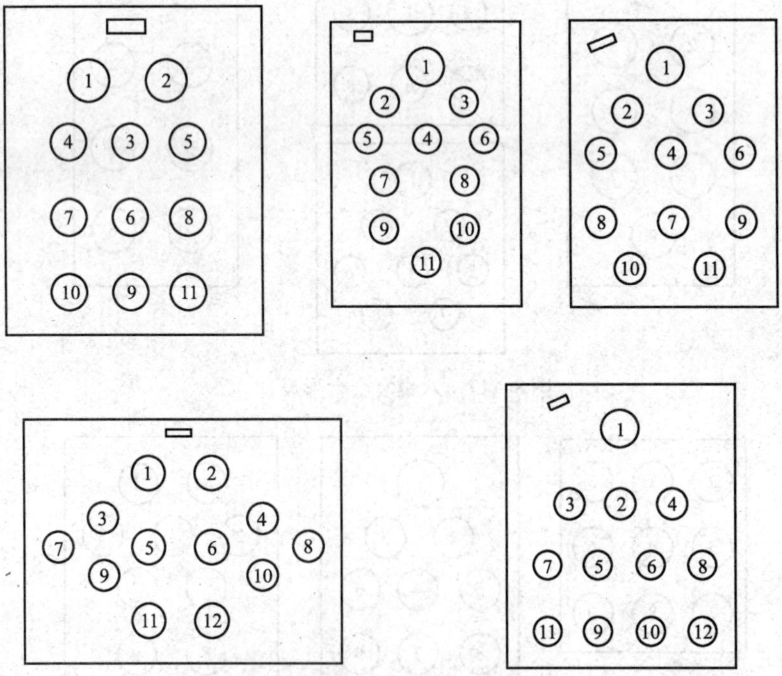

图 8－20　十一桌、十二桌宴会台形设计

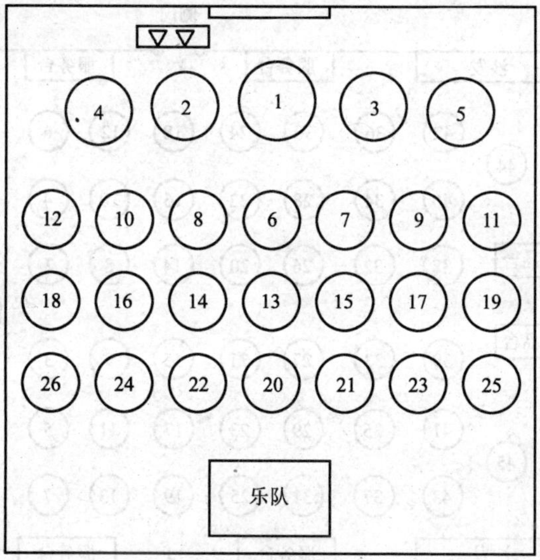

图 8-21　中型宴会台形设计

（三）大型宴会的台形设计（31 桌以上）

大型宴会由于人多、桌多，调入的服务力量也大，为指挥方便，行动统一，应视宴会的规模将宴会厅分成主宾席和来宾席区等若干服务区。

主宾区可以设一桌，用大圆桌或用一字形台、U 形台等，也可以设三桌或五桌，即一主两副或四副。主宾餐桌位要比副主宾餐桌位突出，同时台面要略大于其他餐桌。来宾席区，视宴会的大小可分为来宾一区、二区、三区等。大型宴会的主宾区与来宾区之间应留有一条较宽的通道，其宽度应大于一般来宾席桌间的距离，如条件许可至少不少于 2 米，以便宾主出入席间通行方便。

大型宴会要设立与宴会规模相协调的讲台。如有乐队伴奏，可将乐队安排在主宾席的两侧或主宾席对面的宴会区外围。大型宴会台形设计如图 8-22 所示。

（四）设计注意事项

（1）中餐宴会大多数用圆台，餐桌的排列十分强调主桌位置。主桌应放在面向餐厅主门，能够纵观全厅的位置。将主宾入席和退席要经过的通道辟为主行道，主行道应比其他行道宽敞突出些。其他餐台坐椅的摆法、背向要以主桌为准。

（2）中餐宴会不仅强调突出主桌的位置，还十分注意对主桌进行装饰，主桌的台布、餐椅、餐具、花草等，也应与其他餐桌有所区别。

（3）要有针对性地选择台面。一般直径为 150 厘米的圆桌，每桌可坐 8 人；直径为 180 厘米的圆桌，每桌可坐 10 人；直径 200～220 厘米的圆桌，可坐 12～14 人；如主桌人较多，可安放特大圆台，每桌坐 20 人左右。直径超过 180 厘米的

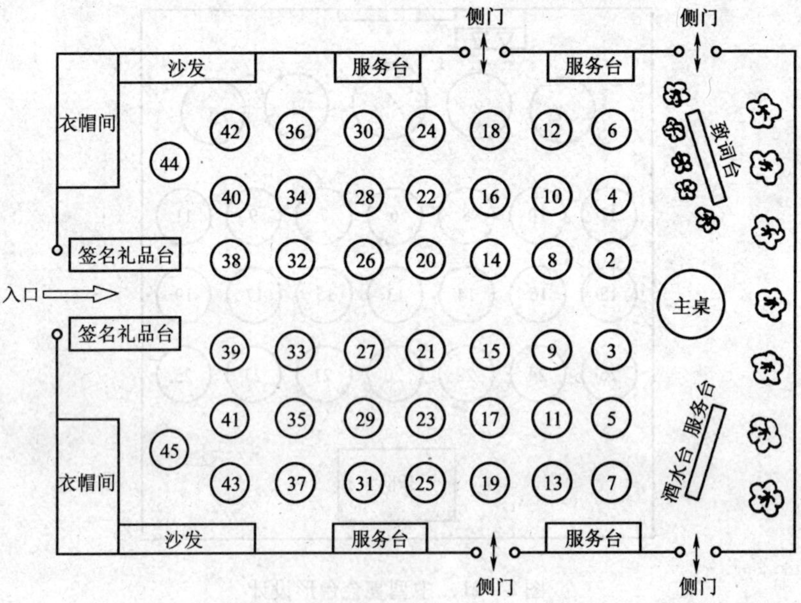

图 8-22　大型宴会台形设计

圆台,应安放转台;不宜放转台的特大圆台,可在桌中间铺设鲜花。

(4)摆餐椅时要留出服务员分菜位,其他餐位距离相等。若设服务台分菜的,应在第一主宾右边、第一与第二客人之间留出上菜位。

(5)重要宴会或高级宴会要设分菜服务台。一切分菜服务都在服务台上进行,然后分送给客人。主桌要专设服务台,其余各桌酌情设服务台。服务台摆设的距离要适当,便于服务员操作,一般放在宴会厅四周。

(6)大型宴会除了主桌外,所有桌子都应编号。席次牌(号码架)放在桌上,使客人从餐厅的入口处就可以看到。席次的编排应照顾到客人的风俗习惯,如招待欧美宾客的宴会,应跳过"13"编号。客人亦可从座位图知道自己桌子的号码和位置。座位图应在宴会前画好,宴会的组织者按照宴会图来检查宴会的安排情况和划分服务员的工作区域。而宴会的主人可以根据座位图来安排客人的座位。编排座位计划应为可能出现的额外客人留出座位,一般情况下应预留10%的座位,事先最好与主人协商一下。

(7)台形排列根据餐厅的形状和大小及赴宴人数的多少来安排,桌与桌之间的距离以方便穿行上菜、斟酒、换盘为宜。一般桌与桌之间的距离不小于2米。在整个宴会餐桌的布局上,要求整齐划一,要做到:桌布一条线,花瓶一条线,主桌主位能互相照应。

(8)大型宴会设计时要根据宴会厅的大小,即方厅、长厅等或根据主人的要求进行设计,设计要新颖、美观大方,并应强调会场气氛,做到灯光明亮。通常要设主宾讲话台,麦克风要事先装好并调试好。绿化装饰布置要求做到美观高雅。此外,吧台、礼品台、贵宾休息台等视宴会厅情况灵活安排,要方便客人和服务员为客人服务,整个宴会布置要协调美观。

(9)合理使用宴会场地。宴会如安排文艺演出或乐队演奏,在安排餐桌时应为之留出一定的场地。

二、西餐宴会台形设计

西餐宴会一般使用长台。台形一般摆成一字形、马蹄形、U 形、T 形、正方形、鱼骨形、星形、梳子形等。宴会采用何种台形,要根据参加宴会的人数、餐厅的形状以及主办单位的要求来决定。餐台由长台等基本台子拼合而成,椅子之间的距离不得少于 20 厘米,餐台两边的椅子应对称摆放。

(一) 一字形台、豪华型台、马蹄形台和 T 形台

这些台子适用于 20 人左右的宴会,其一般设在餐厅的中央位置,与餐厅两侧的距离大致相等,餐台的两端留有充分余地,便于服务员工作。4 种台形设计如图 8－23 所示。

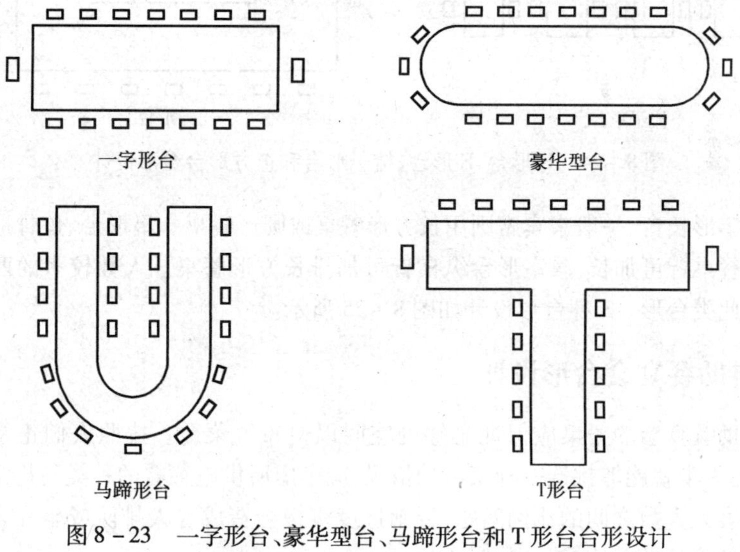

图 8－23　一字形台、豪华型台、马蹄形台和 T 形台台形设计

(二) U 形台、E 形台、梳子形台和正方形台

U 形台横向长度应比竖向长度长一些;E 形台、梳子形台的翼的长度要一致;正方形台一般为中空,显得开阔疏朗。4 种台形设计如图 8－24 所示。

(三) 星形台、教室形台和鱼骨形台

星形台中间放圆桌,外侧放长方形餐桌,如光芒外射的星状;教室形台,主宾

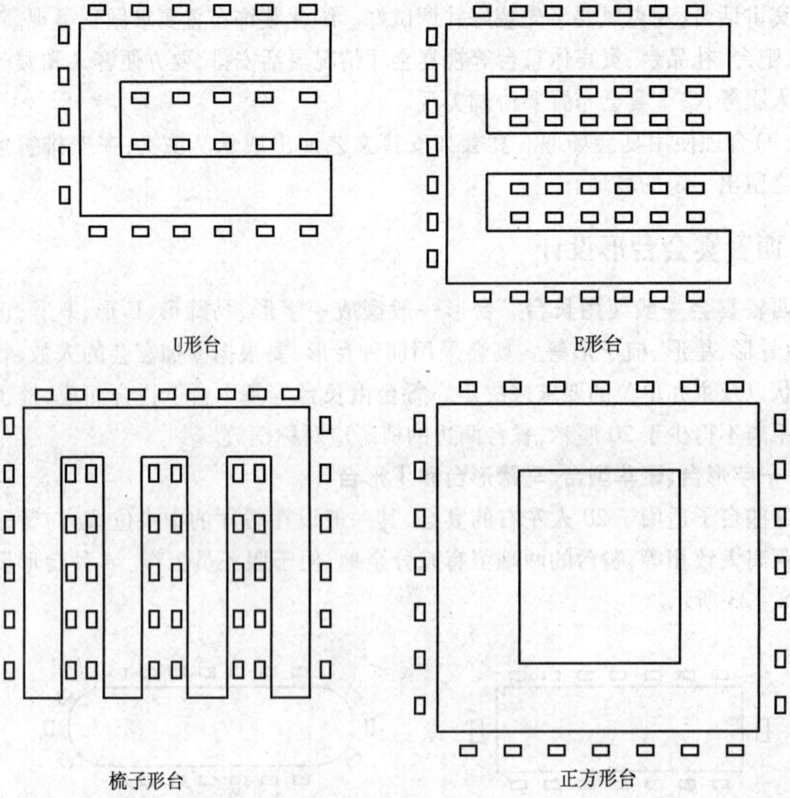

图 8－24　U 形台、E 形台、梳子形台和正方形台台形设计

席用一字形长台，一般来宾席则用长方形餐桌或圆形餐桌。星形台、鱼骨形台的长方形餐桌皆可加长，教室形台纵横皆可加排长方形餐桌。人数较多的西餐宴会才用此类台形。3 种台形设计如图 8－25 所示。

三、自助餐宴会台形设计

自助餐宴会的餐桌应保证足够的空间以便布置菜肴。按照人们正常的步幅，每走一步就能够挑选一种菜肴的情况，应考虑所供应菜肴的种类与规定时间内服务客人人数之间的比例问题，否则进度缓慢会造成客人排队或坐在自己的位子上等候的情况。

为了避免拥挤，便于供应主菜，可以设置独立的供应摊位，否则，客人手持盛满菜肴的菜碟穿过人群是比较危险的。如不在客人所坐位子供应点心，也可以另外摆设点心供应摊位而与主要供应餐桌分开。

桌布应从供应桌下垂至距地面 6～10 厘米，这样既可以掩蔽桌脚，也避免客人踩踏。如果使用色布或加褶，会使单调的长桌更加赏心悦目。

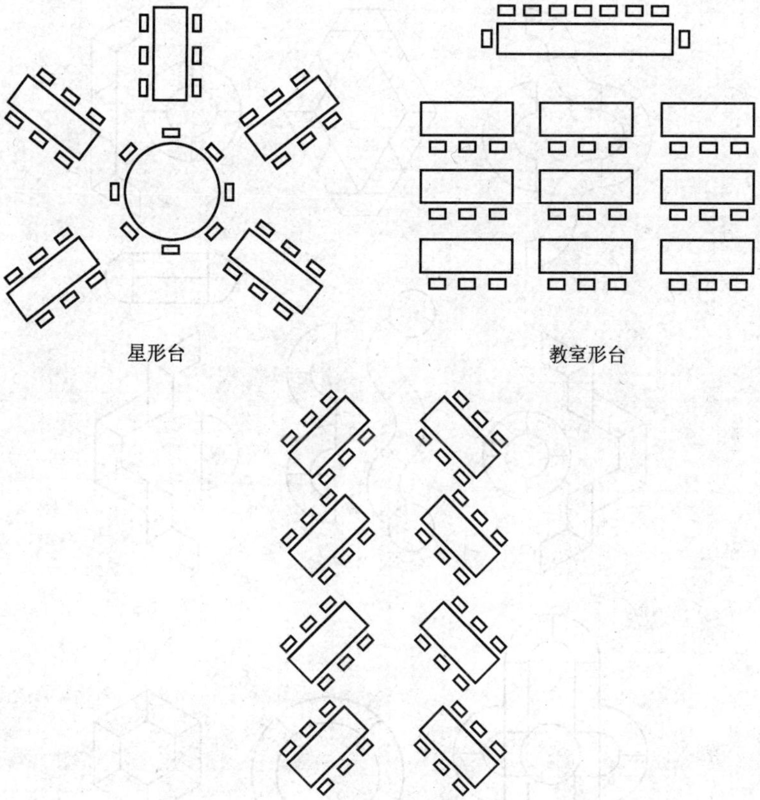

图 8－25　星形台、教室形台、鱼骨形台台形设计图

将供应餐桌的中央部分垫高，摆一些引人注目的拿手菜，例如火腿、火鸡及烤肉等。饰架及其上面的烛台、插花、水果及装饰用的冰块，也会增加高雅的气氛。各类碟之间的空隙可以摆一些牛尾菜、冬青等装饰用植物或柠檬树枝叶及果实花木等。

自助餐宴会的台形设计是在基本桌形的基础上拼接而成的。其基本桌形有长方形、扇形、圆形、梯形、1/4 圆形及半圆形等（见图 8－26）。

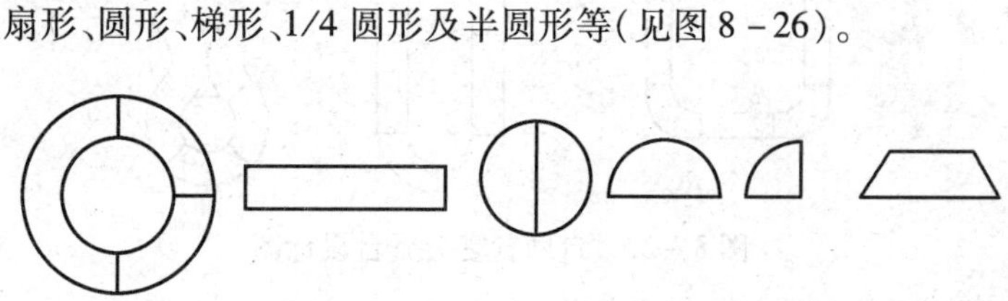

图 8－26　自助餐台的基本桌形

根据宴会的需要，经过精心设计，在基本桌形的基础上，可以拼接成实用而又独特的多种自助餐宴会台形，如图 8－27 所示。

图 8－27 自助餐宴会餐台设计图

自助餐宴会台形设计有两种基本形式，一种是餐桌居中排列，菜台等摆放在宴会厅四周(见图8－28)。

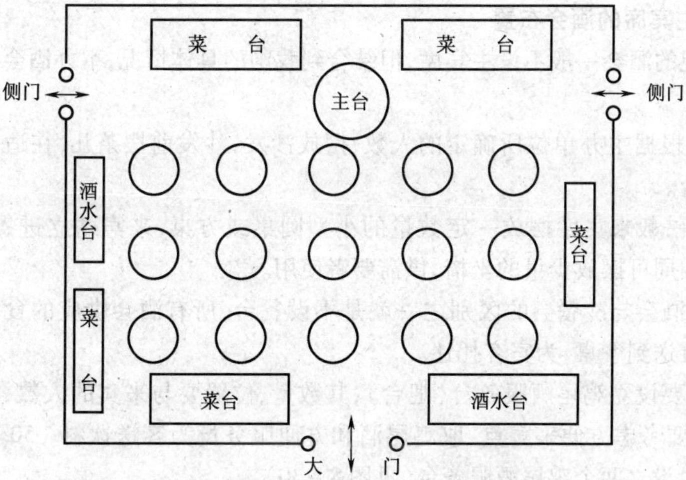

图8－28　餐桌居中式自助餐宴会台形设计

另一种则相反,菜台等居中摆放,餐桌摆放在宴会厅四周(见图8－29)。

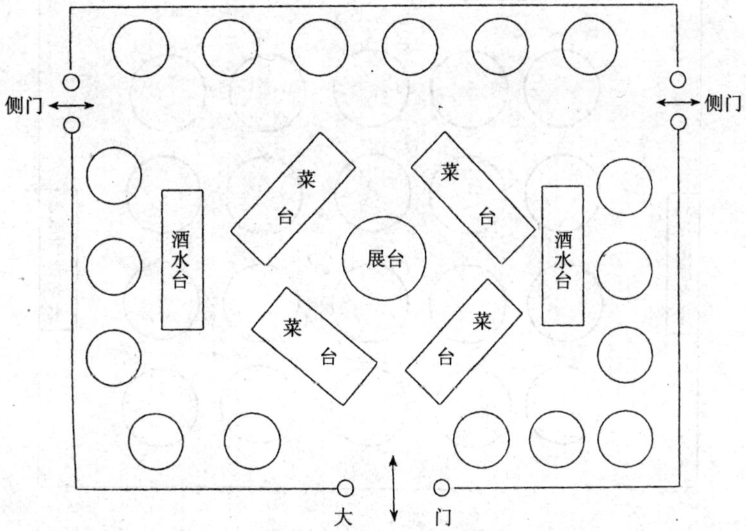

图8－29　菜台居中式自助餐宴会台形设计

四、酒会台形设计

(一)设主宾席的酒会布置

正规的酒会一般不设主宾席,但结合到我国的具体情况,举办酒会有时要设主宾席。

(1)根据主办单位所确定的人数,摆放沙发,沙发前摆茶几,在适当的位置设讲话台。

(2)一般来宾席摆放一定数量的小型圆桌或方桌,来宾站立进餐和饮酒。厅堂的四周可摆放少量的坐椅,供需要者使用。

(3)酒会与冷餐会的区别之一就是不设餐台,所有酒会供应的食品都由服务员直接送到餐桌,为宾客托让。

(4)要设立鸡尾酒服务台(吧台),其数量、位置要与来宾的人数、场地相适应,并且要考虑方便来宾点、取鸡尾酒和方便服务员为客送饮料。50人以上的酒会一般设立两个鸡尾酒服务台(见图8－30)。

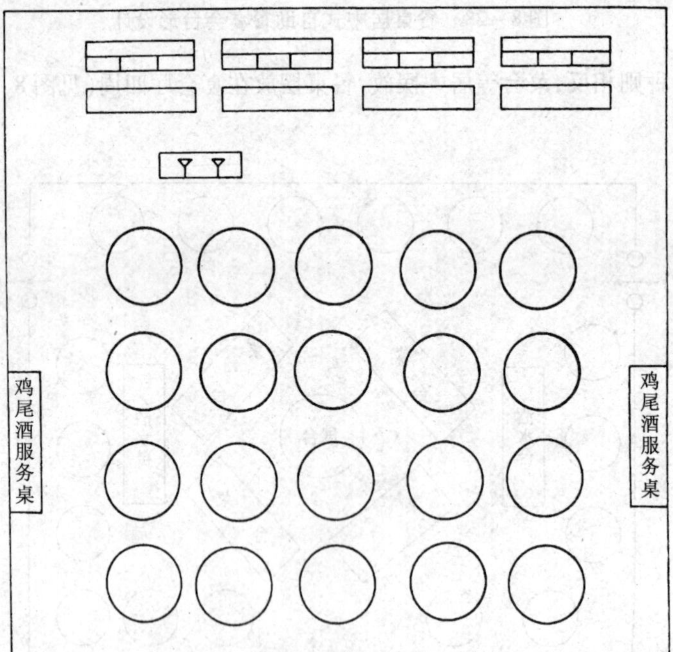

图8－30　酒会台形设计

(二)不设主宾席的酒会布置

(1)在宴会厅的正面用鲜花或绿树组成一个重点装饰面,使会场显得庄重,上下分明,在装饰面的前面一侧设讲话台。

(2)会场内设立数量合适的小型餐桌,参加酒会的来宾全部站立饮酒、用餐。

(3)鸡尾酒服务台设在会场的一侧或两侧。会场四周摆放少量坐椅,以方便需要者使用。

五、冷餐会台形设计

冷餐会的台形设计可分为餐台和餐桌的设计。

(一)餐台的设计与布置

1. 餐台设计与布置的重要性

冷餐会餐台的设计实际上是设计菜肴食品和各种装饰物品摆放。一个良好设计与精心布置的餐台可以增加宾客的食欲,并给宾客带来艺术的享受。

2. 餐台设计与布置应注意的问题

餐台的设计首先应考虑各种菜肴的种类、数量及盛菜所用的各种器皿,考虑餐台上所用的各种装饰品,考虑各项物品所占用的面积。另外应根据宴会的人数来决定餐台的数量,人数较少的冷餐会只设一个餐台,菜肴、点心、水果都可以摆在同一餐台上;人数较多的冷餐会就应考虑把菜肴、点心、水果等分开放在不同的台上。食品台的形状,可根据餐厅的形状而设计成长方形、半圆形、L形或S形。

3. 餐台设计与布置的具体要求与方法

(1)餐台的设计要讲究艺术性,台上的装饰品一般用鲜花、盆景、黄油雕塑品或者冰雕制品,摆放位置应细心考虑,把这些装饰用品恰当、巧妙地安插在菜肴之间,起到画龙点睛的作用。另外,餐台的本身也应布置成3层或斜梯形,有立体感。为求装饰效果,餐台应用与宴会厅颜色相衬、质地好的平绒台裙把边围起来。

(2)台上摆放的菜肴、点心、水果也要讲究艺术性。在码放顺序上应考虑到方便宾客取菜。一般可根据冷菜部分、热菜部分、点心水果部分分段放置。冷菜在码放时要注重将荤素、颜色、口味调开,做到美观新颖、色彩鲜明。用于热菜保温的各种器皿要光亮清洁,摆放合理。点心、水果等食品都要放得恰到好处,对宾客有吸引力。冷菜、热菜、点心等食品都应配有取食用具,如公用叉、匙、牙签等。

(3)在布置餐台时要给餐盘、饭碗等餐具留出位置,根据宾客人数整齐地码放好,餐具数量要充足,备餐室要准备好备用的餐具,以便随时补充,保证宾客使用。

(二)餐桌、服务桌的设计与布置

1. 立式冷餐会餐桌的布置

在餐台的四周设立一定数量的小圆桌或小方桌,餐桌上摆放好各种服务用具。宴会厅的四周可摆放一些坐椅,供宾客随意使用。立式冷餐会通常不设主宾席,如需要设主宾席,可在厅室的上方摆上沙发或扶手椅,每三个沙发或扶手椅前摆放一个大茶几,供摆茶点和用餐。也可摆大圆桌或长条桌作为宾主席。立式冷餐会台形设计如图 8 – 31 所示。

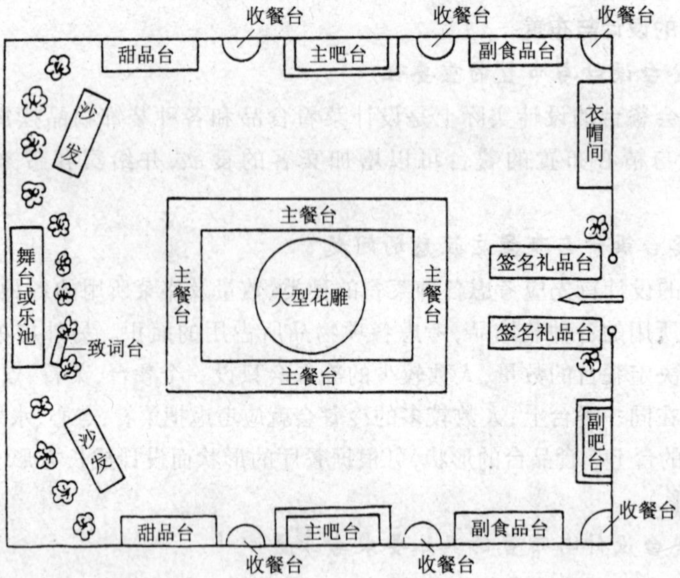

图 8 – 31 立式冷餐会台形设计图

2. 坐式冷餐会餐桌的布置

要根据宾客的人数安排餐桌和坐椅。餐桌的安排不可过密,餐桌是否需用席次牌要与主办单位协商,在布置餐桌时应做到整齐、美观,餐桌上的服务用品要摆放齐全,有条不紊。

酒水饮料服务桌数量和摆放位置,应根据宴会所用酒品饮料的多少和方便服务而定。

有的冷餐会因为有重要贵宾参加,需要重点照顾而设立主宾席,其主宾席的台形设计可采用正规宴会的台形,或用中餐圆桌或拉西餐长台。服务程序按照宴会的服务程序进行,各类菜肴全部服务到桌,分让菜。

坐式冷餐会台形设计见图 8 – 32。

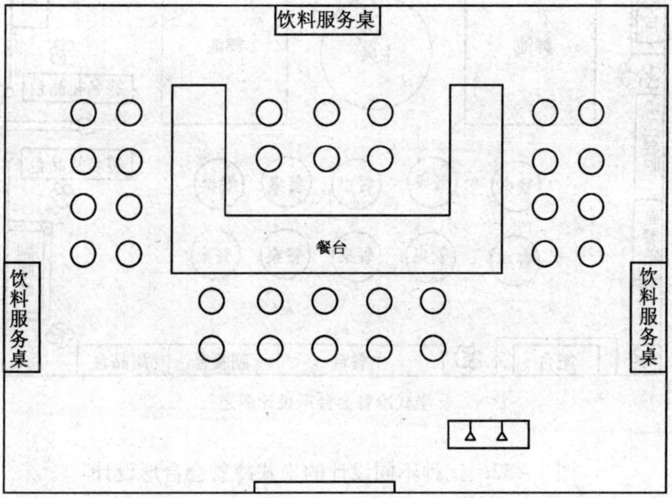

坐式冷餐会台形设计图之一

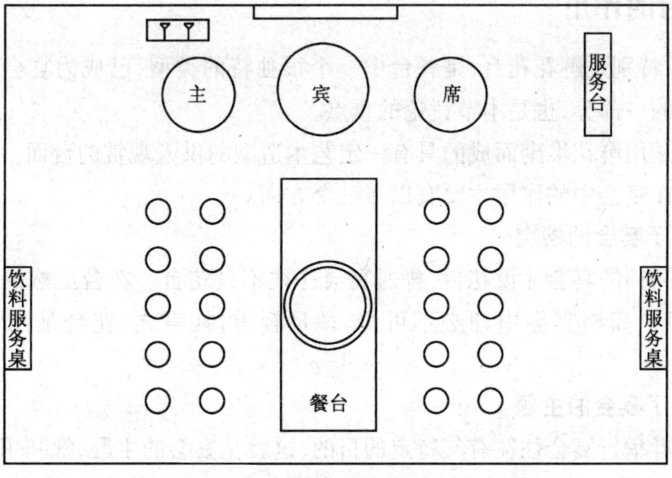

坐式冷餐会台形设计图之二

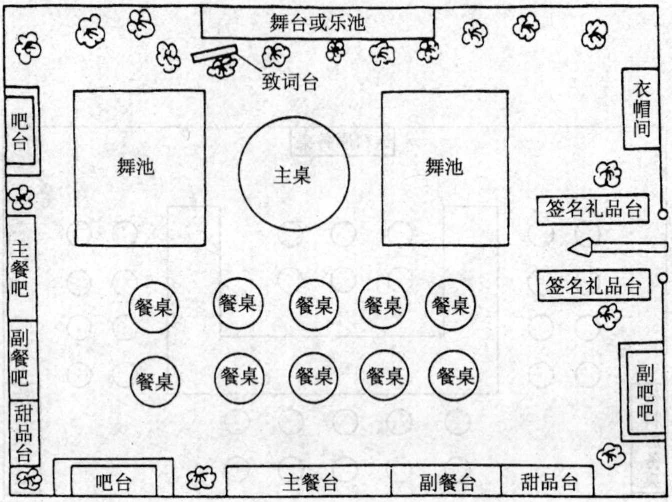

坐式冷餐会台形设计图之三

图8－32 三种不同设计的坐式冷餐会台形设计

第四节 宴会花台设计

一、花台的作用

花台，特别是鲜花花台，是餐台中一个很独特的类型，已成为宴会台形设计不可分割的一部分，也是本节讨论的重点。

花台是用鲜花堆砌而成的具有一定艺术造型的供人观赏的台面。

花台在宴会中的作用主要有以下三个方面。

（一）体现了宴会的档次

只有高档的宴会才设花台，普通宴会往往不设花台。花台虽然缺少食台的实用性，但在高档宴会中却必不可少、举足轻重，换言之，花台是高档宴会的象征。

（二）体现了宴会的主题

主办者举行宴会往往有其特定的目的，这就是宴会的主题，常利用花台来体现宴会主题，如在欢迎或答谢宴会上用友谊花篮的图案来体现和平、友好、友谊，在婚宴上可用艳丽的红玫瑰拼成大红喜字或戏水图案来体现温馨的爱情、炽热的情感。

（三）增加了宴会气氛

花台用于宴会，有助气氛的渲染。如喜庆婚宴花台，火红的玫瑰亮丽夺目，无疑把宴会的喜庆气氛推到了高潮。花是美的象征,它给人们带来愉快、活力和希望。餐桌上以花装饰,怡红映绿,暗香浮动,能使人赏心悦目,神清气爽,食欲大增,有力地烘托宴会的气氛。

一个成功的花台设计,就像一件艺术品,它通过巧妙的排列构成的以花卉的自然美和人工的修饰美相结合的艺术造型,令人赏心悦目,给参加宴会的宾客创造出了隆重、热烈、和谐、欢快的氛围,因此花台制作已成为高档宴会中不可缺少的装饰美化的手段。

二、花台的主题设计

制作一个好的花台需要事先进行构思,确定出明确的主题,根据主题创造出不同类型、不同风格、不同意境的花台。可以说,有了好的主题,花台制作就成功了一半,花台的主题设计应注意以下几点。

(一)围绕宴会主题做设计

宴会的主题是花台设计时确定主题的依据,因此,在构思花台设计时,一定要先考虑宴会的主题是什么,不能随心所欲,自由发挥。所以,花台主题的确定要依据宴会的主题,如祝寿宴,花台可以选择寿比南山的造型以契合祝寿主题;如果是新婚宴,花台适宜选用花好月圆造型以突显爱情圆满幸福的主题。我国历代文人墨客也都喜爱借花抒情,并把花赋予人的性格,如以松竹梅"岁寒三友",梅兰竹菊"四君子"等为造型,用于文人聚宴,则更能贴切他们的审美情趣。

(二)设计立意要新颖

在突出主题的前提下,花台的设计也应该注意创新,打破旧框框,不被以往的模式所左右,让参加宴会的宾客见到的是以往没有见过的花台,才能够感到新奇,富有吸引力,从而达到一定的效果。

例如,在欢迎美国总统克林顿来华访问的宴会主桌上,台面中央的花台造型是:在灿烂的鲜花丛中,耸然挺拔的长城(食雕作品)蜿蜒起伏,雪白的白鸽散布于其间。这样的花台明快地表达了欢迎与友谊的宴会主题,其寓义十分深刻,即中华民族自古以来就是爱好和平的民族,也是坚不可摧的民族。

(三)要符合宴会的具体要求

在构思花台的主题时,要根据宴会厅的环境、餐桌的大小、形状进行创作。如餐桌是长台,花台的形状不能摆成圆的。花台的大小必须适合餐桌的大小,如果花台过大,既影响客人用餐,也与餐桌不相协调;如果花台过小,既显小气又起不到渲染宴会气氛的效果。也要根据宾客的具体情况灵活处理。如遇宾主身体都不太高,为了方便宾主进行交谈,可以考虑将一般情况下摆在宾主前的主花台一分为二,并用"鹤望兰"做主花,将两组小花台设计成孔雀状,同时在中间空档处用低矮的花器插出不超过10厘米高的花束,创造出一种春回大地,百鸟争春的意境。

三、花台花型的种类

宴会厅中,设计摆放在餐桌上的插花花型大体有5种。

(一)艺术造型型插花

这种插花式花型主要用于表现季节,如象征春季的艺术造型的插花,使人感到它蕴含着万物复苏、朝气蓬勃的意义;秋季可塑造成丰收景象的花型。艺术造形式的餐桌花型同时适合于文人墨客聚会的宴会及生活型宴会。

(二)刻意雕刻型插花

这种插花式花型适合于接待政治会晤、商业洽谈及友好访问式的饮宴宾客。可根据不同的饮宴形式,雕刻出不同的带有一定意义的插花花型。

(三)单面观型、扇面型插花

单面观型、扇面型餐桌插花适用于不同的餐桌摆放方向。餐桌摆放呈一面面向宾客时,应选用单面观型或扇面型餐桌插花。

(四)三面型插花

餐桌摆放方向呈三面面向宾客时,应选用三面型餐桌插花。这种造型的插花,使三面的客人均能从不同的角度观看到餐桌上的插花造型。

(五)双面观型及团型插花

餐桌摆放呈四面面向宾客时,应选用双面观型或团型餐桌插花花型。这种插花花型整体感强,适用范围广。

总之,餐桌花型的设计,可根据不同的餐桌摆放方向、不同的饮宴形式的需要,选择不同的花型,使之与宴会的主题气氛成为一体,从而起到渲染宴会主题,烘托宴会气氛的作用。

四、花材的选用

选择花材是花台制作的前提。适用于花台制作的花卉材料很多,无论是植物的哪一部分,只要具有鲜明的色彩,优美的形态,给人以美感的,都可以用于花台的制作。但是如果不恰当地加以选用,哪怕花材本身很艳丽,也可能起不到制作者想要达到的效果。因此,只有选择合适的花材,才能给花台的制作创造条件。正确地选择合适的花材必须注意以下几点。

(一)要注意各民族的不同习惯

制作者在花台的制作中,一定要尊重不同国家、不同民族的风俗,选用最合适、最能表达主人心愿的花材,避免使用宾客忌讳的花材。如日本人一般不喜欢荷花,而荷花在中国则表现了"出污泥而不染"的君子风范;宴请法国客人时,花台制作绝不能使用黄菊花,因为他们认为此花是不吉利的;而在宴请日本皇室成员时,点缀几点黄菊花,客人一定会非常高兴,因为黄菊花是日本皇室的专有贡花。

(二)要选用当季应时的花材

餐桌上的桌花应根据季节的变化不断予以调整,使其艺术效果更佳。

(1)春季在餐桌上摆一盆报春、迎春,插一瓶桃花,能给人带来浓浓的春意。

(2)炎炎夏日,最适宜在餐桌上摆观叶植物或插些清香淡雅的花,如瓶插百合、马蹄莲、晚香玉、姜花、荷花、香雪兰、丝石竹等。适于装饰餐桌的观叶植物有银边草、白蝴蝶、吊兰、矮虎尾兰、花叶芋、西瓜皮椒草、皱叶冷水花、豹斑竹芋等。

(3)秋季餐桌上除一般摆设外,还可适当插些别致的小菊花或果蔬鲜花组合。

(4)冬季,一盆暖色调的花卉能打破冬日的萧条和寒冷,给餐厅注入融融的暖意和温馨,如盆栽矮串红、长寿花,或瓶插红色的月季、康乃馨、剑兰等。

此外,花台插花要遵循插花的基本原则,考虑到花长、花器、餐桌三者比例协调便可。摆花的高度一般不超过客人就座后的水平视线。

(三)要注意花材色彩的调配

由于不同的色彩会引起不同的心理反应,因此,在花台制作中要根据宴会的主题,灵活掌握花卉与花卉之间的关系。如为了突出宴会热烈、欢快的气氛,可用红色作主色,辅以其他色彩的鲜花(但不能太多,一般四五种即可),这种情况要求配合在一起的色彩必须互为补充,协调如一。但也可以根据实际情况用单种颜色的鲜花制作出别具一格的花台。例如,2001 年上海 APEC 会议的一次工作午宴的花台,就是以绿色为基调的鲜花台,它与整个宴会厅的绿色主调相和谐。面对绿色的花台,各国元首在会谈中绷紧的神经一下子得到放松,轻松愉快的心境油然而生。

在色彩的选择上,一般是花材的色彩要与餐桌台布的色彩形成对比,深色的餐桌应选择色彩明亮(如白色、浅粉、淡紫等颜色)的花;而浅色的餐桌则可选择色彩浓艳的如橙色、紫红、深红、橙红等颜色的花。

在注重色彩的配置时,不可忽视青枝绿叶在花台制作中的衬托作用。因为绿色最富有生机,能给人带来生命的气息。

(四)要注意花材的质量

由于鲜花是具有生命的,当其离开母枝后,生理功能受到了破坏,水分和养料的吸收已无法与前期相比,再加上种植期间天气、虫害等影响,其质地也就不可能完全适合制作花台使用。因此挑选花材时,在考虑客人喜好和色彩配置的前提下,一定要尽量选用色彩艳丽、花朵饱满、花枝粗直、长短适中的花材,避免使用有垂头萎蔫、脱水干枯、虫咬烂边、残缺病斑等现象的花材。

五、花台设计实例

(一)中餐宴会花台

1. 花坛式花台

花坛式花台适用于大型宴会、高级宴会。花坛式花台摆放的大小及高度均要以餐桌的大小而定,摆放花坛式花台的台板直径不可小于2.2米。一般花坛式花台的花草摆放分为三层,摆放花草的高度以不遮挡宾客视线为标准。花坛式花台使用花草数量较多,因此应根据花坛的大小及用餐人数备足鲜花、鲜草。花坛的摆放形式为:花坛的中心为上层,上层花草摆放的方法大体有两种。一种为堆插式,即在花台上插摆;另一种为插摆式,即用插花盆在花台下扦插成一个整体造型,摆放在花坛正中。然后将中层及下层的花草依次摆插好,即为花坛(见图8-33)。摆放花坛式花台,其宴会的菜品应适合分餐式服务。

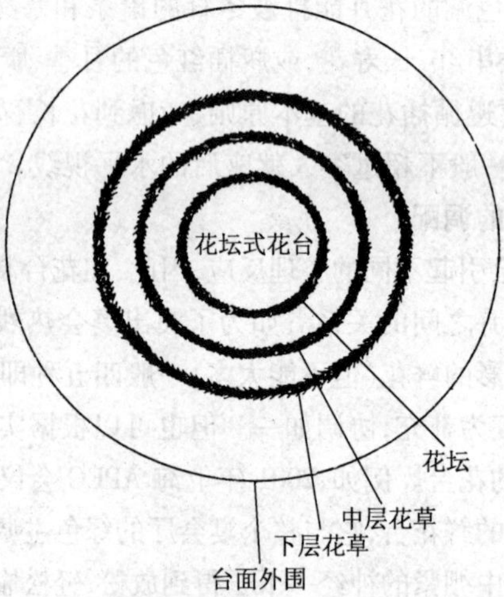

图8-33　花坛式花台

2. 古钱式花台

这种形式的花台适合于大中型宴会或单桌宴会。摆放古钱式花台的台板直径不可小于2米,花台的中心花草宜用柏树叶围摆,围摆出的花台要求形象逼真,整齐美观。花草的中间要配摆相应数量的冷荤拼盘,热菜宜采用餐桌分菜的服务方式。古钱式花台如图8-34所示。

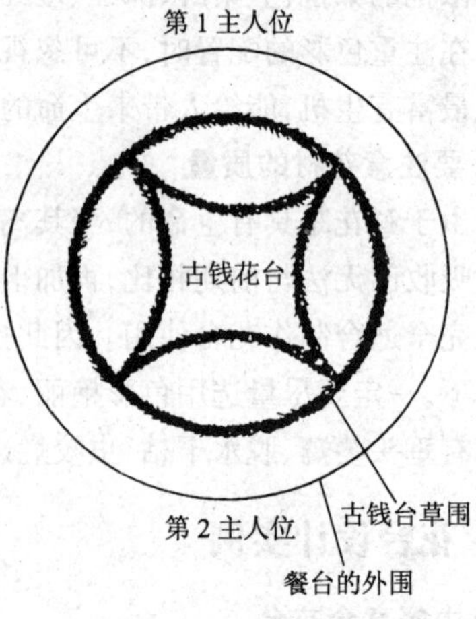

图8-34　古钱式花台

3. 七星花台

七星花台适合于大中型宴会。它的图案由一个中心圆与六个半圆形花瓣组成。七星花台的摆放要求是:花型居餐桌正中,主人位及副主人位应正对一个半圆形花瓣的中心位置。七星花台摆放时要做到摆放均匀,形象规则圆正(见图 8－35)。

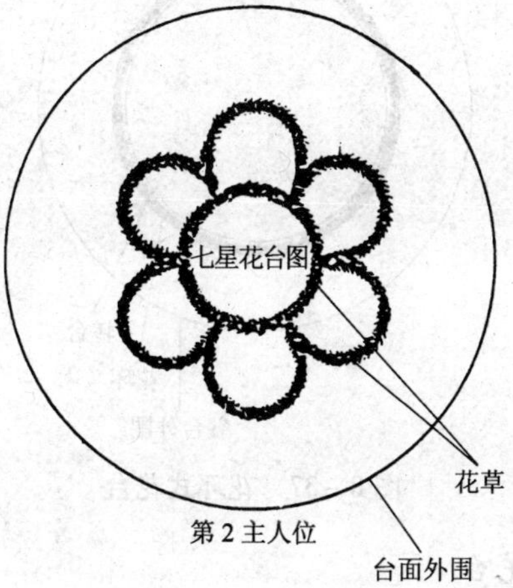

图 8－35　七星花台

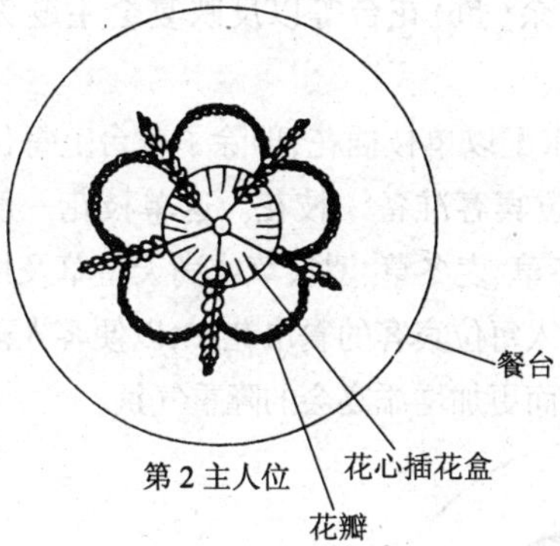

图 8－36　梅花形花台

4. 梅花形花台

梅花形花台的立体感效果强,适合于大中型宴会。梅花造型由一个圆加五个半圆花环组成,花朵的中心圆要略高于花瓣圆,花心部位作为展示台位,可放一盆插花或食雕果蔬造型,而花瓣的圆则呈小坡式摆放(即花瓣尖部略低于花瓣根部),使摆好后的花台整体呈中心高而四周低的形式(见图 8－36)。

5. 花环式花台

花环式花台有两种:一种为单一花环式花台,另一种为花环插花式花台。花环式花台是摆放在转台上的。花草的摆放以不妨碍转台的正常转动为标准。

花环式花台摆放时要求将花草沿转台边距 2 厘米处均匀地围摆成圆环形。花环一般都以天冬草为花环底衬,其花环宽度在 10 厘米左右,上面插些应时的鲜花,花不宜大,花的数量以台面就座客人人数而定。对正副主人及主宾前的鲜花应选用最好的,以表示对主要客人的尊重。花环内侧可放置冷菜。花环式花台如图 8－37 所示。

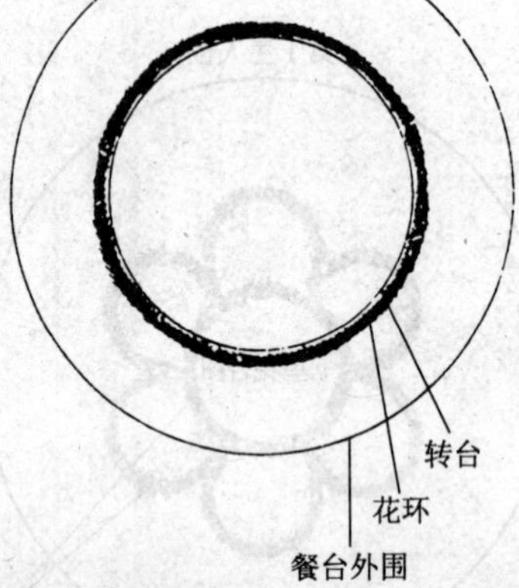

图 8－37 花环式花台

6. 花环插花式花台

花环插花式花台与花环式花台摆法的不同之处在于：除了围摆花草外，在转台中心同时摆放一盆插花，如图 8－38 所示。

花台的摆放，除了以上介绍的以造型形式为特征的几种外，还有喜宴花台、寿宴花台、秋实花台、百花争艳花台、喜庆有余（鱼）花台等以反映宴会主题为特征的花台。

各种形式的花台，可根据客人的不同要求配以单枝插花，即除了花台上每位宾客面前用天冬草摆一簇花外，再单独地为每位宾客准备一枝花。这单枝花一般多选用月季、玫瑰、石竹等（多用红色），配以天冬草、麦冬草、罗汉草或满天星草及用尼龙网做花衬，用丝带等物将单枝花与草扎好插入每位宾客的餐巾花中，以便客人落座后可将花拿起插入各自的西服上衣口袋内，从而更加增添宴会的隆重气氛。

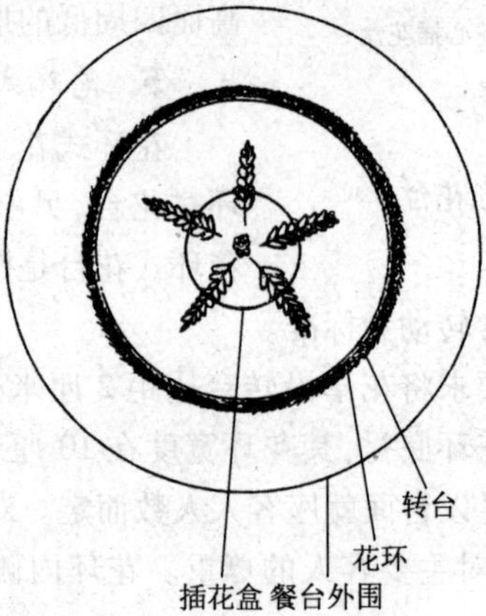

图 8－38 花环插花式花台

(二)西餐宴会花台

西餐宴会大多采用长台。西餐长台的台面布置就是根据长台的特点布置摆放花草,把其布置成花环台,也可根据主办单位或宴请者的要求摆放花盆、小型花瓶等。

下面介绍长台布置花台的几种形式。

1. 一字形花台

台子的两端一般不设座位。具体摆放方法是:用天冬草在台子的中间摆一长龙,在距台子的两端约40厘米处叉开,各向长台的两角延伸15厘米即可。然后在青草上插些鲜花、花瓣均可,一定要注意花的品种与色泽要分布均匀。

2. 中心型花台

中心型设计通常适用于"一"字形台。设计时,应选用长直径为40~50厘米,短直径为20~25厘米的长型花插。花插应放置于餐台正中部位。如果台型加大,或台型有所变化,应加大花插,摆放时一定要相互对称,使餐台整体设计美观大方、有艺术性。

3. 花环型花台

花环型设计适用于贵宾宴会。它是环绕宾客水杯前方制作花环的设计方法。花环可用冬青草和鲜花点缀,并要注意颜色、距离、花草品种的搭配与对称。中心型设计和花环型设计联合使用将使效果更佳。

4. 花坛连花环式花台

在台的中间先摆一小花坛,两边用花环连接,如餐台较长,除中间设一花坛外,可两侧对称设两个小的花坛。

5. 台面插花花台

有的西餐宴会为了显示桌子面料的漆刻及华丽的纹路,而不铺台布,只在餐具的下面垫餐巾纸,桌面摆放插花。插花常以瓷盆内放一个带钉的锡垫(称剑山),把花茎插在铁钉上,花随铁钉而挺拔、直立,以花为主,衬托小叶,显得自然、飘逸。

6. 对角型花台

对角型设计是指在"一"字形台的左上角和右下角设置角型花坛。设计时,应首先在餐台左上角和右下角放置两个角型花插,然后由花插的两侧延伸出由大渐小的花环,花环延伸至餐台四边中心位置即可。

除了以上介绍的几种花台设计外,有些宴会主人为了显示款待宾客的诚意,会赠送给每位宾客一束鲜花,鲜花要配以满天星等花草,并束装在专用无色透明的花束袋中,袋的中间部分还要系上一个彩色的蝴蝶结作为装饰。花台设计时,要将花束摆放在每位宾客餐具的右侧(亦有放在左侧的)。宾客入座后,男宾常把它插在西服口袋中,女宾将其别在左胸前或戴在头发上。

六、花台插花的注意事项

正确运用插花技法是花台制作的关键，制作者只有正确、熟练地掌握运用插花技法，才能完成自己精心构思的花台。花台插花应注意以下事项。

（一）要遵守花台造型的规律

花台的造型要有整体性、协调性，这是花台制作中最基本的要求。尽管主花在花台中占据主导地位，配花、枝叶居辅助地位，但主花却少不了配花，要做到有主有配，才能使花台成为有机的整体。插配中任何花卉都是整体中的一部分，每一部分都要相互辉映，少了任何一部分都会有损花台的整体美。当然，更不应忘记，在插摆花台前，要根据造型计算用花量和用草量，保证足量使用。

（二）要按制作步骤展开

制作时，应先插主花，用主花将花台的骨架搭起来，然后再插配花，使花台初显生动丰满的造型，最后再对枝叶进行必要的点缀，使整个花台充满活力，富有韵味。制作完毕的花台要检查一遍，看看是否有不足之处，并将桌面收拾干净。最后，用喷壶对花台喷洒清水，给人清新爽丽、风姿飘逸之感。

（三）要利用各种辅助手法

尽管强调要选择合适的花材，但在实际工作中，花台制作人员常常会遇到有缺陷的花材。如枝干过短、过软，花朵未开和太小等情况，这就要求制作者借助一些辅助手法来弥补花材的不足。如枝干较短时，可将废弃的枝干用金属丝绑在较短花枝的下方，增加其长度；花朵未开或太小时，可向花朵吹气或用手帮助其打开（适用于玫瑰、石竹等）；花枝较细软时，可用其他粗枝固定在细枝上，增强其支撑力；叶子太直，造型不自然，可用筷子在叶茎上轻轻擦过，那么叶子就会自然弯曲，但动作要轻，不能折断主茎，也可用一细铁丝从叶主茎通到叶尖，然后再轻轻弯曲茎里铁丝，使叶子成形构图。

近些年来，用食品雕刻作品与鲜花搭配摆插的花台，可谓别具一格。我国食品雕刻技艺精湛，雕刻的题材广泛，造型种类繁多，内容与形式完美结合，尤其适合根据宴会主题选刻造型，用之于花台设计，可提升花台的表现力和艺术效果。

总之，要充分发挥想象力和创造力，设计出新颖的花台造型，把插花艺术与宴会文化提升到一个更高的境界。

第五节　宴会服务程序设计

一、中餐宴会服务程序设计

（一）开宴前的服务程序

包括宴会的承接、开宴的组织工作、宴会的准备工作、宴会的迎接工作。

1. 宴会的承接

首先由宴会部主管或营销部工作人员受理宴会预订，一旦确定下来，则首先签订宴请合同，然后通知宴会部做好前厅的筹备工作。

(1)受理宴会预订。受理宴会预订时，需要掌握客人与宴会有关的情况，主要包括以下内容：

①八知：知台数、知人数、知宴会标准、知开餐时间、知菜式品种、知主办单位或房号、知收费办法、知邀请对象及出菜顺序。

②三了解：了解宾客风俗习惯、了解宾客生活忌讳、了解宾客特殊需要。

如果是外宾，还应了解国籍、宗教、信仰、禁忌和品味特点。

对于规格较高的宴会，还应掌握下列事项：宴会的目的和性质，宴会的正式名称，宾客的年龄和性别，有无席次表、座位卡、席卡，有无音乐或文艺表演，有无主办者的指示、要求、想法，有无司机费用等。

(2)签订宴会合同。即填写宴会预订单、收宴会预订金或抵押支票，最后由双方签字生效。

(3)通知宴会部做准备工作。将客人预订宴会的详细情况以书面形式通知宴会服务部门或人员。

2. 宴会的组织工作

(1)首先召开全体工作人员会议，传达信息，要求每位服务人员都要做到“八知”、“三了解”。

(2)明确分工。组织规模较大的宴会，要确定总指挥人员。在准备阶段，要向服务人员交任务、讲意义、提要求、宣布人员分工和服务注意事项。

在人员分工方面，要根据宴会要求，对迎宾、值台、传菜、供酒及衣帽间、贵宾室等岗位，都要有明确分工。每位服务人员都要有具体任务，将责任落实到人，做好人力物力的充分准备，要求所有服务人员思想重视、工作严谨，保证宴会善始善终。

3. 宴会前的组织准备工作

在开餐前一定时间内开始进行宴会前的组织准备工作，各饭店对这段时间的长短有不同的规定，另外还要依据宴会的规模和档次，以及宴会厅布置的繁琐程度来确定。一般场景布置在开餐前 4 小时布置，台形布置在开餐前 2 小时开始布置，筹备工作从开餐前 8 小时开始准备。

(1)场景布置。应根据宾客要求及宴请标准进行场景布置，一般在宴会厅周围摆放盆景花草，或在主台后面用花坛、画屏、大型青翠树枝盆景装饰，用以增加宴会的隆重、盛大与热烈的气氛。

(2)台形布置。管理人员要根据宴会前掌握的情况，按宴会厅的面积和形状及宴会要求，设计好餐桌排列图，设计时要按宴会台形布置的原则，即“中心第一，先左后右，高近低远”的原则来设计。在布置过程中做到既要突出主台，又要排列整齐,间隔适当;既要方便就餐,又要便于服务员席间操作。通常宴会每桌占地面积标准为 10 ~ 12 平方米,桌与桌之间距离为 2 米以上,重大宴会的主通道要适当的宽敞一些,同时铺上红地毯,突出主行道。

(3)熟悉菜单。服务员应熟悉宴会菜单和主要菜点的风味特色,以做好上菜、派菜和回答宾客对菜点提出询问的思想准备,同时,应了解每道菜的服务程序,保证准确无误地进行上菜服务。

对于菜单,应做到:能准确说出每道菜的名称,能准确描述每道菜的风味特色,能准确讲出每道菜的配菜和配食佐料,能准确知道每道菜肴的制作方法,能准确服务每道菜肴。

(4)物品的准备。根据菜单的服务要求,准备好各种银器、瓷器、玻璃器皿等餐具酒具,备好菜肴应跟配的佐料,备好鲜花、酒水、香烟、水果等物品。

准备物品时要注意,重点宴会要多准备一些菜单,做到人手一份,要求封面精美、字体规范、可留作纪念。

(5)铺设餐台。通常在宴会前 1 小时要摆好台面的餐具。摆台前应先洗净双手,拿、握规定的台布、餐具和餐巾的位置,将正、副主人的座位拉开对正,然后把其他座位按均等的距离拉好摆好。

(6)安排席位。凡正式宴请,每个客人座位前都放席卡,通常叫做“名卡”。卡片上写有参加者的姓名,便于对号入座。座次的安排一般依身份而定。

(7)摆设冷盘。大型宴会开始前 10 ~ 15 分钟摆好冷菜,开始前 10 分钟斟预备酒。所谓预备酒,一般斟白酒和葡萄酒以示庄重,其他酒水如啤酒、饮料等也不适于预先斟倒。斟倒预备酒的意义在于宾主落座后,致辞,然后干杯,这杯酒如果不预先斟好,宾客来后再斟,会显得手忙脚乱。

摆设冷菜时,要根据菜点的品种和数量,注意菜点色调的分布、荤素的搭配、菜型的正反、刀口的逆顺、菜盘间的距离等,使摆台不仅是为宾客提供一个舒适的就餐地点和一套必需的进餐用具,而且能给宾客以赏心悦目的艺术享受,为宴会增添隆重又欢快的气氛。

准备工作全部就绪后,宴会管理人员要作一次全面的检查,从台面服务、传菜人员等分派是否合理,到餐具、饮料、酒水、水果是否备齐;从摆台是否符合规格,到各种用具及调料是否备齐并略有盈余;从宴会厅的清洁卫生是否搞好,到餐酒具的消毒是否符合卫生标准;从服务人员的个人卫生、仪表装束是否整洁,到照明、空调、音响等系统能否正常工作等,都要一一进行仔细的检查,做到有备无患,保证宴会按时举行。

4. 宴会的迎宾工作

(1)热情迎宾。根据宴会的入场时间,宴会主管人员和迎宾员提前在宴会厅门口迎候客人,值台服务员站在各自负责的餐桌旁准备侍候。宾客到达时,要热情迎接、微笑问好，待宾客脱去衣帽后将宾客引入休息厅就座休息，回答宾客问题和引领宾客时注意用敬语，做到态度和蔼，语言亲切。

(2)接挂衣帽。如宴会规模较小，可不设专门的衣帽间，只在宴会厅房门前放衣帽架，安排服务员照顾宾客宽衣并接挂衣帽。

如宴会规模较大，则需设衣帽间，凭牌存取衣帽。接挂衣服时应握衣领，切勿倒提，以防衣袋内的物品倒出。贵重的衣服要用衣架，以防衣服走样。重要宾客的衣物，要凭记忆进行准确的服务，贵重物品请宾客自己保管。

(3)端茶递巾。宾客进入休息厅后，服务员应招呼入座并根据接待要求，递上香巾、热茶或酒水饮料。宾客抽烟，应主动为其点火。递巾送茶服务均按先宾后主，先女后男的次序进行。

(二)宴会中的就餐服务程序

1. 入席服务

值台服务员站在各自服务的席台旁等候宾客入席。当宾客来到席前，要面带笑容，引请入座。在照顾宾客入座时，用双手和右脚尖将椅子稍撤后，然后徐徐向前轻推，让宾客坐稳坐好。照顾宾客入席应按先女宾后男宾、先主宾后一般宾客的顺序进行。对年老行动不便的宾客和年幼的宾客要优先照顾。

待宾客坐定后，即把台号、席位卡、花瓶或花插拿走。菜单放在主人面前，接着给客人上毛巾，打开口布摊在客人膝上，迅速上茶，根据客人的要求斟倒酒水，然后帮宾客除下、取走筷套。

2. 斟酒服务

(1)为宾客斟倒酒水时，要先征求宾客意见，根据宾客的要求斟倒各自喜欢的酒水饮料，如宾客提出不要，应将宾客位前的空杯撤走。

(2)斟酒时，服务员应站在来宾的身后右侧，右脚向前，侧身而进，右手握瓶斟酒，酒瓶的商标面向来宾，瓶口离杯1~2厘米，斟至八分满即可。

(3)在只有一个服务员斟酒时，应从主宾开始，再主人，然后按顺时针方向进行。在有两个服务员为同一桌来宾斟酒时，一个从主宾开始，另一个从副主宾开始斟酒，然后按顺时针方向进行。切忌站在一个位置继续为下一位宾客斟酒或为左右两位宾客斟酒。

(4)在宾主互相祝酒致辞前，服务员应斟好所有来宾的酒或其他饮料。在宾主讲话时，停止一切服务活动。讲话结束后，如果宾主间的座位有段距离，服务员应准备好两种酒，放在小托盘中，侍立在旁，并在宾主端起酒杯后，迅速离开。如果宾主在原位祝酒，服务员应在致辞完毕干杯后，迅速给其续酒。

(5)当客人起立干杯或敬酒时，应迅速拿起酒瓶跟着客人准备添酒，客人要求斟满杯酒时，应斟满酒杯。

(6)当客人起立干杯、敬酒时，要帮客人拉椅，即向后移，宾主就座时，要将椅向前推。拉椅、推椅都要注意客人的安全。大型宴会可配一名服务员专为宾客、主人斟酒。

(7)宾客离开座位去敬酒时,要将客人的席巾叠好放在客人的筷子旁边,席巾应折成好看的图形。

在宴会中,服务员要随时注意每位来宾的酒杯,见喝至1/3时,应及时添加。斟酒时注意不要弄错酒水。

(8)宴会期间要及时为客人添加饮料、酒水,直至客人示意不要为止(如酒水用完应征询主人意见是否需要添加)。

3. 上菜分菜服务

各类不同的宴会,由于菜肴的搭配不同,上菜的程序也不尽相同。传统宴会的头道热菜是最名贵的大菜。主菜上罢后,依次上炒菜、大菜、饭菜、甜菜、汤、点心、水果。但也有例外,如全鸭席中的北京烤鸭,就不作为头菜上,而是安排在最后一道大菜上的,称其为“千呼万唤始出来”。粤菜的上菜顺序是:冷盘、羹汤、热炒、大菜、蔬菜、点心、炒饭、水果,上蔬菜则表示菜已全部上齐。

(1)按菜单顺序上菜,当冷菜吃到适当时候,开始上热菜,上菜的大致顺序是头菜、热菜、甜菜、汤菜、点心、水果等,上汤则表示菜已上齐。有时为了照顾外国宾客的习惯,把汤放在冷菜之后上,菜与菜的间隔时间可根据宴会进程或主办人的意见而定。

(2)要选择正确的上菜位置,操作时站在译陪人员之间,即“上菜口”的位置,将菜盘放在转盘中间。凡是鸡、鸭、鱼整体菜或椭圆形的大菜盘,在摆放后应转动转盘,将头的位置转向主人,使腹部或胸脯正对主宾。

(3)热菜须趁热上,从厨房取出的热菜应用银盖或不锈钢盖盖好,待菜上桌后再取下盖子。

(4)大型宴会上菜速度要以主桌为准,全场统一,并按饭店规定的办法去做(看信号或听音乐),做到主桌上哪道菜,其余各桌都上哪道菜,不允许任何一桌擅自提前或错后。

(5)每上一道菜后,服务员要后退一步站好,然后主动向客人介绍菜名和风味特点,或简要讲解菜肴的历史典故。撤菜之前一定要征询宾客意见,当宾客表示不需要后,再撤下。

(6)宴会分、让菜服务。要熟悉操作步骤,胆大心细,动作轻稳并掌握好份数。无论是分让菜,还是点心、汤都要均匀。所上的菜肴如有配料或调料,应先上齐配料、调料,然后上菜。

(7)对带有骨刺的鸡、鸭、鱼等,应按照客人的要求或饭店统一的服务要求去做。

4. 撤换餐具

(1)撤换餐具是为了不影响客人品尝菜肴的风味与就餐的方便和卫生,并体现宴会的优质服务。宴会中撤换餐具应不少于3次,重要宴会则要求每道菜都要换盘。撤换餐具的程序一般是吃完冷菜后撤换一次餐盘;喝完汤后,撤掉汤的餐具,换上干净的餐盘;吃完带骨的菜后换盘;吃完汁多芡多的菜后换盘;上甜菜前换吃甜菜的餐具;吃水果前要撤掉除酒具以外的餐具。

(2)撤换餐碟时,要待宾客将碟中食物吃完方可进行,如宾客放下筷子而菜未吃完的,应征得宾客同意后才能撤换。撤换时要边撤边换,撤与换交替进行。按先主宾后其他宾客的顺序先撤后换,站在宾客右侧操作。

5. 席间服务

(1)宴会进行中,要勤巡视,细心观察宾客的表情及示意动作,主动服务。服务时,态度要和蔼,语言要亲切,动作要敏捷。餐具要轻拿轻放,右手操作时,左手要自然弯曲放在背后,暂停工作时要站在一边与餐台保持一定距离,站立要端正,眼神要专注。

(2)如宾客在进餐中不慎将餐用具掉在地上,服务员应首先从服务桌上拿来干净的餐具、用具送给宾客,然后收拣地面上的餐用具。

(3)如果宾客弄翻了饮料杯或酒杯,弄脏了台面或衣服,服务员要迅速用餐巾或毛巾帮助宾客擦干净衣服,用湿毛巾擦净台布,有时要用餐巾盖住被弄脏的桌面。然后为宾客换上新的杯具,重新斟上酒水。

(4)宴会进行中,如发现烟缸中有两个烟头时,就要换上干净的烟缸,撤换的方法是先用干净的烟缸盖住桌上的烟缸,一起拿下后再把干净的放在餐桌上,以防烟灰扬起,污染食物。

(5)宴会进行中,递送香巾的程序是吃完汤送一次;吃完海鲜类菜肴送一次;吃完水果后再送一次。递送香巾的方法是:将香巾放在专用的小盘中,从宾客的右侧送上,放在每位宾客餐盘的右边。

(6)宴会中若有即兴演唱等活动,或临时增加服务项目,服务员要及时与厨房联系,尽量做到使客人满意。

(7)当餐台上的水果用完后,就可撤掉水果盘、餐盘和水果刀叉,并在餐台上摆好鲜花,表示宴会结束。

(三)宴会的结束工作程序

1. 结账

上菜完毕后即可做结账准备。清点所有酒水、香烟、佐料、加菜等宴会菜单以外的费用并累计总数,送收款处准备账单。结账时,现金现收;若是签单、签卡或转账结算,应将账单交宾客或宴会经办人签字后送收款处核实,以便及时送财务部入账结算。

2. 拉椅送客

主人宣布宴会结束,服务员要提醒宾客带齐携来物品。当宾客起身离座时,要主动为其拉开坐椅，以方便离席行走。视具体情况目送或随送宾客至餐厅门口。若是大型宴会，服务人员应列队站在餐厅门口两侧，热情地欢送宾客，当宾客主动与服务员握手表示感谢时，可适当地握手和宾客道别。不要在客人刚刚起身还未走出宴会厅时便忙于收台，如宴会后安排休息，要根据接待要求进行餐后服务。

3. 取递衣帽

宾客出餐厅时，衣帽间的服务员根据取衣牌号码，及时、准确地将衣帽取递给宾客。

4. 收台检查

在宾客离席的同时，服务员要检查台面上是否有未熄灭的烟头，是否有宾客遗留的物品，如有要立即送还或交有关上级。在宾客全部离去后立即清理台面。清理台面时，按先餐巾、香巾和银器，然后酒水杯、瓷器、刀叉、筷子的顺序分类收拾。凡贵重餐具要当场清点。

5. 清理现场

各类开餐用具要按规定位置复位，重新摆放整齐，开餐现场重新布置，恢复原样，以备下次使用。

结束工作做完后，领班要做检查，待全部项目合格后方可离开或下班。

中餐宴会服务程序如图 8－39 所示。

二、西餐宴会服务程序设计

西餐宴会是按西方国家宴会形式举办的一种宴会。西餐宴会摆西式餐台，吃西餐菜，用各式西餐餐具，并按西餐礼仪进行服务，西餐宴会的服务环节较多，要求也较严格，首先介绍一下西餐宴会的主要特点。

(1)餐桌一般用长台或腰圆台，有时也用圆台。

(2)用餐方法是采用分食制，一人一份餐盘。

(3)西餐中每吃一道菜，更换一套餐具，多用刀叉进食，收盘时连同用过的刀叉一起收走，餐具的摆台亦按事先定好的菜单，根据菜式摆上不同的刀叉餐具。

(4)在酒水的选用上，西餐宴会有一套传统的规则，吃什么菜，饮什么酒，选用什么样的酒杯。

(5)西餐宴会以食用西式风味的菜点为主，并在席间播放音乐。

(6)按照西餐操作程序和礼节进行服务。

(7)灯光柔和或偏暗，有时点蜡烛，气氛轻松舒适。

(一)开宴前的服务程序

1. 明确任务

接受西餐宴会预定任务后，宴会厅负责人应了解清楚宴会举办单位和规格、

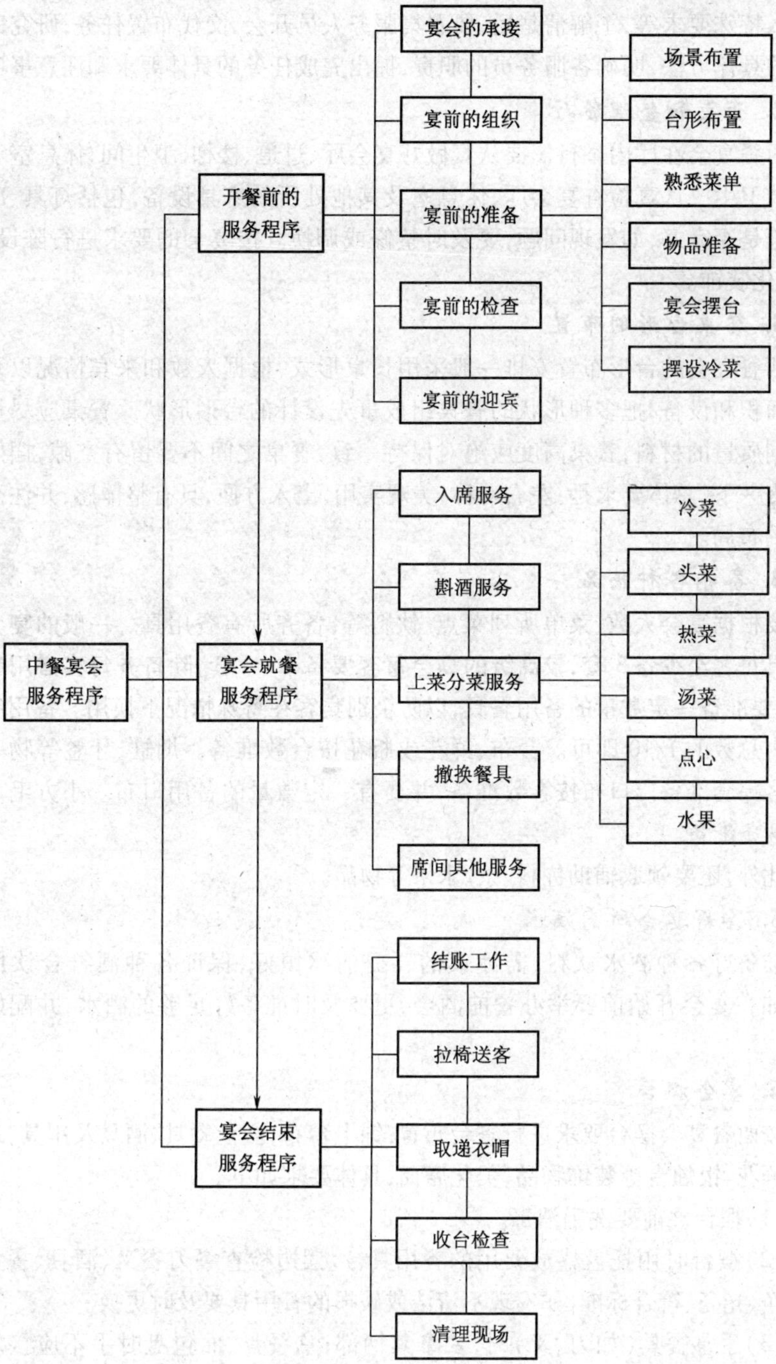

图 8－39　中餐宴会服务程序图

标准、参加人数、进餐时间、来宾国籍身份、宗教信仰、生活特点、主办单位或客人有什么特殊要求等，了解清楚后，要召集服务人员开会，交代布置任务，研究完成任务的具体方法，明确各服务员的职责，提出完成任务的具体要求和注意事项。

2. 布置和整理餐厅

西餐宴会在厅内举行。要认真做好宴会厅、过道、楼梯、卫生间、休息室等处的清洁卫生。认真检查宴会厅、休息室及其他处所的家具设备，包括灯具、冷暖设备等是否完好，如发现问题，要及时整修或调换。按宴会的要求进行陈设、墙饰、绿化装饰。

3. 餐桌台形的布置

西餐宴会的台形布置安排一般采用长桌形式，根据人数和来宾情况以及餐厅的面积和设备，把多种形状的餐桌组成事先设计的台形形状。餐桌应尽量使用相同质量的材料，餐桌高度应绝对保持一致，餐桌之间不要留有空隙，摆好之后检查一下，总体要求是：左右对称，美观实用，出入方便，具有整体感，并注意宴会厅的布局。

4. 备齐各种物品

要根据宴会人数、菜单所列菜点、饮料等，备齐所有餐用具。一般的宴会小件餐具每客至少备3套，较高级的宴会每客要备5～6套，除备齐每客必用餐具外，还要准备一定数量的备用餐具，以防个别宾客在特殊情况下换用。备用餐具一般占总数的1/10即可。台布、鲜花或瓶花按台数准备。烟缸、牙签等物一般按四客一套准备。口布按客数准备，并要有一定数量的备用口布。小方毛巾按每客两条准备。

此外，还要领取辅助佐料、茶、水果等物品。

5. 备好宴会所需酒水

准备好各种酒水饮料，需冰镇的要提前冰镇好，保证各种酒符合饮用要求。如在宴会开始前要举办餐前酒会，更要及时准备好足够的酒水，并配好鸡尾酒。

6. 宴会摆台

按西餐宴会摆台要求进行餐台布置：铺上台布，摆上餐具、酒具及用具，最后摆上鲜花、银烛台等装饰物品，美化席面，具体要求如下。

(1)摆台之前要洗手消毒。

(2)摆台时用托盘盛放要用的餐用具，边摆边检查餐刀餐叉、酒具、餐盘是否干净、光亮、符合标准，如发现不清洁或破损的餐用具要及时更换。

(3)手拿餐具(如刀、叉)时，要拿其柄部；拿餐盘、面包盘时手不应接触盘面；拿杯具时手指不能接触盛酒部位。

(4)摆好台后要全面检查一遍，查看是否有漏项或错摆现象；检查花瓶、蜡烛台是否摆放端正。

7. 准备好足够的开胃品、面包、黄油、果酱等

在开席前10分钟,把开胃品摆放在餐桌上,一般是每人一盘,在少数情况下,也可把各种开胃品摆在餐桌上,由宾客自取或由服务员分让。并在开席前5分钟把面包及黄油、果酱摆放在面包篮、黄油碟中。

8. 全面检查

宴会负责人在各项工作准备就绪后,应进行一次全面检查,包括清洁卫生、环境布置、席面布置、物品准备、服务员仪容仪表等。在西餐宴会服务中,服务人员应戴白手套,做到制服整齐,仪容大方。

9. 迎宾服务

(1)迎候宾客。在宴会开始前,宴会负责人就应带领迎宾员提前在宴会厅门口迎候来宾。当宾客到来,应热情欢迎,主动打招呼问好,并将客人引进休息室休息。

(2)餐前鸡尾酒服务。西餐宴会可以在宴会开始前,先举办约半小时的餐前酒会。当宾客陆续到来,先到休息室聚会交谈,由服务员送上鸡尾酒、软饮料等,请客人选用。主宾到达时,由主人陪同进入休息厅与其他宾客见面,随后入宴会厅,宴会即正式开始。

(二)宴会就餐中的服务程序

1. 引宾入席,拉椅让座

迎宾引座员引领宾客至餐台,值台服务员应精神饱满地站在餐台旁,面带微笑地为宾客拉开坐椅,请宾客入座,顺序为女士、重要的宾客、行动不便的宾客和一般宾客。待宾客坐下后,为宾客打开餐巾。

2. 席间酒水服务

酒水服务的顺序是,先女后男,先宾后主。酒水服务时,服务员应使用右手,从客人的右侧为宾客提供酒水。

(1)餐前酒。客人落座后,服务员要主动询问客人需要何种开胃酒。如客人一时难以决定,服务员应主动向客人介绍酒水、饮料。介绍时要注意适合客人的国籍、民族和性别。建议时,注意礼貌用语,不能强迫客人接受,还要记清每位客人所订酒水,以便准备提供服务。

(2)佐餐酒。在客人用餐期间,根据不同菜肴配以不同的酒水,为客人提供佐餐酒服务。佐餐酒主要是葡萄酒,按菜肴与酒水搭配要求进行。

(3)餐后酒。如客人在宴会结束时需饮用餐后酒,服务员应主动向客人推荐利口甜酒、白兰地和一些混合饮料,客人确定饮用品种后,及时为客人提供餐后酒服务。

(4)香槟酒。香槟酒可在餐前、餐后、餐间,配任何食品饮用。由于香槟酒开启时能渲染宴会的热烈气氛，所以在庆典或款待贵宾时常选用香槟酒。在服务香槟酒时，服务员一定要事先询问服务的时间，注意开瓶、斟酒等操作。

3. 席间菜肴及其他服务

(1)西餐宴会上菜的顺序是开胃菜，汤，鱼、虾海鲜类菜肴，副菜，主菜，甜点和水果，咖啡或茶。

(2)上菜的原则。上菜时严格根据宾主顺序，遵循女士优先，先宾后主，从客人左侧用左手为客人上菜的原则。

(3)在宴会开始前几分钟摆上黄油，分派面包。面包作为佐餐食品可以在任何时候与任何菜肴相配，所以要保证面包篮内总是有面包，一旦面包篮空了，应立即给客人续添。

(4)当宾客准备用开胃冷菜时，服务员应配倒相应的酒水，冷菜开胃品一般与烈性酒相配。

(5)按菜单顺序撤盘上菜，每上一道菜之前，应先将前一道菜的空盘及用过的餐具撤下。撤盘时服务员要留意宾客餐具的摆放，如果将刀叉并拢放在餐盘左边或右边或横于餐盘上方，是表示不再吃了，可以撤盘；如果呈八字形搭放在餐盘的两边，则表示暂时不需要撤盘。西餐宴会要求等所有宾客都吃完一道菜后才一起撤盘，并一起上菜。撤盘时，从主宾的位置开始撤，在宾客的右手方向用右手连同刀叉一并撤下，刀尖压在叉子下面。

(6)上汤时汤盘下应加垫盘，然后从宾客的左手方向用左手把汤上到宾客面前，上汤的顺序是先女宾后男宾再主人，以下各道菜上菜的顺序都是如此。

(7)上鱼、虾海鲜类菜肴前先撤下汤盘和汤匙，为宾客斟好白葡萄酒，然后上菜。

(8)上主菜(又称大菜)时一般配有几样蔬菜和沙司，此外还带有沙拉。盛主菜应用大号餐盘，要将菜肴的最佳部位对着宾客摆放，盛沙拉应用生菜盘(也可用小吃盘)。主菜上桌前，先为宾客斟倒红葡萄酒，主菜上桌时要紧跟沙司。

(9)上点心。吃点心用的餐具要根据点心的品种而定，热点心一般用点心匙和中叉；烩水果用茶匙；冰激凌应将专用的冰激凌匙放在垫盘内同时端上去。吃点心多配香槟酒，此时若安排宾主讲话一定要在上点心或宾客讲话之前将香槟酒全部斟好，以方便宾客举杯祝酒。

(10)上干酪。干酪也叫起司，一般由服务员分派，先用一只银盘垫上餐巾，摆上几种干酪和一副刀叉，另一盘上摆上烤面包片或苏打饼干，送到宾客左边，任宾客自己选用。吃完干酪，应撤掉餐台上的餐具、酒具，水杯和饮料杯不动。

(11)上水果。先上水果盘和洗手盅，然后将已装盘的水果端至宾客面前，请宾客自己选用。

(12)上香巾。宾客吃完水果后上香巾，按宾客人数将香巾放在小垫碟中每人一碟,放在宾客的左侧。

(13)无论采用哪种菜肴服务方法,菜肴一般应让两次。第一次按先女宾后男宾、先主宾后主人,最后让陪客的顺序;第二次可以根据宾客食用情况问让。

如果餐台上的刀叉用完,但尚有菜肴,就要在让菜之前将刀、叉补齐。先斟酒,后让菜。斟酒时应把要斟的酒杯移到最右边,以方便宾客取用。

上菜时,服务员要挺胸收腹,不靠他物,呼吸均匀,向宾客介绍菜名。

(14)西餐宴会是在一种优雅的气氛中进行的,服务员要反应灵敏,注意自己的举止,步履要轻快,动作要敏捷干脆,不得有响声,与宾客讲话(介绍菜肴或征询意见)声音不要太大,以宾客能听清为准。背景音乐要柔和,为宴会厅创造一种美好的气氛和高雅的情调。

(15)宴会席面服务基本结束,当主人请宾客到休息室休息时,服务员应立即上前为客拉椅,再去拉开休息室的门请宾客到休息室就座。

4. 咖啡、餐后酒服务

(1)待宾客在休息室就座后,服务员开始上咖啡,上咖啡的方法是:将咖啡倒好,垫上垫碟,放好咖啡匙,将咖啡放在托盘内托送,另一服务员要跟送糖、奶。

(2)上咖啡后,服务员接着托让各种餐后酒品(如白兰地)以及巧克力糖和雪茄烟,注意雪茄烟不要让女宾。现在,西方国家普遍提倡禁烟,尤其是在公共场所禁止吸烟,所以,敬烟可以免除。

(3)服务员稍等片刻为宾客续斟一次咖啡和酒品。最后撤掉咖啡具,再让一次饮料,表示宴会至此结束。宾客可自由退席。

(三)宴后服务及结束工作程序

1. 结账

宴会接近尾声时,清点所用的饮料,如果收费标准不包括饮料费用则要立即开出所耗用的饮料订单,交收款员算出总账单。宴会结束时,宴请的主人或助手负责结账,一般不签单,而收取现金、支票或信用卡。

2. 送宾离席

当宾客起身离座时,应为其拉椅,以方便走出,提醒宾客带好自己的物品,热情地欢送宾客至宴会厅门口,并表示欢迎宾客下次光临。

3. 收台检查,清理现场

送走客人后,要及时检查现场,看有无宾客遗忘的物品,有无未熄灭的烟头等。收台时,一般按照先收餐巾、毛巾,然后玻璃器皿,最后金属餐具的顺序进行。高档餐具如金器、银器等要点清数量,注意收拣保管好。清扫宴会厅,并将餐台、装饰物等搬回原处,恢复宴会厅原貌。

西餐宴会服务程序如图 8-40 所示。

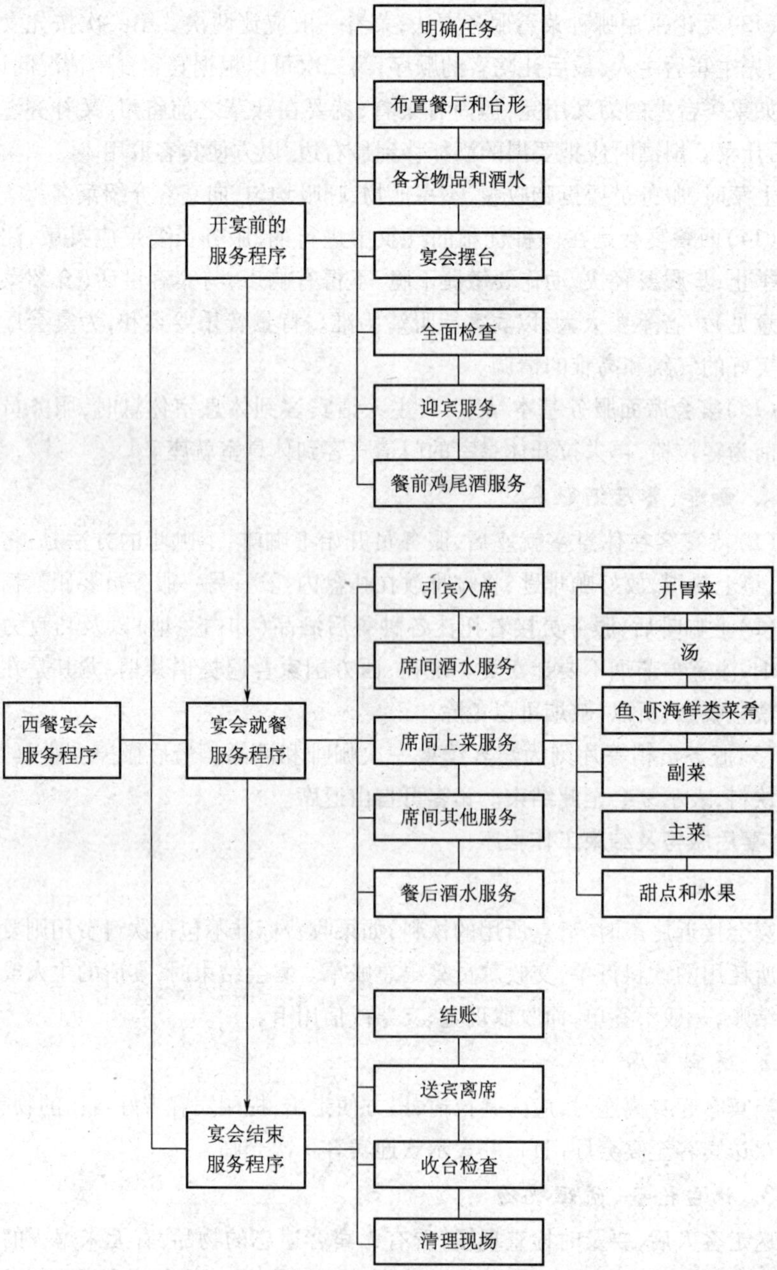

图8－40　西餐宴会服务程序图

三、冷餐会服务程序设计

冷餐会又称自助餐会,是当今较为流行的一种宴会形式。冷餐会适合于会议用餐、团队用餐和各种大型活动。冷餐会一般有设座式和立式两种就餐形式。不设座的立式就餐可以在有限的空间里容纳更多的客人,客人采取自助形式就餐,其原则是客人自我服务,气氛活跃,不必拘泥,但客人得到的个别服务少,这种形式一般适用于庆祝会等活动;设座冷餐会的规格较立式高,客人得到个别照顾多,这种形式一般适用于招待会、欢迎会。

(一)开餐前的准备工作程序

(1)按照要求摆放好冷餐会的菜台和餐桌以及服务桌。

(2)按照菜单准备好各类餐具、用具。各类餐用具要清洗消毒,并准备充足,留有富裕。

(3)按照设计要求,做好菜台的布置工作。菜台用台裙围边,所用台裙一定要够长。台面上放置好各种装饰用鲜花、黄油雕或冰雕艺术品,准备好各种盛放热菜的保温锅、固体燃料等。

(4)按照方便宾客取菜的原则将菜肴分类摆放清楚,并以美观的形式进行陈列,菜台上要留一定的位置摆放餐盘等餐用具。

(5)准备好冷餐会所用的各种酒水饮料,在服务桌上码放整齐,同时准备好各种服务用具,如酒钻、酒瓶起子、冰桶等,托盘内铺好垫巾。

(6)根据冷餐会的类别(中餐或西餐)摆好不同的餐具,将餐巾放好。餐桌上的各种用品要求全场一致,摆放整齐、美观。

(7)宴会开始前将各种冷菜用托盘送到餐厅,按照已划分的位置摆放,注意将冷菜的颜色、口味及荤素调开,盘与盘距离相等,并准备好充足的公用匙、叉等。

(8)对餐前准备工作进行认真的检查,服务员检查自己的着装,精神饱满地站在服务位置上,准备迎接宾客。

(二)冷餐会的就餐服务程序

冷餐会服务员包括看餐桌服务员、看菜台服务员和取菜服务员。

1. 看餐桌服务程序

(1)在宾客到达餐厅时向宾客表示欢迎,宾客入座后马上为宾客斟酒,问让软饮料。

(2)在冷餐会进行的过程中,要主动为宾客续斟酒水和饮料,随时清理餐桌台面,将宾客用过的餐盘等及时撤掉,保持台面整洁。当宾客离座取菜时,服务员应把宾客的餐巾叠好,放在宾客餐桌的右手处。

(3)如冷餐会上有冰激凌或咖啡时,服务员要取送给宾客。

(4)冷餐会结束前为宾客送上香巾。

2. 看菜台服务程序

(1)冷餐会开始以后,主动为前来取菜的宾客递送餐盘并随时整理菜台。

(2)热菜上台之前,点燃保温锅下的固体燃料,为上热菜做好准备。

(3)及时撤掉菜台上的空菜盘,适时增加餐盘,方便宾客取用。

(4)适时整理菜肴,保持菜台的整齐、美观和丰满。待宾客吃点心、水果时,服务员要热情地为每位宾客准备一份餐具。如有大蛋糕等,服务员应事先切好。切蛋糕时,要注意尽量保持蛋糕表面的图案完整,不受损坏。

3. 取菜服务程序

取菜服务员的主要职责是从厨房把热菜、汤等食品陆续送至菜台,其服务程序如下。

(1)在主管的统一指挥下,按照菜单的顺序取菜。做到不错取、不漏取、不提前、不错后,同时注意保持菜肴的温度。

(2)掌握每道菜点的名称及风味特色,以便回答宾客的有关询问。

(3)与看菜台服务员密切合作,随时将菜台上撤下的餐盘、菜盘送至洗涤间。

4. 主宾席的服务

大型冷餐会常常根据主办单位的要求,设有主宾席,主宾席的服务一般按照宴会的服务程序进行。

(三)餐后结束工作程序

冷餐后的结束工作程序与中餐宴会的结束工作程序基本相同,不再赘述。

(四)冷餐会服务注意事项

(1)有的冷餐会是立式进餐,不设座位,服务员托着装满饮料的托盘站立于宴会厅大门两侧,宾客一进宴会厅就可上前问让饮料。

(2)看菜台服务员要注意勤换公用匙、叉,看到用脏的公用匙叉,要立即更换,以免给宾客以不卫生的感觉。菜台上的菜肴在可能的情况下应尽量添满,不要让宾客产生不丰富的感觉。

(3)有些宾客对自取食品不习惯,服务员应主动送菜到餐桌。

(4)收拾宾客用过的餐具时,不要惊动宾客,尤其应避免与宾客相撞。工作中应使用"失礼了,请让我过去一下,谢谢"等敬语。

(5)宴会进行当中,服务员必须站在自己的岗位上,并严禁闲谈,以免冷落宾客。服务员之间要有协作精神,看到该做的而暂时没有人来做的事情,要主动去做。

(6)冷餐会一般时间较长(约为90分钟),因此要求服务员始终如一。当冷餐会结束时,要热情、主动、礼貌地欢送宾客。

冷餐会服务程序如图8-41所示。

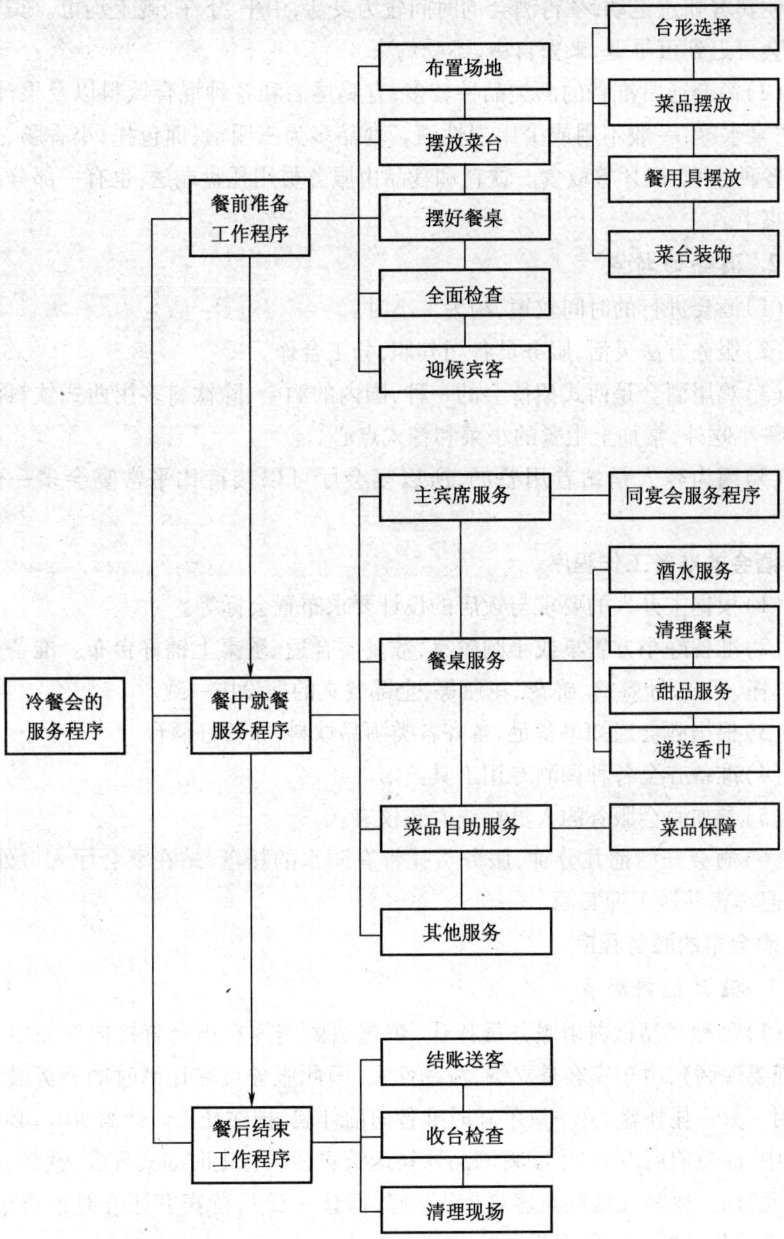

图 8－41　冷餐会服务程序图

四、鸡尾酒会服务程序设计

(一)酒会的形式与特点

1. 酒会的形式

(1)鸡尾酒会(又称酒会)以酒水为主,略备小吃,不设坐椅,仅置小桌或茶几以便宾客随意走动,举行酒会的时间较为灵活,中午、下午、晚上均可。宾客到达酒会可迟到可早退,来去自由,不受约束。

(2)酒会通常准备的酒类品种较多,有鸡尾酒和各种混合饮料以及果汁、汽水、矿泉水等,一般不用或少用烈性酒。食品多为三明治、面包托、小香肠、炸春卷等各种小吃,以牙签取食。饮料和食品由服务员用托盘端送,也有一部分放置在小桌上。

2. 酒会的特点

(1)酒会进行的时间较短,约为1小时。

(2)服务方法灵活,服务员各司其职,分工合作。

(3)鸡尾酒会是西式招待会的一种,国内的酒会,除饮料多用西式饮料酒品和西餐小吃外,常加上中餐的小菜和各式点心。

(4)因为客人是站着用餐的,所以宴会厅可以接待比平常宴会多一倍的客人。

(二)酒会的准备工作程序

(1)根据主办人的要求与饭店的设计要求布置会标等。

(2)准备好小方餐桌或小圆餐桌,数量要合适,餐桌上铺好台布。准备好餐巾纸、杯、烟缸、牙签筒、鲜花、花瓶等,全部餐桌的摆设应一致。

(3)根据酒会通知单备足、备齐各类酒品饮料,布置好酒台。

(4)准备齐全各种调酒专用工具。

(5)参加酒会服务的人员检查着装仪表。

(6)酒会开始前几分钟,服务员托带有酒水的托盘,站在宴会厅入口处,准备欢迎宾客并送上迎宾酒。

(三)酒会中的服务程序

1. 酒品饮料服务

(1)各种酒品饮料由服务员托让(鸡尾酒由宾客在酒台直接向调酒服务员要,现要现调),由于宾客是立餐,流动性大,因此服务员在让酒时的姿势必须规范,用一只手托托盘,另一只手随时准备向前伸展,护住托盘。让酒水时,必须精神集中,注意前后左右,主动将酒品饮料送给宾客。行走时如宾客多、拥挤,确实不能通过时,要客气地对宾客说"对不起,请让一让",待宾客让开时再通过,决不能用手拉宾客而强行通过。

(2)当宾主祝酒时,托让酒水一定要及时,如有香槟酒,要优先让香槟酒,保证祝酒时人手一杯。

(3)托让酒水要注意配合,服务员不要同时进入场地,又同时返回,造成场内无人服务。

(4)要有专人负责回收空酒杯,以保持桌面清洁。让酒水的服务员不要边让酒水边收空杯,那样很不卫生。但有时宾客会把刚用过的酒杯主动放在服务员的托盘上而另换一杯饮料,遇到这种情况,也不必制止宾客,以免造成误会或反感。

(5)酒会进行到最后时,一般有冰激凌,这时要集中力量托让冰激凌,可留少数服务员继续问让酒水。冰激凌必须在酒会结束前10分钟让齐。

2. 上菜服务

(1)在酒会开始前半小时把各种干果摆在小桌上,前10分钟把各式面包托摆在小桌上。

(2)酒会开始后,陆续上各种菜品,并注意随时撤回空盘,由于酒会的桌面小,冷热食品较多,服务中要抓紧时间清理桌面,保持桌面清洁。

(3)在酒会结束前,给每张小桌上摆放一盘香巾,香巾的数量不少于该桌宾客数。

3. 小吃服务

(1)让小吃的服务员最好跟在让酒水服务员的后面,以便宾客取食下酒。

(2)要注意多让距小桌较远的宾客,特别是坐在厅堂两侧的女宾和年老体弱者。

(3)酒会结束时,仍有宾客未离开时,应留有专人继续服务。

(四)酒会的结束工作程序

(1)酒会结束时,服务人员应热情礼貌地欢送宾客,并欢迎宾客再次光临。

(2)如有宾客自带酒品,应马上清理点数,请宾客过目。

(3)清洗餐用具,清扫场地。

鸡尾酒会服务程序如图8-42所示。

五、茶话会服务程序设计

(一)茶话会的形式与特点

(1)茶话会是在各种纪念日和节日期间举行的联欢活动,有宾主讲话,有的茶话会安排有文艺节目演出。

(2)茶话会主办单位花费不大,但能达到宾主交流感情、增加友谊、密切关系的目的。

(3)茶话会一般不设主桌,有时悬挂横幅会标。

(4)茶话会的饮料以茶为主,配有糖果、干鲜果品、小点心等,分盘盛放上桌。

(5)参加茶话会的宾客一边交谈,一边用茶点,一边观看文艺节目,时间较长,一般进行2.5~3小时。

(二)茶话会的服务程序

1. 准备工作程序

(1)按照要求悬挂横幅会标等,准备好主宾席、来宾席。人数多的茶话会可

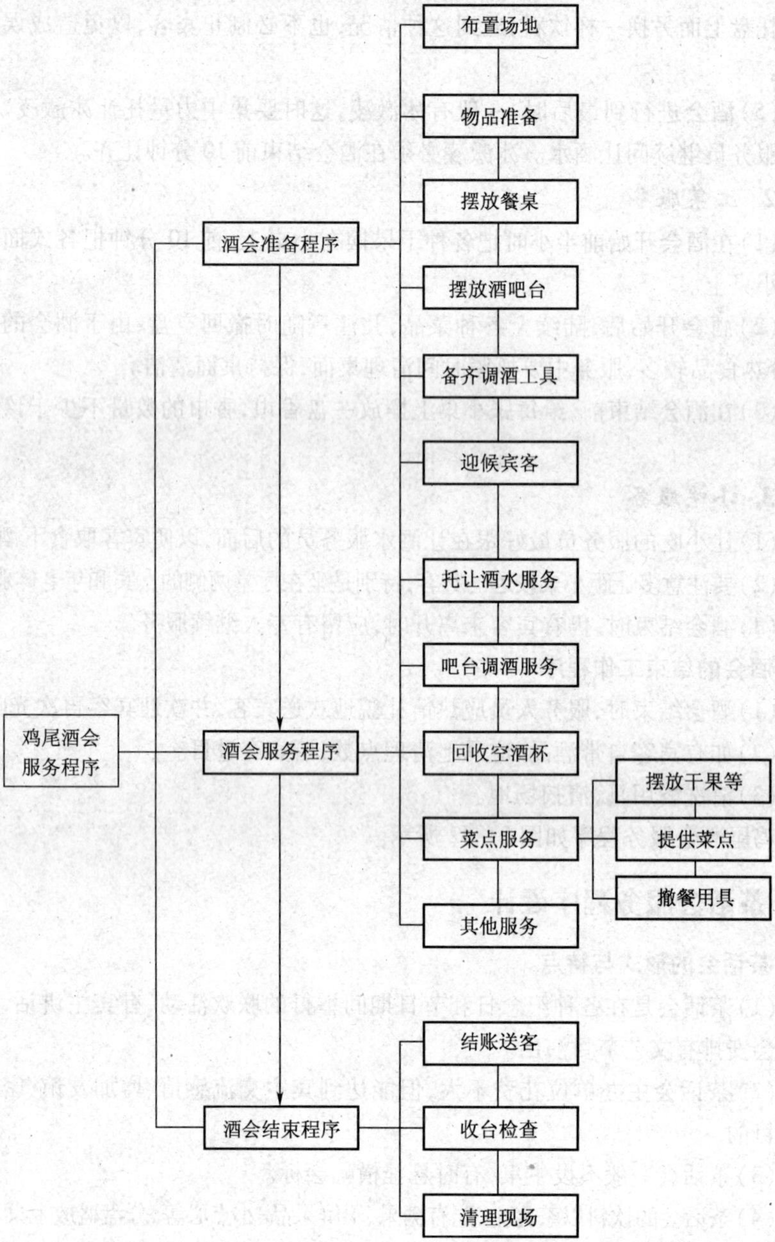

图 8－42 鸡尾酒会服务程序图

按照中餐宴会的台型 10 人或 12 人一桌，人数少的茶话会可利用贵宾厅、休息室，按人数摆好沙发、茶几。

(2)准备茶具是茶话会的重点工作，根据茶话会的人数备齐茶碗、茶盘和茶壶。如一桌10人，茶壶应有两把，茶壶下面要放垫碟。把需用的茶具清点好，清洗干净并认真消毒。茶具若有破损，应及时挑出。清洗干净的茶具码放整齐，盖好待用。

(3)准备好台面用品如布巾、牙签筒、烟缸、鲜花瓶和席次牌等。

(4)准备好水果刀、点心叉和吃点心用的小餐盘。

(5)搞好地面清洁卫生。

(6)茶话会开始前1小时，开始铺设台布。按照食品内容摆台。

(7)茶话会开始前10分钟，把水果、干果、点心等食品摆上桌，根据食品的种类和数量可分为4盘、6盘或8盘，如果是双上的干果、点心，摆放时要对称，使其美观大方。

(8)将暖瓶装满开水，茶话会前5分钟在茶壶内放入茶叶，加入少许开水，把茶叶焖上，待宾客到达后加水，即可为宾客斟倒。

(9)检查着装，做到精神饱满地迎接宾客。

2. 会中服务程序

(1)热情、礼貌、面带微笑地迎宾，协助宾客就座。

(2)为宾客斟茶，斟茶时要站在宾客右侧，不要将茶水滴在餐台或宾客身上，告诉宾客茶叶名称。在茶话会的整个过程中，要随时注意为宾客续斟茶水，当发现壶内茶水已过淡时要马上更换。

(3)宾客讲话时，服务员应尽量减少走动，在会场的两侧驻足站立。

(4)随着茶话会的进行，桌上会出现一些糖纸、果皮等物，服务员应随时注意清理，保持桌面清洁美观。

(5)上香巾。在茶话会开始和即将结束时各上一套香巾，上香巾的方法与中餐宴会相同。

(6)灵活服务。由于茶话会形式活泼，有些宾客在会中要移动座位，与其他桌的宾客交谈，服务员应及时把宾客的茶碗送到宾客移至的桌位前，有的宾客年事已高，行动不便，服务员要帮助其入座。由于茶话会讲话多，客人起座多，服务员要及时上前拉椅让座。

3. 茶话会的结束工作程序

(1)茶话会结束时，服务员应站在厅门口欢送宾客，并马上检查场地，看有无宾客遗落物品。

(2)整理清扫场地。将桌上的用具分类回收后，将桌子、椅子放回固定的地方(椅子应叠放以节省占地面积)，彻底做好场地的清洁卫生，地毯要用吸尘器吸尘。

(3)清洗餐茶具。各种餐盘一般用洗碗机清洗，但茶壶、茶碗最好用人工清洗，特别是茶壶嘴，容易产生茶垢，一定要清洗擦拭干净，放回固定的位置。

茶话会服务程序如图 8－43 所示。

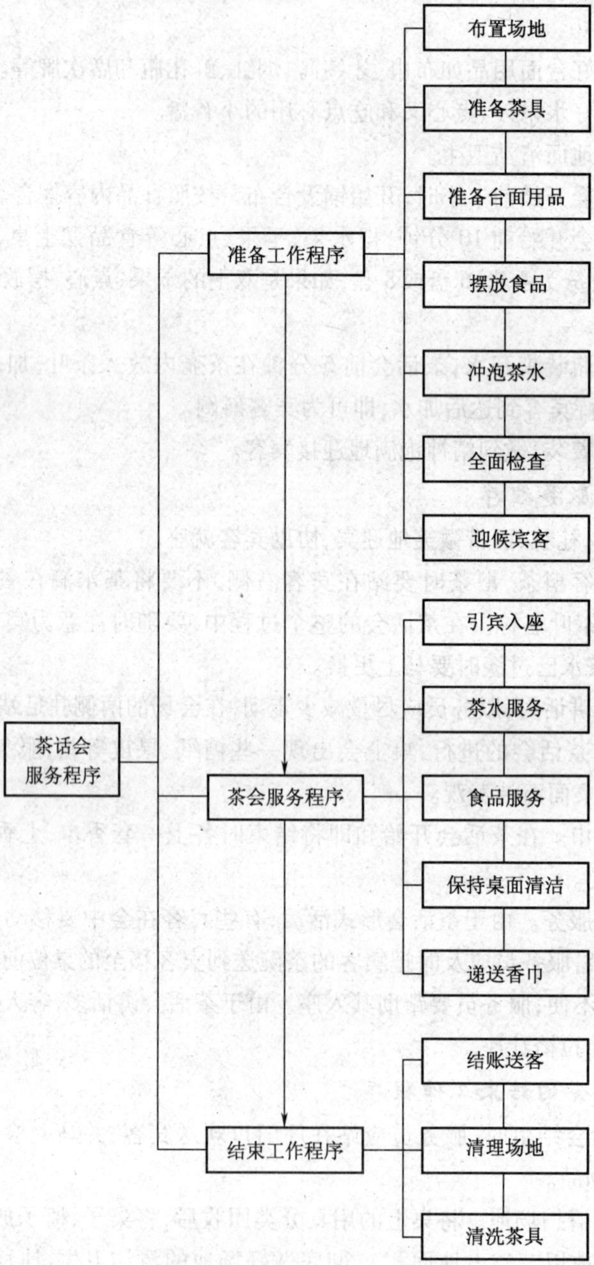

图 8－43　茶话会服务程序图

第六节　宴会服务实施方案的编制

宴会服务实施方案是指在接到宴会任务通知书和确定的宴会菜单之后,为圆满完成宴会服务任务目标而制订的计划书。所以,宴会服务实施方案又称宴会服务计划书或宴会接待计划。一般而言,饭店企业的常规宴会任务的服务,因其已经形成固定的接待模式,因而大都不需要编制详尽的宴会服务实施方案。需要编制宴会服务实施方案的,大都是高规格的重要宴会接待任务或大型正式宴会接待任务。

一、了解宴会服务任务

编制宴会服务实施方案,首先要了解宴会服务任务。宴会服务任务概要如下。

(1)举办宴会的时间。如××××年×月×日晚×时×分至×时×分。

(2)举办宴会的地点。如××饭店×楼宴会厅。

(3)出席宴会的人数和对象。如宴请总人数是多少,其中贵宾(VIP)是多少人。

(4)宴会的桌数。如主桌(VIP席)有几桌,普通桌(副桌)有多少桌,各桌有多少人。主桌如为1桌,人数为16人,用大圆桌;人数超过20人甚至30多人,则用特大型圆桌,或一字形长台、口字形台、U形台等。如果贵宾多,可以设主桌区,设主桌1张,副主桌2张或4张,主桌要比副主桌大,副主桌比副桌大。副桌一般为10人。

(5)宴会的标准。每客标准是多少,或每桌标准是多少。

(6)宾客的特殊要求。主要是指有别于一般要求的饮食习惯,如多少人是全素饮食,多少人不吃猪肉,多少人不吃牛肉,等等。因为让一个不沾荤腥的茹素之人,或者说宗教信徒改变饮食习惯是不可为的事。因此,这些有特殊要求的宾客,就是宴会饮食服务时要给予特别注意和加以区别的对象。

(7)宴请形式。要写清楚主办单位或主办人姓名,写清楚是中餐宴会还是西餐宴会,或者是中餐西吃宴会,抑或是酒会等。还要搞清楚食制。

二、宴会服务实施方案的主要内容

(一)宴会场地布置计划

1. 绘制宴会台形设计图,桌次编号,座位图

2. 台面摆设

(1)VIP席台面摆设。

①台形:如是圆桌,确定台面直径是几米,如是一字形台,确定长和宽各是多

少米。

②布件：主要指台布和台裙的颜色、尺寸、餐巾的颜色、椅套的颜色等。布件的颜色要与副桌相区别。

③花台布置（或者是中心台饰）：包括花台的主题、花台的形式、花台的大小、花台的风格、花台设计图样等。

④台面布局图：包括每客餐位的摆台示意图和整个台面的设计布局图。

⑤活动服务桌：写明需要几张及摆放的位置。

(2)副桌台面摆设。

①台形：如为圆桌，标明台面直径大小。

②布件：主要指台布和台裙的颜色、尺寸、餐巾的颜色、椅套的颜色等。

③中心台饰：如小型插花、烛台，或是连体的构件式的花烛台，或是食雕作品等。

④台面布局图：包括每客餐位的摆台示意图和整个台面的设计布局图。

⑤服务桌：写明需要多少张及摆放的位置。为副桌准备的服务桌，一般摆放在餐厅两侧。

3. 舞台布置

(1)舞台背景布置。

①喷绘背景：如第28届世界遗产大会在苏州举办，宴会地点设在苏州市会议中心丰乐宫宴会厅，其舞台背景是以9处苏州世界文化遗产的古典园林组合作为题材制作的喷绘背景。

②投影背景：如2002年上海亚洲银行行长会议，设宴地点在上海科技城二楼宴会厅，其舞台背景为两边设投影幕，宴会中放映上海新貌。

(2)舞台场地布置。

①盆栽绿化：包括盆栽鲜花或绿花植物的种类、大小要求、数量多少、摆放位置和形式等。

②致辞台：主要指致辞台的样式、麦克风、插花的摆放位置等。

③舞台灯光和音响。

4. 宴会厅布置

(1)地毯铺设。一种是在宴会厅全部铺设地毯，上面加铺行礼用的地毯；一种是在主桌区、主行道铺设行礼用的地毯。

(2)盆栽绿化。主要指宴会厅入口处和厅内的盆栽绿花的布置。

(3)灯光音响设置。主要指宴会厅的灯光光源、色调、照度的设计，聚光灯、追踪灯、音响器材的布置等。

(4)其他布置。根据宴会主题、主办单位或个人的要求，如悬挂会标、设置产品展示台，或陈设其他摆件装饰等。

(二)餐用具准备计划

餐用具是宴会服务中使用量最多的物件,其使用量根据宴会菜肴、宴会人数来确定,方法是以一桌的餐用具数量乘以桌数计算实际需要量,再加上一定的备用量,以备宴会人数增加或损坏时替补。餐用具准备计划如表8-1所示。

表8-1 宴会餐用具使用计划表

名称	规格	实际需要量	备用量	总计	备注

如果主桌与副桌使用的餐用具有区别,为了适应实际摆台的需要,主桌与副桌的餐用具可分别填写计划表。例如,亚洲银行行长晚宴共21席,每桌餐用具准备就是采用主副桌分别单列计划的方法。

1. 主桌(16人):铺台11寸银看盘16只,11寸编边盘16只,水杯16只,红酒杯16只,6寸编边面包盘16只,白脱刀16把,每人每勺16把,筷架16只,银头筷子16把(穿筷套),小刀叉16副,大刀叉16副,银毛巾碟16只,小方巾16块,银席位卡20只,牙签20根。

工作台:水果叉20把,点心勺40把,派勺10套,毛巾40块,圆托4只,酒刀1把,冰水壶2只,咖啡杯、碟各20套,糖盅、奶盅各4套,备用餐巾4块。

2. 副桌(10人):铺台11寸银看盘10只,10寸金边盘10只,水杯10只,红酒杯10只,6寸金边面包盘10只,白脱刀10把,每人每勺10把,筷架10只,漆筷10把(穿筷套),小刀叉10副,大刀叉10副,银毛巾碟10只,小方巾10块,银席位卡10只,牙签10根。

工作台:水果叉10把,点心勺20把,派勺1套,毛巾10块,圆托1只,酒刀1把,冰水壶1只,咖啡杯、碟各10套,糖盅、奶盅各1套,备用餐巾3块。

(三)酒水计划表

酒水是宴会食品消费的重要组成部分,也是饭店企业利润空间比较大的经营项目。宴会酒水的用量是根据举办者意愿、宴会的类型来估算的,其计算方法是以一桌的基本需要量乘以桌数，再加上一定的备用量，计算出需要准备的数量。实际使用时，随用随开，以免造成不必要的浪费，每桌的盯桌服务员要对每种酒水的实际使用量进行计数，或由提供酒水的吧台计数，以保证结账时准确无误。酒水计划表如表8-2所示。

表8-2 宴会酒水计划表

品名	单位	规格	分桌数量	准备数量	备注

(四)布件计划表

布件，又称为布巾，其使用量是根据宴会桌数加上预留量来计算的，宴会桌数是实际的需要量，预留量是为防止布件有破损或宴会中被污损作替换之用的。如果主桌与副桌使用的布件有区别应分别填报计划。如果餐巾、毛巾、布筷套放在餐用具计划中，则此计划中不再重复列入。布件计划表如表8-3所示。

表8-3 宴会布件计划表

类别	名称	颜色	尺寸	实际用量	准备数量	备注
台布						
台裙						
椅套						
餐巾						
毛巾						
布筷套						

(五)餐桌插花花材用量计划

应根据花台造型设计计划，备足花材种类及需要量，备足盛装插花的器具及其他辅助材料。如果饭店条件不许可，不能制作的话，可到指定的花店外购。如果花台中用到食品雕刻作品，则需列出食雕原料的使用计划。

（六）其他物品的准备计划

这里所指的其他物品是指宴会接待、用餐、台面装饰需要使用的物品。如有休息室服务，需要提供茶水饮品、鲜果、干果、毛巾、挂衣架等，则必须预先列出相关计划。

又如，如果宴会提供的水果是整形上桌的，品种一般为两个，需要服务员预先领取的，则必须根据宴会人数计算用量，列出计划表，以便提前领取。

再如，餐桌需用烛台装饰的，则事先也要对烛台的型制和用量及蜡烛的规格、颜色和用量等进行计划。如果是企业举行的产品促销活动，餐桌上需用小旗座及旗杆悬挂企业产品宣传旗帜。所有这些，如有需要，都要列入物品准备计划表。

（七）宴会台形家具使用计划

宴会台形家具使用是根据宴会台形设计的要求和宴会桌数来制订的。例如，中餐宴会主桌的特大台形，西餐宴会台形，自助餐宴会的菜台、吧台等，大都是拼接而成的，需要若干种基本台形；副桌如用圆桌，需要活动支架、桌面、转台及转圈；酒会需要提供摆放小点心、杯盘的小圆桌等。宴会台形家具使用计划如表8－4所示。

表8－4　宴会台形家具使用计划

名称	规格	需要量	备注

（八）宴会厅布置设备物品计划

宴会厅布置的设备物品计划根据宴会举办单位或举办人的需要，分别制订如舞台布置物品计划、宴会厅盆栽绿化计划、宴会厅电器使用计划、宴会厅舞池物品计划、宴会厅办公设备计划、宴会厅其他物品使用计划（如婚寿宴上悬挂的喜灯、寿灯、红灯笼）等。宴会厅除了设计好的灯光、音响和控制室外，还有因不同宴会活动需要备用的活动式设备和物品，所以，应根据具体宴会主办单位或举办人的诉求，预先做出计划。如果设备的使用是付租金的，应提前明确告知主办人相关的收费标准，在得到主办人明确答复后，再制订计划。

（九）人员分工及完成任务时间计划

要根据宴会任务的要求，对宴会服务的迎宾、值台、传菜、供酒、衣帽间等岗位，根据服务人员的技能水平、特长和实际工作需要进行配备，明确各岗位的人员名单、人数，明确每人的职责、任务内容和具体要求、服务的程序和服务方法、完成任务时间规定、服务中的注意事项，明确各岗位的责任人、负责人，明确服务时走菜路线，明确服务人员的着装及仪容仪表要求，明确各项准备工作检查、宴会服务过程中督导指挥的负责人及其职责等。例如，亚洲银行行长的招待晚宴，值台和传菜服务的服务人员及基本职责安排如下。

人员配备：共计划52人，26名女服务员，26名男跑菜员。

1. 主桌：4名女服务员（2人负责服务，2人负责拉椅、倒酒等），4名跑菜。

2. 副桌：每桌1名服务员，1名跑菜。共计20名女服务员，20名男服务员跑菜。

3. 机动：2名服务员，2名跑菜员。

对值台和传菜服务员在宴会中的服务程序和方法规定如下。

走菜必须严格按照既定路线进出。上菜时，2人1排按顺序出发，注意队形整齐。上菜结束进厨房时，2人1排。进厨房不按秩序，先上完菜者先退。在回厨房途中，注意与前面的人成一直线，不准超越。走菜进出都必须高托。

走菜者走到餐桌边，托着盘，配合上菜。上菜过程中，走菜者站在上菜者的右面，上完一个客人的菜后，上菜者向后退一步，走菜者向前进一步，始终保持这种状态。

对男女服务员的着装规定如下。

女服务员：白色长袖旗袍、肉色连裤袜、长发用黑色蝴蝶结网、黑皮鞋。

男服务员：白衬衫、黑马夹、黑裤子、黑领结、深色袜子、黑皮鞋。

饭店企业为节约人员费用，用相对较少的固定服务员负责日常宴会经营的服务工作，大型宴会的服务则招募临时服务人员（或外借）。因此，在宴会接待的前几天，对所有参与宴会的服务员要进行集中培训，要集中动员，讲任务，讲意义，培训服务技能，传授仪容仪表要求，要明确培训时间、内容、地点、授课教师，要进行培训考核，择优录用。所以，事先要做好培训计划。

除了直接参与宴会服务人员的分工及完成任务时间计划外，其他参与宴会工作的人员，也要根据其岗位需要进行分工，明确职责，制订落实各项准备工作和完成任务的措施及时间计划。

（十）宴会服务应急预案

为顺利圆满地完成宴会服务任务，为应对在宴会服务工作中出现的重大问题与突发事件，在编制宴会服务实施方案时，还应考虑到应急预案的制订。例如，婚宴上花工错放了鲜花的种类，而客人要求的鲜花却没有；客人最喜欢的菜品被其他菜品替换了或没达到饭店承诺的品质要求；客人醉酒了；菜肴汤汁溅脏了客人的衣服；突然停电了或者空调突然停止运转了，投影仪的灯泡烧毁了……诸如此类的情况，应该料事在先，一旦发生时，应在最短的时间内用最恰当的方法来解决。由此可见，制订宴会服务突发事件应急预案的重要性。

◎总结

1. 优质的宴会服务能给饭店带来积极的口碑，促进宴会销售的兴旺发展。在宴会服务的四个特点中，人性化使客人能感受到服务人员的热情友善，把赴宴当作是一次愉快的经历。由此可见，宴会服务在宴会中起着非常重要的作用。

2. 富有特色与创意的台面，是设计者在掌握宴会台面设计基本知识的基础上，经过潜心研究设计出来的，将实用性和观赏性完美地结合，使赴宴宾客达到赏心悦目的效果。

3. 宴会台形设计就是将宴会所用的餐桌按一定要求排列组成的各种格局。宴会台形设计的基本要求是：突出主台，餐台的排列整齐有序，间隔适当。既方便来宾就餐，又便于席间服务。

4. 多桌宴会桌次的高低，根据习惯，以离主桌位置的远近而定，即主桌第一，左高右低，近高远低。

5. 鲜花花台是餐台中一个很独特的类型，设计制作一个好的花台，需要进行构思明确的主题，选用适当的花型花材，创造出具有意境的花台。

6. 宴会服务程序设计是宴会服务有条不紊运行的保证，了解不同类型的宴会服务程序，对做好宴会服务工作具有现实的指导意义。

7. 宴会服务实施方案是在接到宴会任务通知书和确定的宴会菜单之后，为圆满完成宴会服务任务目标而制订的计划书。编制宴会服务实施方案是完成宴会接待任务的基本保证。

◎思考题

1. 简述宴会服务的意义、特点和作用。
2. 简述宴会台面的种类。
3. 宴会台面的命名方法有哪几种？
4. 简述宴会台面设计的要求。

5. 中餐宴会台面的装饰技法有哪几种?
6. 画出单桌中餐宴会席位安排图。
7. 画出不同台形的西餐宴会席位安排图。
8. 简述宴会台形设计的定义。
9. 画出不同规模的中餐宴会的台形设计图。
10. 画出常见台形的西餐宴会台形设计图。
11. 画出自助餐宴会台形设计图。
12. 画出酒会台形设计图。
13. 画出冷餐会台形设计图。
14. 简述花台的定义、作用和花台花型的种类。
15. 简述中餐宴会花台和西餐宴会花台的基本形式。
16. 画出中餐宴会服务程序设计图。
17. 画出西餐宴会服务程序设计图。
18. 画出冷餐会服务程序设计图。
19. 画出鸡尾酒会服务程序设计图。
20. 简述宴会服务实施方案的主要内容。

第九章　宴会预订与营销管理

本章内容： 宴会部的组织机构设置
宴会预订管理
宴会定价
宴会成本控制
宴会营销管理

教学时间： 6课时

教学目的： 通过本章的学习，使学生能够熟悉宴会部的组织机构设置，了解宴会预订的程序和工作内容，理解宴会定价的基本原则，掌握宴会定价的基本方法，了解宴会成本控制的基本内容，熟悉宴会营销管理的方法及内容。

教学要求： 1.从组织管理学的角度，解析三种不同规模的宴会部组织机构设置的特点。

2.结合饭店宴会预订实际，让学生切实了解宴会预订的程序工作内容和常规管理方法。

3.以市场供求关系为切入点，让学生理解合理的宴会定价策略、定价方法，及其对提升饭店竞争能力和扩大经营成果的影响。

4.以宴会成本控制的目的为立足点，让学生了解和掌握宴会成本控制的方法和措施。

5.从分析宴会营销与经营成效的关系入手，让学生了解和熟悉宴会营销管理的方法及工作程序。

宴会是由宴会部来承担经营与管理的，宴会部的经营和管理要通过一定的组织形式来实现。宴会部的组织状况关系到其工作效率、产品质量、信息沟通和职权的履行等。宴会部要想高效、有序地运转，必须建立合理有效的组织网络，制订严格的管理制度和岗位责任制度，配备高素质的各级管理人员和工作人员，进行科学合理的生产分工，使每位员工明确各岗位的职责和任务，各行其职，为宴会部的总目标而努力工作，真正发挥组织的集体效能，增强宴会部的吸引力和市场竞争能力，取得最佳经济效益和社会效益，实现组织管理的目标。

本章将重点介绍宴会部的组织机构设置、宴会预订管理、宴会定价与成本控制、宴会营销管理的有关知识。

第一节　宴会部的组织机构设置

一、宴会部组织机构设置的原则

(一)根据宴会业务需要设置组织机构

饭店宴会部的基本工作内容通常包括宴会预订、宴会菜单设计、食品饮料采购、食品原料验收、食品原料贮藏管理、厨房加工烹调、宴会厅服务、宴会营销等。但不同饭店的宴会部门由于经营目标不同，各自的规模、特色和侧重点也不同，因此，宴会部应根据自身业务的需要设置自己的组织机构，即把这些业务功能委派给具体的下属业务部门，使这些业务部门在结构中占有应有的位置，都有存在的充分理由。

(二)统一指挥，分层负责

饭店宴会业务的工作环节十分繁多，需要通过众多职工的分工合作、共同努力，才能完成。因此，其组织结构必须保证各种业务活动能在统一指挥下步调一致，克服和避免相互掣肘，保持本部门内及其他部门之间的信息交流始终畅通，使各项决定、各种指令顺利贯彻实施。在组织上，要保证一位职工只接受一位上级指挥，不宜同时受多人指挥。在权责方面，要做到逐级授权，分级负责，责权分明，这样才能调动大家的积极性，齐心协力，以保证各项业务活动有条不紊地进行。

(三)因人制宜，各司其职

在员工定岗或分配工作时，应根据其工作能力、技能水平，因人制宜，适当安排工作。例如，一个长于对外公关、销售的人，在宴会销售部工作比在宴会办公室做秘书，更能发挥其所长。对于管理者应根据其实际的管理能力，确定其指挥的幅度，即其管理的下属员工的人数。也就是说，要在组织上保证员工各得其所，人尽其才，既能使他们胜任本岗位工作，又能充分调动其工作积极性，以充分发挥自己的主观能动性和聪明才智，为企业创造最佳经济效益。

二、宴会部组织机构设置

由于各饭店餐饮的经营规模和项目不同，宴会在餐饮销售中的比重也不同，宴会部的组织机构也不相同。下面按宴会部的规模对宴会部的组织机构进行简单介绍。

（一）小型宴会部

小型宴会部一般不设专门宴会餐厅，因此各类宴会的实物，均由餐饮部大型餐厅去落实。宴会部经理与宴会部接待员的主要业务和工作职责就是开展销售活动、承接宴会预定、宴会业务信息管理和委托大型餐厅经理去组织各类宴会。宴会经理管辖范围仅是业务接待员。

小型宴会部一般只设两个层次和两个岗位，具体设置如图9－1所示。

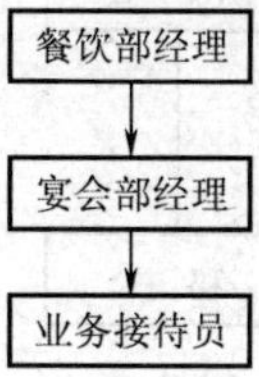

图9－1　小型宴会部机构设置

（二）中型宴会部

中型宴会部一般下属1～2个专门的宴会厅（多功能厅），其管理层次和管理人员较小型宴会部多，一般来说，其组织机构设有四个层次，两个部门。如图9－2所示。

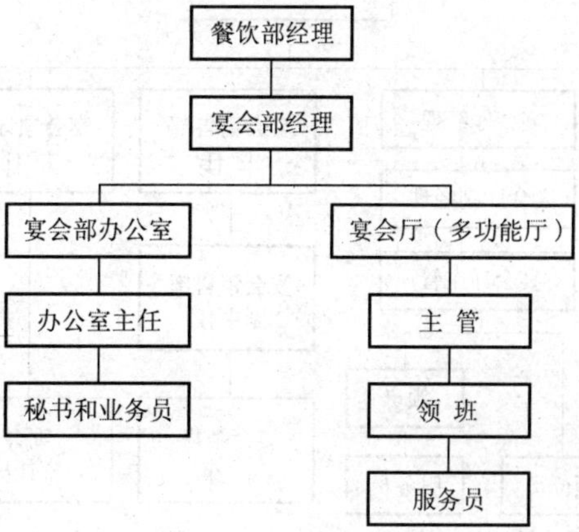

图9－2　中型宴会部机构设置

（三）大型宴会部

大型宴会部一般拥有举办大型宴会的环境设施和实际能力，它或者相对独立于餐饮部而成为一个独立部门，或者隶属于餐饮部。但即使其隶属于餐饮部领导，也拥有自己相对独立的机构体系，其管理层次至少有四个，至少设三大部门、二十多个岗位。下面介绍两种大型宴会部组织机构，供参考。

1. 隶属于餐饮部的宴会部组织机构（见图9－3）

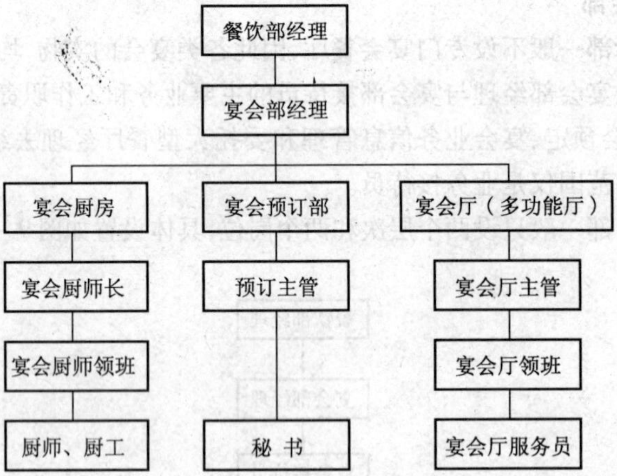

图9－3 隶属于餐饮部的宴会部组织机构设置

2. 独立于餐饮部的宴会部组织机构（见图9－4）

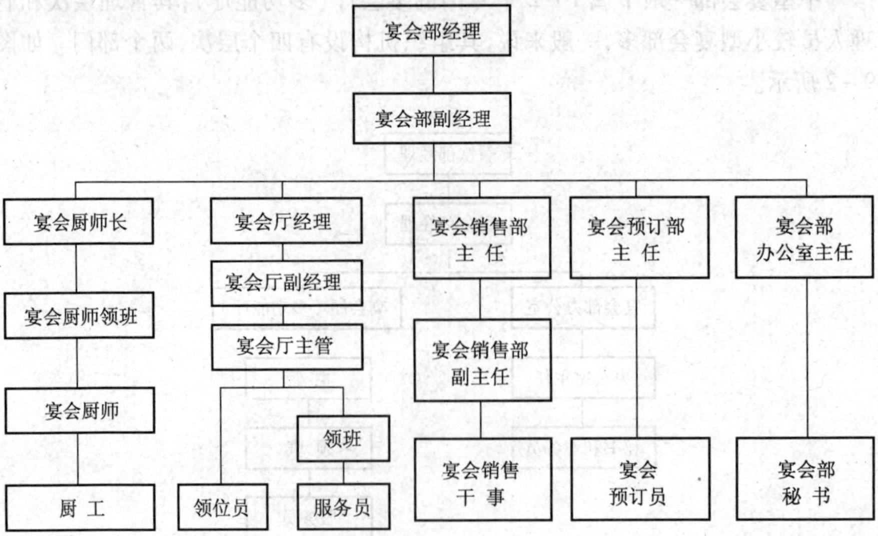

图9－4 独立的宴会部组织机构设置

三、宴会部日常组织管理工作

设计好一个适合本企业的组织机构,仅仅是宴会组织工作的开始,要使组织机构运转起来,并达到良性循环效果,还必须精心设计组织机构内部的管理跨度,合理配备宴会部工作人员,才能实现合理有效的控制。

(一)绘制组织结构图

组织结构图是指根据管理权限与责任,以图解方式表示出的各职务之间的关系。它可以使新员工了解宴会部全体成员的工作职责和工作内容,使员工明确自己的地位和奋斗目标。

组织结构图要求既能标明宴会部的详细结构及各部门之间的横向、纵向关系,又能以可变换形式标示出出现在各工作岗位的工作人员姓名。

(二)工作说明

工作说明书是有关工作的范围、目的、任务与责任的广泛说明,其主要目的如下。

(1)让员工了解各岗位工作及工作成绩的标准。

(2)阐明任务、责任与职权,以确定组织结构。

(3)帮助评定员工的工作成绩。

(4)帮助招聘和安排员工。

这里所说的工作说明书的内容应包括业务要求、职责范围和主要工作,这种工作说明书必须与组织结构图配合使用,才能对各岗位的职衔、部门、管辖范围、向谁负责、横向联络等有充分了解。

(三)宴会部的人员配备

1. 餐厅人员的配备

(1)满配法。按照宴会部的接待能力,即最多餐桌数来配备人员。每桌配备值台服务员1名,通常是女服务员。每2桌配备走菜服务员1名,通常是男服务员。按小宴会厅的多少与多功能厅的大小,另配备2~4名领位员,管理人员2~3名。

满配法较适宜新开酒店或餐桌在25桌以下,其他餐厅的餐位在400位以下的中、小型饭店。这类配备要求宴会的上座率在65%以上,否则劳动力成本太高。由于人员较多,可弥补新开酒店各方面不熟练的短处,服务质量能比较好地控制,员工接受培训的时间较多,对业务能力的提高较快。

(2)厅房配备法。按照宴会部所拥有的小厅房的数量来配备人员,每桌配备值台服务员1名,通常是女服务员。每2桌配备走菜服务员1名,通常是男服务员。视多功能厅的面积配备男服务员2~6名,另配备2~3名领位员,管理人员2~3名。

厅房配备法较适宜大型酒店或小宴会厅房较多的宴会部，其他餐厅的餐位在400个以上的饭店。这类配备要求宴会上座率在50%以上。在多功能厅有宴会的情况下，宴会部可通过向其他餐厅商量借调人员来解决。这要求饭店宴会部有统一的工作程序与操作规程，经验丰富的服务员较多。这类人员配备，劳动力成本较低，宴会部各餐厅内部协调关系较强，对宴会部员工的业务提高有很大的帮助。

(3)主管领班配备法。即宴会部仅配备少量人员，主要由主管、领班与少量的男服务员或劳务工组成。它适合于有2～3个大型多功能厅，小宴会厅很少，其他餐厅的餐位较多的宴会部。每10～15桌配备1名管理人员，每2～3名管理人员配备1名男服务员或劳务工。宴会部负责全部宴会的翻台、铺台、厅房布置及准备工作，参加正式宴会工作的人员由来自各方面的人员所组成。宴会部的管理人员，分区域对参加宴会工作的人员进行简单扼要的培训，并对他们的工作进行现场督导管理。

主管领班配备法的特点是用工人数少，人力资源使用充分，但它对人员总体运作要求很高，对前期的基础要求较高。宴会部的管理人员不但要有很强的动手能力，还要有快速培训的能力以及现场管理与调配能力。其次，饭店人力资源部对饭店全体员工要有一套完整的第二技能培训方法与业余加班的奖励制度，具有调动足够机动人员的能力，或当地有第二职业的劳动力市场。这种配备法对拥有超大型宴会厅，或有较多(是指所有餐厅服务员的总和超过大宴会厅摆满餐桌所需人员的30%～40%)其他餐厅的饭店，是一种很好的选择。

2. 宴会预订与销售人员的配备

(1)宴会预订员。一般配备宴会预订员1～2名。由于宴会部的组织机构不同，宴会预订的所属不尽相同，人员的配备数也不相同。如果宴会预订归于饭店销售部，预订工作中的宴会协调工作量将会加大，人员也将增多至2～4名，另外还得视宴会厅房及餐厅的多少来确定。

(2)宴会销售员。宴会销售员的工作不局限于销售宴会，还需要销售餐厅的其他产品，因此在人员配备上要通盘考虑。通常每100～150个宴会餐位安排1名销售人员，按餐厅客源不同、规模不同、餐厅数量不同、知名度高低和客源市场不同，每个餐厅安排1～2名销售人员。销售人员配备的多少主要依据饭店的新建(修)、市场的竞争、饭店外部客源所占比例(70%以上)、公款消费比例(占50%以上)、全部餐位数(多达1 000人以上)等因素来决定。

3. 宴会厨房人员的配备

由于厨房管理方式的多样性，各厨房人员的配备方式不同、出菜要求不同、菜式不同、菜肴整体档次不同，宴会厨房人员配备的配置比例数也不相同，通常前后台的比例是：厨房人员占前台服务人员的25%～30%。

（四）排班与分派工作

排班和分派工作是组织机构合理管理的重要途径和方法，科学排班和分派工作的目的就是要合理安排和使用员工，因此，这里重点介绍合理使用员工的原则、方法和注意事项。

1. 合理安排员工的原则

合理安排员工，就是从宴会部实际需要出发，科学地组织和调配人员，使人员的投入与宴会部的效益形成一个良好的比例。基本程序是制订科学合理的工作标准。

要经常预测营业额，使宴会部下属各部门负责人合理安排员工去完成预定的工作，并使员工事先知道工作变动。预测周期越长，准确性就越低，但对工作安排则越有利。预测可以是年度或月度预测，也可以是每周或每天预测。

2. 合理安排员工的基本方法

（1）分班法。就是在正常营业时间安排员工分班次上班，适合满配法配备员工的宴会部。

（2）灵活排班。根据宴会部经营忙闲不均衡的特点，把一些人安排在一天的中午、次日的早上或第三天的下午四点等不固定的时间内上班。另一些人则晚上上班，然后进行有序的轮换。

（3）雇佣兼职人员。一般来说，宴会部如果拥有一支庞大的固定员工队伍，那不仅会大大增加劳动成本，而且也容易造成员工的懒散现象，使企业人浮于事。为了节约开支，增加效益，便于管理，企业需要有一支兼职人员队伍。事实证明，只要有一些固定员工起核心作用，并对兼职人员加以训练，宴会部的经营活动是能够正常进行的，并且不会影响服务质量。

（4）制订人员安排表。人员安排表就是一种人员的预算。它说明员工人数应随宴会顾客人数的增加而相应增加，随宴会顾客人数的减少而相应减少。为此，宴会部必须根据自己的经营情况、所能提供的服务及设备条件，制订适合本企业的人员安排表，以适应企业经营活动的需要。

3. 合理安排员工的注意事项

（1）在运用科学的原则、原理及基本方法时，宴会部应结合自己的具体情况安排自己的员工。具体情况包括宴会部的经营项目、营业高峰时间、员工的特点等。

（2）安排劳动力要准确具体到岗位、工作时间、工作人员等。

（3）要遵守劳动法，超过工时要支付加班费用。

（4）要考虑员工的工作情绪和劳逸结合。

（5）要做到机会均等。

（6）要在设计多组方案的基础上安排员工。

（7）在总体上，员工安排应保持弹性。

四、宴会预订与销售人员的职责

(一)宴会部经理

岗位职责:对宴会部进行全面行政领导,全面负责宴会的预订、销售和接待服务;制订并落实经营项目,进行成本控制;负责大型宴会及重要活动的实施方案的制订;协调宴会各部门之间及与饭店内其他部门的工作关系。

具体职责与工作内容如下。

(1)对餐饮总监或餐饮部经理负责,接受其工作安排、检查与考核。

(2)对宴会部进行全面行政领导。负责宴会部全员的培训、配备使用、考勤考绩、奖惩等人力资源管理。

(3)负责宴会部的日常工作,确保宴会部经营业务的正常进行。开展市场调研和公关、广告宣传,在竞争中开拓客源市场,加强宴会的销售。

(4)负责宴会菜单、宴会服务质量标准及相应的服务程序、宴会活动计划的制订。负责宴会计划的下达、组织实施和现场督导检查,及时发现和纠正存在的质量问题。

(5)负责宴会部食品质量和营销价格的检查和督促。

(6)负责宴会部所属厨房、餐厅、办公室的物资、设施、设备的管理,协调宴会各部门之间及与饭店内其他部门的工作关系。

(7)负责与客人建立良好的客户关系,制订宴会部处理客人投诉的制度,解决好客人的投诉。

(8)完成上级交办的其他任务。

(二)宴会预订部经理(或主任)

岗位职责:代表宴会部与其他部门沟通、协调,并协助上级督导部门的日常经营管理;负责接洽与推广宴会预订业务,并通过相关业务活动,搜集市场信息,协助制订销售策略,以完成企业的年度销售计划与经营目标。

具体职责与工作内容如下。

(1)处理部门经理所交代的每日事项,并协助督导宴会业务流程。

(2)与现有客户维持良好关系,协助销售人员开发新客户,以增加业务量。

(3)收集市场信息以及客户反映,并及时反馈给相关部门(如销售部)。协助策划新的销售策略、新的产品与服务,以扩大本企业的影响和市场份额。

(4)督导预订部的日常工作。

(5)负责接待工作,带领来访宾客参观饭店,同时介绍饭店宴会厅的设施设备与服务功能。将重要客户介绍给部门主管认识,以争取预订确认。

(6)负责与客户沟通并协助客户确定最后的宴会内容安排与细节,及早通知相关部门准备。若遇到困难,应报告经理代为协调。确保宴会通知单在举办宴会一周前完成,落实其内容并分发给各相关部门。

(7)在宴会开始前,检查及确认所有的宴会安排。宴会开始时应在现场招呼客人,与客人寒暄,保持与主办人及联络人的沟通,以确保宴会相关活动顺利进行。

(8)出席部门定期举行的业务沟通会议、每日早晚简报会议,以及所有指定出席的会议。

(9)及时跟进与客户签约及掌握订金交付情况,以确保预订纪录的准确性、完整性和及时性。

(10)定期协助上级审核预定业绩进度,以确保达成所设目标。

(11)每周上交工作重点摘要报告,包括已确定与待追踪的预定业务;每月上报预订业绩报告,并提出工作建议。

(12)及时总结失去预订的原因,并对预订人员进行培训与指导。

(13)全力配合饭店的季节性促销活动,积极促销。

(三)宴会预订员

岗位职责:代表饭店宴会部对外接洽宴会及订席的业务事宜,并负责拓展、开发宴会业务,以求达到饭店的年度计划及预算收入目标。

具体职责与工作内容如下。

(1)与单位主管所指派的客户保持联系,了解并满足客户需求。

(2)与现有客户维持良好关系,同时通过预订中心开发新客户。

(3)促销饭店现有的宴会产品、设施、场地与餐饮服务。

(4)将客户资料系统存档,并保持完整性及准确性。

(5)服从部门主管指派,拜访客户及接洽业务。

(6)负责带领来访宾客参观,介绍本企业的宴会厅设施与服务,必要时由上级处理,以争取预订业务。

(7)出席部门定期举行的业务沟通会议、每日早晚业务简报会议,以及其他指定应出席的会议。

(8)关注潜在预订业务,对市场信息保持高度敏感,及时将信息报告上级以制订应对策略。

(9)及时记录和整理客户意见,并上报主管确认以求改进。

(10)协助上级整理工作报告和业绩报告。

(11)负责填写或录入相关预订信息,在授权范围内协助预订客户确定最后的宴会内容安排与细节,并及时通知有关部门准备。

(四)宴会部销售经理

岗位职责:负责宴会部的销售工作,包括制订销售计划、承接宴会预订和接待服务工作。制订切实可行的销售措施,确保宴会销售任务的完成。

具体职责与工作内容如下。

(1)根据宴会部的目标市场及顾客的潜在需要,制订本部门的销售工作计划。

(2)搜集、整理市场信息,在掌握准确、可靠的最新市场信息资料的基础上,确保完成对重要客户的预算额,并根据计划有步骤地开发潜在顾客市场。同时做好周、月及季度销售工作报告。

(3)负责现有重要客户及潜在的重要客户的资料收集、归纳、分析工作,对销售人员进行技术指导。

(4)制订宴会部销售人员的工作计划,并合理调配人员。

(5)每周制订一次出外推销计划并提交宴会部经理,出访宴会客户,填写推销卡片,详细记录每次出访推荐情况,并定期与宴会部经理共同回顾外出推销情况,做出口头总结。

(6)与有关部门协调,解决宴会客人的特别需求,并向客人提供必要的信息和建议,以供客人参考。

(7)在宴会开餐前恭候客户的到来,实地检查接待准备情况,保证所有的安排妥当,与宴会服务经理协调,确保接待服务的落实。

(8)收集宴会活动后客人的各种反映并及时反映给宴会部经理,以便处理或修正。宴请活动完毕后,向客户发出感谢信。

(9)定期对下属进行绩效评估,按照奖惩制度实施奖惩,并组织实施培训,提高销售人员的技术和素质。

(10)接受宴会部经理指派的与宴会有关的其他特殊事务。

第二节 宴会预订管理

饭店受理宴会预订是宴会组织管理的第一步,宴会预订工作的好坏,直接影响宴会菜单的拟订、宴会场景的布置、宴会台面的设计、宴会厅的人员安排等。一个管理得好的饭店或餐饮部,是十分重视宴会预订工作的,不仅设有专门的宴会预订机构和岗位,而且还建立和完善了一整套宴会预订管理制度。宴会预订既是客户对饭店的要求,也是饭店对客户的承诺,二者通过预订,达成协议,形成合同,规范彼此行为,指导宴会生产和服务。宴会预订是宴会经营管理活动中不可缺少的一个重要环节。

一、宴会预订的方式和程序

宴会预订方式是指客户与宴会预订有关人员接洽、沟通宴会预订信息的过程。宴会预订方式有很多种,现择其要旨介绍如下。

(一)电话预订

电话预订是最常见的一种预订方法,具有方便、经济的特性。由于不是面对面的服务,对沟通的技能要求较高,尤其是语言表达的技巧。

电话预定的要求如下。

(1)礼貌、主动地向客人作自我介绍。

(2)询问客人预定的标准,尽量争取标准高一些。

(3)主动介绍宴会标准、宴会场所及特色菜肴。

(4)接受预定时须问明预定单位、联系人姓名、联系电话、宴会日期、时间人数、桌数、标准、出席对象、有何特殊要求、有何禁忌、用什么酒水等,将以上内容随手记录在宴会预定登记簿上,不要忘记向客人复述一遍,并问清付账方法。

(5)一般的宴会,要向客人主动介绍与其标准相适应的宴会厅;高规格的宴会,则尽可能使用客人喜欢的宴会厅。

(6)对初次预定却又不太了解的客户,过一段时间以后,要以了解宴会有何变化为由与客户联系,了解客户情况,以防意外。

(7)如因客人要求标准过低而不能接受预定时,应婉转地向客人解释并致歉。

(二)面洽预订

面洽是顾客到饭店直接与宴会预订人员商谈宴会预订的一种方法。其对象通常是对饭店不太熟悉的或是对饭店存有疑虑的顾客。预订员应主动交换名片,陪同他们参观宴会场所,并对本店宴会特色及有关情况进行详细的介绍,消除顾客的疑虑。然后,预订员与顾客当面洽谈讨论所有的细节安排,解决宾客提出的特殊要求,讲明付款方式等。在进行面谈时,预订员要详细记录填写预订单和联络方法。

(三)信函预订

信函是与客户联络的另一种方式,适合于提前较长时间的预订。收到宾客的询问信时,应立即回复宾客询问的关于在饭店举办宴会、会议、酒会等一切事项,并附上饭店场所、设施介绍和有关的建设性意见。事后还要与客户保持联络,争取说服客人在本饭店举办宴会活动。

与信函预订相类似的预订方式还有传真预订、电子邮件预订、商务网站预订等,这种预定方式比信函预定的速度快,但此类方式无法进行面对面的双向沟通,因此,预订跟踪服务就显得很重要。如客户的各项要求都已明确,应立即采取同样的来函来电方式回复客户,予以确认;如客户对各项宴会要求未作说明,应电请客户明确具体要求;如客户再次来函来电确认的,应予以办理登记;如不再复告的,则不予确认。

(四)登门拜访兼预订的方式

这是饭店销售部采用的重要的推销手段之一。是指宴会推销员登门拜访客户,同时提供宴会预订服务。这样,既宣传并推销了饭店产品,达到扩大知名度,促进销售的目的,又可以为客户提供方便。

(五)中介人代表客人向宴会部预订

中介人是指专业中介公司或本单位职工。专业公司可与饭店宴会部签订常年合同代为预订,收取一定佣金。本单位职工代为预订适用于饭店比较熟悉的老客户，客户有时会委托饭店工作人员代为预订。

（六）指令性预订

指令性预订指政府机关或主管部门在政务交往、外事接待或业务往来中安排宴请活动，而专门向直属宾馆、饭店宴会部发出预订的方式。指令性预定往往具有一定的强制性，因而，指令性预订是饭店必须无条件地接受和必须周密计划的宴会任务。此时饭店应更多地考虑社会效益。

宴会预订的方式多种多样，预订的程序也各有不同。宴会的预订程序根据预订方式的不同，可分为以下三种。

1. 面洽预订的程序

其流程如图9－5所示。

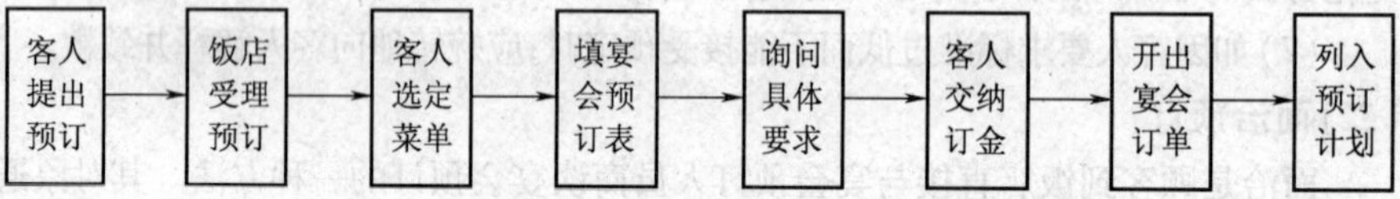

图9－5　面洽预定流程图

2. 客人用信函、电传等方式，不能当场收取订金的预订程序

其流程如图9－6所示。

图9－6　电传预定流程图

3. 指令性预订程序

其流程如图9－7所示。

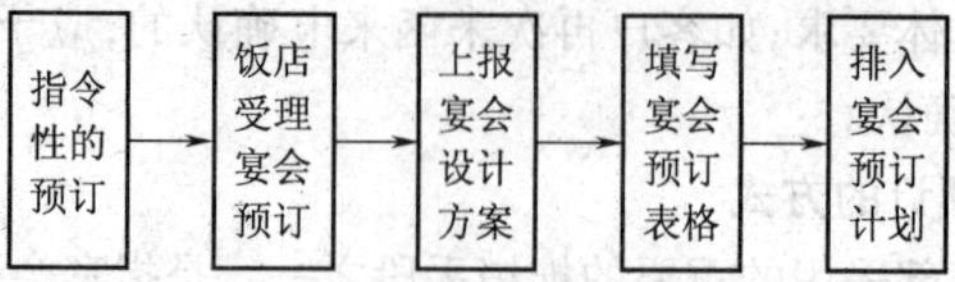

图9－7　指令性预订流程图

二、宴会预订的流程与主要内容

宴会业务是从客户提出宴会预订开始，到宴会部确认宴会预订结束。其基本工作流程是：回答客人有关宴会的问讯→接受宴会预订→发送宴会预订确认书。

(一)回答客人有关宴会的问讯

预订人员在接受客人询问前，必须详细准备有关宴会部可供选择的宴会厅、菜单、价格等各方面的资料。当接到宴会预订后，立刻检查宴会厅的适用性和预订的可行性，并核查宴会预订卷中的有关记录，然后回答客人的各种问讯。

回答客人有关问讯的内容主要包括如下内容。

(1)宴会厅(或宴会间)是否有空。

(2)宴会的菜肴、饮料以及宴会厅(或宴会间)的费用。

(3)宴会菜肴的内容。

(4)宴会主办单位提出有关宴会的设想以及在宴会上安排活动的要求能否得到满足。

(5)宴会厅(或宴会间)的规模及各种设备情况，租金收费标准。

(6)中西餐宴会、酒会、茶话会等的起点标准费用。

(7)高级宴会人均消费起点标准。

(8)大型宴会消费金额起点标准。

(9)各类宴会的菜单和可变换、递补的菜单。

(10)不同费用可供选用的酒单。

(11)不同费用标准的宴会，饭店所提供的服务规格。

(12)不同费用标准的宴会，饭店可提供的配套服务项目。

(13)中西餐宴会、酒会、茶话会的场地布置、环境装饰和台形布置的实例图。

(14)饭店所能提供的所有配套服务项目及设备。

(15)宴会中主要菜点和名酒的介绍及实物彩色照片。

(16)宴会预订金的收费规定。

(17)提前、推迟、取消预定宴会的有关规定。

为了给客人的问讯以迅速准确的回答，宴会预订员应该熟记本饭店所有宴会厅(或宴会间)的设备、设施的各种功能(包括面积、平面形状、朝向)、有关宴会菜肴及饮料的知识、餐桌摆放的形式、各种费用价格等情况。向客人提供一切与宴会相关的资料，回答客人的问讯，如能带客人亲临宴会厅现场观看(饭店宴会生意大概有75%是客人自己找上门的)，会有助于宴会预订的成功。例如，提供宴会厅容量表(见表9-1)，客人看资料、看现场时再听解答，会了解得更直观更透彻，也有助于客人构思场地的摆设。

表 9－1　宴会厅容量使用表

容量、面积 适用类型 厅别	容　量											
	宴　会				会　议				面　积			室内挑高
	中餐宴会（桌数）	自助餐（桌数）	自助餐（人数）	鸡尾酒会（人数）	舞会（桌数）	U 形（人数）	教室形（人数）	剧院形（人数）	长度（米）	宽度（米）	总面积（平方米）	米
大宴会厅	150	130	1 560	4 000	154	1 041	1 800	2 700	41.5	51	2 116.5	3～5.4
A 厅	35	29	348	400	29	237	350	560	16.5	25	412.5	5.4
B 厅	10	7	84	150	8	81	110	200	8.2	19	155.8	3
C 厅	10	7	84	150	8	81	110	200	8.4	19	159.6	3

注：此客量表为最大容量，舞台不包括在内。

大型宴会的主办单位为了编制预算，或希望将宴会预算控制在某个范围内，大都要求饭店提供宴会预算单。在宴会问讯阶段，客人就可能问及宴会预算的经费问题，所以，有时在问讯阶段就要向客人提供宴会预算单。宴会预算单的表样如表 9－2 所示。

表 9－2　宴会预算单

__________（单位/先生）　　　　宴会日期：____月____日

费用项目	数量	单价	金额	备注
菜肴				
饮料				
宴会厅费用				
餐桌装饰花				
(1)小计				
印制菜单费				
席间节目费				
开瓶费				
设备费				
(2)小计				
(3)合计＝(1)＋(2)				
(4)税金＝(3)×%				
(5)服务费＝(1)×%				
共计＝(3)＋(4)＋(5)				

(二)接受宴会预订

如果确定宴会预订可行,无论是暂时性确认,还是确定性确认,都要一式两份填好宴会预订单,一份为存根,一份送到销售部通知预订确认,接受宴会预订主要是通过填写宴会预订单来完成。

1. 宴会预订单的基本内容

(1)宴会主办单位或个人。

(2)宴会主办单位负责人职衔、地址、电话。

(3)宴会类型(庆祝宴会、招待宴会、表彰宴会和其他商业会议宴会)。

(4)宴会日期及宴会开始时间。

(5)出席人数(一般大型宴会的出席人数要在规定最低时间内确定,一般24~48小时前最后确定)。

(6)付款方式(现金、信用卡、支票)。

(7)预订金额(一般大型宴会为总费用的10%~15%)。

(8)价格,即宴会各项费用开支和总计金额。

(9)宴会形式及宴会厅的布置。

(10)宴会菜单。

(11)预订人姓名。

(12)合同类型。

(13)备注。

(14)预订日期。

(15)编号等。

2. 宴会预订单的格式

宴会预订单的格式及其内容,应根据饭店的等级、宴会经营的类型、宴会管理的要求等进行设计。下面介绍的宴会预订单格式仅供参考。

(1)小型宴会预订单。小型宴会预订单是为举办小型宴会而设计的,其格式比较简单,具体设计可以参照表9-3进行设计。

表9-3 宴会预订单

NO. __

宴会日期		时间	
联系人姓名		电话	
主办宴会单位		邮政编码	
人数或桌数		每人(桌)标准	
有何忌食			
宴会厅要求			

续表

付款方式		预订金	
处理情况			
预订日期		承办人	

(2)大中型宴会预订单。大型宴会或中型宴会的活动内容比较复杂,要求记载的内容也比较多,其具体设计可参照表9-4。

表9-4　宴会预订单

NO. __

宴会名称____________ 活动名称____________ 客户名称____________ 电话号码(办公室)____________ 传真____________ 联系人______ 电话______ 饭店房号______ 星期/日期______宴请时间:由______至______ 宴会类别____________ 宴会厅别____________ 菜单价格____________ 饮料价格____________ 预计人数____________ 最低人数____________	
菜单: 酒水:	宴会厅布置: 宴会指示牌: 台形摆放: 布件: 花草: 工程装潢: 设备设施要求: 签到台　演讲台　麦克风　白　板　白板笔 签字笔　会议桌　摄影机　电　视　投影电视 录像机　幻灯机　投影仪　银　幕　激光教鞭 射　灯　表演台　舞　池　音　响　台　花 照相机　指示板　激光影碟　舞　台　横幅会标
发送部门:—前厅　—客房部　—厨房　—总机　—餐饮部经理 —行李部　—总经理室　—安全部　—公关部　—财务部 —餐务部　—采购部　—工程部　—酒吧　—宴会部	
订金________ 其他费用________ 租金________ 结账方式________ 注意事项________ 预订单发送日期________ 接洽人________ 核准人________	

(三)宴会预订确认

承接了客人的宴会预订,并填写好宴会预订单后,应在宴会预订控制表上做好记录,且必须经过所涉及的其他部门和主办人的确认后,才能算完成宴会预订的整个工作。宴会预订的确认分为确定性确认和暂时性确认。

1. 暂时性宴会预订确认

宴会预订仅仅填写完宴会预订单而未得到所涉及的其他部门和主办单位或个人的确认的预订,就是暂时性确认。暂时性确认的宴会预订包括以下几种情况。

(1)客人尚未对宴会作最后决定,仍在询问和了解宴会情况阶段。

(2)宴会已经确定,而在费用和宴会厅地点上进行比较和选择。

(3)客人希望的宴会日期或时间因有其他预订,无法最后确定其他日期或时间。

无论是哪种情况,预订人员有责任帮助客人,尽量排除不利因素的干扰,尽快把宴会预订确认下来。

2. 确定性宴会预订确认

宴会预订在填写完预订单后,如果得到所涉及的有关部门和主办单位或个人的确认,就是确定性宴会预订。确定性宴会预订在办好宴会预订承接手续后,还应填写宴会预订确认书送交客人,确认书可摘录宴会预订单上有关项目,主要内容如下。

(1)宴会名称。

(2)宴会日期和始止时间。

(3)宴会厅名称。

(4)宴会人数、宴会预算及其他。

宴会预订确认书的样式参见表9-5。

表9-5 宴会预订确认书

________先生:
您好!承蒙惠顾,不胜感谢!
您所预订宴会,正在按下列预订要求认真准备,如有不妥之处或新的要求,请随时提出,我们愿竭诚为您服务。
××饭店 宴会部经理:××
联系电话:
一、宴会名称:
二、宴会日期:
三、宴会人数:
四、宴会类型:
五、宴会预算:
六、宴会厅名称:
七、其他事项:

3. 宴会合同书的签订

一旦宴会活动得到确认，经过协商得到客人认可的菜单、饮料及其他细节的资料应以确认信的方式迅速送交顾客。在一般情况下，可以将一张“宴会合同”连同要求付订金的通知一道送交到顾客手中，并请顾客在合约书上签字。如顾客不在本地，应请其在签妥后再邮寄或传真至饭店以示慎重。虽然在预订时，预订员已经记下客户的所有要求，但是客人日后是否会变卦却是个潜在的问题，或者饭店不能兑现对顾客的承诺，有了宴会合同书，就是以法定形式对双方行为的约束，以保障顾客与饭店自身的权益。

宴会合同书格式见表9-6。

表9-6 宴会合同书

NO. __

本合同由××饭店（地址）________________

与××公司（或个人）（地址）________________

为举办宴会活动，达成具体条款如下：

宴会名称________________ 宴会日期________________

宴会场地________________ 保证桌（人）数桌/人________________

场景布置________________

座位安排________________

菜单计划________________

____

____

饮　料________________

会议设施________________

娱乐设施________________

其他事项________________

结账事项：

餐　费________ 饮料________ 场租________

其他费用（细列）________________

预订金额________________ 付款方式________________

宴会付款方式________________

说明：

(1)宴请活动所有酒水应在本宴会厅购买

(2)大型宴会预收10%订金

(3)所有费用在宴会结束时一次付清

(4)背面各项条款作为本合同的一部分，已为双方所接受

顾客签名________ 预定员签名________

____年____月____日

此外,合同背面应详细列明如下内容:合同双方名称、地址、详细价目表、付款方式、订金原则、饭店与顾客双方的权利与责任、违约的处罚以及其他有关事宜。内容要求详细具体,用词要求规范准确。

宴会合同一式五联,一联预订部留存,一联顾客留存,一联出纳留存,一联总出纳留存,一联宴会部经理留存。五联单一般分色设计。

三、宴会预订的处理

(一)宴会预订金的处理

为了保证宴会预订的确认,饭店往往要求已确定日期的顾客,按宴会合同约定预付一定数量的订金。

(1)如果对方与饭店有良好的信用关系,则不必付订金。

(2)对于确认后届时不到的客人,按全价收费。

(3)取消预订,一般要求在宴会前一个月通知饭店,这样不收任何费用。

(4)若是在宴会前一个星期通知取消,预订金将不予偿还,还要收取整个宴会费用的5%作为罚金。

当然,宴会预订金的处理,并没有统一的规定,饭店应根据自身的经营特点和需要而定。

(二)宴会预定后的进一步确认

在接受预订后,饭店联系人应保持用信函传真、电子邮件等方式与客户进一步确定讨论过的细节。必须在宴会活动前一个星期要求对方提供参加宴会的确切人数,以便做好设备、布置等方面的准备。

(三)宴会预订信息的传递

在完成所有的宴会预订确认后,应根据规定,向饭店所有有关部门发送宴会预订单,以便所有相关部门都能按预订单上规定的要求开展各项工作,这些部门一般已列在预订单的下方。

任何与该宴会有关的变动都应用更改通知单的形式发送到上述所有部门,更改通知单上应附有预订单的编号。

(四)宴会预订活动记录与通知

与顾客商定过的宴请活动细节要列在宴会预订记录单的各栏目中,注明细节、期限和取消日期。然后汇总到宴会预订日记簿上,最后发送宴会活动单。

1. 宴会预订记录单

宴会预订记录单的内容和格式的设计,要以饭店宴会预订所能达到的目标为依据,包含与宴会相关的基本信息和活动细节。

2. 宴会预订日记簿

填写完宴会预订记录单后应将该预订的细节誊写到预订簿上,注意按照月、日排列，填入相应的宴会厅、时间，注上初步预订和确认预订的标记。

宴会活动预订日记簿的设计式样一般有两种，即平面型宴会活动预订日记簿和立体型宴会活动预订日记簿。

（1）平面型宴会活动预订日记簿（见表9－7）。

表9－7 宴会活动预订日记簿

预订者	日期	地点	预订	确定	时间	宴请种类	人数	公司名称	地址	联系人	电话	特别要求
		A厅			早							
					中							
					晚							
		B厅			早							
					中							
					晚							

（2）立体型宴会活动预订日记簿（见表9－8）。

表9－8 宴会活动预订日记簿

____年____月____日 星期____

A厅	B厅	C厅
早：宴请名称____人数____ 时间：____时至____时 联系人____电话____ 公司名____收费____	早：宴请名称____人数____ 时间：____时至____时 联系人____电话____ 公司名____收费____	早：宴请名称____人数____ 时间：____时至____时 联系人____电话____ 公司名____收费____
中：宴请名称____人数____ 时间：____时至____时 联系人____电话____ 公司名____收费____	中：宴请名称____人数____ 时间：____时至____时 联系人____电话____ 公司名____收费____	中：宴请名称____人数____ 时间：____时至____时 联系人____电话____ 公司名____收费____
晚：宴请名称____人数____ 时间：____时至____时 联系人____电话____ 公司名____收费____	晚：宴请名称____人数____ 时间：____时至____时 联系人____电话____ 公司名____收费____	晚：宴请名称____人数____ 时间：____时至____时 联系人____电话____ 公司名____收费____

注：没有最后确定的预订用铅笔填写，确定后改用红笔记录。如果需要A、B两个厅房打通使用，则用横线在图上用箭头连接A与B，以便安排。

“宴会活动日记簿”在营业时间内,必须始终摆在预订工作台上,营业结束后必须锁好。它一般由宴会经理指定的秘书或预订员用铅笔登记。

3. 宴会活动单(通知单)

一旦接受了客人的预订,应将宴会活动的相关信息填入宴会活动单或通知单。该单设计时应将宴会预定信息根据不同部门的职能及其所要做的工作事项分类登记,告知各个部门在该宴会中其部门所应负责执行的工作,这对各部门能力合作,促进宴会活动的成功举办十分重要。

四、宴会的取消与变更

由于某种原因,已经预订的宴会也可能被取消或发生变更,这种情况是很常见的。宴会取消或变更有两种情形:一种是客人提出取消或变更(此为多数),一种是店方提出取消或变更(此为少数)。无论是哪一方原因取消或变更宴会,宴会预订员应及时做好宴会预订信息的变更工作,尽量使饭店或客户的损失减少到最低限度。

(一)宴会预订的取消

宴会预订的取消意味着饭店与客户之间宴会产品的买卖关系已不存在。

如客人要求取消宴会预订,应立即做好如下工作。

(1)在宴会预订控制表或宴会预订日记簿上做出调整。

(2)接受客人取消预订时,应尽量问清取消预订的原因,并对不能为其服务表示遗憾,希望以后有机会进行合作,这对改进今后的宴会推销工作是非常有帮助的。

(3)修改控制表后,在该宴会预订单上盖上“取消”印,并记下取消预订的日期和要求,取消人的姓名以及接受取消的宴会预订员姓名,然后将该宴会预订单放到规定的地方,并及时通知有关部门。

(4)如是大型宴会、大型会议宴会等取消预订,应立即向宴会经理报告。

如果某暂定的预订被取消,负责财务的主管要将“宴会活动单”送交宴会经理,取消该预订,并填写一份“取消预订报告”,其报告格式如表9-9所示。

表9-9 取消宴会预订报告

至:总经理 饮食部 销售部 存　档	由:宴会销售部 日期:__________
公司名称__________	档　　案__________
联 系 人__________	名　　称__________
宴会或会议日期__________	业务类型__________
人数__________	选择的宾馆或饭店__________

续表

引荐的途径与日期
挽回生意之报告(简明扼要的步骤)
失去生意的原因
进一步采取的措施
宴会/销售经理签名

如果是饭店提出取消宴会预订,一方面应尽早告诉客户,以便使客户能有充足的时间另作安排;另一方面要宴会部经理出面,向客户赔礼道歉,解释原因,并做好善后工作。

(二)宴会预订的变更

宴会预订的变更与宴会预订的取消不一样,宴会预订的变更只是确定宴会的举办时间提前或延后,或者是其中的某些项目条款的变更,而饭店与客户之间宴会产品的买卖关系依然存在。

无论是顾客方面还是饭店方面的任何变动都要提前一周通知对方。而且,在宴请活动前两天,必须设法与顾客联系,进一步确定已谈妥的所有详情,任何最后一分钟的变动都应迅速通知有关的部门。宴会变更通知单参见表9-10。

表9-10　宴会变更通知单

NO. __

发送日期：　年　月　日	
宴会名称：	
日期：　年　月　日　星期	
联系人：	

续表

变更项目	原　　案	修定为
日　　期		
时　　间		
人数/桌数		
场　　地		
餐　　价		
		（新菜单附后）
□其他变更项目	□增加项目	
	宴会预订部：	宴会经理：

□总经理	□餐饮部	□宴会部	□财务部	□工程部	□采购部
□业务部	□客房部	□公关部	□中厨房	□西厨房	□宴会厅
□酒　吧	□花　房	□美工冰雕	□餐务部	□饮务部	□前厅部

五、宴会预订的立卷建档

宴会预订一般都要立卷建档，它具体包括以下几个内容。

（一）建立宴会预订卷

将所有预订的宴会归在一起，按预订日期的顺序排列，包括宴会时间、宴会活动名称、宴会举办单位、宴会规格、宴会活动地点等。

（二）建立宴会执行卷

当宴会确定预订后，就要按预订合同的有关要求来准备，建立宴会执行卷。

（三）建立有关宴会活动的资料卷

对举办宴会的团体和单位，按团体名称的字母顺序或笔画先后排列，收集有关信息、资料、准备宴会时间、地点、方式及结果等，建立尽可能比较详细的宴会活动资料卷。

目前，绝大多数饭店酒店已实现了宴会预订信息及有关文件的电子化管理。宴会预订的有关文件格式定型之后，在计算机终端上修改、填写新的内容。制作新的预订、接待计划文件是非常方便、快捷的。利用计算机存储信息还有一个优点，就是便于资料的进一步分类处理、部门沟通和信息的永久储存。在饭店计算机系统中，任何一个部门都可以查看宴会厅目前的预订情况，但只有持有密码的人才可以更改内容。配备计算机系统后，依赖手工进行预订控制的工作部分被计算机替代了。尽管如此，宴会预订人员控制预订的功能并未完全消失。因为纵使客户资料可以全部输入计算机，但是往来文件仍需要建档保存备查，尤其是签约合同仍须在宴会结束后结账时取出，作为计价的依据。所以上述手工处理的文件的建档工作仍然不能省略。

第三节　宴会定价

宴会的定价是宴会经营的重要环节。价格如果不合理，往往影响市场的需求变化，影响整个宴会厅的竞争能力，对宴会厅经营成果影响也极大。本节讨论的宴会定价主要是指宴会菜品和酒水的定价。

一、宴会菜品定价原则

（一）宴会菜单价格以宴会总体价值为基础

宴会菜单上食品和饮料的价格是以其价值为主要依据制订的。其价值包括以下几部分。

（1）设备设施及环境投资额的大小。

（2）服务设施与消耗品价值的大小。

（3）原材料价值的大小。

（4）劳动力价值的高低。

（5）利润率的高低。

如果设备设施投资额大，相应的服务设施等投资都会相对增加，体现在价格上就相对高。反之则低。总之，定价应能确保饭店企业获得较好的经济效益和社会效益，更直接地说，就是确保利润目标的实现。

（二）宴会价格必须根据市场需求进行调节

宴会的价格不仅能反映产品的价值，还应反映市场供求关系。

（1）档次高的宴会厅，其定价可适当高些，因为该宴会厅不仅可满足客人对饮食的需要，还能给客人一种饮食之外的舒适感。

（2）旺季时，价格可比平时、淡季略高一些。

（3）地点好的宴会厅比地点差的宴会厅的价格可以略高一些。

（4）牌子响、声誉好的宴会厅菜品价格自然比一般宴会厅要高。

（5）独家设计创新的宴会菜肴，价格可以高些，大众化的宴会菜肴，价格可以低些。

但价格的制订必须适应市场的需求能力，价格定得过高，超过了消费者的能力，会引起客人的不满。

（三）宴会定价工作要制度化

宴会定价应根据供求关系的变化而采用适当的灵活定价，如优惠价、季节价、浮动价等。根据市场需求的变化有升有降，调节市场需求以促进销售，提高经济效益。但价格过于频繁的变动,会给潜在的消费者带来心理上的压力和不稳定感觉。因此,定价工作要制度化,不能随意调价,也不能一成不变。定价工作制度化包括以下内容。

(1)宴会菜单价格要稳定,不宜变化太频繁。

(2)每次调价幅度不能过大,最好不超过10%。

(3)宴会菜单计价方式要一致。

(4)宴会定价人员要专业化,要熟悉宴会定价规律。

只有这样,才能制订和保持科学合理的宴会价格。

(四)制订价格要以企业产品政策为基准

宴会价格的制订,要在国家价格政策的指导下,根据饭店确立的目标市场、成本率、产品政策进行测算。饭店企业的产品政策是在充分进行市场调研的基础上,结合自身宴会经营实际制订的,包含了宴会所有产品项目内容。因此,宴会价格的制订,应以企业产品政策为基准,贯彻按质论价、分等论价、时菜时价的原则,以合理成本、费用和税金加合理利润的原则来制订菜单价格。在制订菜单价格时,定价人员要接受当地物价部门的定价指导。此外,价格与广告推销策略之间的关系、价格与销售渠道策略之间的关系,也都要认真加以考虑。

(五)价格表现形式要迎合顾客心理

一个良好的价格表现形式既能使客人满意,又能使宴会厅获得最高利润。客人对价格的心理往往表现在如下方面。

(1)价格表现简单化。即价格数字简单和收费次数越少越好。

(2)价格稳定。在一定时期内保持一个价格,不因小小经济波动而频繁调价。

(3)额外收益。让客人感受到在一定的价格内消费了额外的产品、享受了超值服务。

(4)比较心理。客人会对不同宴会厅同样菜肴的价格进行比较。

此外,还有其他各种心理表现形式,这里就不一一列举了,宴会经营者在制订价格时,应该主动迎合这些消费心理。

二、宴会菜品酒水定价方法

宴会菜品酒水的定价是以获取利润为目标的。利润是售价减去食材成本、生产经营费用、经营税金三项之和的数值。从理论上讲,在成本、费用和税金不变的情况下,售价定得越高,获得的利润也就越大。但是,事实上并非售价高,企业就能获得高额利润。所以,定价时应综合企业、市场、顾客三方面的影响因素,采用合适的定价方法,确保企业利润目标的实现。

(一)跟随定价法

跟随定价法又称随行就市法,就是以同业竞争对手的价格为依据,对宴会菜品进行定价的方法。这种定价方法尤其适合经营质态相同的饭店企业。在使用这种方法进行定价时,必须选择成功的范例,避免把别人不成功的定价引为己用。

跟随定价法还适用于随市场变动的灵活定价。例如,随季节性变化的时菜时价,清明节前长江刀鱼最为肥美,金秋的大闸蟹最为诱人,以此应时的上乘原料做成的菜肴,其价格理应定得比较高,自然会拉高整个宴会菜品的定价。又如,在经营的旺淡季、不同的营业时段,可以推出不同的销售价格,以吸引顾客,刺激消费。

(二)毛利率法

毛利率法是事先确定一个预期毛利率,以此为基础来制订宴会菜单的价格的方法。具体来说,销售价格的确定可以通过如下公式来计算。

$$宴会销售价格 = \frac{食品成本}{1 - 内扣毛利率}$$

或：$$宴会销售价格 = 食品成本 \times (1 + 外加毛利率)$$

其中,内扣毛利率是毛利占销售价格的百分比,又称为销售毛利率;外加毛利率是毛利占产品成本的百分比,又称为成本毛利率。两者是可以换算的,换算公式为:

$$内扣毛利率 = \frac{外加毛利率}{1 + 外加毛利率}$$

在这里,宴会成本是指组成宴会菜品的所有主料、配料和调料的成本之和。

毛利率是根据市场供求情况规定的毛利率幅度(均指销售毛利率),故亦称计划毛利率。目前国内的大多数饭店基本上都采用内扣毛利率定价法,因为财务核算中,许多计算内容都是以销售价格为基础的,如费用率、利润率等,与内扣毛利率的计算方法一致,这有利于财务核算和分析。但如果为各种档次的宴会都加同样量的毛利,会使档次高的宴会价格偏低,而档次低的宴会价格反而偏高。

(三)系数定价法

以食品原材料成本乘以定价系数,即为食品销售价格。这种方法既适合于单个菜肴的定价,也可以运用于宴会菜单中菜点的定价。这里的定价系数是计划食品成本率的倒数:如果经营者计划自己的食品成本率是38%,那么定价系数即为2.6。

这种方法是以成本为出发点的经验法,使用起来比较简单,值得注意的是定价时要避免过分依赖经验,计划时要全面、充分,并留有余地,要根据宴会的档次、批量等因素来灵活确定定价系数,宜将定价取整数。

(四)主要成本率法

主要成本率定价法就是以成本为中心的定价方法。定价时把原材料成本和直接人工成本作为依据,从财务“损益表”中查得非原材料成本和直接人工成本率及利润率之和,即主要成本率,则可计算出销售价格:

$$销售价格=\frac{食品原材料成本+直接人工成本}{1-(非原材料和直接人工成本率+利润率)}$$

采用主要成本率定价法定价时,要充分考虑到餐厅较高的人工成本率这一因素,将人工成本直接列入定价范畴进行全面核算。如能适当降低人工成本,则定价可更趋于合理,餐饮经营的竞争力也就会增强。

(五)分类加价法

分类加价法是对不同标准的宴会及其产品分类制订加价率的定价方法。其基本出发点是,各类宴会产品的获利能力不仅应根据其成本高低,而且还必须根据其销售量多少来确定。在分类加价法中,不同标准的宴会产品使用不同的加价率,因而各标准的宴会的利润率高低是不同的。就宴会菜品而言,高成本的菜品应适当降低其加价率,而低成本的菜品可尽量提高其加价率,将菜品价格趋于顾客认同的心理价位,提高销售量。

宴会中销售的酒水大都采用分类加价法。在这些酒水中,除鸡尾酒外,一般不经过加工就可直接销售。其加价率视其酒水类别而定。例如,听装或瓶装饮料,虽然在市场上或酒水公司的售价(或批发价)往往是各不相同的,但饭店为了便于经营,往往把价格水平相近的酒水,在一定加价率的基础上定以统一的价格。其计算方法是:

$$销售价格=\frac{(饮料\ A\ 价格+饮料\ B\ 价格+饮料\ C\ 价格)\times(1+加价率)}{3}$$

瓶装酒水的种类繁多,其价格往往有天壤之别,且起点价格也较高,因而不能采取统一的定价,一般视品种而定。不过其定价也有一定的规律可循,即低价位酒水加价率较低,高价位酒水加价率较高;国产酒水相对于进口洋酒,前者加价率低于后者。而按杯销售的酒水(多为高档酒)定价,则在原来瓶装售价(已含加价率)的基础上,再加 50% ~100% 的加价率,以弥补按杯出售的损耗和增加的人工成本。

至于经过一定加工程序和添加其他酒水配置而成的鸡尾酒,往往给宴会带来的经济效益更大,因此,一般是按 500% 的加价率定价。由于每款鸡尾酒所用原料及用量都是千差万别,计算起来也比较繁琐,许多酒店也都采取了加权平均的办法,把价格相近的几款鸡尾酒列为同一售价。

三、宴会定价的注意事项

掌握了宴会定价方法以后，在确定宴会产品具体价格时，还应注意以下几点。

(一)顾客的消费能力和消费需求

顾客的消费能力是指本地区可到本饭店消费的顾客对宴会消费的接受能力，包括经济承受能力和心理承受能力。如果顾客已习惯于宴会的高消费，就不必定得过低；如果本地区大多数顾客的经济承受能力有限，则宴会菜单价值的定价就不宜定得过高。

根据顾客对商品价格的认识程序和需要来决定价格的策略，亦有两种不同方法。

1. 理解价值定价法

这种定价法是以顾客的认同为基础的定价方法。一般来说，顾客对宴会产品价值的理解和认识有一个相对比较普遍的认同、判断准则。例如，宴会高档菜肴的原料成本高，价格当然也会相应的比较高。高星级酒店厨师技术力量雄厚，宴会服务规范，就餐环境高雅，宴会的价格较高，也是在情理之中。一旦顾客对宴会厅的产品形成理解认同，便可以根据这种观念制订相应的符合顾客消费价值观的价格，而且这样的定价是合理的。

2. 区分需求定价法

这种定价法是指根据不同的目标顾客的不同消费需求实行区别定价的方法。例如，在同一饭店的不同宴会厅，可以根据其设备设施配置、装饰的豪华与简朴、提供的宴会产品与服务规格来确定不同的宴会价格，以适应不同顾客的宴会消费需求。采用这种定价方法，要特别注意防止因顾客只进行简单的价格比较，而可能产生的被歧视的心理。

在具体实践中，根据市场情况，可分别采取高质量高价格的方式以满足高消费顾客的需求；也可采取薄利多销的方式来扩大市场，以满足低消费顾客的需求；以及灵活采用优惠价格策略，给顾客以一定的优惠，来争取较高的销售额，起到宣传推销宴会产品的效果。当然，这些策略并不是随意使用的，而是通过市场调研，根据市场需求决定的。

(二)同业竞争的因素

由于饭店企业的投资可大可小，餐饮产品科技含量不高，可模仿性及可替代性强，所以餐饮业的市场竞争非常激烈。因此，在确定每一种宴会菜单价格前，要充分了解其他同类饭店宴会厅同类宴会菜单的价格，同时要了解这些饭店宴会厅的设备设施、环境、服务及客源、顾客反映等方面的情况，结合企业自身宴会产品的竞争特点和所处地位，采取合适的宴会定价策略，使自己的产品有竞争力，并在与同业的市场竞争中立于不败之地。

从饭店企业层面看，任何一个饭店企业，总是期望自己的宴会产品在市场竞争中赢得优势，不断扩大自己的市场份额。但事实上，同业竞争受到市场供求关系的制约，即由本地区饭店企业同类宴会产品总的供给能力与本地区市场对宴会产品需求量大小的对比关系来决定。供大于求则价格下降，反之价格则上升。在餐饮企业市场竞争十分激烈的情形下，饭店企业要想获得竞争优势，不是亦步亦趋跟在别的饭店后面，而是要瞄准竞争对手同类宴会产品的价格或产品空档，以重点集中的成本领先战略（如通过各种技术手段、管理手段使某些菜肴的成本降到行业最低），或差异化战略（如针对特定的消费群体推出富有特色、与众不同的菜肴）为基础，希望能用有选择、价格明显比竞争对手低的产品来获得竞争优势，压倒对手，或用自己所独到的竞争对手所没有且难以模仿的产品来赢得消费者的青睐，扩大自己的市场份额，获取最大的经济效益。

（三）注意顾客的消费心理价值

顾客的消费心理价值有两类基本侧向：一类是物有所值型，认为宴会的价值与自己享受的价值相一致，这是一种理性的消费心理。另一类是意外收益和敏感型，有些顾客对消费的价格数字具有敏感性，认为带有尾数的宴会消费是经过认真计算得来的，比收整数的要便宜，且没有上当的感觉。此外，还有相当多的顾客喜欢整数价格，如800元比791元更显得体面和气派。当然也有顾客喜欢带有吉祥数字的定价，例如：666元、888元、999元等，寓意六六大顺、一路大发、九九如意，数字谐音能给顾客带来意外收益的满足感。因此，针对顾客的消费心理有选择性地确定宴会价格，会收到良好的经营效果，即增加宴会的销售。

第四节　宴会成本控制

宴会成本控制是宴会管理职能的一部分，贯穿宴会产品生产的全过程。宴会成本控制的目的并非仅仅记录成本数额，主要在于提供各项成本的发生情况，分析实际成本与计划成本之间的差异，为宴会经营者做出正确判断，及时采取措施进行修正，提供客观依据。

一、宴会成本控制的方法

所谓成本控制，就是为了将成本的实际发生保持在管理部门预先规定的成本计划及其允许限度内所采取的评价过程和行动。

宴会成本控制应区别不同控制内容，采用适当的方法。下面介绍几种常用的成本控制方法。

(一)制度控制法

为了控制成本,防止可能出现的各种问题,宴会经营管理应建立和健全成本控制制度,建立正常的成本管理机制。成本控制制度是宴会成本控制的基础。如果只有成本计划,没有对其执行、控制、监督的制度措施,成本计划就无法完成,降低成本的计划就会落空。为了有效地进行成本控制,企业必须首先建立成本控制的组织制度系统,将成本控制的具体任务、目标、定额以及有关规定落实到各子系统,使成本控制做到组织人员落实、控制指标落实、总体方向明确。在成本计划的执行过程中,哪些指标出现问题,应及时进行信息传递,宴会部应立即组织有关人员进行研究,使得问题及时得到处理和解决,不可将成本控制流于形式。

(二)成本目标定额控制法

为了有效地控制宴会成本,饭店企业对宴会经营过程中的各项任务目标进行分解,制订定额,将成本的发生控制在预先规定的成本计划及其允许的范围内。

在制订成本目标定额时,应充分考虑到定额应当先进合理,反映平均先进水平,使多数职工经过努力可以达到和超过。定额也应当根据经营条件、经营状况的变化及时进行修订。

(三)毛利率控制法

营业收入扣减营业成本的差额即为毛利,毛利额与营业收入的比率称为毛利率。营业成本与营业收入的比率称为收入成本率。毛利率越高,收入成本率就越低;毛利率越低,收入成本率就越高。利用这几个指标之间的关系,就可以采用毛利率控制法来控制成本支出。

利用毛利率法控制成本,可以随时根据收入数量控制其成本数量,及时发现问题,及时解决问题。

例如,宴会部既要有年度的营业目标预算、支出预算及营业利润计划,更要有逐月、逐日的损益统计表,从损益表中可以清楚地看到营业收入、营业成本、营业费用之间的实际关系,尤其是通过对比分析,找出营业收入、营业成本、营业费用增加或减少的原因。例如,1 月份是宴会销售旺季,而 6 月份是宴会销售淡季,因此,1 月份的营业收入应大大高于 6 月份的营业收入,而 1 月份的营业成本应低于 6 月份的营业成本,且 6 月份的营业成本应该在控制的比例范围内。另外,1 月份的营业费用中,员工薪资人事费用、用品费用、水电及燃料费用、易耗品的损耗费用等,应随营业收入的增加而上升,但是薪资人事费用、水电及燃料费用所占比例应该比 6 月份的要低。只有这样,1 月份实际产生的毛利才能大大地增加,饭店企业的实际利润亦才能随之增加。

此种方法的特点是简便、灵活,根据收入数额就可以准确地计算出应该开支的成本数额。

制度控制法、目标定额控制法、毛利率控制法这几种方法可以互相补充，共同使用，它们分别从不同的角度对成本进行控制，可以逐步形成成本控制的方法体系。

二、宴会成本控制的措施

(一)实施成本控制责任制

为了掌握和控制宴会成本，除了饭店财务部设立成本会计人员专门负责宴会成本外，还应将宴会成本目标分解到各部门，与相关人员的责任及奖罚挂起钩来，实行成本跟踪控制，保证成本维持在目标范围内。

(二)加强宴会菜品成本的控制

加强宴会菜品成本管理，千方百计降低菜品成本，对宴会经营管理具有特别重要的意义。因为菜品成本在宴会成本中占有很高的比率，降低了菜品成本，就是直接增加了宴会利润，又可以为企业节约资金，直接降低宴会价格，增强宴会竞争能力。

宴会菜品成本就是宴会菜品直接耗用的原材料成本。它既包含了菜品生产过程的原料的采购、原料初加工、切配、菜品烹饪、菜品装盘各个生产阶段及其加工的每一环节，而且也包括了从原料验收、保管、发货、盘存等保管流转过程的每一个环节，这两个过程是否健全，漏洞和损耗是否减至最少，与宴会菜品成本有直接的关系。

以宴会菜品生产过程为例，原料采购的目的在于以合理的价格、在适当的时间内保证获得安全可靠的货源，按规格标准和预定数量采购宴会所需的各种食品原料，以保证宴会业务活动顺利进行。从成本控制的角度分析，采购工作中成本控制应集中在食品原料的质量、数量和价格几个方面。从原料的初加工到切配、烹调直至装盘，应该严格按照饭店制订的标准菜谱，采用最适合的加工工艺，减少加工过程中人为因素造成的损耗，从而既使菜品成品质量和数量不受影响，同时又达到控制原料数量、加工质量及成本的目的。

以原料验收保管的流转过程来看，要建立健全的管理制度。例如，原料的验收，必须按规程严格把关，以起到与原料采购相互制约的作用。对购入的原料进行验收时，不但要检查数量，而且要核对规格、型号、品牌、质量等与购买申请书所写的是否相符，并严格按照计划数量逐件过秤、验收，如有不符，应拒绝收货。对不入仓库的鲜活原料，不入仓库的原材料，除了由验收部验收质量、数量外，还要由生产部门两次验收，并在单据上签字，最后，由验收部开出收货记录，才算完成验收手续，如果没有收货记录，财务部门不应付款。

在仓库保管方面，应该根据原材料的不同性质，分别堆放，要注意通风和卫生，并严格依照申请程序发货，排除有单无货，或有货无单现象。总之，要坚持做到购货计划天天查、采购部门天天买、仓库领货天天取、原料使用天天完的原则。仓库在账务管理上,利用电脑打出数量、金额控制的仓库账。每日原材料发出后,在分类存放货架上设卡登记,并经常与账簿核对,做到账卡相符。

为了控制宴会菜品成本,还应根据标准菜谱加强对菜品的成本核算,这样才能计算出菜肴的标准成本,然后与实际消耗的成本进行比较,使两者之间的差额最小,最终实现成本最优化。遵循这个思路,可以设计宴会每份菜品的成本核算表(见表9-11)、每套宴会菜品总成本核算表(见表9-12),以实现对宴会菜品成本的有效控制。

表9-11 ××宴会单份菜品成本核算表

菜品名称		内扣毛利率		售价(元)	
原料名称	用量	单位	单位	金额	备注
合计					

表9-12 ××宴会菜品总成本核算表

菜品类别	菜品名称	成本额	备注			
合计			内扣毛利率		售价	

(三)努力降低经营费用

宴会成本控制中,不仅要抓好宴会菜品成本控制,而且要抓好人工成本及其他经营费用的控制,只有这两者都控制在合适的水平上,宴会成本控制才能实现预期的总目标。如果只注意宴会菜品成本控制,而忽视了人工成本和其他经营费用的控制,势必会导致宴会成本依然居高不下,宴会经营利润便无从保证,甚至可能产生亏损。

关于人工成本的控制,前面已经提及,由于宴会经营具有淡旺季的差异以及生意量不固定的特点,所以必须对正式员工聘用人数进行严格控制。宴会员工聘用人数的计算方式为:将月平均营业额除以每人每月的产值,便得出应雇用的正式员工人数。这种计算方法适合于同一地区同类宴会经营的饭店。为适应宴会进行时大量的人力需求,宴会部除正式员工外,还应雇用经过训练的临时工、钟点工,以有效地节省人事费用,将人事成本减到最低。

在经营费用中,除了人工成本可控之外,其他还有不少费用项目属于可控项目,如水电费、燃料费、损耗费、事务费等。以水电使用为例,饭店宴会厅动辄数百上千人用餐的规模,其所使用的灯光、空调、冰库冰箱、抽排风等设施都属于大耗电量的设备,水的使用量亦是很大,由此必然发生的水电费支出在营业费用中占有很大的比例,如能从细微处入手,采取切实有效的节水节电的管制措施,将水电费用降到最低。其他如燃料费、器皿的损耗费、办公用品费、长途电话费等事务费用,只要思想重视,管理措施到位,费用水平也会下降。所以,当经营费用水平整体下降时,也是利润空间达到最大的时候。

(四)建立降低成本的奖励机制

降低成本的奖励机制就是对实际成本高于标准成本的现象采取惩罚措施(包括罚款),对实际成本比预期成本低,逐渐接近标准成本的现象给予适当激励。这就是降低成本的奖励机制。

完善降低成本的奖励机制应注意以下几个问题。

1. 降低成本的奖励机制要注重兑现

降低成本的奖励机制一旦确定,就不应轻易变动,确定的指标实现后,就必须按制度规定实施奖罚。否则,降低成本的奖励机制就缺乏可信度和约束力,就发挥不了应有的作用。同时,要保持制订的连续性,以后各年都要继续按标准执行,当然,随着条件的变化,标准可以作适当的调整,以充分发挥奖励机制的应有作用,达到预期的理想效果。

2. 要掌握好奖励机制的运行周期

以宴会菜品成本为例,由于菜品价格常常随市场和季节波动,如果某一时期时令原料价格偏低,则宴会菜品的成本应随之降低;如果某一时期的原料价格提高,整个宴会菜品的成本就会相应上升。由于菜品价格的波动具有一定规律性和周期性,因而为便于计算和控制,一般来说,周期定为一年为好。

第五节　宴会营销管理

宴会营销是指通过一定方式将宴会产品信息传递给顾客,并促成顾客进行宴会消费的活动。宴会营销分为内部营销和外部营销两种,外部营销是指通过一定的促销手段,把顾客吸引到饭店来进行宴会消费;内部营销是指通过一定的方法使已经在饭店消费宴会的顾客,成为多消费与多次消费的对象。所以,开展积极有效的宴会营销活动,能吸引客源,提高设施利用率,提高宴会销售量,获取最大的经济效益和社会效益。

一、宴会营销的基本形式

宴会营销形式是指将有关宴会信息传递给消费者的方式和渠道,它可分为两大类:一类是人员传递信息的形式,包括派推销员与消费者面谈的劝说形式,通过社会名人和专家影响目标市场的专家推销形式,通过公众口头宣传而影响其相关的群体的社会影响形式。第二类是非人员营销形式,包括通过各种大众传播媒介的推销,宴会厅装潢气氛设计特别而吸引顾客的环境促销,以及通过特殊事件而进行促销等。

二、人员推销的方法与程序设计

(一)人员推销的方法

人员推销是专职推销人员或宴会部工作人员与顾客或潜在顾客接触、洽谈,或通过向顾客提供满意的服务,向宴会部的客户提供信息,使顾客一次或多次来本饭店宴会部举办宴会的过程。人员推销相对于非人员推销,更具有可信性。人员推销包括推销员推销和全员推销。

推销员是直接向顾客介绍宴会经营项目和特点,同时征求顾客消费意见的人员。推销员的工作,是企业和顾客的桥梁。推销员不但要尽力为顾客提供各种便利的服务,而且需要注意反馈市场信息,维护和树立宴会厅的良好形象,提高宴会厅的竞争能力。

全员推销是发动宴会部每个成员都投入促销活动中,这当中除专职推销员外,还包括宴会厅经理、厨师和服务人员。

值得提出的是对于推销宴会,厨师很有文章可作。厨师的推销功能主要表现在以下几个方面。

(1)利用厨师的名气进行宣传推销,可以吸引来一批客人。

(2)可以让客人点厨师来做菜,甚至可以通过电视媒体显示出所点厨师制作菜肴的全过程，加强直观感受，促成消费冲动。

(3)对重要宴会客人，厨师可以亲自端送自己的特色菜肴，并对原料及烹制过程做简短介绍，提高与顾客的亲和力。

(二)人员推销的程序设计

专职推销人员在进行宴会营销时，应按照以下基本程序开展工作。

1. 收集信息

通过收集信息发现潜在的客户，并进行筛选。宴会推销员要建立各种资料信息簿，建立宴会的客史档案，注意当地市场的各种变化，了解本市的活动开展情况，寻找推销的机会。特别是大公司和外商机构的庆祝活动、开幕式、周年纪念、产品推广会、年度会议等，都是极好的销售机会。另外，在一些大城市，每年举行的全国性会议也非常具有销售意义。

2. 计划准备

在上门推销或与潜在客户接触前，推销员应做好销售访问的准备工作，确定本次访问的对象，要达到的目的，列出访问大纲，备齐销售用的各种有关餐饮的资料，如菜单、宣传小册子、照片和图片等，并对饭店近期的预订情况有所了解。

3. 礼貌礼节

销售访问、洽谈业务访问一定要守时，注意自己的仪容和礼貌，尊重被访问的对象，言谈举止大方得体。

4. 着重介绍宴会产品和服务

介绍宴会产品和服务时要着重介绍餐饮产品和服务的特点，针对所掌握的对方需求来介绍，引起顾客的兴趣，突出本饭店所能给出客人的好处和额外利益，还要设法让对方多谈，从而了解顾客的真实要求，反复说明自己的菜品和服务最能适应顾客的要求。在介绍宴会产品和服务时，还要借助于各种资料、图片以及餐厅或宴会厅的场地布置图等。

5. 商定预订和跟踪销售

要善于掌握时机，商定交易，签订预订单。这时要使用一些技巧，如代客下决定、给出额外利益和优惠等技巧，争取订单。一旦签订了订单，还要进一步保持联系，采取跟踪措施，逐步达到确认预订。即使不能最终成交，也应通过分析原因，总结经验，保持继续向对方进行推销的机会，便于以后的合作。

6. 处理异议和投诉

碰到客人提出异议时，餐饮销售人员要保持自信，设法让顾客明确说出怀疑的理由，再通过提问的方式，让他们在回答提问中自己否定这些理由。对客人提出的投诉和不满，首先应表示歉意，然后要求对方给予改进的机会，千万不要为赢得一次争论的胜利而得罪客人。

三、广告推销的方法与程序设计

(一)广告推销的方法

广告推销是指利用广告媒介推销宴会产品和服务的方法。广告推销具有覆盖面广、持续时间较长的特点。广告推销因媒介众多,而且每一媒介都有自己的优缺点,因而需要认真选择,才能使宴会产品和服务的宣传达到最佳效果。

宴会广告通常通过下列形式来进行推销。

1. 免费广告

免费广告是由信用卡公司提供的。当饭店为信用卡公司的客户时,该公司会及时地为其客户购买广告版面,另外公司还会在发给个体信用卡持有者的信函上登广告,这些广告都是免费的。如饭店拥有某信用卡公司的信用卡,则应及时与他们取得联系,希望他们为其登广告。

2. 路旁广告牌

路旁广告牌能将广告的内容传递给人们。如果这些广告牌位于市中心的道路两侧,看到这些广告牌的除了车主和乘客以外,还有众多的过往行人。

3. 传媒广告

传媒广告是指利用现代传媒如电视、报纸、电台等进行宴会推销的方式。传媒广告特别是电视广告,具有很强的视觉冲击力,印象深刻,容易激发人们的消费欲望。

此外,还应利用公共关系加强与传媒的沟通和联系,借助传媒的影响力,宣传宴会产品和服务。例如,捕捉发生在宴会厅的有新闻价值的事件向新闻界投稿;举办大型宴会活动,可邀请新闻界的代表参加,事先通报这些活动的有关情况,呈送书面的“内情”通报或自拟的新闻稿;寻找机会,与报纸、电台、电视台等联合举办有关宴会饮食和服务、社会热点问题的专栏和节目,既能提高宴会部的声誉,又能近水楼台,为自己的经营特色、各种销售活动进行宣传。

4. 直邮广告

直邮广告就是饭店将宴会产品和服务信息印制成宣传品,直接邮寄给顾客和潜在顾客的形式。直邮广告更具有个性化,提供的信息容量比较大,阅读率高于其他广告,提供了询问复函的联系通道,有助于提高公众对饭店及宴会的认知。

直邮广告的对象主要是过去曾在饭店宴会厅消费的顾客,餐厅常客推荐的或曾经提及的客人,曾经有过预订但又因故未到的顾客,或者曾经打听过但未提出预订的顾客。直邮广告会给顾客以亲切感。

选择直邮广告的最佳时机是饭店开业或重新装修开张之时、春节、中秋节、圣诞节、饭店举办的美食节以及其他特殊推销活动之际。在饭店推出宴会新产品新服务时,运用直邮广告的形式会收到意想不到的效果。

5. 饭店内部广告

饭店内部广告是指饭店利用自己的宣传媒介和公共活动空间,向在店顾客推销宴会产品和服务的形式。饭店内部广告利用的是饭店自身资源,大都惠而不费又无所不在,繁简视情形而定。下面介绍的是几种常见形式。

(1)饭店宣传册。这是系统介绍饭店产品的宣传资料,其中包括了宴会产品和服务信息。饭店宣传册一般采用图文并茂、印制精良、多折式或多插页式的设计形式。

(2)宴会宣传单。这是以宴会产品和服务信息为专题的宣传资料。这类资料大都以固定性的宴会菜单的形式出现,如列有不同标准的套宴菜单、特色宴会菜单、不同主题的套宴菜单等,菜单上一般标明哪类标准的宴会在多少桌以上享受的优惠服务项目的具体内容。其样式既有精美的多折式或多插页式,也有简洁的单页式。一般放置在前厅、餐厅、宴会厅的醒目的位置,以便顾客取阅或带走,其推销效果较好。

(3)电梯宣传画。电梯轿箱的三面通常被用来张贴宴会产品的宣传画,很容易引起顾客的注意。

(4)闭路电视。利用闭路电视系统可以为在饭店就餐或住店的顾客,提供宴会产品和服务的视频信息。具有容量大、信息全、连贯性强、感觉真切的特点。

(5)网页。饭店应该建立自己的网页,推销自己的宴会产品和服务,让顾客能不受地域和时空的限制,即时了解到最新信息。

(6)标牌布告牌类。如大堂指示牌、宴会厅门口的标牌、餐厅宴会厅门口的布告牌或宣传橱窗、欢迎卡等,皆可作为提供宴会信息、推销宴会的载体。

(7)其他类。如在饭店提供给顾客使用的相关物品上,印有饭店和宴会厅的名称、地址、标记、电话等信息。又如赠送小礼品,即宴会厅常常在一些特别的节日和活动时间,甚至在日常经营中送一些小的礼品给赴宴的客人,这些小礼品要精心设计,根据不同的对象分别赠送,其效果会更为理想。常见的小礼品有:生肖卡、特制口布、印有宴会厅广告和菜的折扇、小盒茶叶、卡通片、精制的筷子等。

(二)广告推销的程序设计

利用广告推销宴会,应遵循以下程序进行设计。

1. 确定广告推销的实际效益

在饭店宴会销售中,约有75%的生意是顾客自己找上门来的,其他25%

是依靠业务人员进行推销和广告推销得到的。虽然不同的饭店可能会比例不同，但是依靠推销直接获得的宴会生意，与饭店宴会销售中所占的份额及其收益应该相匹配。因为广告推销宴会的成本也不是一笔小数目的开支，特别是传媒广告，做一两次人们没什么印象，连续长时间做费用又很高。因此，饭店应根据市场调研，通过对本饭店利用广告获得的宴会销售收益的数据统计和分析，来确定需要或是不需要广告推销，需要选择何种媒介投放多少经费来做广告推销。

2. 确定宴会广告推销的目标

宴会广告推销的目标应该与饭店营销目标及餐饮总目标相一致。广告目标的不同，广告的主题及其内容也会有区别。特别要强调的是，广告的内容要真实，不能有虚假承诺，不能设销售陷阱让顾客上当。

3. 突显饭店的宴会风格和特点

无论何种形式的广告，都要把饭店要传达的宴会信息作为核心内容，并与其宴会风格和特点融为一体，并且据此撰写广告提纲、脚本和广告词。另一方面，要突显饭店的宴会风格和特点，并不是说要高高在上，只着眼于广告的艺术效果，而是要站在受众的立场，从目标顾客的需要出发，使宴会信息成为他们最想得到的，宴会风格和特点也是他们所企求的，而广告的艺术形式又正是他们所喜闻乐见的。

4. 确定宴会广告的预算

确定宴会广告预算的常用方法如下。

(1)销售百分比法。根据总营业额的一定比例或根据上一年的销售收入及下一年预计的收入来确定一个百分比作为广告的预算费用。

(2)竞争比较法。指为了保护市场占有率而根据竞争对手的广告费用来确定自己餐厅的广告预算费用。

特别值得注意的是，预算费用的多少要根据饭店宴会经营的需要及其实际的经济实力来确定，并不是说花钱越多广告收益就越好，反之则不好。钱要花在刀口上，即要考虑不同媒介的广告其信息承载量的大小、覆盖的广度、信息传达的深度和准确度、预期效果，只有选准了，花钱才是值得的。

5. 选准承办广告制作的公司

当确定了广告媒介和广告形式后，要选择有经济实力、社会美誉度高的广告公司来承办。先由广告公司根据饭店的目标、意图来设计样稿、样图和画面，再由广告公司作设计陈述，饭店相关领导和人员与相关专家共同会审，通过后，再付诸实施。

6. 跟踪调查广告推销的效果

广告散发出去后，要及时进行效果跟踪调查，一是要调查广告的社会影响力,二是要调查并统计广告影响饭店宴会销售的直接效果。根据调查结果,对照预期的广告推销目标,查找并分析成败的原因,以便调整和谋划更好的广告推销策略,使其能收到积极的宣传和推销的效果。

四、宴会推销的其他方法

(一)利用特色服务推销

将推销寓于提供的特色或额外服务中是常见的宴会推销方法。

1. 知识性服务

在宴会厅里备有报纸、杂志、书籍等以便客人阅读,或者播放外语新闻、英文会话等节目,或者进行有奖知识问答、有奖猜谜活动等。

2. 附加服务

如扒房给女士送一支鲜花,或者幸运抽奖,派送小礼品等。

3. 表演服务

用乐队伴奏、钢琴演奏、歌手助唱、民俗表演、卡拉 OK、时装表演等形式起到丰富宴会内容的作用。

4. 优惠服务

通过提供让顾客能直接享受的实在的优惠,以达到推销宴会的目的。如某类标准的宴会达到规定的桌数可以享受多个项目的优惠服务。下面提供的是某酒店为 1 588 元标准 10 桌以上的婚宴提供的优惠服务项目。

☆免收服务费

☆特别印制的喜筵菜单

☆提供婚宴请柬

☆主桌喜庆布置(圆桌摆设、喜庆椅套、主桌鲜花布置)

☆自带酒水,免收开瓶费

☆香槟塔布置及赠送气泡酒一瓶

☆赠送五磅结婚蛋糕一个

☆赠送精致签名簿一本

☆免费宴会入口红地毯引路

☆免费提供婚宴场地的舞台布置、华丽背景板布置及指示牌 1 个

☆免费提供追光灯设备、音响设备(话筒、DVD 设备、屏幕等)

☆免费提供新娘化妆室一间(提供时间为 4h)

☆免费提供新娘和新郎襟花

☆免费提供车位 20 个

☆订购本酒店蛋糕可获八折优惠

☆免费提供两日一夜本酒店之蜜月套房,若延长住宿日期可获六折优惠

运用这些服务时要注意以下内容。

(1)有一定新奇性,不落俗套。

(2)有主题性,能吸引人们的注意,并产生影响。

(3)具有幽默性,生动活泼。

(4)提供优惠服务要实至名归。

(二)利用节日进行推销

推销是抓住各种机会甚至创造机会吸引客人购买,以增加销量。各种节日是难得的推销时机,宴会部一般每年都要做推销计划,尤其是节日推销计划,使节日的推销活动生动活泼,有创意,取得较好的推销效果。

(三)展示实例

在宴会厅橱窗里陈列宴会现场照片或陈列一些鲜活的生猛海鲜、特色原料等,以此来吸引顾客,推销自己的宴会产品。

(四)试吃

有时宴会厅想特别推销某一种菜肴,可采用让顾客免费试吃或折扣消费的方法促销。大型宴会常采用试吃的方法来吸引客人,将宴会菜单上的菜肴先请主办人来品尝一下,取得认可,也使客人放心,这同时也是一种折扣优惠,免费一桌筵席。

(五)名人效应

宴会厅邀请知名人士来宴会厅设宴或赴宴,并充分抓住这一时机,进行宣传,并给名人们拍照、题字签名留念,在征得名人同意后,把这些相片、题字签名挂在餐厅里,以增加宴会厅知名度,树立宴会厅形象,吸引慕名而来的宴会消费者。

◎总结

1. 宴会部的经营和管理要通过一定的组织形式来实现。宴会部高效有序的运转,是建立在合理有效的组织体系基础上的,是建立在严格的管理制度和岗位责任制度基础上的。

2. 宴会预订是宴会组织管理的第一步,加强宴会预订管理,必须从预订的方式、程序、内容的每一个环节做起,才能保证宴会预订工作有条不紊地进行。

3. 宴会的定价是宴会经营的重要环节。价格如果不合理,往往影响市场的需求变化,影响整个宴会厅的竞争能力,对宴会厅经营成果影响也极大。因此,实行合理的定价策略至关重要。

4. 宴会成本控制是宴会管理职能的一部分,贯穿宴会产品生产的全过程。宴会成本控制的目的主要在于提供各项成本的发生情况,分析实际成本与计划成本之间的差异,为宴会经营提供客观依据。

5. 宴会营销是指通过一定方式将宴会产品信息传递给顾客,并促成顾客进行宴会消费的活动。开展积极有效的宴会营销活动,能吸引客源,提高设施利用率,提高宴会销售量,获取最大的经济效益和社会效益。

◎思考题

1. 简述宴会部组织机构设置的原则。
2. 画出三种不同规模的宴会部组织机构设置图。
3. 简述宴会预订的方式。
4. 简述三种不同类型预订的程序。
5. 简述确定性宴会预订确认和暂时性宴会预订确认的含义。
6. 简述宴会菜品定价的原则。
7. 简述宴会菜品酒水定价方法。
8. 简述宴会定价的注意事项。
9. 简述宴会成本控制的方法。
10. 简述宴会成本控制的措施。
11. 简述人员推销的方法与程序设计。
12. 简述广告推销的方法与程序设计。

第十章　宴会运转管理

本章内容： 宴会运转管理的方法与内容

宴会设施与环境标准

宴会产品质量标准

宴会服务质量标准

宴会突发事件与客人投诉的处理

教学时间： 4课时

教学目的： 通过本章的学习，使学生能够理解宴会运转管理的方法与内容，熟悉宴会设施与环境标准、产品质量标准和服务质量标准，学会应对宴会突发事件与客人投诉的处理。

教学要求： 1.从宴会运转管理的重要意义着手，使学生能够理解宴会运转管理的方法和内容。

2.让学生了解和熟悉宴会设施与环境标准的基本内容。

3.让学生了解和熟悉宴会产品质量标准的基本内容，特别是菜品成品质量中，宴会菜品味的控制、菜品烹制过程中形的控制、菜品的温度控制、菜品上菜速度的控制等尤为重要。

4.让学生了解和熟悉不同类型宴会服务质量标准的基本内容。

5.从有限理性说的观点，阐述宴会突发事件与客人投诉发生的成因，让学生学会应对宴会突发事件与客人投诉的处理方法。

宴会运转有其自身的特点和规律,有一套完善的保证宴会运转的各部门工作标准,宴会管理人员依照标准监督检查宴会运转的各个环节,这样才能保证整个宴会工作有条不紊地进行。本章将重点介绍宴会运转管理的方法和内容,包括宴会的设施环境标准、宴会菜品生产和服务标准以及其他有关标准等。

第一节 宴会运转管理的方法与内容

宴会运转管理是指宴会部为保证宴会经营活动正常运行而采用的管理方式与管理措施。宴会运转包括宴会菜品生产和服务活动的运转及为支撑这一运转而开展的其他活动两个方面。加强宴会运转管理,首先要了解管理的方法与管理的内容。

一、宴会运转管理的方法

宴会运转管理的方法主要有程序化管理、标准化管理和制度化管理三种,现分别阐述如下。

(一)程序化管理方法

程序化管理是指根据已经制订的宴会各项工作的规程进行监督、检查,从而使宴会各项工作都能按照既定程序有条不紊地进行的管理方法。

宴会运转牵涉很多部门,每一部门既有很多具体的工作任务,又有与其他部门工作的衔接和协调,因此,宴会部管理人员应根据宴会的工作内容及其先后顺序,制订科学、合理、便于操作的工作程序,并依此监督和检查宴会工作,提高工作效率。

(二)标准化管理方法

标准化管理是依据宴会部各项质量标准对宴会运转过程进行监督、检查,确保宴会经营达到理想的效果。

1. 宴会标准化管理的必要性

(1)承办宴会既要尽可能为客人提供更多的服务,又要考虑到宴会的经济效益,这就要求宴会部必须按宴会的规格和等级为客人提供相应的服务。如果没有标准,宴会菜单将无法安排菜品,厨房将无法生产菜品,服务员将无法进行服务。所以没有按接待标准执行的宴会,是无法开展宴会工作的。

(2)宴会工作既要按程序运作,以保证其有序性,同时每一个程序的各个环节要按规定的操作标准来执行,以保证其质量。因此,宴会部的工作要按照各个岗位的工作性质和工作内容制订相应的工作标准。有了工作标准,实行标准化管理就有了检查考核的依据。

所以,实行标准化管理,既能为顾客提供一个衡量宴会所提供的服务是否符合价值规律的客观依据,同时又为保证宴会经济效益和为生产服务人员达到服务质量目标提供了一个公正公平的评判尺度。

2. 宴会标准化管理的内容

宴会标准化管理包括以下内容。

(1)硬件标准化管理。即借用一定的技术数据指标对宴会提供的设备设施、饮食等硬件产品进行标准化管理。硬件标准化管理的对象有宴会场所、娱乐设施、餐具和菜品、酒品、饮料等产品。

(2)软件标准化管理。即通过预先制订好的工作内容、岗位、职责、服务守则等进行标准化管理。软件标准化管理的内容有接待服务方式、工作态度、责任心、服务水平、仪容礼节、语言动作、服务工作效率等无形的劳务质量标准化管理。

(三)制度化管理方法

制度化管理就是把宴会各项工作规程及其一系列的标准用规章制度的形式固定下来,用以监督、检查宴会运转过程及其质量的方法。制度化管理是保证已经确定的工作程序得到贯彻实施,并作为既定质量目标的制度保障。制度化管理可以使宴会质量管理工作有章可循、有法可依,即对违反工作程序并致使工作质量达不到目标要求的,可以按相配套的奖罚制度进行处理,从而使饭店员工能够在制度的约束下,保持良好的工作态度和工作成效。

二、宴会运转管理的内容

宴会运转管理的内容一般包括环境设施质量、产品质量和劳务质量等三个方面。其中,设施质量和产品质量是有形的,它们是劳务质量的依托;劳务质量则是无形的,它是服务水平的具体表现,是适合和满足顾客心理需要程序的重要内容。所以,宴会运转的管理是对宴会部综合项目的管理。

(一)宴会环境设施的管理

服务设施和环境是宴会部为客人提供服务的依据,是提高服务质量的基础。宴会部的各种设备技术装备和举办宴会的环境水平如何、是否始终处于完好状态,是实现优质服务的先决条件。设施环境的好坏是宴会能否举办成功的基本条件。因此,宴会部应对设施环境加强管理,保证设施完好运转,环境始终处于良好状态。宴会设施质量既包括室内空间设备的装饰水平,又包括动力设备、加工机械、冷冻机械等生产性设备和通风照明、冷暖空调等非生产性设备的完好程序。宴会环境质量包括宴会厅内的空间布局和环境卫生等。

(二)宴会的产品质量管理

宴会产品质量主要是指宴会的菜品质量和菜单质量等。宴会的菜单质量管理是宴会部品质管理的命脉,要抓好宴会菜单设计环节,在充分考虑顾客需求及各种制约因素的前提下,把符合宴会规格、适销菜品和有特色的菜品组合到菜单中来,使饭店的设备设施资源、技术人力资源及其他经营资源的作用充分发挥起来。宴会菜品质量管理就是既要依照菜品的工艺标准、数量标准、成品感观质量和营养卫生质量的要求进行管理,又要在保持产品特色和创新上加强管理。也就是说,宴会菜品质量管理肩负着既要继续保持传统名菜名点的品质,又要不断推出新的菜点,让宴会顾客吃饱吃好、吃健康吃享受的重任。

(三)宴会部的劳务质量管理

宴会部的劳务质量管理就是对宴会服务过程中服务态度、服务技艺、服务方式、仪表风度、服务工作效率等方面的管理。

1. 服务态度

服务态度指宴会服务时应有的情态、举止,是宴会部全面质量管理的重要方面。它的基本要求是:接待客人语气和气,举止文明大方,热情为客人提供各种服务,并虚心听取客人的意见。

2. 服务技艺

服务技艺即接待客人时应运用的服务技术知识、技术水平的熟练程度,是服务质量的技术保证。它的基本要求是:熟悉本岗位业务知识,掌握服务操作规程,善于把握顾客心理,熟悉各地各民族顾客的风俗习惯,具备较强的应变能力。

3. 服务方式

服务方式即劳务质量的外部形式,它的基本要求是最大限度地满足客人对宴会的各种物质需求和精神需求。服务方式是随服务项目而变化的,因此宴会部必须把改进服务方式和增加服务项目结合起来。要根据不同地区、不同季节和客人不同的风俗习惯,并结合企业的经营特点,设立适合客人需要的各种服务项目。每一个服务项目都要根据实际需要运用恰当的服务方式,以促进消费,提高服务质量。

4. 仪表风度

仪表风度即服务人员的衣着打扮、精神面貌,它是劳务质量的重要组成部分。服务人员在宴会经营服务过程中是面对面为客人提供服务的,仪表风度是首先映入客人眼帘的第一形象,会给接受宴会服务的客人留下一个很深刻的印象。它的基本要求是:精神振作,仪表端庄,衣冠整洁。

5. 服务工作效率

服务工作效率指在坚持一定服务标准的前提下,服务人员所付出的劳动量与所获得的劳动效果的比率,它是衡量宴会服务水平的重要标准,也是衡量服务人员实际能力的标准。它的基本要求是:快速有效地为客人提供优质服务。宴会服务必须不断地提高服务工作效率,才能得到客人的欢迎。

第二节　宴会设施与环境标准

宴会设施环境是指举办宴会的场所面积的大小、设备设施的状况和卫生状况等,它们是举办宴会的物质基础,这些项目都有相应的严格标准。

一、宴会设施环境的配置标准

宴会厅设施环境的配置标准包括宴会厅的规模与类型、宴会厅餐台配备与布置、服务设施等标准。

(一)宴会厅规模与类型

(1)饭店各类宴会厅比较齐全,其规模应与客房接待能力及当地餐饮市场环境相适应,座位总数最低不少于客房数×2×80%。

(2)当地市场环境好、客人宴请活动多,其座位总数可再增加20%~30%。

(3)宴会厅应与咖啡厅、酒吧厅等互相搭配。

(4)每个座位面积标准不低于1.6~1.8平方米。

(二)服务设施的标准

(1)宴会厅厨房面积、炉灶配备、加工能力应与宴会厅接待能力相适应。

(2)厨房和宴会厅之间有适应工作需要的传菜间。

(3)传菜间厨柜、碗柜、托盘、餐具等设备用品齐全,保证备餐、上菜需要。

(4)宴会厅每2~3个餐台配一个接手桌,供传菜和派菜使用。

(5)豪华宴会厅配客人休息室,设沙发、坐椅、茶几,布置美观舒适,供贵宾休息使用。

二、宴会设备质量标准

宴会设备质量标准包括宴会厅门面与窗户、地面与墙面、天花板与照明设施、冷暖设备、通讯设备、工作台与收款设备、餐桌椅、配套设备与装置、客用卫生间、设备配套与完好程度等标准。

(一)门面与窗户

(1)宴会厅门面宽大,装饰美观大方,舒适典雅。

(2)门前左侧配中英文对照标志牌,设计美观、大方。标志牌上宴会厅名称、经营风味、营业时间等内容书写整齐、美观。

(3)宴会厅窗户宽大舒适、光洁明亮,自然采光充足良好,有经过处理或本身具有防燃性质的装饰窗帘或幕帘。

(4)门窗无缝隙,遮阳保温效果良好,开启方便自如,无杂音和噪声。

(二)墙面与地面

(1)宴会厅墙面贴满高级墙纸或选用耐磨、耐用、防刮损的装饰材料,易于整理与保洁。

(2)墙面配有大型壁面装饰,安装位置合理、紧固、美观,尺寸与装饰效果同宴会厅等级规格相适应。

(3)地面选用大理石、木质地板、水磨石或地毯装饰,装饰材料与饭店等级标准、酒店星级标准相适应,防滑防污。地毯铺设平整,图案、色彩简洁明快,柔软耐磨,有舒适感。

(三)天花板与照明设施

(1)天花板选用耐用、防污、反光、吸音材料,安装紧固、装饰美观大方,无开裂翘皮、脱落、水印等现象发生。

(2)宴会厅顶灯、壁灯选择与安装位置合理、灯具造型美观高雅,具有突出宴会厅风格的装饰效果。

(3)各服务区域灯光光源充足,照度不低于50勒克斯,适合客人阅读菜单和看报需要。

(4)灯光可自由调节,能够形成不同的宴会用餐气氛。

(四)冷暖设备

(1)采用中央空调或分离式大空调箱,安装位置合理,表面光洁,风口美观,开户自如,性能良好。

(2)室温可随意调节。

(3)噪声低于40分贝。

(4)宴会厅暖气设施隐蔽,暖气罩美观舒适。

(5)室内通风良好,空气新鲜,换气量不低于30立方米/小时·人。

(五)安全设备

(1)宴会厅顶壁设有烟感器和自动喷淋灭火装置,并设有紧急出口及灯光显示。

(2)安全设施与器材健全,始终处于正常状态,符合饭店安全消防标准。

(3)客人有安全感。

(六)通讯设备

(1)宴会厅配有程控电话,能够满足客人订餐、订座与工作需要。

(2)应配有紧急呼叫系统、音响系统和备用电话插座。

(3)各系统线路畅通,音响、呼叫声音清楚,无杂音,使用方便。

(七)工作台与收款设备

(1)在宴会厅适当位置设接待台、工作台、收款台,台型美观大方。

(2)收款机、信用卡压卡机、订餐簿、办公用品齐全,摆放整齐。

(3)备用餐具或展品分类存放或展示,形象美观舒适。

(八)餐桌椅

(1)宴会厅餐桌椅数量齐全,样式、高度、造型与宴会厅性质和接待对象相适应。

(2)桌椅配套,备用儿童坐椅。

(3)各宴会厅餐桌椅摆放整齐、美观、舒适。

(4)桌椅之间通道宽敞,布局合理,线路清晰,便于客人用餐进出和服务员上菜需要。

(九)配套设备与装置

(1)高档宴会厅设有电视机、电脑、钢琴及演奏台、衣架、盆栽盆景。

(2)进门处设屏风。

(3)各种配套设备与装置设计美观,安装位置合理,与宴会厅整体装饰协调。

(4)小单间有自动闭门器。

(5)厨房与宴会厅之间设隔离防油烟装置。

(十)客用卫生间

(1)宴会厅附近设有公共卫生间、洗手间,豪华宴会包间设有单独卫生间、洗手间,设施齐全,性能良好。

(2)专人负责清洁卫生,并为客人提供卫生间的规范服务。

(3)客用卫生间始终保持清洁,无异味、无蚊蝇,使客人有舒适感受。

(十一)设备配套与完好程度

(1)宴会厅各种设施设备配套,同一宴会厅、同一种类的设备在造型、规格、型号、色彩、质地上保持风格统一。

(2)整体布局美观协调,空间构图典雅大方,环境气氛舒适宜人。

(3)各种设施设备维修制度、维修程序健全、具体,日常维护良好,损坏或发生故障维修及时,设备完好率趋于100%,不低于98%。

三、厨房环境质量标准

(一)厨房位置

(1)厨房设在宴会厅旁。

(2)500米范围内无粪场,30米半径内无排放尘埃、毒气、废物的场所,无异味串入。

(二)设备摆放

(1)厨房生产需要的炊具、炉灶、厨柜、操作台、冰箱等各种设备与用品齐全、先进、完好。

(2)厨房设备的种类和数量与厨房生产能力要求相适应。

(3)各种设备、用品位置摆放合理,整体布局协调,便于操作,便于工序之间的连接。

(4)开宴出菜过道面积适当,保证出菜顺畅便捷。

(三)通风照明

(1)厨房自然通风与机械通风设施、设备齐全,位置安装合理。

(2)自然通风窗帘朝向与夏季主导风向一致,开窗面积与地面比例不少于1∶6。

(3)室内空间高不低于3米。

(4)工作人员占地面积不小于1.5平方米/人。

(5)机械通风进风口选择在室外空气洁净处,离地面2米以上,能够保证夏季向室内进送清洁冷风,冬季进送清洁热风,换气量不小于500立方米/小时·人。

(6)炉灶上方设有不锈钢排气罩。罩口风速不低于0.75立方米/秒,保证蒸汽油垢及时排出。

(7)排气管出口有自动挡板,停止排风时无昆虫爬入。

(8)厨房自然照明良好,玻璃窗宽大。

(9)窗户一般高出地面1.5米,室内与窗前无影响采光的遮光物,墙面与天花采光、反光效果良好。

(10)厨房操作台灯光照明不低于100勒克斯,照明度均匀,不眩目。

(四)微小气候

(1)厨房冬季温度不低于20~24℃,夏季不高于22~28℃。冷荤间不超过24℃。

(2)相对湿度最高不超过60%。

(3)细菌总数不超过2 000~3 000个/立方米。

(4)噪声最高不超过80分贝。

四、宴会用品质量标准

宴会用品质量包括饮食用具、服务用品、客用消耗品以及清洁用品等类物品标准。

(一)饮食用具

宴会厅用品质量标准包括各宴会厅餐桌、茶具、酒具配备的数量、种类、等级标准。

(1)饮食用具的配备应与宴会厅等级规格、业务性质和接待对象相适应。

(2)瓷器、银器、不锈钢和玻璃制品等不同类型的餐茶具齐全,种类、规格、型号统一,其数量以餐桌和座位数为基础,一般宴会厅不少于3套,高档宴会厅不少于4~5套,能够适应洗涤、周转需要。

(3)有缺口、缺边、破损的餐具及时更换,不得上桌使用。

(4)新配餐具与原配套餐具在型号、规格、质地、花纹上基本保持一致,成套更换时方可更新。

(5)各种餐具专人保管,摆放整齐,取用方便。

(二)服务用品

服务用品包括宴会厅台布、口布、餐巾纸、开瓶器、打火机、调味架、托盘、茶壶、围裙等各类服务用品。

(1)服务用品配备齐全,数量充足、配套。

(2)服务用品分类存放,摆放整齐。

(3)服务用品专人负责,管理制度健全,供应及时、领用方便。

(三)客用消耗品

客用消耗品包括宴会厅需要的酒精、固体燃料、鲜花、调味品、蜡烛灯具、牙签等各种客人用餐使用到的消耗物品。

(1)客用消耗品按需要配备,数量适当,专人保管,摆放整齐,领用方便。

(2)开餐时根据客人需要及时供应,杜绝因配备不全或领用上桌供应不及时而影响客人需要的现象发生。

(四)清洁用品

清洁用品包括宴会厅使用的清洁剂、除尘毛巾、擦手毛巾、餐茶具洗涤用品等。

(1)各种清洁用品配备齐全,分类存放,专人管理,领用方便。

(2)各类需要专用的清洁用品无混用、挪用现象发生。

(3)无因专用洗涤剂使用不当,造成银器、铜器、不锈钢餐具、茶具、酒具出现污痕、褪色、斑点无法洗涤等现象发生。

(4)有毒清洁用品专人保管,用后收回,无毒气扩散或污染空气现象发生。

五、宴会厅环境质量标准

宴会厅环境质量标准包括门前环境、室内环境、小气候环境等标准。

(一)门前环境

门前环境包括过道、门窗、玻璃的清洁卫生,宴会厅名称、标志牌等项目。

(1)各宴会厅门前整齐、美观。

(2)过道、门窗、玻璃保持清洁卫生。

(3)宴会厅名称、标志牌安装与摆放合理,位置适当,设计美观,中英文对照、字迹清楚。

(4)适当位置有候餐等候坐椅。

(5)高档宴会厅门口有客人衣帽寄存处和休息室。

(6)进门处有屏风、盆栽盆景,设计美观、大方、舒适。

(7)门前环境幽雅,赏心悦目,客人有舒适感。

(二)室内环境

室内环境包括装饰效果、整体布局和环境气氛等。

(1)各宴会厅室内环境与宴会厅类型、菜点风味和宴会厅等级规格相适应。

(2)装饰效果独具风格,能够体现宴会厅特点,具有民族风格和地方特色。

(3)天花板、地面、墙面、家具设备的材料选择和装饰效果与酒店星级标准相适应。

(4)整体布局协调美观,餐桌坐椅摆放整齐,各服务区域布置合理,花草盆景、字画条幅装饰相得益彰。

(5)办宴环境舒适典雅、宴会厅气氛和谐宜人。

(6)整个室内环境与饮食文化相结合,各具特色。

(三)小气候环境

小气候环境包括温度、湿度、风速、空气质量、照明、噪声等环境因素。

(1)各宴会厅空气新鲜、气味宜人。

(2)冬季温度不低于18~22℃,夏季温度不高于22~24℃,用餐高峰客人较多时不超过24~26℃。

(3)相对湿度40%~60%。

(4)风速0.1~0.4米/秒。

(5)一氧化碳含量不超过5毫克/立方米。二氧化碳含量不超过0.1%。可吸入颗粒物不超过0.1毫克/立方米。新风量不低于200/人·小时,用餐高峰期不低于180立方米/人·小时。

(6)细菌总数不超过3 000个/立方米。

(7)自然采光照度不低于100勒克斯,各服务区域的灯光照度不低于50勒克斯。电源灯光可自由调节。采用烛光调节宴会厅气氛。

(8)宴会厅噪声不超过50分贝。

六、宴会厅卫生质量标准

宴会厅卫生质量标准包括环境卫生、餐具用品卫生和员工卫生以及食品卫生等标准。

(一)环境卫生

(1)宴会厅卫生每餐整理。

(2)天花板、墙面无蛛网灰尘,无印迹、水印、掉皮、脱皮现象。

(3)地面边角无餐纸、杂物、无卫生死角。

(4)光洁地面每日抛光不少于3次,地毯地面每日吸尘不少于3次。整个地面清洁美观。

(5)门窗、玻璃无污点和印迹,保持光洁明亮。

(6)餐桌台布、口布无油污脏迹,整洁干净。

(7)门厅、过道无脏物、杂物,畅通无阻。

(8)盆栽盆景新鲜宜人,地面无烟头废纸。

(9)字画条幅整齐美观,表面无灰尘。

(10)配套卫生间由专人负责日常卫生,保持清洁舒适、无异味。

(二)餐具用品卫生

餐具用品包括餐具、茶具、酒具、台布、口布和服务用具等,其标准如下。

(1)宴会厅餐桌、茶具、酒具每餐消毒。

(2)银器、铜器餐具按时擦拭,表面无污痕和变色现象发生。

(3)瓷器、不锈钢餐具和玻璃制品表面光洁明亮,无油滑感。

(4)托盘、盖具每餐洗涤。

(5)台布、口布每餐换新,平整洁净。

(6)各种餐茶具、用品日常保管良好,有防尘措施,始终保持清洁。

(三)员工卫生

员工卫生包括员工健康状况、个人卫生和生活习惯等。

(1)各宴会厅员工每半年体检一次,持健康证上岗。有传染性疾病者不得继续上岗。

(2)员工勤洗涤、勤洗头、勤换内衣,身上无异味。

(3)岗位服装整洁、干净、发型大方、头发清洁无头屑。

(4)岗前不饮酒、不吃异味食品。

(5)工作时间不吸烟、不嚼口香糖。

(6)不在食品服务区域梳理头发、修剪指甲,不面对食品咳嗽或打喷嚏。

(7)女服务员不留披肩长发,不戴戒指(结婚戒指除外)、手镯、耳环及不合要求的发夹上岗,不留长指甲和涂指甲油,不化浓妆,不喷过浓香水。

(8)男服务员不留长发、大鬓角。

(9)员工个人卫生做到整洁、端庄、大方。

(四)食品卫生

食品卫生包括操作和服务过程中接触食品的方式、消毒情况以及不良习惯等。食品卫生标准如下。

(1)各宴会厅服务员要把好饭菜卫生质量关。

(2)每餐工作前洗手消毒,装盘、取菜、传菜使用托盘、盖具。不用手拿取食品。

(3)取冷菜使用冷盘,热菜使用热盘。面包甜品用托盘、夹子,冰块用冰铲。保证食品卫生安全,防止二次污染。

(4)服务过程中禁止挠头、咳嗽,打喷嚏时要用手捂口。

(5)宴会厅内食品展示柜清洁美观,展示的食品新鲜。

(6)服务操作过程中始终保持良好卫生习惯。

第三节 宴会产品质量标准

宴会产品质量标准主要指宴会菜单设计质量标准与宴会菜品质量标准，现简要介绍如下。

一、宴会菜单设计质量标准

宴会菜单设计质量标准包括菜单的种类、菜品组合、外观设计以及利润控制等标准。

(一)菜单种类

(1)不同类型的宴会菜单齐全，如中餐宴会菜单、自助餐宴会菜单、鸡尾酒会菜单皆有，有条件的星级酒店饭店，还应有西餐宴会菜单。

(2)不同档次的宴会菜单齐全。

(3)不同使用时间及不同设计性质特点的宴会菜单齐全。

(二)宴会菜品的组合

(1)菜品类别、菜式、品种数齐全，与顾客需求、宴会规格相吻合。

(2)菜品使用原料广泛，高、中、低档原料所占比例合理，季节性鲜明。

(3)菜品烹调方法多样化。

(4)菜品色彩、造型、味型、质地多样化。

(5)菜品风味特色鲜明。

(6)菜品营养搭配符合平衡膳食的要求。

(三)外观设计

(1)外观精美，图案鲜明，设计风格与饭店风格相协调，有艺术特色和纪念意义。

(2)封面封底印有饭店名称、店徽标志、宴会厅名称、电话号码、地址。

(3)菜单尺寸大小合适。

(4)菜品类别顺序编排合理，排列美观。菜名字体选用合适，大小清晰，易于辨认，符合识读习惯和美学要求。

(5)菜单内外无涂改、污迹、油迹，清洁卫生。

(6)宴会点菜菜单应配有菜品名称、主要原料、烹制方法和产品特点的简单中文和外文说明，便于客人选择。

(四)利润控制

菜单中菜品的毛利的掌握应根据市场供求关系、饭店的等级规模、目标顾客、同类饭店宴会的价格水平等多种因素来综合确定，其基本规律是：主食产品毛利较低；冷荤、面点毛利较高；热菜类毛利较高；加工精细、技术复杂、进价成本较高的名贵产品，毛利可更高；高档套菜毛利可略低，低档套菜毛利可略高。

二、宴会菜品质量标准

（一）原料采购

（1）所有采购的食品原材料完全符合食品卫生要求。

（2）采购渠道正当，鲜活原料保证新鲜完好。

（3）厨房各种原料色泽、质地、弹性等感官质量指标符合要求，无变质、过期、腐坏、变味的食品原材料进入宴会。

（4）采购运输车辆专用。运送熟食的车辆容器每次冲刷消毒。运送易腐食品的车辆用后冲洗干净。

（5）所有原料采购必须做到质量优良、数量适当、价格合理、符合厨房（宴会菜品）生产需要。

（二）原料选择

（1）各厨房原料选择应与产品风味相适应。

（2）主料、配料、调味品选择根据产品烹制要求确定。

（3）选择原料的部位准确，用料合理，数量充足。

（三）原料加工与配菜

（1）粗加工分档取料。选用部位准确、合理下刀，保证原料营养成分不受或少受损失，做到取料准确、形状完整、清洁卫生、出料率高。

（2）涨发原料应发足发透、摘洗干净，冷冻原料解冻彻底。

（3）原料细加工符合菜品风味要求，密切配合烹制需要。

（4）同种风味、同类产品的原料加工要做到合理下刀，物尽其用，做到整齐、规格、均匀、利落。丝、片、条、块、段、料、蓉等均能符合菜品设计的要求，便于原料烹制入味。

（5）原料加工过程中，把好质量关，不符合烹制要求的原料不作配菜使用。

（6）尽量避免因原料加工不合理、不规格而影响产品质量的现象发生。

（7）根据菜品风味，掌握菜肴定量标准，按主料、配料比例标准配菜。

（8）不同风味菜品的主配料不可随意替换，保证菜品质量。

（9）不得随意增减主配料的用量，以防克扣顾客等不良现象发生。

（四）炉灶烹制

（1）各种菜品根据风味要求和烹制程序组织生产。

（2）主料、配料、调味料投放顺序合理、及时，火候、油温、成色、出菜时间掌握准确，保证炉灶产品烹制质量。

（3）装盘数量符合规定要求，装盘形式美观大方，注意装盘卫生。

（五）成品质量

菜品的成品质量应该是和设计所要求的菜品风味及其色、形、香、味、质的感观指标相一致，和预先规定的客人接受的满意度相一致。为此，特别要加强以下几方面的质量控制。

1. 宴会菜品味的控制

味是菜品的灵魂，菜品的味好不好，直接关系到宴会的成败。确保菜品味的质量，应做到以下几点。

(1)根据赴宴者口味有针对性地调味。不同民族、地区、职业、个性、年龄的赴宴者，对菜品口味会有不同的要求。所以，制作菜品前就应通过宴会预订单了解参加宴会者对口味的要求，根据赴宴者的口味来确定其相宜的调味。

(2)按照菜品的烹调技术要求严格准确地调味。在我国各菜系中，都有经过长时间烹调实践积淀而成、为人们普遍喜欢的名菜名点，这类菜品的味型调制都有严格的要求，调味时必须严格按照这些要求去做。另一方面，每个宴会厅都有自己独特的菜品，赴宴者可能就是为品尝独特口味而来的，这类菜品的烹制必须按标准要求，准确调味，不应随意变化。

(3)掌握调味品的特性适时适当地调味。每一种调味品都有其本身的特性。如郫县豆瓣具有香鲜醇厚、味辣不燥、豆瓣酥软、酱体油润、色泽红亮等特性，是川菜多种味型的基本调味品，无论是剁细或是不剁细使用，都必须经过下锅煸炒这道工序，只有经过煸炒，才能出味、出色、生香。所以，只有掌握调味品的特性及其对菜品的影响，才能准确把握最恰当的投放时机，做到适当调味。

(4)根据原料的特质有选择性地调味。烹饪原料本身大都具有独特的香和味，香味的来源可以分成三类：一类是原料本身具有的鲜美滋味，在烹调时就要保持其本味，因而调味不宜过重；另一类是原料本身的味较淡，要将其与鲜味足的原料配在一起，调味时再加入高汤、浓汤等调辅料，为其增鲜添香；还有一类是原料鲜香味与腥臊异味交织在一起，在烹调时要加入去除腥臊异味的调味品，使其本身的鲜香味能凸显出来。因此，正式烹调前应对原料有比较全面的了解，分析它的优点和缺点，采取措施去除不受欢迎的味觉因素，增加本身具有的风味优势，使菜品达到完美的境界。

(5)要结合季节的变化因时制宜地调味。人们的口味常常随着季节的变化而有不同的要求。一般夏天喜食清淡甚至微苦爽口的菜肴；冬天则喜食肥美的菜肴。因而在调味时，需要结合季节气候的变化，因时制宜地合理调味。

2. 菜品烹制过程中形的控制

宴会菜品的造型是宴会菜品质量的重要表现形式，在宴会菜品制作过程中必须强调菜品造型。菜品造型可以通过菜品制作的各个程序，运用各种方法来完成，但关键的一环是烹制，即菜品在烹制过程中确定造型。如果烹制方法不当、技术不过硬，菜品的造型就会达不到理想的效果。宴会菜品烹制过程中"形"的控制主要应把握以下几个方面。

(1)加热方法要恰当。原料经初步加工和刀工处理后,基本成形要符合规范要求,花色菜要采用各种方法,如挤捏法、酿入法、穿入法、包制法制作成形,然后运用适当的方法维持造型,如果加热方法不当,造型效果就会表现不出来。所以应当采取适当的加热方法,如蒸、炖、炸、扒等,保持菜品的造型。

(2)一次烹制菜品的量要适当。一般而言,一次烹制菜品的量不宜太多,这样才能保证风味质量。一次烹制菜品的量太多了,则火力、调味、成熟度、形态均难以控制。有些菜品原料易断碎,如鱼片、鱼丝等,因此一次烹制的量要适当。还有些菜品的造型复杂,不适合大批量烹制,否则极易弄巧成拙,影响菜品质量。因此,这类菜品一次性入锅烹制的量要适当,以保证其形制不受影响。同时,应记住这类菜品不宜在大型宴会中使用,只适宜于小规模宴会。

(3)充分利用各种器物给菜品造型。各种器物包括盛装器具、包装物、针叉类,这些器物有的是不可食用的,有的是可食用的并可起到造型效果的。如利用一些象形、异形盛器或借助贝壳、水果等都可以制造出优美形态的菜品。

3. 菜品的温度控制

如何使菜品温度恰到好处地体现其特色与风味,是抓好宴会菜品质量的重要一环。下面介绍几种宴会菜品温度控制的措施。

(1)缩短宴会菜品成品上桌时间。宴会菜品制成后,应该与宴会客人用餐时的菜肴温度有一定差别,若是热菜,则应该高于食用的温度,若是冷荤菜,则应该低于食用温度。待菜肴上桌时,温度的变化恰恰适合客人食用,菜品温度的控制就是要使这个温度变化最小,这就要尽可能地缩短上菜时间。同时还应该尽量缩短上菜的路程距离,因为距离太远,即使运送速度加快也会影响菜品温度的变化。

(2)适当运用冷藏和热藏的方法达到菜品标准温度。有些宴会批量大,菜品必须事先制作,这就需要冷藏或热藏来保持菜品温度。

冷菜食用温度以 7 ~ 15℃ 为最佳温度,所以,冷菜制成后可以冷藏几个小时。

热菜食用的最佳温度为 70℃,所以,可以适当热藏,热藏温度应控制在 90℃左右。

(3)运用适当的器皿保持菜肴温度。将消毒过的餐具根据需要分别放入冷藏柜和热藏箱,待使用时,冷菜使用冷盘子,热菜使用热盘子,以此保持菜肴的温度,或采用能较长时间保温的器皿如沙锅、铁板等。

(4)采用巧妙的食用方式创造最佳菜肴温度。将热源引到宴会桌上,始终保持最佳菜品温度。如用炭火串烤食品就是很好的方法,其他如火锅、电磁炉、酒精炉等也已广泛使用。

4. 宴会菜品上菜速度的控制

宴会菜品上菜速度不同于一般的点菜和快餐，并非越快越好，当然也不是越慢越有利，而应该使上菜速度恰到好处。这样才能与宴会步调一致，让客人的食欲、情绪和宴会进行过程始终处于良好状态。宴会菜品上菜速度应该由宴会经理指挥和控制。控制时应注意以下几点。

(1)将宴会开宴的准确时间下达至厨房。宴会预订确认后，就应该将宴会举办的详细时间、宴会厅号、套菜名称等信息及时下达至厨房。宴会部经理一般在宴会举办的前一天下厨房去检查一下准备情况，再一次明确宴会的开宴时间。在开宴前 1 小时还应该再次确认一下宴会菜品制作工作是否准备好，力求做到准确无误。

(2)检查宴会准备情况。厨房在开宴前 1 小时应做好原料的初步加工和初步熟处理以及刀工处理，并装在配菜盘中，如果是鲜活海鲜应做好辅料的准备工作。此外，还要计算好菜肴烹制的时间，保证菜品成熟时间与出菜时间能衔接起来。

(3)预先与厨师长确定各道菜的上菜间隔时间。宴会各有特色，赴宴人也千差万别，所以，不同宴会的上菜时间应该有所区别。宴会经理与厨师长应该根据宴会的特色、赴宴人的特点和要求确定上菜间隔时间。

有些宴会菜肴需细细品尝，上菜间隔时间太短就不利于客人品尝，显示不出各道菜肴的独特风味。

有些宴会属于便宴，或者是单位年终联欢，以娱乐为主，用餐速度要加快，上菜时间也应该相应加快。

有些赴宴者有自己独特的饮食习惯，喜欢快速上菜，显得菜肴丰盛；有些则喜欢一道菜吃剩 1/3 时，再上下一道菜。

总之，宴会经理应该根据举办宴会的性质、规格、主题、赴宴人的组成及风俗习惯等，与厨师长共同确定宴会每一道菜肴上菜的间隔时间，开宴时由厨师长具体控制上菜速度。

(4)及时调整宴会上菜速度。宴会进行过程中，一般来说，都能按照预先安排顺利运行。但是也有可能宴会活动安排会变动，例如宴会中出现的即兴表演、讲话等情况，这样就要根据具体情况及时调整上菜速度，以保证上菜节奏与宴会进程相协调，使整个宴会达到理想状态，为客人提供满意的服务，提高宴会厅的形象和吸引力。

第四节 宴会服务质量标准

宴会服务质量标准分成中餐宴会服务质量标准、西餐宴会服务质量标准、鸡尾酒会服务质量标准和冷餐会服务质量标准四个部分,分别介绍如下。

一、中餐宴会服务质量标准

(一)人员与任务分配

(1)宴会开始前,宴会厅经理召集服务员讲清宴会性质、规格、出席人数、开宴时间及服务要求。

(2)服务员熟悉宴会服务工作内容、服务程序、质量要求。

(3)具体明确人员分工及其任务分配,大型宴会以图示方式标注人员分工情况。

(4)宴会菜单酒水内容清楚。

(5)服务员能够背诵菜单,掌握主要菜品的风味特点、主要原料、烹制方法、典故来历,便于上菜时主动向客人介绍。

下面以350人的大型中餐宴会为例,说明人员分工与任务分配情况,以供参考。

(1)现场指挥1人。

(2)宴会厅一般划分为5个区,主席台为1区,其他可分为4个区,各区设1名负责人。

(3)第一桌安排16位宾客,第二桌、第三桌各安排12位宾客。第一桌安排3位服务员,如果来宾身份很高,也可安排4人,1人走菜,2~3人服务。

(4)第二桌、第三桌每桌应安排2位服务员,1人盯桌,1人走菜。

(5)其他31桌平均每桌配备1名服务员,可分为两人一组,一名服务员负责盯2桌,做斟酒、上菜、让菜的服务,另一名服务员负责走两桌的菜。

根据上面的安排,可以计算出盯桌服务员20人,走菜服务员18人,再加上前台服务员共需服务员40人,后台清理工作还需7~8人(不包括洗刷餐具的工作人员)。

(6)一般设迎宾员2人。

(7)如有休息室服务,可安排2~3人负责休息室服务工作。

(8)这样共需要服务员53人即可完成整个宴会的工作。

(二)宴会厅布置

(1)宴会厅经理在宴会举办当天,提前1~3小时组织服务人员做好宴会厅的布置工作。

(2)布置方案根据主办单位要求、宴会性质、等级规格确定。

(3)宴会厅的布置做到餐桌摆放整齐、横竖成行、斜对成线。

(4)台形设计根据宴会规模和出席人数多少分别选择一字形、品字形、中心图案型、豪华型,做到主桌或主席区位置突出,席间客人进出通道宽敞,有利客人进餐和服务员上菜。

(5)花草、盆栽和盆景摆放位置得当,整洁美观。

(6)需要使用签到台、演说台、麦克风、音响、聚光灯的大型宴会,设备配置安装及时,与宴会厅餐桌摆放相适应。

(7)整个宴会厅布置做到环境美观舒适,设备使用方便,清洁卫生,台形设计与安装、餐桌摆放与接手桌安排整体协调。

(8)衣帽间、休息室整理干净,厅内气氛和谐宜人,能够形成独特风格。

(9)整个宴会厅使客人有舒适感、方便感。

(三)宴会厅餐台质量标准

(1)正式开餐前整理宴会厅台面、清理宴会厅卫生。

(2)台面餐具、酒具、茶具摆放整齐、规范,造型美观。菜单、席次牌、调味品摆放位置得当。

(3)主桌或主席区座次安排符合主办单位要求。

(4)高档宴会客人姓名卡片摆放端正。

(四)迎接客人

(1)宴会厅迎宾领位员身着旗袍或制服上岗,服装整洁,仪容仪表端庄。

(2)迎接、问候、引导语言运用准确规范,服务热情礼貌。

(3)客人来到宴会厅门口,协助主办单位迎接,安排客人入位。

(4)贵宾引到休息室,提供茶水、香巾,服务主动热情。

(5)宴会开始前引入宴会厅,座次安排适当。

(五)茶水、香巾服务

(1)客人来到餐桌,服务员拉椅让座主动及时。

(2)递送餐巾、除筷套、送香巾、斟茶服务动作规范,照顾周到。

(六)上菜服务

(1)正式开宴前5~10分钟上凉菜。

(2)菜点摆在转盘上,荤素搭配、疏密得当、排列整齐。

(3)客人入座后,询问宾客用何种酒水或饮料,斟酒规范,不溢出。

(4)客人祝酒讲话时,服务员停止走动。

(5)上菜品时报菜名,准确介绍菜品风味特点、烹制方法或典故来历。

(6)掌握上菜顺序和节奏,选好位置,无碰撞客人现象。

(7)上需要用手直接取食的菜点时,同时上一次性手套、茶水和洗手盅。

(8)上菜一律使用托盘,动作规范。

(七)分菜派菜服务

(1)开宴过程中分菜派菜及时。

(2)每上一道主菜,先将菜点摆在餐桌上,报出菜点名称,请客人观看,再移到接手桌上分菜。

(3)分菜派菜准确,递给客人食用时讲究礼仪程序和服务规范。

(4)将派菜后的剩余菜点整齐摆放在桌面上。

(5)随时清理台面。

(八)用餐巡视服务

(1)用餐服务过程中,加强巡视,照顾好每一个台面。

(2)每上一道新菜,适时撤换骨盘,保持桌面整洁。

(3)适时撤换香巾,续斟酒水饮料。

(4)为客人点烟及时,适时撤换烟缸,烟缸内烟头不超过3个。

(5)上甜点或水果前,除留下酒水杯外,撤下其余餐具及洗手盅。

(6)最后递送香巾,主动及时为客人斟热茶。

(九)餐后服务

(1)主办单位宣布宴会结束后,服务员主动征求客人意见。

(2)客人离开,拉椅送客,配合主办单位告别客人,欢迎再次光临。

(3)客人离开后,快速清理台面。

(十)结账收款

1. 收款人员

(1)收款员熟练掌握收款服务工作内容、工作程序、操作方法和手续制度。

(2)服务语言运用准确、规范、礼貌。

(3)每天提前15~20分钟上班,换好工作服,女士化淡妆。

(4)交接手续完善,账目、找零周转金清点清楚、准确。

(5)收款台面清洁卫生、整齐规范,做好各项收款准备工作。

2. 收款设备与用品

(1)收款台位置适当,台面美观舒适,方便客人结账。

(2)配收款机、信用卡机、程控电话。

(3)设备先进、完好、清洁卫生,无任何故障发生。

(4)收款传票、簿本、报表、书写工具等办公用品齐全,取用方便,能够适应宴会厅收款服务需要。

3. 账单准备

(1)收到宴会预订单,按宴会厅或单位编号、台号分类。

(2)账单内容审核清楚、准确。

(3)宴会菜点、饮料、其他消费及服务费分项核算准确,输入电脑,操作规范。

(4)客人结账前,将各宴会账单准备齐全,等候服务员前来结账。

4. 收款服务

(1)客人示意结账,服务员从收款台取得账单,用账单夹呈送至客人面前,礼貌地将账单递给主客或要求结账的客人。

(2)客人用现金结账,账款当面点清,找回零钱交给客人,向客人表示感谢。

(3)客人签单挂账,请客人出示欢迎卡或房间钥匙。

(4)服务员主动递给客人签字笔。

(5)检查客人签字姓名、房号准确无误后,向客人表示感谢。

(6)客人用信用卡结账,收款员检查客人信用卡本宴会厅是否可以接收、截止时期及其真伪。

(7)准确无误后,使用压卡机压卡后请客人签字,并礼貌地交还信用卡,向客人表示感谢。

5. 账款交接

(1)桌面服务员收款后,账单、现金交回收款处,双方当面点清、审核无误。

(2)交接手续完善。

6. 报表制作与交班

(1)宴会厅收款员应熟练掌握计算机输入、储存、读出、制表等操作方法。

(2)客人账单按菜点、酒水、烟草、服务费等分类记账,输入电脑准确无误,无错输、漏输、错记现象发生。

(3)账单每日4次送饭店前厅收款台,准确及时。

(4)每日下班前,现金送财务部前厅总出纳,当面点清,交接手续完善。

(5)客人消费按应收款、实收款及食品、饮料、烟草、服务费、客桌消费、座位消费等制作宴会厅收入报表。

(6)表格内容打印准确,账目审核无误。

(7)整个收款服务过程中无任何差错和岗位责任事故发生。

二、西餐宴会服务质量标准

(一)人员分工与任务分配

(1)正式开宴前宴会厅经理集合服务人员讲清宴会性质、接待规格、出席人数、开宴时间、主办单位要求、人员分工,任务布置具体明确。

(2)迎宾领位员、桌面服务员熟悉西餐宴会工作内容和服务程序。

(3)服务员能够背诵宴会菜单,掌握上菜顺序。

(4)宴会服务所需的各种餐具、酒具和服务用品准备齐全,摆放整齐。

(5)无任何差错或准备工作不充分现象发生。

(二)宴会厅设计

(1)厅堂设计与客人所订西餐宴会类型、等级规格、出席人数、主办单位对设备与台形要求相适应。

(2)做到环境设计美观,设备、台面摆放位置适当,整体布局协调。

(3)整个宴会厅用餐环境典雅大方、舒适方便、气氛宜人,符合主办单位要求。

（三）台形布置

（1）根据客人出席人数和主办单位要求选择台型。

（2）适当运用一字形、T字形、工字形、山字形或U字形、豪华型等台形。

（3）任何台形都必须做到美观、大方、舒适、方便，台面整洁，厅内客人通道宽敞。

（4）大型宴会设主席区，中小型宴会设主台或主桌。

（5）主席区或主台位置突出，精心布置、形象美观，与整个台形设计相适应，具有美感效果。

（四）宴会台面与座次安排

（1）开宴前1~2小时组织服务人员按照西餐宴会标准辅台。

（2）台衬、台布铺设平整、美观，餐具、茶具、酒具、桌花及烟缸、席次牌等摆放整齐、规范，台面典雅。

（3）座次安排根据主办单位要求确定。

（4）国宴或重要宴会，主席区或主台的座次设人名牌，座次安排合理，体现礼仪规格。

（五）接待环境的美化

（1）宴会厅门前设存衣处、宾客休息室，门前整洁、美观、舒适。

（2）宴会厅入门处布置花草、屏风。

（3）厅内根据宴会规格和主办单位要求设签到台、演讲台、麦克风、音响、射灯等设备，摆放整齐、美观，与整个厅堂布置协调一致。

（4）整个接待环境具有吸引力，客人有舒适感。

（六）迎接客人

（1）迎宾员面带微笑，协助主办单位主动、热情在门口迎接客人。

（2）客人来到宴会厅，贵宾先引到贵宾休息室，提供茶水或餐前鸡尾酒服务。

（3）快速、准确引导客人入座。

（4）遵守先主宾后随员、先女宾后男宾的礼仪规范。

（七）餐前鸡尾酒服务

（1）客人来到餐桌，服务员主动及时拉椅让座。

（2）热情、快速询问客人用酒水饮料或餐前鸡尾酒。

（3）斟酒规范，同时递送香巾。

（八）酒水服务

（1）客人祝酒前，服务员为客人斟香槟酒。

（2）斟酒八成满，不溢出。

（3）客人祝酒讲话，服务员停止走动。

(4)酒水员为客人续斟酒水及时。

(5)开宴过程中,所上菜点与酒水匹配,冷菜上开胃酒,汤菜上雪力酒,海味上白葡萄酒,肉类上红葡萄酒。

(6)酒水选用与主办单位要求相适应。

(九)上菜服务

(1)上菜遵守操作程序,掌握上菜节奏与时间。

(2)能报出菜名,介绍产品风味与特点。

(3)采用分餐服务方式。

(4)每上一道菜,撤去上一道菜的餐具,清理台面,及时摆上与新上菜点相匹配的刀叉、盘碟,服务细致。

(5)分菜派菜均匀,递送菜点讲究礼仪顺序。

(6)操作技术熟练,没有汤汁洒在桌上或客人衣物上的现象发生,上水果、甜点前,撤去除酒水杯外的餐具,摆上新的餐具。

(7)为客人斟酒或饮料及上水果或甜点及时,摆放整齐。

(8)上菜、派菜服务及最后上香巾、咖啡或红茶服务均做到准确、熟练、服务规范。

(十)桌面巡视服务

(1)开宴过程中,照顾好每一个台面的客人。

(2)撤换清理台面餐具,递送香巾、添红茶、撤换烟缸,递送、撤走洗手盅,添加酒水、饮料等各项服务均做到适时、准确、耐心,操作规范。

(3)各项服务保证让客人满意。

(十一)餐后服务

(1)客人饮宴结束,服务员拉椅,征求客人意见,递送衣物主动、及时,照顾老弱。结账参见中餐宴会服务。

(2)告别语言运用准确、规范。

(3)客人离开,协助主办单位欢送客人,欢迎再次光临。

(4)客人离开后,清理台面,撤出临时安装的设备,整理餐具迅速、无声响。

三、鸡尾酒会服务质量标准

(一)宴会厅布置

(1)鸡尾酒会厅堂布置与主办单位要求、酒会等级规格相适应。

(2)宴会厅内酒台、餐台、主宾席区或主台摆放整齐,整体布局协调。

(3)大型酒会,根据主办单位要求设签到台、演讲台、麦克风、摄影机或录像机,位置摆放合理,整个厅堂环境气氛轻松活泼,能体现酒会特点与等级规格。

(二)餐前准备

(1)酒会开始前组织服务员摆台。

(2)主宾席或主宾席区设置合理、位置突出。

(3)酒台、餐台摆放整齐、美观,餐具、小吃准备齐全。

(4)调酒员具有丰富酒水饮料知识,熟悉各种鸡尾酒及饮品调配方法。

(5)酒会举办前20~30分钟,将调好的鸡尾酒和饮品整齐地摆放在酒台上,酒水调制美观,按配方准确制作。

(6)酒水供应充分及时。

(三)迎接客人

(1)客人来到宴会厅门口,领位员着装整洁,仪表端庄,面带微笑,配合主办单位迎接、问候客人,表示欢迎。

(2)对主宾席或主宾席区的客人特别照顾。

(四)酒会服务

(1)酒会开始,服务员分区负责。

(2)为客人递送鸡尾酒、饮料、点心、小吃迅速、准确,服务规范。

(3)主人讲话或祝酒时,服务员主动配合,保证酒水供应。

(4)服务过程中留心观察客人,保证客人自动取酒、走动交谈方便。

(5)适时提供服务、回答客人问题,为客人送酒、添加点心小吃主动及时,服务细致周到。

(6)酒会期间有舞会或文娱节目,事先同主办单位协商,细节安排具体。

(7)适时调整桌面,保证舞会或文娱节目演出顺利进行。

(五)告别客人

(1)酒会结束,征求主办单位和客人意见。结账参见中餐宴会服务标准。

(2)及时递送客人衣物,欢迎客人再次光临。

(3)客人离开后,清台收碟、撤除临时性设备。

四、冷餐会服务质量标准

(一)宴会厅布置

(1)冷餐会举办当天,提前1~2小时组织服务人员布置厅堂。

(2)宴会厅堂布置与主办单位要求、接待规格相适应。

(3)台形设计美观,突出主宾席或主宾区。

(4)餐台摆放整齐,台面餐具、茶具、冷餐食品摆放规范,席次牌、烟灰缸位置得当。

(5)过道宽敞,客人进出、用餐方便。

(6)整个厅堂布置做到设备、餐台整体布局协调,室内清洁卫生,环境、气氛和谐宜人,符合主办单位要求。

(二)迎接客人

(1)客人来到宴会厅,迎接主动、热情,服务语言运用准确、规范,保持微笑服务。

(2)引导客人入座快速,贵宾视需要引到休息室,提供茶水、香巾服务。

(3)客人来到餐桌,服务员及时为客人拉椅、递送香巾或餐巾。

(4)老人、儿童给予特别照顾。

(三)冷餐服务

(1)冷餐会正式开始前10~20分钟上冷餐食品。

(2)桌面食品摆放整齐。

(3)主办单位宣布冷餐会开始,视需要给客人斟茶水或饮料,请客人用餐。

(4)主人致词或讲话,服务员停止走动。

(5)客人用餐过程中,照顾好每一个台面,时刻关注、体察客人需求,适时补充冷餐食品、饮料。

(6)客人有询问,认真倾听,及时、礼貌地给予回答。

(7)台上烟缸及时更换。

(8)保持台面整洁。

(四)告别客人

(1)客人用餐结束,主动征求意见。结账参见中餐宴会服务标准。

(2)拉椅送客,协助主办单位告别客人,欢迎客人再次光临。

(3)冷餐会结束后,快速清理台面、收盘收碗、撤除临时性设备。

第五节 宴会突发事件与客人投诉的处理

在宴会运转过程中,有时会突然发生一些意外事件,宴会工作人员应及时做出积极正确的反应,并进行妥善的处置,以保证宴会活动的顺利进行。

一、宴会突发事件的处理

(一)客人反映菜品不熟等情况的处理

(1)若出现因烹制火候不足或加热方法不当导致菜品不熟或焦糊,因调味不当导致菜品味不足或味太重,因摘洗不尽或其他原因导致菜品中出现毛发、草棒、虫卵等异物时,宴会厅领班或主管、经理应向客人表示歉意,征得客人同意后,重新更换一份,如是第三种情况,重新更换的一份或改做的菜品应免收费用,并请客人原谅。

(2)若出现因客人不了解菜肴风味特点而误认为菜肴不熟或调味失当以致难以食用的情况时,服务员应有礼貌地说明菜肴风味特点、烹制方法和食用方法,使客人消除顾虑。

(3)处理以上情况,都要态度和蔼真诚,语言流利准确,词意表达清楚,客人易于理解和接受,避免有使客人感到尴尬的现象发生。

(二)菜肴汤汁洒出后的处理

(1)宴会厅服务过程中,因某种原因,菜肴汤汁洒在餐桌上,应立即向客人表示歉意,迅速用干净餐巾垫上或擦干净,以不影响客人进餐。

(2)若操作不小心,使菜肴汤汁洒在客人身上,应立即向客人道歉,态度诚恳。同时用干净毛巾替客人擦拭,并征求客人意见,必要时为客人提供免费洗涤服务。

(三)客人被食物噎住时的处理

(1)因某种原因客人被食物噎住,服务员要留心观察,一旦发现,迅速送一杯茶水请客人喝下。

(2)若情况较严重,客人脸色发青,不能讲话,马上请医生前来处理。

(四)客人醉酒时的处理

(1)如果个别客人饮酒过量,发生醉酒,宴会厅主管应立即到现场,让客人安静,搀扶客人离开宴会厅,帮助客人醒酒,以不影响其他客人进餐。

(2)服务过程中,留心观察客人饮酒动态、表情变化,能够针对具体情况适当劝阻。

(3)事后不笑话客人,不影响其他客人进餐。

(五)客人反映账单不符时的处置

(1)服务员迅速同客人接触,询问客人疑问,与客人一起核对所上食品、饮料和其他收费标准,并立即同收款员联系。

(2)因工作失误造成差错,立即向客人道歉,及时修改账单。

(3)因客人不熟悉收费标准或算错账,小声向客人解释,态度诚恳,语言友善,不使客人难堪。

(4)宴会厅要杜绝因收款服务引起纠纷或客人投诉现象发生。

(六)客人打坏用具后的处置

(1)宴会服务中个别客人或带小孩的客人打坏餐具、茶具或酒具,服务员迅速到场,请客人不必惊慌介意。

(2)主动快速擦拭桌面、清理残缺餐具、换上新的餐具。

(3)服务热情、耐心,不使客人难堪。

(4)其费用按饭店规定处理,并向客人说明。

二、客人投诉的处理

在宴会过程中,难免会发生一些预料不到的问题,以致遭到客人的投诉,妥善地处理这些突发事件,解决客人的投诉问题,不仅能使宴会活动顺利圆满地完成,还能增进宴会厅与宴会主办单位的感情,为下次宴会销售的成功打下良好基础。处理客人投诉的方法如下。

(一)要虚心听取客人的意见

为了很好地了解客人所提出的问题,宴会组织者必须认真听取客人的诉说,听的时候要目视客人,并点头示意,如有必要还应适当地做一些记录,以使客人感到他们的意见受到了重视。对于那些火气很大的客人,要让他们有机会发泄一下不满,千万不要与他们争辩。

(二)表示你的同情和歉意

首先你要让客人理解,你是非常关心他所遇到的问题,要不时地向客人表示同情,如“我们非常遗憾”,“非常抱歉地听到此事”,“我们理解您现在的心情……”客人到餐厅无非是想通过就餐获得享受,他们的投诉恰恰反映出在享受中的不满足,因此道歉是必要的。

(三)同意客人的要求并决定采取措施

当你能弥补服务上出现的过错时,你应该明确地告诉客人,你将要采取什么样的措施,并且尽可能地让客人对你的决定表示同意。如“我将这样去满足您的要求,您是否满意?”这样你才有可能平息客人的不满,使之变抱怨为满意。

(四)要及时感谢客人的批评指教

客人对餐厅的投诉,是客人对饭店服务工作的关心,对宴会厅存在良好愿望的一种表示。假如客人遇到不满的服务或不符合质量要求的菜肴,不向宴会厅投诉,而是告诉其他客人或朋友,那将失去的不仅是一个客人,而是一群顾客,严重的甚至会影响到饭店的宴会声誉和宴会经营。所以,当客人批评、投诉的时候,不仅要表示真诚的欢迎,而且要感谢客人。

(五)立刻采取行动,补偿客人损失

接受了客人的投诉而且也已有了改进措施时,应该立即行动,马上改进。因为节省时间、提高效果是对客人最大的尊重。否则,你的改进措施再好,客人也看不到或者体验不到。

(六)检查改进措施的落实

首先确保改进措施的落实,让投诉的客人感到他的投诉起到了明显的作用。然后再次征求客人的意见,询问客人的满意程序。许多对饭店有好感的客人,是因为提过意见被采纳而且是见了成效后,才建立起对饭店的信任感的,因为客人都是通情达理的,饭店方面的虚心、诚实、勇于改进缺点的精神,是会赢得客人好评的。

◎总结

1. 宴会运转管理是宴会部为保证宴会经营活动正常运行而采用的管理方式与管理措施。宴会运转管理主要有程序化管理、标准化管理和制度化管理三种方法,管理的内容包括环境设施质量、产品质量和劳务质量等三个方面。

2. 宴会环境设施是指举办宴会的场所面积的大小、设备设施的状况和卫生状况等,它们是举办宴会的物质基础，这些项目都有相应的严格标准。

3. 宴会产品质量标准主要指宴会菜单设计质量标准与宴会菜品质量标准，其中宴会菜品味的控制、菜品烹制过程中形的控制、菜品的温度控制、菜品上菜速度的控制等尤为重要。

4. 宴会服务质量标准分中餐宴会服务质量标准、西餐宴会服务质量标准、鸡尾酒会服务质量标准和冷餐会服务质量标准四个部分，每一部分皆详解了宴前、宴中及宴后三个阶段的各项服务工作质量标准。

5. 宴会突发事件与客人投诉的处理，是宴会运转管理的重要内容，也是对宴会实施方案的最终完善。

◎思考题

1. 简述宴会运转管理的方法和内容。
2. 简述宴会设施与环境标准的基本构成内容。
3. 如何做好宴会菜品味的控制工作?
4. 如何做好宴会菜品烹制过程中形的控制工作?
5. 如何做好宴会菜品温度的控制工作?
6. 如何做好宴会菜品上菜速度的控制工作?
7. 简述中餐宴会服务质量标准的基本内容。
8. 简述西餐宴会服务质量标准的基本内容。
9. 简述鸡尾酒会服务质量标准的基本内容。
10. 简述冷餐会服务质量标准的基本内容。
11. 简述宴会中不同突发事件的处理方法。
12. 简述应对客人投诉的处理方法。

参考文献

[1]吴汝康．古人类学[M]．北京:文物出版社．1989.

[2]中国人类学会．人类学研究[M]．北京：中国社会科学出版社．1987.

[3]杨堃．民族学概论[M]．北京:中国社会科学出版社．1984.

[4](奥)弗洛伊德．图腾与禁忌[M]．杨庸一译．北京:中国民间文艺出版社．1986.

[5]何星亮．图腾文化与人类诸文化的起源[M]．北京:中国文联出版公司．1991.

[6](法)列维·布留尔．原始思维[M]．丁由译．北京:商务印书馆．1981.

[7](苏)Ю.И. 谢苗诺夫．婚姻和家庭的起源[M]．蔡俊生译．北京：中国社会科学出版社．1983.

[8]蔡俊生．人类社会的形成和原始社会形态[M]．北京:中国社会科学出版社．1988.

[9](苏)谢·亚·托卡列夫．世界各民族历史上的宗教[M]．魏庆征译．北京:中国社会科学出版社．1985.

[10]郑杰祥．夏史初探[M]．河南:中州古籍出版社．1988.

[11]彭邦炯．商史探微[M]．重庆:重庆出版社．1988.

[12]冯天瑜,何晓明,周积明．中华文化史(上、下册)[M]．上海:上海人民出版社．1990.

[13]曾纵野．中国饮馔史(第一卷)[M]．北京:中国商业出版社．1988.

[14]徐海荣主编．中国饮食史(全6卷)[M]．北京:华夏出版社．1999.

[15]林乃燊．中国饮食文化[M]．上海:上海人民出版社．1989.

[16]王学泰．华夏饮食文化[M]．北京:中华书局．1993.

[17]王赛时．唐代饮食[M]．济南:齐鲁书社．2003.

[18](美)尤金·N. 安德森．中国食物[M]．南京:江苏人民出版社．2003.

[19]姜习．中国烹饪百科全书[M]．北京:中国大百科全书出版社．1992.

[20]任百尊．中国食经[M]．上海:上海文化出版社．1999.

[21]陈光新．中国筵席宴会大典[M]．青岛:青岛出版社．1995.

[22]宋红．宴饮诗[M]．北京:人民文学出版社．1989.

[23]知识出版社．食俗大观[M]．北京:知识出版社．1992.

[24]王仁湘．珍馐玉馔[M]．南京:江苏古籍出版社．2002.

[25]王仁湘．往古的滋味[M]．济南:山东画报出版社．2006.

[26]高成鸢．中华尊老文化探究[M]．北京：中国社会科学出版社．1999.

[27]陈澔注．礼记[M]．上海:上海古籍出版社．1987.

[28]陈戍国点校．周礼·仪礼·礼记[M]．长沙:岳麓书社．1989.

[29]孟元老等．东京梦华录·都城纪胜·西湖老人繁胜录·梦粱录·武林旧事[M]．北京:中国商业出版社．1982.

[30](清)李斗．扬州画舫录[M]．周光培点校．扬州:江苏广陵古籍刻印社．1984.

[31]王启发．礼学思想体系探源[M]．郑州:中州古籍出版社．2005.

[32]李无未．中国历代宾礼[M]．北京:北京图书馆出版社．1998.

[33]杨朝明．鲁文化史[M]．济南:齐鲁书社．2001.

[34]侯云章,王鸿宾．中华酒典[M]．哈尔滨:黑龙江人民出版社．1990.

[35]夏家馂．中国人与酒[M]．北京:中国商业出版社．1988.

[36]王仁兴．满汉全席源流[M]．北京:中国旅游出版社．1986.

[37]侯汉初．川菜筵席大全[M]．成都:四川科学技术出版社．1987.

[38]王子辉．仿唐菜点[M]．西安:陕西科学技术出版社．1987.

[39]王子辉,王明德．曲江宴与曲江春[M]．陕西人民出版社．1986.

[40]梁维标．天下一鲜饺子宴[M]．陕西人民美术出版社．1988.

[41]毕海生,陈汉明．西安饺子宴谱[M]．北京:中国商业出版社．1991.

[42]张廉明．孔府名馔[M]．济南:山东科学技术出版社．1985.

[43]马承源主编．中国青铜器[M]．上海:上海古籍出版社．1988.

[44]冯先铭主编．中国陶瓷[M]．上海:上海古籍出版社．1994.

[45](清)袁枚．随园食单[M]．北京:中国商业出版社．1984.

[46]徐珂．清稗类钞[M]．北京:中华书局．1986.

[47](美)赫伯特·A. 西蒙．人工科学[M]．北京:商务印书馆．1987.

[48]邹珊刚等．系统科学[M]．上海:上海人民出版社．1987.

[49]杨砾,徐立. 人类理性与设计科学[M]. 沈阳:辽宁人民出版社. 1988.

[50]李斌. 国际礼仪与交际礼节[M]. 北京:世界知识出版社. 1985.

[51]毛世春. 竹笋席[J]. 四川烹饪. 1990,(4):25 - 27.

[52]丁应林. 筵席设计初论[J]. 中国烹饪研究. 1992,(2):13 - 17.

[53]丁应林. 论筵席设计的两种不同模式[J]. 中国烹饪研究. 1993,(1):33 - 38.

[54]丁应林. 论宴会设计的学科性质和特点[J]. 扬州大学烹饪学报. 2002,(1):21 - 24.

[55]丁应林. 实现高等烹饪教育模式的新跨越[J]. 中国食品. 2005,(23):22 - 23.

[56]刘桂林. 千叟宴[J]. 故宫博物院院刊. 1981,(2):49 - 55.

[57]杨伯达.《万树园赐宴图》考析[J]. 故宫博物院院刊. 1982,(4):3 - 21.

[58]王文锦. 古人座次的尊卑和堂室制度[C]. 北京:中华书局. 1983.

[59]马健鹰. 古代筵席座次探究[J]. 中国烹饪. 1998,(4):14 - 16.

[60]邓云乡."三点水"席与孙厨[J]. 中国烹饪. 1998,(9):20.

[61]张广铸等. 食菌八仙宴研究[J]. 中国烹饪研究. 1988,(1):27 - 33.

[62]严稼夫,孟恭才. 山西面食[J]. 中国烹饪研究. 1989,(2):28 - 40.

[63]翟力军,王祥裕. 从画像石看汉代庖厨宴饮[J]. 中国烹饪. 1998,(9):18 - 19.

[64]忻建一. APEC 会议"中国宴"菜谱大曝光[N]. 中国食品报·餐饮周刊. 2001 - 10 - 28(1).

[65]翁蓓佩. 二十首脑欢宴锦江七道绝肴倾国倾城[N]. 中国食品报·餐饮周刊. 2001 - 11 - 4(5).

[66]谢旧我. 上海 APEC 美食揭秘[J]. 中国烹饪. 2002,(2):38 - 40.

[67]丁应林. 形形色色的热菜组配方法[J]. 餐饮世界. 2005,(12):46 - 47.

[68]丁应林. 论冷菜造型的特点及其一般规律[J]. 扬州大学烹饪学报. 2005,(4):10 - 14.

[69]丁应林. 宴会菜单设计初论[J]. 扬州大学烹饪学报. 2007,

(3):22－27.

[70](美)布纳德·斯布拉瓦尔. 宴会设计实务[M]. 车丽娟等译. 大连:大连理工学院出版社. 2002.

[71]鞠志中,叶伯平. 宴会设计[M]. 长沙:湖南科学技术出版社. 2004.

[72]许顺旺. 宴会管理理论与实务[M]. 长沙:湖南科学技术出版社. 2001.

[73](美)Anthony J. Strianese, Pamela P. Strianese. 餐厅服务与宴会操作[M]. 宿荣江译. 北京:旅游教育出版社. 2005.

[74](美)玛格丽特·维萨. 餐桌礼仪[M]. 刘晓明译. 北京:新星出版社. 2007.

[75](美)A. G. 西博格. 菜单设计与制作[M]. 李婉君等译. 杭州:浙江摄影出版社. 1991.

[76]施涵蕴. 菜单计划与设计[M]. 沈阳:辽宁科学技术出版社. 1996.

[77]万光玲,贾丽娟. 宴会设计[M]. 沈阳:辽宁科学技术出版社. 1996.

[78]黄万祺. 淮扬风味宴席[M]. 南京:江苏科学技术出版社. 1998.

[79]周宇,颜醒华. 宴会设计实务[M]. 北京:高等教育出版社. 2003.

[80]周妙林. 菜单与宴席设计[M]. 北京:旅游教育出版社. 2005.

[81]赵建民,沈建龙. 餐饮定价策略[M]. 沈阳:辽宁科学技术出版社. 2002.

[82]国家旅游局人事劳动司. 宴会厅服务[M]. 北京:高等教育出版社. 1992.

[83]张根弟,曾风茹. 餐厅服务员[M]. 北京:中国劳动出版社. 1995.

[84]梁玉社. 餐台设计与布置[M]. 沈阳:辽宁科学技术出版社. 1998.

[85]梁希,良涓. 饭店服务技艺[M]. 上海:同济大学出版社. 1990.

[86]孙忠主编. 口布折花120款[M]. 北京:金盾出版社. 1991.

[87]李芬,肖长广. 餐巾折花二百例[M]. 北京:中国旅游出版社. 1991.

[88]陈岩主编. 餐饮服务规范[M]. 北京:中国经济出版社. 2003.